155 コンクリートライブラリー

高炉スラグ細骨材を用いたプレキャストコンクリート製品の設計・製造・施工指針（案）

土木学会

Concrete Library 155

Guideline on Design, Manufacture and Construction Methods of Precast Concrete with Blast-furnace Slag Sand

March, 2019

Japan Society of Civil Engineers

はじめに

土木学会コンクリート委員会では,「コンクリート標準示方書」をはじめ，コンクリート構造物の設計・施工に必要な様々な情報を「委員会報告」,「指針」,「マニュアル」などの形で会員のみならず広く社会に提供している．この「高炉スラグ細骨材を用いたプレキャストコンクリート製品の設計・製造・施工指針（案)」もその一つである．この指針（案）は，コンクリートライブラリーとして発刊されるもので，コンクリートライブラリーは，コンクリート標準示方書の内容に準拠しながら，特定の事案に特化し，示方書では網羅できない内容を深く記述し，これを土木学会コンクリート委員会として公表するものである．

高炉スラグ骨材は，これまでもコンクリート用骨材として長く用いられてきた実績がある．土木学会では，1978年に「高炉スラグ砕石コンクリート設計施工指針（案)」を，1983年に「高炉スラグ細骨材を用いたコンクリートの設計施工指針（案)」を発刊し，両指針（案）発刊後の十数年の高炉スラグ細粗骨材の使用実績と，これらを用いたコンクリートの耐久性に関する知見などを反映し，両骨材の指針案を統合する形で，1993年に「高炉スラグ骨材コンクリート施工指針」として発刊した．

前指針の発刊から25年以上を経て発刊されるこの指針（案）は，特に高炉スラグ細骨材に着目したものである．最近の研究では，高炉スラグ細骨材の反応性を積極的に利用することで，劣化に対する抵抗性および物質の透過に対する抵抗性が極めて高いコンクリートが製造できることが明らかとなっている．高炉スラグ細骨材を用いてコンクリート構造物を構築することは，建設産業および鉄鋼産業が環境に与える負荷を低減するだけでなく，構造物の耐久性向上に大きく貢献するものである．

また，近い将来の生産年齢人口の減少に対応するための施工の合理化の観点から，構造物の品質を落とすことなく生産性を向上させる技術として，プレキャストコンクリート製品を用いて構造物を構築する技術に注目が集まっている．プレキャストコンクリート製品の活用は，車線規制を伴う高速道路の床版取替工事等，持続可能で強靱な国土と質の高いインフラストラクチャーの整備において必須である．

このような経緯を受け，土木学会コンクリート委員会では,「SIP対応高炉スラグ細骨材を用いたプレキャストコンクリート部材に関する研究小委員会」を発足させ，社会のため，人々のために，真に役立つ指針の刊行に向け，河野広隆京都大学教授に委員長をご担当頂いた次第である．委員会名にあるSIPは,「戦略的イノベーション創造プログラム」の略称で，真に重要な社会的課題や日本経済再生に寄与できるような世界を先導する11課題に取り組む国家プロジェクトである．このうち，藤野陽三博士をプログラムディレクターとする「インフラ維持管理・更新・マネジメント技術」においては，構造材料・劣化機構・補修・補強技術，情報・通信技術，点検・モニタリング・診断技術，ロボット技術を横断的に繋げ，構造物のアセットマネジメント技術を構築することを課題に研究開発が行われてきた．この指針（案）が対象とする高炉スラグ細骨材を用いたプレキャストコンクリート製品の社会実装は，このSIPで取り組まれた研究開発課題の一つである．

最後に，この指針（案）が，コンクリート構造物の長寿命化に貢献し，多くの技術者にとって役立つことを祈念致します．また末筆ながら，この指針の作成にご尽力頂いた委員各位に深く感謝致します．

平成31年3月

土木学会　コンクリート委員会
委員長　前川　宏一

序

我が国のこれまでの社会資本整備においてコンクリートは極めて大きな役割を果たしてきた．さまざまな材料，配合，施工法を組み合わせることにより，また，設計・施工に関する技術の進歩によって，社会のニーズにあった多種多様な構造物を構築してきた．近年では品質保証，耐久性の向上，長寿命化，環境負荷低減などが特に求められている．また，少子高齢化による生産年齢人口の減少や熟練技能者の減少に伴い，建設産業でも生産性の向上と新たな担い手の確保が求められている．生産性の向上のための方策の一つとして，プレキャストコンクリート製品の活用が注目されている．

このような中，2017年4月，高炉スラグ細骨材を用いたコンクリートをプレキャストコンクリート製品に適用するための性能照査方法やコンクリートの製造方法，施工方法，品質管理方法について取りまとめることを目的として，土木学会コンクリート委員会内に「SIP 対応高炉スラグ細骨材を用いたプレキャストコンクリート部材に関する研究小委員会」が設置された．この委員会は，NEDO（国立研究開発法人新エネルギー・産業技術総合開発機構），鐵鋼スラグ協会，ハレーサルト工業会，株式会社安部日鋼工業，オリエンタル白石株式会社，極東興和株式会社，ドーピー建設工業株式会社，日本高圧コンクリート株式会社，株式会社日本ピーエス，株式会社ピーエス三菱から委託を受けたものである．また，この「高炉スラグ細骨材を用いたプレキャストコンクリート製品の設計・製造・施工指針（案）」は，内閣府の戦略的イノベーション創造プログラム（SIP）の課題の一つである「インフラ維持管理・更新・マネジメント技術」の「構造材料・劣化機構・補修・補強技術の研究開発」の成果としても位置づけられるものである．

鉄の製錬時に銑鉄を製造する際に発生する高炉スラグは，これまでにコンクリートの結合材または骨材として長く使用されてきた実績がある．高炉スラグ微粉末や高炉セメントを用いたコンクリートは，塩化物イオンなどの浸透に対する抵抗性の向上や，硫酸や硫酸塩に対する抵抗性の向上，アルカリシリカ反応の抑制などの効果が得られる一方で，炭酸化が大きくなることが従来より知られている．近年の研究により，高炉スラグ細骨材や高炉スラグ微粉末を大量に用いたコンクリートは，AE 剤を用いなくても凍結融解に対して高い抵抗性が得られることが明らかとなっている．特に，高炉スラグ細骨材は，細骨材の全量に用いても，コンクリートの炭酸化を大きくすることなく，乾燥収縮やクリープを小さくし，塩化物イオンの浸透に対する抵抗性や硫酸の侵食に対する抵抗性を改善する．高炉スラグを用いることで環境負荷低減と高い耐久性を併せ持つコンクリート構造物を構築することが可能である．

高炉スラグ細骨材は，全国11の製造所で製造されており，JIS A 5011-1 に適合する高炉スラグ細骨材を入手することができる．しかしながら，JIS A 5011-1 に適合する高炉スラグ細骨材を用いたとしても，同じ品質のコンクリートが得られるとは限らず，非晶質で反応性の高い高炉スラグ細骨材ほど，コンクリートの塩化物イオンの浸透に対する抵抗性や硫酸の侵食に対する抵抗性等を改善することができる．本研究小委員会では，非晶質で反応性の高い高炉スラグ細骨材を確認するための試験方法として，JSCE-C 507 および JSCE-C 508 の二つの土木学会規準を制定した．プレキャスト製品の製造者は，これらの試験方法を用い，高炉スラグ細骨材に求める品質を高炉スラグ細骨材の製造者に示し，要求した品質の高炉スラグ細骨材が入荷していることを確認することで，高い品質のコンクリートを安定して製造することが可能となる．

コンクリートの品質は，使用材料や配合，製造方法，養生条件だけでなく，品質管理の影響を大きく受ける．高炉スラグ細骨材が持つ特長をより発揮させるためには，品質管理体制が整った工場でコンクリートを製造する必要がある．この指針（案）では，高炉スラグ細骨材を用いたコンクリートによりプレキャスト製品を製造し，それを用いて構造物を構築する上で必要な留意点を示すとともに，RC 部材ならびに PC 部材の型式検査の例および施工実績等を付録として示した．この指針（案）が，高炉スラグ細骨材を用いたコンクリートおよびプレキャストコンクリート製品の普及に貢献することを切に期待する．

なお，この指針（案）の作成にあたって終始ご尽力をいただいた各部会の主査および副査，ならびに委員各位に厚く御礼申し上げるとともに，付録の作成にご協力いただいた企業各社に対し感謝の意を表する次第である．

平成 31 年 3 月

土木学会　コンクリート委員会
SIP 対応高炉スラグ細骨材を用いたプレキャスト
コンクリート部材に関する研究小委員会
委員長　河野　広隆

土木学会 コンクリート委員会 委員構成

（平成 29 年度・平成 30 年度）

顧　問　石橋 忠良　　魚本 健人　　阪田 憲次　　丸山 久一

委員長　前川 宏一

幹事長　小林 孝一

委　員

△綾野 克紀	○石田 哲也	○井上 晋	○岩城 一郎	○岩波 光保	○上田 多門
○宇治 公隆	○氏家 勲	○内田 裕市	○梅原 秀哲	梅村 靖弘	遠藤 孝夫
○大内 雅博	大津 政康	大即 信明	岡本 享久	春日 昭夫	△加藤 佳孝
金子 雄一	○鎌田 敏郎	○河合 研至	○河野 広隆	○岸 利治	木村 嘉富
△齊藤 成彦	○佐伯 竜彦	○坂井 悦郎	△坂田 昇	佐藤 勉	○佐藤 靖彦
○下村 匠	須田久美子	○武若 耕司	○田中 敏嗣	○谷村 幸裕	○土谷 正
○津吉 毅	手塚 正道	土橋 浩	鳥居 和之	○中村 光	△名倉 健二
○二羽淳一郎	○橋本 親典	服部 篤史	○濱田 秀則	原田 修輔	原田 哲夫
○久田 真	○平田 隆祥	○本間 淳史	福手 勤	○松田 浩	○松村 卓郎
○丸屋 剛	三島 徹也	※水口 和之	○宮川 豊章	○睦好 宏史	○森 拓也
○森川 英典	○山路 徹	○横田 弘	吉川 弘道	六郷 恵哲	渡辺 忠朋
渡邉 弘子	○渡辺 博志				

（五十音順，敬称略）

○：常任委員会委員

△：常任委員会委員兼幹事

※：平成 30 年 9 月まで

土木学会　コンクリート委員会

SIP 対応高炉スラグ細骨材を用いたプレキャストコンクリート部材に関する研究小委員会　委員構成

委員長　河野　広隆　京都大学

幹事長　上野　　敦　首都大学東京

幹　事

綾野　克紀　岡山大学
浦野　真次　清水建設㈱
上東　　泰　中日本高速道路㈱
佐川　康貴　九州大学
佐藤　靖彦　早稲田大学
田中　泰司　金沢工業大学
檀　　康弘　日鉄住金高炉セメント㈱
羽原　俊祐　岩手大学
濱田　　譲　ｼﾞｪｲｱｰﾙ西日本ｺﾝｻﾙﾀﾝﾂ㈱
皆川　　浩　東北大学

委　員

青木　優介　木更津工業高等専門学校
芦塚憲一郎　西日本高速道路㈱
井手　一雄　㈱フジタ
小川　洋二　太平洋セメント㈱
尾上　幸造　熊本大学
岸　　利治　東京大学
蔵重　　勲　(一財)電力中央研究所
坂井　吾郎　鹿島建設㈱
齊藤　和秀　竹本油脂㈱
高橋　良輔　秋田大学
高谷　　哲　京都大学
竹田　宣典　広島工業大学
田中　博一　清水建設㈱
谷口　秀明　三井住友建設㈱
千々和伸浩　東京工業大学
土谷　　正　BASF ジャパン㈱
中村　英佑　(国研)土木研究所
二戸　信和　㈱デイ・シイ
藤井　隆史　岡山大学
橋本　勝文　京都大学
橋本　親典　徳島大学
舟橋　政司　前田建設工業㈱
丸屋　　剛　大成建設㈱
吉澤　千秋　JFE ミネラル㈱
ｴﾗｸﾈｽ ﾖｶﾞﾗｼﾞｬ　北海道大学

委託者側委員

髙橋　克則　JFE スチール㈱
山越　陽介　新日鐵住金㈱
森　英一郎　神鋼スラグ製品㈱
片山　　強　㈱ヤマウ
金輪　岳男　ケイコン㈱
柄澤　英明　鶴見コンクリート㈱
河金　　甲　極東興和㈱
細谷　多慶　ランデス㈱
横尾　彰彦　ジオスター㈱
小野塚豊昭　日本高圧コンクリート㈱
國富　康志　㈱安部日鋼工業
栗原　勇樹　㈱日本ピーエス
鈴木　雅博　㈱ピーエス三菱
俵　　道和　オリエンタル白石㈱
二井谷教治　オリエンタル白石㈱
村井　弘恭　ドーピー建設工業㈱

指針作成 WG

主　査　佐川　康貴　九州大学
副　査　綾野　克紀　岡山大学
副　査　上東　　泰　中日本高速道路㈱

委　員

上野　　敦　首都大学東京
浦野　真次　清水建設㈱
佐藤　靖彦　早稲田大学
田中　泰司　金沢工業大学
檀　　康弘　日鉄住金高炉セメント㈱
羽原　俊祐　岩手大学
濱田　　譲　ジェイアール西日本コンサルタンツ㈱
皆川　　浩　東北大学
柄澤　英明　鶴見コンクリート㈱
高橋　克則　JFE スチール㈱
二井谷教治　オリエンタル白石㈱
細谷　多慶　ランデス㈱

骨材品質 WG

主　査　羽原　俊祐　岩手大学
副　査　檀　　康弘　日鉄住金高炉セメント㈱
副　査　高橋　克則　JFE スチール㈱

委　員

小川　洋二　太平洋セメント㈱
齊藤　和秀　竹本油脂㈱
二戸　信和　㈱デイ・シイ
吉澤　千秋　JFE ミネラル㈱
鈴木　雅博　㈱ピーエス三菱
金輪　岳男　ケイコン㈱
森　英一郎　神鋼スラグ製品㈱
山越　陽介　新日鐵住金㈱

設計 WG

主　査　佐藤　靖彦　早稲田大学
副　査　田中　泰司　金沢工業大学
副　査　二井谷教治　オリエンタル白石㈱

委　員

芦塚憲一郎　西日本高速道路㈱
尾上　幸造　熊本大学
高橋　良輔　秋田大学
高谷　　哲　京都大学
千々和伸浩　東京工業大学
橋本　勝文　京都大学
丸屋　　剛　大成建設㈱
小野塚豊昭　日本高圧コンクリート㈱
栗原　勇樹　㈱日本ピーエス
横尾　彰彦　ジオスター㈱

製造 WG

主　査　上野　　敦　首都大学東京
副　査　浦野　真次　清水建設㈱
副　査　柄澤　英明　鶴見コンクリート㈱

委　員

青木　優介　木更津工業高等専門学校
齊藤　和秀　竹本油脂㈱
竹田　宣典　広島工業大学
土谷　　正　BASF ジャパン㈱
藤井　隆史　岡山大学
橋本　親典　徳島大学
舟橋　政司　前田建設工業㈱
俵　　道和　オリエンタル白石㈱
村井　弘恭　ドーピー建設工業㈱

品質管理・検査 WG

主　査　皆川　　浩　東北大学
副　査　濱田　　譲　ｼﾞｪｲｱｰﾙ西日本ｺﾝｻﾙﾀﾝﾂ㈱
副　査　細谷　多慶　ランデス㈱

委　員

井手　一雄　㈱フジタ
岸　　利治　東京大学
藏重　　勲　(一財)電力中央研究所
坂井　吾郎　鹿島建設㈱
田中　博一　清水建設㈱
谷口　秀明　三井住友建設㈱
中村　英佑　(国研)土木研究所
ｴﾗｸﾈｽ ﾖｶﾞﾗｼﾞｬ　北海道大学
片山　　強　㈱ヤマウ
河金　　甲　極東興和㈱
國富　康志　㈱安部日鋼工業

コンクリートライブラリー155
高炉スラグ細骨材を用いたプレキャストコンクリート製品の設計・製造・施工指針（案）

目　　次

本　　編

規　準

付　　録

高炉スラグ細骨材を用いたプレキャストコンクリート製品の設計・製造・施工指針（案）

1章　総　　則

1.1　一　　般

（1）　この指針（案）は，高炉スラグ細骨材を用いたコンクリートを用いて，所要の性能を満足する規格化されたプレキャストコンクリート製品の製造およびそれを用いた構造物の構築に関して必要な事項を示す．

（2）　プレキャストコンクリート製品を用いた構造物の構築は，構造物の計画，設計および施工の各段階で，高炉スラグ細骨材を用いたコンクリートの特性を考慮し実施する．

（3）　この指針（案）に示されていない事項は，コンクリート標準示方書によるものとする．

【解　説】　（1）について　鉄の製造時に発生するスラグは大きく分けて，鉄鉱石から銑鉄を製造する際に発生する高炉スラグと，粗鋼を精錬する際に発生する製鋼スラグに分けられる．2017年度の高炉スラグの製造量は，約2 300万トンであった．高炉スラグの水砕率は，84.4%と高く，水砕スラグの87.9%が国内および海外でセメント用材料として用いられている．高炉スラグの建設材料としての利用の歴史は古く，高炉セメントの規格が制定されたのは1925年（大正14年）である．その後，高炉スラグ粗骨材の規格が1977年（昭和52年）にJIS A 5011として，また，1981年（昭和56年）に，高炉スラグ細骨材の規格がJIS A 5012として制定された．高炉スラグ細骨材および粗骨材のJISは，1997年（平成9年）にJIS A 5011-1「コンクリート用スラグ骨材ー第1部：高炉スラグ骨材」に統合された．なお，高炉スラグ微粉末（以下，GGBSと呼ぶ）は，1995年（平成7年）にJIS A 6206「コンクリート用高炉スラグ微粉末」が制定されている．また，土木学会からも1978年に「高炉スラグ砕石コンクリート設計施工指針（案）」が，また，1983年に「高炉スラグ細骨材を用いたコンクリートの設計施工指針（案）」が発刊され，これらの改訂版である「高炉スラグ骨材コンクリート施工指針」が1993年に発刊されている．このように，高炉スラグは，コンクリートの結合材および骨材として長く使用されてきた実績がある．海外でも，結合材や細骨材としてのニーズが高まっており，現在，製造量の4割にあたる約1 000万トンの高炉スラグが，東南アジアをはじめとする多くの国々に輸出されている．

これまで高炉スラグ細骨材（以下，BFS と呼ぶ）は，普通骨材の代替，資源循環，または，グリーン購入法の特定調達品目に指定されていることを理由に用いられてきた．しかし，最近の研究および開発によって，細骨材に BFS を用い，適切な条件で製造されたコンクリートは，AE 剤を用いることなく凍結融解作用に対して高い抵抗性が得られ，乾燥収縮によるひび割れが少なく，塩化物イオンの浸透にも高い抵抗性をもち，かつ，硫酸による侵食に対しても高い抵抗性を得ることが可能であることが明らかとなっている．高炉は品質の安定した銑鉄を効率よく製造することが主な役割であるため，高炉スラグの品質も安定した管理がなされている．品質の安定した BFS を用いることで，コンクリートの性能が向上し，環境負荷低減だけでなく，高い耐久性をもったコンクリート構造物の構築が可能となる．

スラグ骨材を用いる上で注意を要するのは，その環境安全品質であるが，JIS A 5011-1 を満足する BFS であれば，細骨材の全てに BFS を用いても問題になることはない．環境安全型式検査では，8 つの化学物質に対して溶出量および含有量を試験することになっているが，カドミウム，ひ素および水銀は沸点が低く，高炉内で蒸発するために高炉スラグにほとんど混入することがなく，鉛と六価クロムは鉄鉱石，石炭等の製鉄原料にほとんど含まれないため，これらも高炉スラグにほとんど混入することがない．そのため，これら 5 つの化学物質は試験を実施しても定量下限未満にしかならず，環境安全受渡検査の対象からも外されている．また，環境安全受渡検査で対象とされている 3 つの化学物質においても，セレンが含有量試験および溶出量試験で検出される BFS を製造している工場はほとんどない．ほう素は，含有量試験で検出される場合があるが，その場合でも，安全品質基準値の 10 分の 1 以下であり，溶出量試験では検出されることはほとんどない．唯一，ふっ素は，含有量試験および溶出量試験で検出されることがあるが，コンクリートに用いた場合には，ふっ素が検出されることはない．このように，JIS A 5011-1 に適合する BFS である限り，BFS 単体で環境安全品質基準は満足しており，さらに，それを用いたコンクリートの環境安全品質は，極めて高いものになっている．

コンクリートの品質は，使用材料や配合だけでなく，製造方法や養生条件等の影響を強く受ける．BFS を用いたコンクリート（以下，BFS コンクリートと呼ぶ）は，品質管理が標準化されたプレキャストコンクリート製品の製造工場で製造されることで，安定した目標どおりの品質を期待できる．また，プレキャストコンクリート製品（以下，プレキャスト製品と呼ぶ）を用いることにより，現場の労働環境の改善，省力化，工期短縮，構造物の品質の向上等の効果が期待できる．

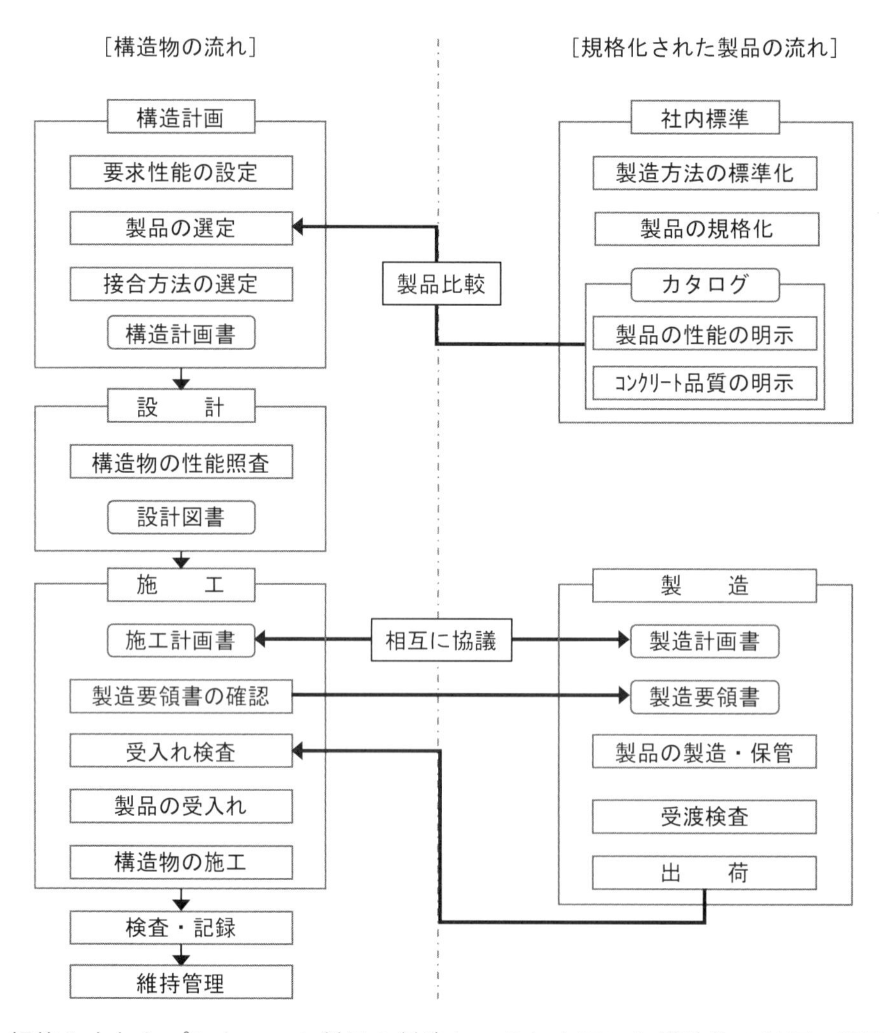

解説 図 1.1.1 規格化されたプレキャスト製品の製造と，それを用いた構造物の計画，設計，施工および維持管理の流れ

（2）について　この指針（案）は，BFS を用いたコンクリートによって高い耐久性をもつプレキャスト製品を製造し，そのプレキャスト製品を用いて，設計図書に示される構造物を構築する方法を示している．この指針（案）で対象とするプレキャスト製品は，品質管理体制の整った工場において規格化されたものである．なお，「規格化されたプレキャスト製品」とは，定められた製造仕様に従って製造されたプレキャスト製品が，設計書どおりに製造されていることを試験によって確認し，さらに，その製造仕様が社内規格に標準化されているものを指す．また，構造物は，**解説 図 1.1.1** に示すように，構造計画の段階から規格化されたプレキャスト製品を用いることが前提となっているものを対象としている．

（3）について　この指針（案）は，示方書に準拠したものであり，BFS コンクリートによるプレキャスト製品で，コンクリート構造物を構築する際の計画，設計，施工に特有な事項以外のコンクリート構造物に共通する事項については，コンクリート標準示方書（以下，示方書と呼ぶ）によっている．なお，この指針（案）で引用している示方書，JIS 等は，指針発行時の最新のものとする．

1.2　用語の定義

この指針（案）で用いる用語を，次のように定義する．

普通細骨材：細骨材として用いる砂および砕砂の総称．

普通粗骨材：粗骨材として用いる砂利および砕石の総称．

高炉水砕スラグ：高炉で銑鉄を製造する際に生成する溶融スラグを水によって急冷したもの．

高炉スラグ細骨材：高炉水砕スラグを，軽破砕し，粒度，粒形を磨砕加工によって整え，必要に応じて固結防止材が添加されたもの．（略記：BFS（granulated Blast Furnace slag Sand））

高炉スラグ微粉末：高炉水砕スラグを粉砕し，微粉末の粒径にしたもの．また，必要に応じて，これに石こうを添加したもの．（略記：GGBS（Ground Granulated Blast-furnace Slag））

BFS 混合率：コンクリート中の細骨材全量に占める BFS の混合割合．

BFS コンクリート：細骨材の全てまたは一部に BFS を用いたコンクリート．

環境安全型式検査：BFS が環境安全品質を満足するものであるかを判定するための検査．

環境安全受渡検査：環境安全型式検査に合格したものと同じ製造条件の BFS の受渡しの際に，その環境安全品質を保証するために行う検査．

港湾用途：BFS コンクリートを用いた構造物等の用途のうち，海水と接する港湾の施設またはそれに関係する施設で半永久的に使用され，解体，再利用されることのない用途．

一般用途：BFS コンクリートを用いた構造物または製品の用途のうち，港湾用途を除いた一般的な用途．港湾に使用する場合であっても再利用を予定する場合は，一般用途として取り扱う．

プレキャストコンクリート製品：最終的に使用される場所以外で製造されたコンクリート製品．この指針（案）では，プレキャスト製品と呼ぶ．

プレキャスト工法：プレキャスト製品を部材の一部または全てに用い，後から打ち込むコンクリート等によって一体化させて構造物を構築する工法．

性　　能：構造物，プレキャスト製品，コンクリートがなしうる能力．その特定の能力を指す場合と，その特定の能力を最大値や平均値等，定量的に有効な値を用いて示す場合がある．

品　　質：構造物，プレキャスト製品，コンクリートが有する特性．性能に加えて，そのばらつきも含めて表す．

劣化に対する抵抗性：コンクリートの経時的な性能の変化に対する抵抗性.
物質の透過に対する抵抗性：鋼材を腐食から保護するためにコンクリートに求められる物質の透過に対する抵抗性.
検　　査：品質があらかじめ定めた判定基準に適合しているか否かを判定する行為.
品質管理：使用の目的に合致したコンクリート構造物を経済的に造るために，設計，施工および製造のあらゆる段階で行う品質確保のための効果的で組織的な技術活動.
型式検査：繰返しの製造が始まる前に，プレキャスト製品に要求する性能を満たすように，製造者が設計等により仕様を定め，その仕様で造られる製品が，要求する性能を満足していることを試験等によって確認する検査.
最終検査：繰返しの製造に入った後に，製造者が，品質保証のために実施するプレキャスト製品の検査.
受渡検査：繰返しの製造に入った後に，プレキャスト製品の受渡しにおいて，必要と認める特性が満足するものであることを判定するための検査.
受入れ検査：施工現場でプレキャスト製品を受け入れる際に，施工者によって行われる検査.
保 証 値：プレキャスト製品の製造者が，プレキャスト製品およびその製造に用いるBFSコンクリートの性能に対して保証する値.

【解　説】　普通細骨材について　この指針（案）では，川砂，山砂，海砂等の砂や砕砂を総称して，普通細骨材と呼ぶ.

普通粗骨材について　この指針（案）では，川砂利に代表される天然産の各種の砂利や砕石を総称して，普通粗骨材と呼ぶ.

BFSについて　高炉スラグ（granulated blast furnace slag）をBFSと呼ぶ場合もあるが，この指針（案）では，JIS A 5011-1の呼び方に従い，高炉スラグ細骨材をBFSと呼ぶ．なお，JIS A 5011-1では，高炉スラグ粗骨材の呼び方はBFGである．高炉水砕スラグは，高炉から取り出されたばかりの約1 500℃の溶融状態のスラグに加圧水を噴射して，急冷して製造される．この高炉水砕スラグを軽破砕し，粒度，粒形を磨砕加工等によって整え，必要に応じて固結防止材が添加されたものがBFSである．水砕スラグのうち粒子の気孔が少なく，緻密なものを硬質水砕スラグ（hard granulated slag）と呼び，気孔が多く軽いものを軟質水砕スラグ（軽量水砕スラグ，soft granulated slag）と呼ぶことがある．硬質と軟質の水砕スラグは，溶融スラグの温度，水量，水圧等の製造時の条件を操作することにより作り分けられている．一般に，硬質水砕スラグは関東地方のコンクリート用細骨材として，また，軟質水砕スラグはセメント原料，土工用材，肥料および西日本地方のコンクリート用細骨材として利用されている．BFSは，従来は，普通骨材の代替品として用いられてきた．細目の陸砂の資源に富む関東地方では，砂の粗粒分を補う材料としてBFSの需要が高かったため，軟質水砕スラグに比べ，冷却速度を緩やかとした粗目の硬質水砕スラグが用いられてきた．これに対して，海砂が多く使われてきた西日本地方では，水洗いによる除塩によって洗い流された海砂の細粒分を補うために，細目のBFSが用いられてきた．細目のBFSは，軟質水砕スラグから製造される．軟質水砕スラグは，硬質水砕スラグよりも，スラグの状態では，粒子の気孔が多いが，それを軽破砕し，磨砕加工されたBFSは，硬質水砕スラグより製造されたBFSよりも吸水率は低く，絶乾密度は高くなる．硬質水砕スラグは，普通細骨材と比較すると，その水和反応性によって，コンクリートの性能が改善するが，高炉スラグ微粉末や高炉セメントの原料となる軟質水砕スラグより製造されたBFSは，さらに，その効果が高い.

BFS混合率について　細骨材の全量に対するBFS量の体積比を百分率で表した値．ただし，BFSと密度の差の小さい普通細骨材との混合においては，簡易的に質量比で表してよい．

環境安全型式検査について　JIS A 5011-1 で定義されている用語であり，高炉スラグをコンクリート用骨材として使用するために粒度調製等の加工を行った後，物理的，化学的性質ならびに粒度，微粒分量等が要求品質を満足することが確認されたBFSが，環境安全品質を満足するかを判定するための検査である．試料には，適切な試料採取方法で採取されたBFSが用いられる．

環境安全受渡検査について　JIS A 5011-1 で定義されている用語であり，環境安全型式検査に合格したものと同じ製造条件のBFSの受渡しの際に，その環境安全品質を保証するために行う検査である．試料には適切な試料採取方法で採取されたBFSが用いられる．

一般用途および港湾用途について　JIS A 5011-1 で定義されている用語であり，BFSを用いるコンクリート構造物等の用途を表す．環境安全品質基準が一般用途と港湾用途で異なり，一般用途の場合には重金属類の溶出量および含有量に関する基準を，港湾用途の場合には溶出量に関する基準を満足しなければならない．

プレキャストコンクリート製品およびプレキャスト工法について　この指針（案）で対象とするプレキャストコンクリート製品は，工場の製造設備によって，BFS コンクリートを用いて製造された工場製品で，構造部材として構造物に組み込まれるコンクリート製品を対象とする．プレキャスト工法は，BFS コンクリートの使用に関係無く，プレキャスト製品を用いて構造物を構築する工法を指す．なお，この指針（案）では，プレキャストコンクリート製品をプレキャスト製品と呼ぶ．

性能および品質について　JIS A 5362「プレキャストコンクリート製品－要求性能とその照査方法」では，構造物又は製品が，その目的や機能を発揮する能力を性能と定義し，構造物又は製品に備わっている特性の集まりが，要求される性能を満たす程度を品質と定義している．この指針（案）においても，構造物，プレキャスト製品，コンクリートに係わらず，定量的に有効な値で示せる製品の能力を対象とする場合は性能と呼び，性能とそのばらつきの両方を対象とする場合は品質と呼ぶ．

劣化に対する抵抗性について　この指針（案）では，凍結融解作用および硫酸侵食に対する抵抗性を，それぞれ，凍結融解抵抗性および硫酸に対する抵抗性と呼ぶ．

物質の透過に対する抵抗性について　この指針（案）では，二酸化炭素による中性化および塩化物イオンの浸透に対する抵抗性を，それぞれ，中性化に対する抵抗性および塩化物イオン浸透に対する抵抗性と呼ぶ．

検査および品質管理について　プレキャスト製品の品質管理は，あらかじめ社内標準に定められた要求事項を満たしていることを確認する行為で，品質保証の一部とする．検査は，異状や悪い所がないかを，判定基準を基に判断する行為で，検査項目，検査の目的，検査の実施者，試験方法，試験頻度がともに示されているものを指す．

型式検査，最終検査および受渡検査について　プレキャスト製品の型式検査，最終検査および受渡検査は，プレキャスト製品の品質保証のために，製造者が行う検査である．型式検査では，繰返しの製造が始まる前に，プロトタイプを試験するなどして，要求する性能を満足することを確認する．JIS A 5365「プレキャストコンクリート製品－検査方法通則」では，プレキャスト製品の型式検査については触れないとしているが，JIS Q 1012「適合性評価－日本工業規格への適合性の認証－分野別認証指針（プレキャストコンクリート製品）」では，JIS A 5373 附属書 E の「推奨仕様 E-1 プレストレストコンクリートくい」の性能は，型式検査の試験成績表によって確認することになっている．最終検査および受渡検査は，繰返しの製造が始まってから行われる検査で，最終検査は，製品の製造者が，製品の外観，性能，形状および寸法を検査項目とし実施する．検査ロットの大きさは，製品の特性，製造方法，製造数量，製造期間，受注数量等を考慮し，製造者が定める．受渡検査では，製品の外観，形状および寸法を検査項目とする．検査ロットの大きさおよび抜取方式は，受渡当事者間の協議によって，購入者が定める．ただし，受渡検査は，受渡当事者間の協議によって省略することができる．なお，JIS Q 1012 では，JIS 認証を受ける製品の製造工場は，型式検査に関する試験は外部に依頼してもよいが，最終検査および受渡検査に係る試験設備は，必ず保有することになっている．

受入れ検査について　プレキャスト製品の受入れ検査は，施工現場に搬入されたプレキャスト製品に対して，施工者が行う検査で，プレキャスト製品の運搬中に使用上有害な，きず，ひび割れ，欠け，反り，ねじれ（板状製品の場合）等が生じていないことを確認する．また，受入れ検査では，プレキャスト製品に検査済みの表示や製品の特性に基づく記号の表示があることを確認し，受渡検査に合格したプレキャスト製品が誤納なく入荷されていることを確認する．

保証値について　プレキャスト製品の曲げひび割れ耐力，終局曲げ耐力，せん断ひび割れ耐力，せん断破壊耐力，軸方向圧縮に対するひび割れ耐力，内水圧に対するひび割れ耐力等の性能，および BFS コンクリートの圧縮強度，ヤング係数，乾燥収縮ひずみ，塩化物イオンの見掛けの拡散係数，中性化速度係数等の品質に対して，製造者がカタログ，ミルシートおよび配合計画書等に記載して保証する値．なお，BFS コンクリートの品質の保証値に関しては，製造が統計的管理状態となったことが確認された後に，製品と同一の養生（以下，製品同一養生と呼ぶ）を行った供試体により求めた試験値を基に定める．

1.3　JIS との対応

（1）　プレキャスト製品の呼び方および表示は，JIS A 5361「プレキャストコンクリート製品－種類，製品の呼び方及び表示の通則」に従い実施する．

（2）　プレキャスト製品の性能照査は，JIS A 5362「プレキャストコンクリート製品－要求性能とその照査方法」に従い実施する．

（3）　プレキャスト製品の性能試験は，JIS A 5363「プレキャストコンクリート製品－性能試験方法通則」および JIS A 5371「プレキャスト無筋コンクリート製品」，JIS A 5372「プレキャスト鉄筋コンクリート製品」，JIS A 5373「プレキャストプレストレストコンクリート製品」に規定される試験方法に従う．

（4）　BFS コンクリートを用いたプレキャスト製品が JIS 認証を受ける場合は，JIS A 5364「プレキャストコンクリート製品－材料及び製造方法の通則」に従う．

（5）　プレキャスト製品の検査は，JIS A 5365「プレキャストコンクリート製品－検査方法通則」および JIS A 5371，JIS A 5372，および JIS A 5373 に規定される製品ごとの検査方法により実施する．

（6）　プレキャスト無筋コンクリートの I 類製品は，JIS A 5371 の推奨仕様に従い製造する．

（7）　プレキャスト鉄筋コンクリートの I 類製品は，JIS A 5372 の推奨仕様に従い製造する．

（8）　プレキャストプレストレストコンクリートの I 類製品は，JIS A 5373 の推奨仕様に従い製造する．

【解　説】　（1）について　BFS コンクリートを用いたプレキャスト製品には，リサイクル材料を使用していることを示す記号および含有量の表示方法については規格された JIS Q 14021「環境ラベル及び宣言－自己宣言による環境主張（タイプ II 環境ラベル表示）」に準じて，**解説 図 1.3.1** を例に，使用している BFS の呼び方と使用量を消えない方法によって表示しなければならない．

また，製品には，**解説 表 1.3.1** に示される例を参考に，その特性を示す記号を表示する．なお，これらの記号が表示できる製品は，**付録 I** に示される標準仕様に従って製造されたコンクリートと同程度かそれ以上の性能が認められる BFS コンクリートとする．**解説 写真 1.3.1** に特性を示す記号の表示の例を示す．

BFS2.5 100%

解説 図1.3.1 JIS Q 14021に基づく表示の例（BFS2.5を細骨材の100%用いた場合）

解説 表1.3.1 製品の特性に基づく記号の例

製品に用いているBFSコンクリートの性能	記号の表示例
AE剤を用いて凍結融解作用に対して高い抵抗性がある.	AE
Non-AEで凍結融解作用に対して高い抵抗性がある.	HRFT （High Resistance to Freezing and Thawing の略）
スケーリング量が少ない.	HRSS （High Resistance to Scaling of concrete Surface の略）
硫酸に対する抵抗性が高い.	HRSA （High Resistance to Sulfuric acid Attack の略）
塩化物イオン浸透に対する抵抗性が高い.	HRCL （High Resistance to penetration of Chloride ion の略）
中性化に対する抵抗性が高い.	HRCA （High Resistance to Carbonation の略）
乾燥収縮ひずみが小さい.	HRDS （High Resistance to Deformation by Shrinkage の略）

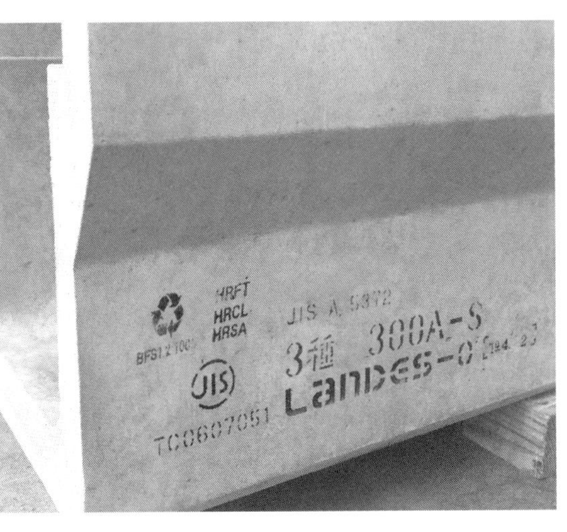

解説 写真1.3.1 特性を示す記号の表示の例

（2）および（3）について　製造者は，プレキャスト製品の使用性，安全性，耐久性，施工性等の性能に対して，適切な指標および方法を用いて設計する．性能の指標には，JIS A 5362に示されるものの他に，購入者の同意が得られる，定量的な評価が行えるものを必要に応じて選定する．設計では，性能の指標に対する設計限界値を設定するとともに，その妥当性を検証した結果を残す．また，購入者の求めに応じて，それらの結果を示すことができるように，技術文書としてまとめる．プロトタイプを用いて製品の性能を試験によって確認する場合は，力学的な性能に関しては，JIS A 5363，および JIS A 5371，JIS A 5372，JIS A 5373に規定される製品ごとの性能試験方法に従う．

（4）について　BFS コンクリートを用いたプレキャスト製品に対して，JIS 認証を受ける場合には，JIS A 5364「プレキャストコンクリート製品－材料及び製造方法の通則」に示される仕様を守らなければならない．すなわち，コンクリートに使用する材料は，品質の確認されたものであって，かつ，JIS に適合する材料を用いなければならない．

（5）について　プレキャスト製品の最終検査は，製造者の責任において実施する．プレキャスト製品の受渡検査の方法は，購入者と製造者が協議し，その結果をプレキャスト製品の製造計画書に記載し，構造物の施工計画書に反映させる．受渡検査の方法には，検査の項目，試験の方法，検査ロットの大きさ（頻度）および合否判定基準を定める．また，受渡検査で不適合品となった検査ロットのプレキャスト製品については，あらかじめ購入者と製造者の間で協議し，購入者が不適合品が出た検査ロットのプレキャスト製品の取扱いを定める．たとえば，検査ロットのプレキャスト製品の数が 10 個であるとし，受渡検査で不合格になった場合，その受渡検査の後の 10 個のプレキャスト製品が不適合品の扱いとなるのか，もしくは，受渡検査までの 10 個のプレキャスト製品が不適合品の扱いとなるのかは，事前に協議をしておかなければならない．なお，購入者が施工者の場合は，構造物の発注者が不適合品となった検査ロットの製品の取扱いを定める．

（6），（7）および（8）について　I 類のプレキャスト製品は，製品ごとに定められた推奨仕様に従って製造する．推奨仕様のない II 類のプレキャスト製品は，製造者が，外観に関する品質，製品の性能，形状，寸法，寸法の許容差，使用材料および製品の検査方法等を定め，製品の製造方法の標準を社内規格に示す．社内規格に標準化された製品が採択されたときに，製造者は，施工者が作成する施工計画書に記載するプレキャスト製品の製造計画書および運搬計画書を，施工者とともに作成し，工事監理者の確認を得る．さらに，製造者は，プレキャスト製品の製造に先立って作成する製造要領書を，製造計画書と社内規格に標準化された製造方法に従って作成し，購入者（または工事の発注者）に確認を求める．プレキャスト製品の製造は，この製造要領書に従って行う．なお，社内規格にない異なる寸法の製品を製造する場合等には，標準のものからの変更事項が適切であることを，購入者と文書により相互に確認し，製造計画書で互いに合意する．

1.4　プレキャスト製品を用いる構造物の構造計画

（1）　構造計画では，プレキャスト製品を用いた構造物が，設計耐用期間にわたり，安全性，使用性および復旧性等の所要の性能を確保できることを検討する．

（2）　構造計画では，プレキャスト製品を用いた構造物の性能が発揮されるように，接合部の品質および接合に必要なプレキャスト製品の品質を検討し，接合方法を定める．

（3）　構造計画では，プレキャスト製品を用いた構造物の性能を確保できる使用材料，施工方法，維持管理の方法のほか，環境性および経済性を検討する．

【解　説】　（1）および（2）について　この指針（案）は，現場打ちコンクリートではなく，プレキャスト製品を用いて構造物を構築することが採用されたことを前提としている．

構造物が，設計耐用期間中，安全性と使用性を満足するように，環境の作用に対して材料の劣化が生じないか，あるいは，軽微な範囲に留まるようなプレキャスト製品を選定するのが基本である．ただし，環境の作用が極めて厳しく，プレキャスト製品の設計耐用期間を短く設定して，構造物を構成する部材の一部を取り替えることの方が合理的な場合もある．このような検討のために，選定の候補となるプレキャスト製品には，製品に用いられているコンクリートを含む使用材料に対して，環境の作用による経時変化の影響が適切に把握できる品質がカタログやミルシート等に示されている必要がある．構造計画を行う者は，プレキャスト製品のカタログやミルシートによって実現可能な構造物を計画するとともに，構造物が構築される現場において，同等の品質の製品が入手できることを確認する．また，プレキャスト製品の接合部は，現場で施工されることを考慮に入れて，構造物の一体性が確保できる施工方法を選定しなければならない．

構造物は，設計作用の下で，全ての構造部材が一度に断面破壊の限界状態および構造物の安定の限界状態に至ってはならない．また，構造物の安全性をより向上させるためには，一部の部材が断面破壊の限界状態に達しても，構造物全体の崩壊が生じない冗長性をもった構造とすることが望まれる．プレキャスト製品の選定と配置方法の決定に際しては，構造物としての安全性と冗長性の確保からの検討も必要である．構造物の機能と快適性に係わる使用性は，特定の部位や部材の構造特性に依存することが多い．そのため，適切な位置に接合部を設けるとともに，その位置に適した接合方法を選定する等の検討が必要である．構造物が損傷を受けた場合に補修に要する期間や工事費は，損傷の大きさだけでなく，損傷の生じた部位によっても大きく異なる．したがって，点検や補修工事が実施しやすい個所に構造物の損傷想定個所を設ける必要がある．なお，損傷想定個所が，プレキャスト製品の部分であっても接合部であっても，破壊形式が想定できるものでなければならない．

（３）について　一般に，プレキャスト製品を用いた構造物は，現場での作業が架設と接合が主体となるため，現場打ちコンクリートを用いる場合に比べ，工期の短縮，品質管理や検査の軽減等の利点がある．さらに，安定した環境で製品の製造ができることによる品質の向上，環境負荷低減や建設現場における周辺環境への影響の低減等の利点もある．また，構造計画段階で，部材の形状が規格化された製品を用いることで，施工の作業において，単純化，自動化，機械化により現場作業の省力化，省人化，安全性の向上が可能となる．ただし，プレキャスト製品を用いる場合には，輸送や架設の制約を考慮した重量や寸法を検討するとともに，その接合部は構造物や部材の性能を確保できる接合方法を検討しなければならない．また，プレキャスト製品を用いた構造物は，完成時のみならず，施工時においても，安全性等を確保する必要がある．なお，同じ形状および寸法の部材を使用することによる制約を考慮しなければならない場合もある．

工場で製造と品質管理が行われる製品部分と，現場での施工部分が，必ずしも同じ程度に劣化が進行するとは限らない．構造計画においては，供用中の維持管理が効率的に行われるように，また，対策に要する費用が極力少なくなるように，構造形式や各部位の使用材料を検討することが望ましい．厳しい環境条件下に建設される構造物で，その維持管理に多大な費用を要すると想定される場合には，構造形式や使用材料の検討とともに，コンクリートの表面処理，鋼材の防錆処理，電気防食等の対策等を検討し，維持管理費用の削減を考慮して，あらかじめ採り得る対策を想定しておくことが望ましい．

コンクリート構造物が自然や社会等の環境に与える影響を構造計画において配慮することが，社会から望まれている．BFS を天然資源の代替材に活用することにより，天然資源の節約および採取時におけるエネルギーの節約および自然環境の保全に寄与できる．BFS は，環境保全に資する材料として，既に認知されており，多くの BFS を用いたプレキャスト製品が公共工事向けグリーン購入法の特定調達品目に指定されている．日本では，2001 年 4 月に「国等による環境物品等の調達の推進等に関する法律」（グリーン購入法）が施行され，グリーン購入は国や独立行政法人の責務とされ，地方公共団体でも環境物品の調達推進に努めることになっている．さらに，環境マネジメントシステム ISO 14001 の要求事項にもグリーン購入の内容があり，ISO 14001 を取得した企業でもグリーン購入に取り組むことになっている．なお，環境性に関しては，重機が用いられるプレキャスト製品を用いたコンクリート構造物の施工では，騒音および振動により施工地点周辺の地域環境や工事従事者を取り巻く作業環境に影響が発生することへの検討も必要である．「騒音規制法」や

「振動規制法」に基づき，現場で施工管理を行うことが可能なことをあらかじめ確認しておく必要がある．
構造計画においては，経済性に優れた構造形式，部材寸法，材料等を選定することが重要である．経済性は，特に構造計画の段階でほぼ決定されることから，構造計画の段階における十分な検討が必要である．従来，構造物の経済性の検討に際しては，初期の建設コストに重点が置かれていたが，初期の建設コストだけでなく，維持管理や更新を考慮したライフサイクルコストの観点からの検討が必要となる．また，施工中における作業員や警備員の確保や人件費の高騰を考慮に入れれば，初期の建設コストも，直接工事費の比較だけでなく，共通仮設費や現場管理費等の間接工事費を含めた総額の工事費で比較が必要である．構造物の更新には，施工の制約条件にもよるが，初期の建設コスト以上のコストが必要になる場合も多い．したがって，構造計画の段階では，初期の建設コストによる評価のみならず，計画当初から将来の維持管理コストや更新コストを予測して，それらを考慮した評価を行うことが重要である．また，高耐久なプレキャスト製品においては，その耐久性が証明され，製造者が品質を保証するものには，正当な対価を設定する必要がある．

1.5　BFS コンクリートの品質の保証値

1.5.1　一　　般

（1）　BFS コンクリートの製造には，品質の確認された材料を用いる．
（2）　プレキャスト製品の製造者は，BFS コンクリートの品質のうち，責任を負う品質に対して，その目標値，保証値および標準偏差を配合計画書に明記する．
（3）　プレキャスト製品の購入者は，BFS コンクリートを用いた製品に要求する品質を製造者に示し，製造者から提示される製品の品質が，要求する品質を満足することを確認する．
（4）　プレキャスト製品を用いた構造物の設計に用いる設計値は，保証値を用いて定める．

【解　説】　（1）について　BFS コンクリートに用いる材料は，品質の確認されたものであれば，どのような材料を用いてもよい．ただし，その材料によって製造されるコンクリートの品質は，プレキャスト製品の製造者が責任を負い，保証しなければならない．プレキャスト製品の製造者は，BFS コンクリートに用いる材料の製造者または販売者に対して要求品質を明示し，要求品質どおりの材料が入荷されていることを確認する．なお，プレキャスト製品の製造者が求める使用材料の要求品質とは，JIS に適合する広い範囲のものではなく，安定した品質の BFS コンクリートを製造するために許容される狭い範囲を示したものである．
プレキャスト製品に用いる BFS コンクリートの品質は，試験室で試し練りミキサを用いて作製し，標準水中養生された供試体を用いて得られる試験値を基に定められる目標値，および実機練りミキサで製造し，製品同一養生を行った供試体より得られる試験値を基に定められる保証値および標準偏差で示す．目標値は，配合計画書に示された使用材料を用いて配合計画書に示された配合でコンクリートを製造した場合に，そのコンクリートのもつ性能を表すものである．これらの値と，実機練りミキサによって製造され，製品同一養生を行った供試体の試験値より定まる保証値との差が，製造方法および品質管理方法による影響を表している．試し練りミキサにより得られる目標値，および実機練りミキサより得られる保証値と標準偏差が配合計画書に示されていることで，プレキャスト製品の購入者は，BFS コンクリートが本来もつ性能，プレキャスト製品の製造工場における製造および品質管理体制が BFS コンクリートの品質に与える影響，および経済性等を考慮し，プレキャスト製品の購入を決定することが可能となる．

解説 表 1.5.1　配合計画書の例

製造会社・工場名		BFS2.5 100%	製品に表示する記号	
配合計画者名			AE	HRCL
納入予定時期			HRFT	HRCA
本配合の適用期間	（標準配合）		HRSS	HRDS
適用製品名			HRSA	

BFS コンクリートの品質

項目		圧縮強度 N/mm²	ヤング係数 kN/mm²	乾燥収縮ひずみ ×10⁻⁶	クリープ速度係数	拡散係数 cm²/年	中性化速度係数 mm/√年	耐久性指数	スケーリング量 g/m²	硫酸侵食速度係数 mm/(年・%)
標準水中養生	目標値									
製品同一養生	保証値									
	標準偏差									
保証値を求める材齢		日	日	日	日	日	日	日	日	日

使用材料

セメント	生産者名		種類		密度 g/cm³		Na₂Oeq %	
混和材	製品名		種類		密度 g/cm³		Na₂Oeq %	—

骨材	No.	種類	産地又は品名	ASR による区分 区分	ASR による区分 試験方法	粒径の範囲	粗粒率又は実積率	密度 g/cm³ 絶乾	密度 g/cm³ 表乾	微粒分量 %
細骨材	①	高炉スラグ細骨材		—	—	BFS○○				
	②									
	③	—	—	—	—	—	—	—	—	—
粗骨材	①	砕石		A						
	②	砕石		A						
	③	—	—	—	—	—	—	—	—	—

混和剤	①		種類		Na₂Oeq %	
	②					—

細骨材の塩化物量	① －	② %	③ %	水の区分	地下水および上水道水	目標スラッジ固形分率	－ %
回収骨材の使用方法	細骨材	－		粗骨材	－		

配合表 kg/m³

セメント	混和材	水	細骨材①	細骨材②	細骨材③	粗骨材①	粗骨材②	粗骨材③	混和剤①	混和剤②

粗骨材の最大寸法	mm	スランプ	cm	空気量	. %	水結合材比	%	細骨材率	%

養生方法

蒸気養生（行わない場合は空欄）					蒸気養生後の養生	
前置き時間	温度上昇速度	最高温度	最高温度保持時間	温度降下速度	養生方法	養生期間
hr	℃/hr	℃	hr	℃/hr	気乾・湿潤・水中	日

備　考　JIS 規格適合（JIS マーク表示）　　細骨材混合比（質量比）①100：②0，粗骨材混合比（質量比）①50：②50：③0
BFS モルタルの質量残存率 R_7：　%（JSCE-C 507），BFS モルタルの侵食深さ y_s：　mm（JSCE-C 508）

骨材の質量混合割合，混和剤の使用量については，断りなしに変更する場合がある．

【参考】2019 年土木学会制定「高炉スラグ細骨材を用いたプレキャストコンクリート製品の設計・製造・施工指針（案）」に基づく標準仕様

標準仕様における養生

蒸気養生の前置き時間	最高温度	蒸気養生後の養生方法	湿潤（水中）養生期間
2 時間以上	40℃以下	水中（湿潤）養生	7 日以上

標準仕様における配合

空気量	単位水量	水結合材比	GGBS 混合率	BFS 混合率	化学混和剤※
4.5%±1.5%	160 kg/m³ 以下	35%以下	20%以上	100%	増粘剤一液型高性能 AE 減水剤

※　増粘剤一液型高性能減水剤と AE 剤の併用および（高性能）AE 減水剤と増粘剤の併用も可

上記の標準製造仕様の範囲にあることが確認できる BFS コンクリートであれば，目標値は以下の値と見なしてよい．

ヤング係数	乾燥収縮ひずみ	塩化物イオンの見掛けの拡散係数	中性化速度係数	耐久性指数	スケーリング量
40 kN/mm²	400 ×10⁻⁶	0.2 cm²/年	0.1 mm/√年	95	100 g/m²

注記：**目標値**：試験室で試し練りミキサを用いて作製し，標準水中養生された供試体を用いて得られる試験値の平均値．
保証値：製品同一養生を行ったコンクリートで保証できる値（圧縮強度は下方規格値，それ以外は平均値），実機による試験を実施していない場合は記載しない．
標準偏差：実機による試験を実施していない場合は記載しない．
保証値を求める材齢：製品同一養生を行った供試体で，保証値を求めるために試験を行った材齢（試験が長期に及ぶものは，その試験開始時材齢）
圧縮強度：JIS A 1108，ヤング係数：JIS A 1149，乾燥収縮ひずみ：JIS A 1129-3 附属書 A，クリープ速度係数：JIS A 1157，塩化物イオンの見掛けの拡散係数：JSCE-G 572，中性化速度係数：JIS A 1153，耐久性指数：JIS A 1148（A 法），スケーリング量：JSCE-K 572，硫酸侵食：JIS A 7502-2 附属書 C による．

（2）について　プレキャスト製品の製造者が責任を負う品質は，配合計画書にその目標値，保証値および標準偏差を示すとともに，それらの値が得られた根拠を技術文書として整理し，プレキャスト製品の購入者から提示が求められた場合は，直ちに示せるように保存しておかなければならない．なお，目標値，保証値および標準偏差は，使用材料，配合，製造方法等が変更になった場合，および，これらに変更がない場合でも定期的に見直す必要がある．**解説 表 1.5.1** に配合計画書の例を示す．なお，**付録Ⅰ**に示す標準仕様を守ることで品質を保証する場合は，**付録Ⅰ**の**表3**に示される目標値を配合計画書に示すことができる．ただし，実機による試験を実施していない場合は，保証値と標準偏差を記載することはできない．また，標準仕様に従わない場合および各工場で目標値を定める場合は，試験室で試験により求めた目標値を記載する．

（３）について　プレキャスト製品を用いた構造物の設計者は，要求する性能を有する構造物が構築可能な製品を，製品のカタログやミルシート等を基に選定する．ただし，地域によっては，設計者の選定したものと同一の製品が入手できない場合が生じる．したがって，選定時には，求める性能のプレキャスト製品が入手可能であることを調査する必要がある．また，プレキャスト製品の購入者は，設計図書に示されるBFSコンクリートを用いた製品の性能に基づき，製品の製造に用いられるBFSコンクリートに対して要求する品質を提示し，それを満足するものがプレキャスト製品の製造者から提示されていることを配合計画書の保証値で確認する．保証値の根拠が必要な場合は，プレキャスト製品の製造工場が有する技術文書により確認する．要求する品質に対して，プレキャスト製品を製造する工場がその品質を保証していない場合は，配合計画書に示される使用材料，配合および製造方法の仕様から，購入者が，そのコンクリートの品質を確かめてプレキャスト製品の購入を決定する．ただし，購入者が，施工者か発注者かは請負時の契約図書による．

（４）について　プレキャスト製品の設計に用いる設計値は，配合計画書に示される保証値と材料係数により定める．配合計画書に保証値の記載のないものは，設計値を定めることはできない．なお，示方書［設計編］に示される種々の特性値を求める予測式は，示方書［施工編：施工標準］に示される標準的な施工方法によって施工されるコンクリートが前提であり，蒸気養生を行ったり，1日で脱型をし，その後湿潤養生を行わないコンクリート等には適用できない．

1.5.2　目 標 値

（１）　BFSコンクリートの性能の目標値は，室内試験で試し練りミキサによって作製された供試体より求められた試験値の平均値とする．

（２）　室内試験で用いるミキサは，実機ミキサと同形式のものを標準とし，実機ミキサの練混ぜ性能との相関を確認しておく．

（３）　BFSコンクリートの性能を試験する供試体は，各試験規格に定められた方法によって養生を行う．試験方法の規格に養生方法が定められていない場合は，材齢28日まで，20℃±3℃の水中で養生を行った後に試験を開始する．

（４）　圧縮強度試験およびヤング係数試験は，それぞれ，JIS A 1108「コンクリートの圧縮強度試験方法」およびJIS A 1149「コンクリートの静弾性係数試験方法」によって実施する．

（５）　乾燥収縮ひずみの測定は，JIS A 1129-3「モルタル及びコンクリートの長さ変化測定方法－第3部：ダイヤルゲージ方法」の附属書A（参考）によって実施する．

（６）　圧縮クリープ試験は，JIS A 1157「コンクリートの圧縮クリープ試験方法」によって実施する．

（７）　凍結融解試験は，JIS A 1148「コンクリートの凍結融解試験方法」のA法によって実施する．

（８）　スケーリング試験は，JSCE-K 572「けい酸塩系表面含浸材の試験方法（案）」によって実施する．

（９）　促進中性化試験は，JIS A 1153「コンクリートの促進中性化試験方法」によって実施する．

（１０）　塩化物イオンの見掛けの拡散係数試験は，JSCE-G 572「浸せきによるコンクリート中の塩化物イオンの見掛けの拡散係数試験方法（案）」によって実施する．

（１１）　硫酸に対する抵抗性試験は，JIS A 7502-2「下水道構造物のコンクリート腐食対策技術－第2部：

防食設計標準」の附属書C（規定）によって実施する．
（１２）　その他の性能に関する試験は，購入者と合意の取れるものによって実施する．

【解　説】　（１），（２）および（３）について　BFSコンクリートの性能の目標値は，BFSコンクリートに使用する材料および配合が決定した後に定める．BFSコンクリートの製造者は，BFSコンクリートの製造に使用する材料の製造者または販売者に対して，使用材料に要求する品質の許容範囲を示さなければならない．BFSコンクリートの性能の目標値は，許容される範囲でばらつく使用材料の品質が，BFSコンクリートの性能のばらつきに与える影響を把握できるだけの試験を行って定めなければならない．なお，試験は，試験者によるばらつきが生じないように，各々の試験規格を遵守する．

試し練りに用いるミキサは，実機練りミキサの練混ぜ性能と相関の取れたものまたは相違の程度が把握されているものを用いる．目標値は，BFSコンクリートの使用材料や配合が変更になった場合には見直しを行わなければならない．また，使用材料に変更がなくても，年に1度は見直しを行う．

（４），（５），（６），（７），（８），（９），（１０），（１１）および（１２）について　BFSコンクリートの性能は，JIS等に規格される試験に従い求める．塩化物イオン浸透に対する抵抗性のように，JSCE-G 572「浸せきによるコンクリート中の塩化物イオンの見掛けの拡散係数試験方法（案）」の他に，JSCE-G 571「電気泳動によるコンクリート中の塩化物イオンの実効拡散係数試験方法」の試験方法が定められている場合は，その試験方法によってもよいが，目標値を求める試験と，保証値と標準偏差を求める試験は同じ方法によって行わなければならない．また，配合計画書には，試験値を求めるために用いた試験規格を明示する．水中疲労強度のように規格化された試験方法がない場合は，プレキャスト製品の製造者が文章化した試験方法に基づいて試験を実施してよいが，その方法は，プレキャスト製品の購入者の合意を得なければならない．

1.5.3　保証値および標準偏差

（１）　保証値および標準偏差を定めるBFSコンクリートの製造は，実機練りミキサで行う．
（２）　保証値および標準偏差を求める供試体の養生は，プレキャスト製品と同一の養生条件で行う．
（３）　BFSコンクリートの保証値および標準偏差は，BFSコンクリートの圧縮強度，スランプおよび空気量が統計的管理状態になったことが確認された後に定める．
（４）　試験の方法は，養生方法および試験開始時材齢を除いて，目標値を定めたときと同じ方法によって行う．
（５）　圧縮強度の保証値は，製造者の定める下限規格値とする．
（６）　圧縮強度以外の保証値は，試験値の平均値とする．

【解　説】　（１），（２）および（３）について　BFSコンクリートの保証値および標準偏差は，実機による計量方法，練混ぜ方法および養生方法等の製造方法が定まった後に，実機によって製造されるBFSコンクリートより採取した供試体から求める．コンクリートの性能に表れる諸変動のうち，圧縮強度，スランプおよび空気量に関する変動に関して突き止められる原因を順次取り除き，偶然的原因によってのみ変動が生じる統計的管理状態になったことを確認して，強度以外の品質の保証値を定める．

（４），（５）および（６）について　各品質の保証値および標準偏差を求める試験は，養生方法および試験開始時材齢を除いて，目標値を求める際に用いた試験規格で行う．試験を開始する材齢は，配合計画書に示すプレキャスト製品の製造者が定めた保証値を保証する材齢とする．圧縮強度の保証値は，プレキャスト製品の安全性に係わるものであることから，試験値がその値を下回る確率が小さくなければならない．プレキャスト製品の製造工場では，コンクリートの圧縮強度の管理にシューハート管理図を用いる際，上限規格値と下限規格値を定めて管理が行われている．上限規格値と下限規格値の差をコンクリートの強度の標準偏差の 6 倍で除した値が工程能力指数で，一般に，1.33 から 1.67 の工程能力指数で管理が行われている．下限規格値は，その製造工場で経済性や品質管理能力も考慮して定めた値であり，多くの日々のデータを基に定めた信頼性の高い規格値であることから，圧縮強度の保証値とした．

これに対して，製品の使用性や耐久性に係わるコンクリートの性能については，適切な維持管理によって補修等によって対応した方が使用期間を通した経済性が確保される可能性が一般に高いことを理由に，試験値の平均値とした．したがって，維持管理の容易でない施工現場にプレキャスト製品が用いられる場合等，初期において高い使用性や耐久性の求められるプレキャスト製品に対しては，構造物の設計者（または施工者）は，標準偏差を考慮して製品の品質を確認する必要がある．なお，圧縮強度以外の目標値と保証値に差が表れるのは，製造方法および品質管理方法の影響である．プレキャスト製品の製造者は，保証値が目標値に近づく製造方法を選定するとともに，品質管理を行わなければならない．

保証値は，BFS コンクリートの使用材料または製造方法が変更になった場合には見直しを行わなければならない．また，使用材料および製造方法に変更がなくても，年に 1 度は見直しを行わなければならない．

1.6　プレキャスト製品の性能の保証値

（1）　プレキャスト製品の型式検査における性能の確認は，試験結果等に基づいて行う．

（2）　プレキャスト製品の性能の保証値は，設計耐用期間に生じる性能の経時変化を考慮して定める．

【解　説】　（1）について　プレキャスト製品の型式検査においては，プロトタイプを製造し試験により性能を確認する．プレキャスト製品の性能のうち耐荷能力については，載荷試験結果と構造計算を基に，設計耐用期間中に想定される作用を考慮し設計限界値を設定の上，性能を確認する．n 年後におけるプレキャスト製品の設計限界値を $R_d(n)$とすると，製造直後における設計限界値は $R_d(0)$と表せる．$R_d(0)$は $R_d(n)$よりも大きく，プロトタイプの試験結果は，$R_d(0)$と同等でなければならない．プロトタイプの試験結果 $R_d(0)$，および $R_d(n)$の関係は，**解説 図 1.6.1** となる．$R_d(n)$の計算に用いられる材料係数および部材係数は，1.0 以上のものが用いられるが，$R_d(0)$の計算では，材料や製品の経時変化を考慮する必要がないため 1.0 を選定する．

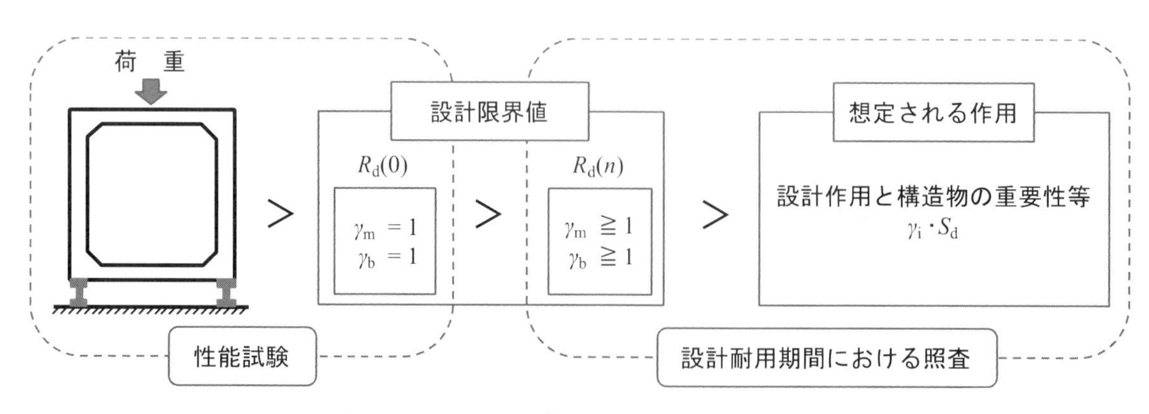

解説 図 1.6.1　プレキャスト製品の性能

また，$R_d(0)$の計算に用いるBFSコンクリートの圧縮強度の特性値は，実際のプレキャスト製品中のコンクリートの圧縮強度に近い，年間を通じて製造されるBFSコンクリートの圧縮強度の実績の平均値を用いる．このようにして求めた$R_d(0)$の計算値と，試験結果の比較から，構造計算に用いる解析手法の妥当性を示すとともに，$R_d(n)$の計算に用いる部材係数γ_bを検討する．

（2）について　設計耐用期間に生じる性能の経時変化を考慮した設計限界値である$R_d(n)$の計算では，部材諸元や配筋の精度，使用材料の力学的性質の変動等をあらかじめ想定して安全度を見込む．材料特性の保証値からの望ましくない方向への変動，供試体とプレキャスト製品中との材料特性の差異，材料特性が限界状態に及ぼす影響，材料特性の経時変化は，材料係数γ_mによって考慮する．凍結融解作用下においては，相対動弾性係数が100%であっても，コンクリートの圧縮強度は凍結融解作用とともに低下する．JIS A 1148（A法）の300サイクルに相当する凍結融解作用が与えられる環境は，極めて厳しい環境であるが，それと同等の環境下において，さらに通常よりも長い供用期間で設計を行う場合には，耐久性指数が100のBFSコンクリートを用いる場合であっても，圧縮強度は70%程度に低下する場合もあることを考慮して，材料係数γ_mを選定する等の配慮が必要である．なお，BFSコンクリートの圧縮強度の特性値には，保証値を用いる．

プレキャスト製品の耐力の計算上の不確実性,部材寸法のばらつきの影響,プレキャスト製品の重要度は,部材係数γ_bによって考慮する．また，かぶりが硫酸によって侵食される下水道施設に用いられるプレキャスト製品では，供用年数の間に生じる断面形状の変化を考慮し部材係数γ_bを選定するとともに，かぶり部の一部が消失した断面を用いて構造計算を行う必要がある．このようにして求めた$R_d(n)$をプレキャスト製品の性能の保証値とする．なお，JIS A 5371，JIS A 5372およびJIS A 5373に推奨仕様の示されるⅠ類の製品においては，$R_d(n)$が規格値以上であることを確認する．

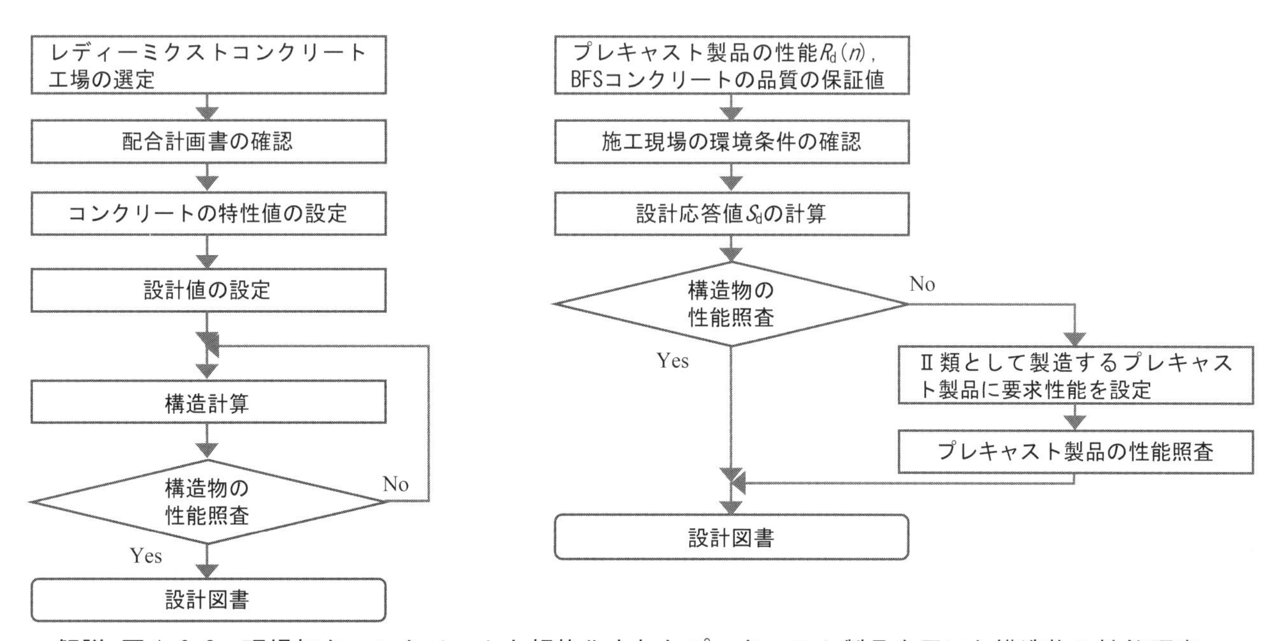

解説 図1.6.2　現場打ちコンクリートと規格化されたプレキャスト製品を用いた構造物の性能照査

解説 図1.6.2に，現場打ちコンクリートを用いる構造物と規格化されたプレキャスト製品を用いる構造物の性能照査を比較して示す．現場打ちコンクリートでは，構造物を破壊して検査することが難しいため，設計書どおりの構造物が構築されることを工事の段階ごとに実施されるプロセス検査で確認することが一般である．そのために，構造計算においては，施工や製造，作用に対する不確かさを適切な安全係数を用いて考慮した設計が行われる．これに対して，プレキャスト製品は，破壊させて耐力を試験することも可能で，安全性や使用性等を直接確認できる特長がある．プレキャスト製品は，繰返しの製造が始まる前に，**付録Ⅱ**および**付録Ⅲ**に例の示される型式検査により，プレキャスト製品の性能の保証値を定め，それを製品カタログやミルシート等に記載する．プレキャスト製品を用いた構造物の設計者は，プレキャスト製品を用いた構造物の形状，境界条件，作用の状態および考慮する各限界状態に応じ，プレキャスト製品をモデル化し，信頼性と精度があらかじめ検証された解析モデルを用いて設計応答値 S_d を計算する．設計応答値 S_d と，プレキャスト製品の製品カタログやミルシートに記載される性能の保証値 $R_d(n)$を設計限界値とし，両者を比較し性能照査を実施する．要求する性能を満足するプレキャスト製品が製品カタログやミルシートで見つからない場合は，受渡当事者間で，性能，仕様，検査方法等を取り決めて製造するⅡ類の製品を検討する．

耐久性は，製品カタログ，ミルシートまたは配合計画書等に記載される BFS コンクリートの品質の保証値を基に，構造物の設計者がプレキャスト製品の置かれる環境を考慮して照査する．なお，プレキャスト製品も，現場打ちコンクリートと同様に，性能照査によって確認することは難しく，一般には，使用実績により証明を行うのが最も信頼性の高い確認方法である．したがって，製造者は，当該製品を用いた構造物の置かれてきた使用環境，維持管理の条件等に関する資料を技術文章として取りまとめておくのがよい．

1.7　品質管理の体制

1.7.1　プレキャスト製品の品質管理

（1）　製造者は，プレキャスト製品の性能を明示し，その製品が確実に所要の性能および構造諸元等を有していることを示し，購入者が，当該製品が要求性能を満たしていることを確認できるようにする．

（2）　製造者は，保証するプレキャスト製品の品質を定め，社内規格に示す．

（3）　製造者は，品質管理体制を定め，社内規格に示す．

（4）　購入者は，プレキャスト製品の品質と品質管理体制の確認方法をあらかじめ製造者と協議して定め，プレキャスト製品の品質と品質管理体制を確認する．

【解　説】　（1）について　品質管理を適切に実行し，プレキャスト製品の品質を継続的に証明できれば，製造者としての実力と対外的な信頼を高め，安定した企業活動を継続することが可能になる．また，品質が証明されたプレキャスト製品を出荷することは，それを使用して構築される構造物の品質確保に寄与し，それが構造物の使用者の安全，安心，信頼に繋がり，最終的には社会に貢献することになる．

JIS Q 9000「品質マネジメントシステム－基本及び用語」では，品質保証は，品質要求事項が満たされるという確信を与えることに焦点を合わせた品質マネジメントと定義される．この指針（案）では，この定義に沿ってプレキャスト製品の品質保証として，あらかじめ当該製品の性能を明示し，当該製品が確実に所要の性能および構造諸元等を有していることを示すこと，ならびに，当該製品が要求性能を満たしていることを購入者が合意することに焦点を合わせた活動と定義し，製造者に活動を促す条文を掲げた．なお，JIS Q 9000では，品質は，対象に本来備わっている特性の集まりが，要求事項を満たす程度と定義されている．これをプレキャスト製品に置き換えて記述したJIS A 5362では，プレキャスト製品に本来備わっている性能や構造諸元等が，要求事項を満たす程度と記載されている．ここでいう性能とは，耐久性，安全性，使用性，復旧性および環境性等の，示方書で定義している諸々の性能のことを指す．

品質保証をより具体に定義したものとしては，JIS Q 9027「マネジメントシステムのパフォーマンス改善−プロセス保証の指針」があり，そこでは，品質保証を，「顧客及び社会のニーズを満たすことを確実にし，確認し，実証するために，組織が行う体系的な活動」と定義している．さらにその注記で，「確実にする」とは，「顧客・社会のニーズを把握し，それに合った製品及びサービスを企画及び設計し，これを提供できるプロセスを確立する活動を指す」としている．また「確認する」とは，「顧客及び社会のニーズが満たされているかどうかを継続的に評価及び把握し，満たされていない場合には迅速な応急対策および（または）再発防止対策を取る活動を指す」とし，「実証する」とは，「どのようなニーズを満たすのかを顧客または社会との約束として明文化し，それが守られていることを証拠で示し，信頼感及び安心感を与える活動を指す」と注記が示されている．なお，JIS Q 9027ではプロセスを，インプットをアウトプットに変換する，相互に関連する又は相互に作用する一連の活動と定義し，注記ではプロセスと同じ意味の用語として工程があるとしている．

JIS Q 9027 で述べるところの「確実にする」は，要求する性能を満足するプレキャスト製品を設計し，これを提供するプロセスを確立することに相当する．また，「確認する」は，製造したプレキャスト製品が要求性能を満足していることを継続的に評価，把握し，満足しない場合を想定し，迅速な応急対策および再発防止対策が取れる体制をあらかじめ確立することである．そして，「実証する」は，保証するプレキャスト製品の性能，および，あらかじめ定めた品質管理体制によって品質管理が行われていることを示す記録を整えることである．

（２）について　品質保証に際し，製造者は，プレキャスト製品の品質が購入者（構造物の施工者あるいは発注者）の要求を満足することを証拠で示し，信頼感，安心感を与えなければならない．そのためには，製造者は保証するプレキャスト製品の品質を定めて明文化し，それを購入者に示す必要がある．その方法には，社内規格，設計図書，製造計画書，製造要領書，品質管理計画書の他に，それらの技術的要点を簡略的に示したBFSコンクリートの配合計画書，カタログまたはミルシート等を提示する方法がある．また，品質管理や検査の記録は品質保証のための証拠として活用できるため，これらを適切に保存する体制を整えておき，直近の試験成績をこれらの記録から引用し，保証する品質項目とその諸数値に併記するとよい．

（３）について　プレキャスト製品の品質保証では，品質管理体制を社内規格に示し，社内規格に従って各工程の作業と検査を行い，偶然性を排除し，あらかじめ定めた品質のプレキャスト製品を安定して製造することが肝要である．そのため，この指針（案）では，プレキャスト製品の品質確保を目的として，品質管理体制を標準化し，社内規格として定めることを製造者に求めている．ここで，品質管理体制とは，製品の管理（製品の品質および製品の検査方法），原材料の管理（原材料名，産地，製造者または販売者，原材料の品質，受入れ時の検査方法および保管方法），製造工程の管理（工程名，管理項目，品質特性，管理方法および検査方法），設備の管理（設備名および管理方法），外注管理（製造工程の外注，試験の外注，設備の管理における点検，修理，点検，試験機器の校正等の外注），苦情処理があり，JIS Q 1012「適合性評価－日本工業規格への適合性の認証－分野別認証指針（プレキャストコンクリート製品）」の附属書B（規定）「初回工場審査において確認する品質管理体制」に基づいて構築されるものである．なお，品質管理体制が明文化された文書とは，JIS Q 1012に記載される品質管理実施状況説明書に該当する．

（４）について　プレキャスト製品の購入者は実務的には構造物の施工者や発注者であるが，最終的な購入者は市民である．そのため，購入者は，保証されるプレキャスト製品の品質，および，あらかじめ定められた品質管理体制によって品質管理が行われていることを市民に代わって確認する義務がある．

プレキャスト製品の品質の確認方法としては，品質管理や検査における直近の試験成績を確認する方法がある．ただし，品質管理体制が示されていても，それが適切に履行されていないと，要求性能を満足するプレキャスト製品が安定して供給されなくなる可能性がある．そのため，プレキャスト製品の購入者は，製造者の工場または事業場の品質管理体制を確認しなければならない．品質管理体制の確認は，品質管理が，この指針（案）の記載事項およびJIS Q 1012の附属書Bに規定する品質管理体制に基づいて実施されていること，かつ，製造，検査，管理が，JIS Q 1001の附属書Bに規定する品質管理体制に基づいて適正に実施されていることが記載された品質管理実施状況説明書で行うとよい．

1.7.2　構造物の品質管理

プレキャスト製品を用いた構造物は，設計図書どおりに構築されていることをもって，その品質が確保されているものとする．

【解　説】　構造物の品質は，完成したコンクリート構造物で直接確認できることが理想であるが，現在の技術では，それを確認することは難しい．したがって，コンクリート構造物が設計図書どおり構築されていることをプロセス検査により，施工の各段階で適切な方法によって確認していくことで，完成したコンクリート構造物が所定の品質を有していると見なすのが一般である．

解説 表1.7.1　プレキャスト製品を用いた一般的な工事において必要とされる検査または確認項目と検査または確認の形態の例

<table>
<tr><th>分　類</th><th colspan="2">検査または確認の項目</th><th>検査または確認の形態</th></tr>
<tr><td rowspan="2">BFSコンクリートに関する確認項目</td><td rowspan="2">使用材料（セメント，骨材等）の品質</td><td>使用材料の製造者がJIS認証を受けている．</td><td>プレキャスト製品の製造者が，JISマークの表示を確認</td></tr>
<tr><td>使用材料の製造者がJIS認証等を受けていない．</td><td>使用材料の製造者の試験成績表を，プレキャスト製品の製造者が確認</td></tr>
<tr><td rowspan="3">プレキャスト製品に関する確認項目</td><td rowspan="2">製品の設計に用いる保証値</td><td>試験に基づく保証値が配合計画書に示されている．</td><td>プレキャスト製品の製造者の保証値を，構造物の設計者が確認</td></tr>
<tr><td>試験に基づく保証値がミルシートや配合計画書に示されていない．</td><td>構造物の設計者が特性値を設定し，自ら妥当性を確認</td></tr>
<tr><td colspan="2">プレキャスト製品の製造要領書</td><td>購入者※が直接確認</td></tr>
<tr><td rowspan="6">プレキャスト製品を用いた構造物に関する検査または確認項目</td><td colspan="2">設計図書，施工計画書</td><td>発注者が確認</td></tr>
<tr><td rowspan="2">プレキャスト製品の品質</td><td>製品がJIS認証等を受けている．</td><td>購入者が，JISマークの表示を確認</td></tr>
<tr><td>工場の品質管理体制が第三者機関によって確認されていない．</td><td>購入者が，プレキャスト製品の製造工場の品質管理体制を確認</td></tr>
<tr><td rowspan="2">接合に用いる現場打ちコンクリートおよびその他の材料の品質</td><td>使用材料の製造者がJIS認証等を受けている．</td><td>使用材料の製造者の保証を施工者が確認</td></tr>
<tr><td>使用材料の製造者がJIS認証等を受けていない．</td><td>施工者が検査し，発注者が確認</td></tr>
<tr><td colspan="2">構造物の品質</td><td>発注者が検査</td></tr>
</table>

※購入者が，施工者か発注者かは請負時の契約図書による．

発注者は，施工者が提案する材料や適用する施工方法の信頼性，BFS コンクリートおよびそれを用いたプレキャスト製品の品質を証明する方法等を十分に確認したうえで，設計図書，施工計画書を基に，合理的かつ経済的で体系的な検査計画を立案する．検査計画には，検査の具体な実施項目と，その方法，頻度，判定基準が記載されていなければならない．施工者は検査計画書を施工前に受け取り，その内容を確認する．検査計画書の内容は，発注者と施工者とで合意された内容でなければならない．施工者は検査計画書を施工計画書に反映させる．検査は，検査計画書どおりに，構造物の発注者の責任において実施する．

施工のいずれかの段階で検査結果が合格と判定されなかった場合は，原因を究明し，適切な対策を検討する．原因が明確で抜本的な対策を行わなくてよい場合には，対策を行った後，再検査によってその品質を確認する．適切な対策を取ることができない場合は，再構築を検討する．

検査記録は，検査計画とそれに従って実施した検査の結果を記録したものである．これらは，コンクリート構造物が設計図書どおりに構築されたこと，すなわち構造物の品質を保証する資料であり，完成後のコンクリート構造物の維持管理における初期値となる．特に，施工のいずれかの段階で合格と判定されなかった場合があるときは，これについての対策も含めて詳細に記録しておくことが重要である．

解説 表 1.7.1 に，プレキャスト製品を用いて構造物を構築する一般的な工事において必要とされる検査または確認項目と検査または確認の形態の例を示す．この例は，完成時の欠陥を未然に防ぐために設計，施工および製造の各段階で必要と思われるものである．構造物の構築において，高品質なプレキャスト製品を用いることで設計図書どおりの構造物が高い確率で構築できることが保証される場合には，製品の購買契約において正当な対価を設定することにも配慮する必要がある．それによって，プレキャスト製品の技術競争が促され，コンクリート構造物の品質向上に繋がると考えられる．

1.7.3　責任技術者の役割

プレキャスト製品を用いた構造物の計画，設計および施工に携わる責任技術者は，それぞれの立場に応じた役割と責任を果たさなければならない．

【解　説】　構造物の計画，設計の成果および構造物の品質は，責任技術者の能力や資質に左右される．そのため発注者，施工者，製造者の責任技術者は，それぞれの立場に応じた役割と責任を果たさなければならない．構造物を構築するために必要な設計業務，工事請負，技術監理等は，関係者間の契約であり，各契約当事者である責任技術者は，それぞれの契約に明記された責任を負わなければならない．

構造物の設計の成果は，契約図書に基づく項目が作成されていることの確認と，設計照査による設計の品質の確認によって行う．構造物の品質は，工事の完成直後に全てを確認することは難しいため，製造中での品質管理，製品の受入れ検査（品質の確認）および施工中におけるプロセス管理が重要となる．そのため，能力のある責任技術者を配置するとともに，各組織内においても，責任技術者に必要な権限を与えることが重要である．なお，構造物の利用者に対する直接の責任は，構造物の管理者や最終的な保有者である発注者機関にあるため，各契約に基づいて構築された構造物の最終的な責任は発注者が負わなければならない．

2章　BFSの品質

2.1　一　　般

（1）　BFSは，骨材として適切な品質管理のもと製造されたものを用いる．

（2）　BFSは，環境安全品質を満足するものを用いる．

（3）　プレキャスト製品の製造者は，BFSに要求する品質をBFSの製造者に明示し，その品質のBFSが入荷していることを確認する．

【解　説】　（1）について　BFSは，高炉（溶鉱炉）で鉄鉱石等から銑鉄を製造する際に生成される高炉スラグを原料とし，整粒，粒度調整を行って得られる工業製品で，JIS A 5011-1「コンクリート用スラグ骨材−第1部：高炉スラグ骨材」にその品質が規定されている．高炉は品質の安定した銑鉄を効率よく製造することが主な役割であるため，副産物の高炉スラグにも安定した流動性や不純物の分離が求められる．そのため，化学組成は各製鉄所で管理されており，大きく変動することはなく安定している．発生した高炉スラグは，その後の冷却工程の違いによって，高炉徐冷スラグと高炉水砕スラグとに分けられる．その冷却方法と速度の違いから，徐冷スラグは岩石状で結晶質であるのに対し，水砕スラグは砂状でそのほとんどが非晶質（ガラス質）となっている．徐冷スラグは主に路盤材や粗骨材に用いられ，水砕スラグはガラス質で潜在水硬性があることを活用し，GGBSや高炉セメント原料，BFS等に用いられている．

BFSを用いたコンクリートの性能は，BFSの化学的反応性と，その比表面積等の物理的性質によって影響を受ける．すなわち，BFSの品質は，JIS A 5011-1では，化学成分，物理的性質，粒度，粗粒率，微粒分量，貯蔵の安定性，環境安全品質基準が規定されているが，BFSコンクリートではこれらに加えて反応性が重要である．BFSの品質は，溶融スラグの冷却工程および粒度調整，加工等の影響を受け，製造工場ごとに相違がある．ただし，同一工場から供給される同一粒度のBFSの場合は，BFSの化学的反応性が原料となる高炉スラグがもつ化学成分や非晶質度等によって決まることから，高炉スラグが製造される製鉄所ごとに鉄鉱石等の原料が大幅に変わらない限り，反応性は大きく変動しないと考えられる．BFSの優れた特性を有効に発現させるためには，BFSの特性を十分に理解し，BFSに要求する品質をBFSの製造者に明示し，要求した品質のBFSが納入されていることを管理することが重要である．

BFSは，2018年4月現在，解説 図2.1.1に示す11の製造事業所で，解説 表2.1.1に示す各区分のBFSが製造されている．BFSは，JIS A 5011-1では，粒度によって解説 表2.1.2に示す4区分に分類される．各BFSの中央の粒度分布を粗粒率で表せば，BFS5は2.69，BFS2.5は2.44，BFS1.2は2.12，BFS5-0.3は3.48となる．JIS A 5308附属書A（規定）「レディーミクストコンクリート用骨材」に示される砂の粒度分布は，粗粒率で表せば，上限が3.43，中央が2.72，下限が2.00である．BFS5-0.3のみ，細目の普通細骨材との混合使用を想定して製造がされているが，BFS5，BFS2.5およびBFS1.2であれば，コンクリートの細骨材として単独でも使用が可能である．ただし，BFS2.5に分類されるBFSであっても，その粒度分布はBFS5やBFS1.2にも入るものもあり，BFS5，BFS2.5およびBFS1.2に規定される粒度分布は，互いに重なり合うものになっている．JIS A 5011-1に規定される，粒度以外のBFSの物理的性質は，解説 表2.1.3に示すとおりである．

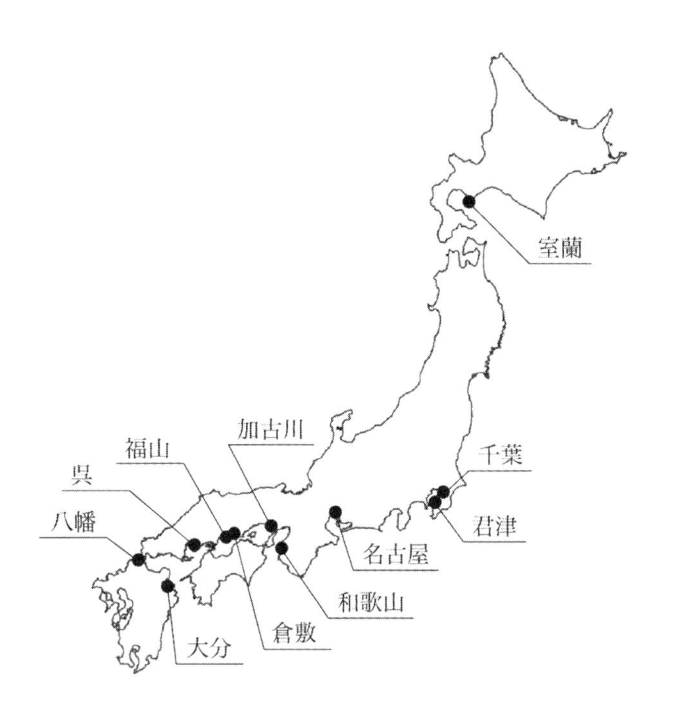

解説 図 2.1.1　BFS の製造事業所（2018 年 4 月現在）

解説 表 2.1.1　BFS の各区分と製造事業所（2018 年 4 月現在，五十音順）

区分（記号）	製造事業所
5mm 高炉スラグ細骨材　(BFS5)	呉，福山，室蘭，八幡
2.5mm 高炉スラグ細骨材　(BFS2.5)	大分，加古川，和歌山
1.2mm 高炉スラグ細骨材　(BFS1.2)	大分，倉敷，名古屋
5～0.3mm 高炉スラグ細骨材　(BFS5-0.3)	君津，千葉

解説 表2.1.2　BFSの区分（記号）

区分（記号）	ふるいを通るものの質量分率（%）						
	ふるいの呼び寸法（mm）						
	10	5	2.5	1.2	0.6	0.3	0.15
5mm 高炉スラグ細骨材　(BFS5)	100	90～100	80～100	50～90	25～65	10～35	2～15
2.5mm 高炉スラグ細骨材　(BFS2.5)	100	95～100	85～100	60～95	30～70	10～45	2～20
1.2mm 高炉スラグ細骨材　(BFS1.2)	―	100	95～100	80～100	35～80	15～50	2～20
5～0.3mm 高炉スラグ細骨材　(BFS5-0.3)	100	95～100	65～100	10～70	0～40	0～15	0～10

解説 表 2.1.3　JIS A 5011-1 に規定される BFS の物理的性質

項　目	規定値
絶乾密度　(g/cm^3)	2.5 以上
吸水率　(%)	3.0 以下
単位容積質量　(kg/L)	1.45 以上
微粒分量　(%)	7.0 以下

（2）について　BFS コンクリートの環境安全品質は，**解説 表 2.1.4** の環境安全品質基準を満足しなければならない．一般に，BFS が**解説 表 2.1.4** に示される環境安全品質基準を満たしていれば，それを骨材として用いた BFS コンクリートも，環境安全性を満足していると見なすことができる．したがって，BFS コンクリートの環境安全性に対する照査は，BFS が環境安全品質基準を満足していることを確認することにより照査に代えて良いこととした．

解説 表 2.1.4　BFS の環境安全品質基準

(a) 一般用途の場合

項　目	溶出量（mg/L）	含有量※（mg/kg）
カドミウム	0.01 以下	150 以下
鉛	0.01 以下	150 以下
六価クロム	0.05 以下	250 以下
ひ　素	0.01 以下	150 以下
水　銀	0.0005 以下	15 以下
セレン	0.01 以下	150 以下
ふっ素	0.8 以下	4 000 以下
ほう素	1 以下	4 000 以下

※ここでいう含有量とは，同語が一般的に意味する「全含有量」とは異なる．

(b) 港湾用途の場合

項　目	溶出量（mg/L）
カドミウム	0.03 以下
鉛	0.03 以下
六価クロム	0.15 以下
ひ　素	0.03 以下
水　銀	0.0015 以下
セレン	0.03 以下
ふっ素	15 以下
ほう素	20 以下

BFS の環境安全品質を保証する検査は，**解説 図 2.1.2** に示されるように，環境安全品質基準への適合性を確認するための環境安全型式検査と，環境安全品質を BFS の受渡しのロット単位で確認するための環境安全受渡検査で構成されている．この検査体系は，2010 年に経済産業省により設置された「コンクリート用骨材又は道路用等のスラグ類に化学物質評価方法を導入する指針に関する検討会」の作成した指針の附属書として定められた「コンクリート用スラグ骨材に環境安全品質およびその検査方法を導入するための指針」に従って，BFS を含む全てのコンクリート用スラグ骨材 JIS A 5011-1～4 および JIS A 5031「一般廃棄物，下水汚泥又はそれらの焼却灰を溶融固化したコンクリート用溶融スラグ骨材」および JIS A 5032「一般廃棄物，下水汚泥又はそれらの焼却灰を溶融固化した道路用溶融スラグ」で既に導入されている．2 つの用途のうち，一般

用途向けとして規定されている8項目の溶出量と含有量の基準値は，土壌汚染対策法の第一種溶出基準（土壌環境基準と同じ）および含有量基準と同じである．コンクリートの用途が港湾に限られる場合には，港湾用途の基準を満足すればよい．なお，JIS A 5011-1 では，用途が特定できない場合および港湾用途であっても，再利用が予定されている場合は，一般用途として取り扱わなければならないことになっている．

溶出量および含有量は，JIS K 0058-1「スラグ類の化学物質試験方法－第1部：溶出量試験方法」および JIS K 0058-2「スラグ類の化学物質試験方法－第2部：含有量試験方法」に従って試験がされる．JIS K 0058-1 の溶出量試験では，2mm 目のふるいを通過する試料と，試料質量の10倍量の pH5.8～6.3 の水を振とう機にセットし，振とう幅4～5cm で，毎分約200回で6時間振とうした後に，毎分3 000回転で20分間遠心分離し，その上澄み液をフィルタでろ過したものを検液として化学物質の濃度を測定し，試料からの化学物質の溶出量を求める．これに対して，JIS K 0058-2 の六価クロム化合物およびシアン化合物以外の物質の含有量試験では，2mm 目のふるいを通過する試料と，試料の質量が体積比で3%となる量の 1mol/L 塩酸を振とう機にセットし，振とう幅4～5cm で，毎分約200回で2時間振とうした後に，毎分3 000回転で20分間遠心分離し，その上澄み液をフィルタでろ過したものを検液として化学物質の濃度を測定し，試料からの化学物質の溶出量を求める．溶出量試験および含有量試験の違いは，試験に用いる溶媒が弱アルカリ性の水か，塩酸かの違いであり，JIS K 0058-2 で求められる含有量は，同語が一般に意味する「全含有量」とは異なる点に注意を要する．

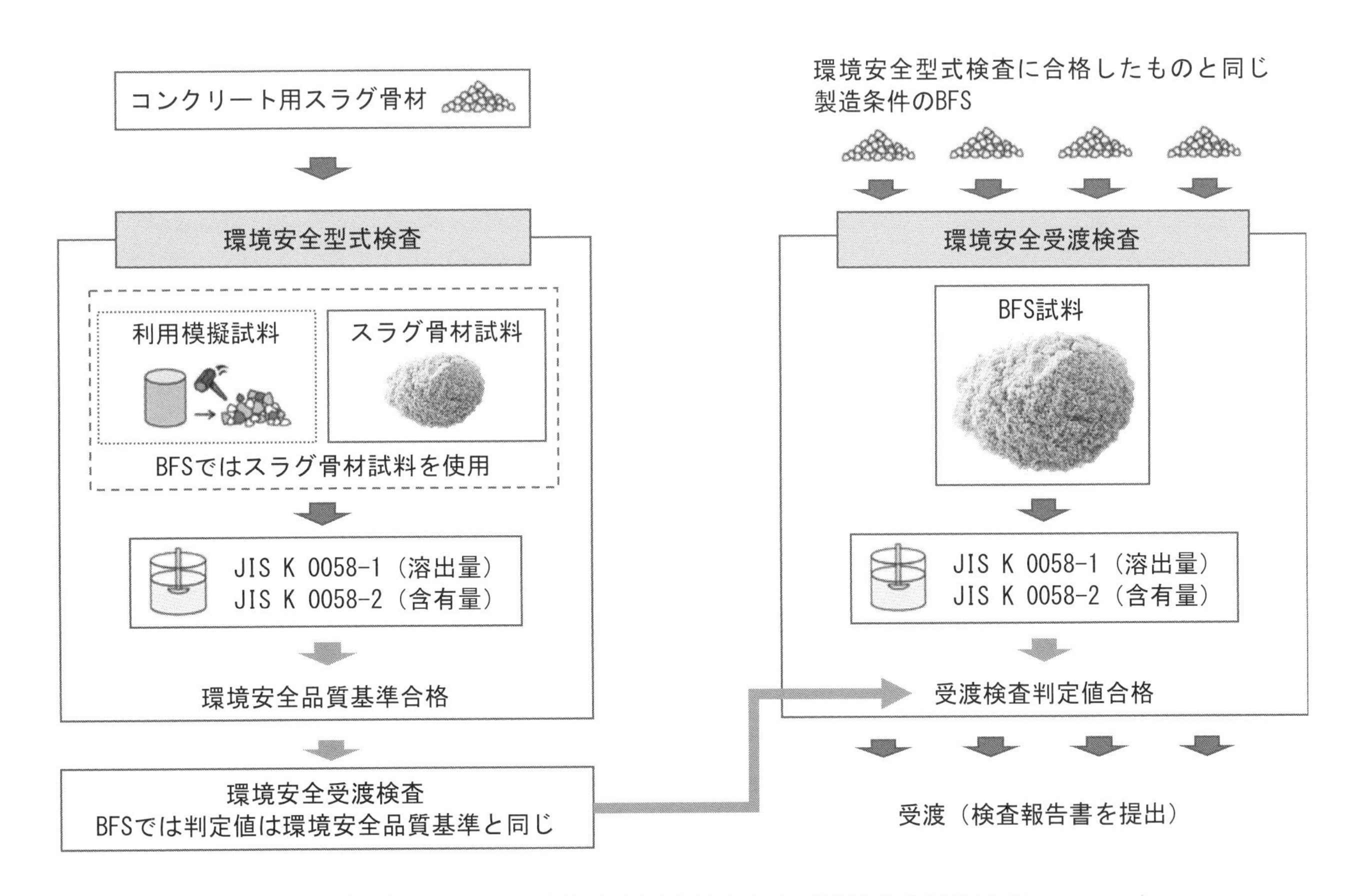

解説 図2.1.2　環境安全型式検査および環境安全受渡検査

環境安全型式検査には，BFS コンクリートを試料とする方法（利用模擬試料）と，BFS そのものを試料として用いる方法があり，いずれかの試料を用いて検査を行い，環境安全品質基準への適合性を評価することが JIS A 5011-1 に規定されている．しかし，BFS の環境安全品質は十分に確保されており，現在全ての BFS 製造事業所において，BFS を試料とする方法が採用されている．したがって，**解説 図 2.1.2** に示される環境安全受渡検査時の判定値は，BFS の場合は，**解説 表 2.1.4** に示される環境安全品質基準と同じ値となる．なお，BFS の環境安全型式検査結果は最長 3 年間有効と定められているが，有効期間内であっても製造プロセス，原料や副原料の変更等により試験値が大きく増加するおそれがある場合は，その都度実施することが規定されている．

環境安全受渡検査は，BFS を試料とし，ロット単位で実施する検査である．環境安全型式検査では**解説 表 2.1.4** に規定されている 8 項目の溶出量および含有量を試験することになっているが，カドミウム，ひ素および水銀は沸点が低く，高炉内で蒸発するため高炉スラグにほとんど混入することがなく，鉛と六価クロムは鉄鉱石，石炭等の製鉄原料にほとんど含まれないため，BFS にほとんど混入することがなく，これら 5 項目は試験を実施しても定量下限未満にしかならないために，環境安全受渡検査の対象から外されている．したがって，BFS の環境安全受渡検査ではセレン，ふっ素，ほう素の 3 項目のみが対象となっている．

（3）について　BFSコンクリートの製造者は，BFSコンクリートの品質を安定して製造できる観点から，BFSの品質の変動がBFSコンクリートの品質に与える影響をあらかじめ確認し，BFSの品質の許容範囲を決めておく必要がある．このようにして定められたBFSの許容される品質の範囲を社内規格に定めるとともに，要求するBFSの品質を販売店または製造事業所に明示し，契約書を取り交わす．なお，BFSのみならず，コンクリートの製造に用いる材料は，全て，受入れ検査時に要求したとおりの品質のものが入荷されていることを確認しなければならない．コンクリートの製造上許されるBFSの品質の変動の範囲は，JISとして規定される品質の範囲よりも狭く，JISに規定される範囲であっても全範囲で変動を許せば，安定した品質のBFSコンクリートを製造できることにはならない．

2.2　反 応 性

（1）凍結融解抵抗性および塩化物イオン浸透に対する抵抗性を求める BFS コンクリートを製造する場合には，BFS のセメントペーストとの界面における反応性を評価する JSCE-C 507「モルタル小片試験体を用いた塩水中での凍結融解による高炉スラグ細骨材の品質評価試験方法（案）」に従って求められる質量残存率 R_7 により，BFS の品質を確認する．

（2）硫酸に対する抵抗性を求める BFS コンクリートを製造する場合には，BFS の硫酸との反応性を評価する JSCE-C 508「モルタル円柱供試体を用いた硫酸浸せきによる高炉スラグ細骨材の品質評価試験方法（案）」に従って求められる硫酸による侵食の深さ y_s により，BFS の品質を確認する．

【解　説】　（1）について　BFSを適切に使用し，適切な配合設計に基づき製造することで，凍結融解抵抗性および塩化物イオン浸透に対する抵抗性に優れるコンクリートを製造することが可能である．BFSを用いることで凍結融解抵抗性および塩化物イオン浸透に対する抵抗性が向上するのは，BFSとセメントペーストによる反応層が，BFSとセメントペーストの界面に形成され，組織が緻密となるためである．

BFSの原料となる高炉水砕スラグは，溶融した高炉スラグを急冷させることで製造されるが，急冷する速度が速いものほどセメントペーストとの反応性が高くなる．したがって，粒径の異なるBFSを製造している製造事業所では，所定の粒径のBFSを製造するために溶融した高炉スラグの冷却速度を変えるため，同じ工場で製造されたBFSであっても，粒径によってその反応性は異なる．なお，一般に，速い冷却速度で製造された径の小さいBFSは軟質のBFSと呼ばれ，軟質よりもゆっくりとした冷却速度で製造された径の大きなBFSは硬質のBFSと呼ばれる．軟質のBFSは，硬質のBFSよりも絶乾密度が高く，吸水率の低い軟質のBFSを用いれば，AE剤を用いなくても300サイクルまで相対動弾性係数が100%を保つコンクリートを製造することが可能である．このように，JIS A 5011-1の規格を満たすものであっても，軟質のBFSを用いた方が，反応性が高く，凍結融解抵抗性および塩化物イオン浸透に対する抵抗性に対して同じ効果が得られるとは限らない．なお，BFSの軟質度（または硬質度）に厳密な定義はなく，それを判定する試験方法もない．そこで，BFSのセメントペーストとの反応性を確認する試験として，JSCE-C 507が制定された．

骨材を含まないセメントペーストのみの供試体が凍結融解作用を受けると，表面から刃物で削り取られたようにセメントペーストが剥離して劣化が進行する．モルタルやコンクリートでは，表面部のセメントペースト層がスケーリングするようなケースを除いて，薄層が剥離し続けることによって劣化が進行することはない．これは，細骨材や粗骨材がセメントペーストを拘束し，ある程度の大きさの団粒が母材から剥離するためである．このとき，団粒の大きさを決めるのはその団粒の外郭部分に存在する骨材界面の性質であり，相対的に脆弱な部分が起点となって微細ひび割れが進行し，それらが連結して団粒の外郭を形成し，母材から剥離すると考えられる．したがって，骨材を含むコンクリートでは，骨材界面とセメントペーストの付着性が高まるほど，凍結融解抵抗性が向上する．BFSコンクリートでは，BFS界面で生じる反応によってセメントペーストとBFSとの密着性が向上する．そのため，BFSの使用によって細骨材部とセメントペースト部との付着力が一般的な細骨材と比較して向上し，ひび割れの進展が抑制され，BFSコンクリートの凍結融解抵抗性が向上する．凍結融解抵抗性の改善のメカニズムがセメントペーストおよび骨材界面に生じる遷移帯の内部の氷圧を下げるAE剤のメカニズムとは異なるため，AE剤を用いれば，BFSコンクリートの凍結融解抵抗性は，さらに向上する．

コンクリートの塩化物イオン浸透に対する抵抗性は，①セメントペーストの塩化物イオン浸透に対する抵抗性，②骨材の塩化物イオン浸透に対する抵抗性および③セメントペーストと骨材の界面の塩化物イオン浸透に対する抵抗性の3つの影響を受ける．③のBFSコンクリートのセメントペーストと骨材の界面の塩化物イオン浸透に対する抵抗性は，BFSの反応性が高く，BFSの粒度が細かいほど向上する．骨材，すなわちBFSの塩化物イオン浸透に対する抵抗性は，BFSの吸水率の影響を受け，塩化物イオン浸透に対する抵抗性の高いBFSコンクリートを製造するためには，吸水率の低いBFSを選定する必要がある．

模擬細孔溶液中でBFSを撹拌して得られるBFS試料の結合水量と，拡散セル試験から得られる塩化物イオンの実効拡散係数との相関性を確認すると，BFS試料の結合水量が多いほど塩化物イオンの実効拡散係数は概ね低下する傾向にあることが確認されている．すなわち，BFSの表面の反応性が高いほど，塩化物イオン浸透に対する抵抗性が向上する．このように，BFSを用いると塩化物イオン浸透に対する抵抗性が向上するのは，主に，塩化物イオンの浸透の経路となるBFSとセメントペーストとの界面が緻密化することによって，総空隙量の低下や空隙の連続性の低下および空隙の屈曲性の向上が生じるためである．したがって，比表面積の大きい細かなBFSほど反応サイトが増加するために，塩化物イオン浸透に対する抵抗性は，より高くなる．

なお，BFSとセメントペーストの界面の反応層には，塩化物イオンを固定化する水和物が形成されている可能性が高い．TEM観察により確認されたBFS界面に密着した反応層を制限視野回折パターンで解析した結果，Caが共存している層はモノカーボネート（$C_3A \cdot CaCO_3 \cdot 11H_2O$）系鉱物であり，ヘミカーボネートや一部が$SO_4^{2-}$と置換したモノサルフェート（$C_3A \cdot CaSO_4 \cdot 12H_2O$）等も共存しているものと推定されている．また，$MgO\text{-}Al_2O_3$が主成分となっている部分はハイドロタルサイトのポリタイプであるマナサイト（$Mg_6Al_2(CO_3)(OH)_{16} \cdot 4H_2O$）と同定されている．前者はフリーデル氏塩となって塩化物イオンを固定し，後者は層状化合物で層間に塩化物イオンを固定することができる．コンクリート中には比表面積が大きいセメントが多量にある一方で，細骨材の比表面積は相当に小さいため，BFS界面での塩化物イオンの固定量はコンクリート全体で考えたときは限定的であるが，塩化物イオンの浸透フロント付近でBFS界面の反応層に生じる各種の水和物によって塩化物イオンの固定化の効果が発揮され，これが塩化物イオン浸透の抑制に寄与している可能性も十分に考えられている．

粒度分布の影響を取り除くために，粗粒率を2.25に粒度調整した試料によって試験を行うJSCE-C 507より得られるBFSの反応性に関する情報は，BFSがコンクリートの凍結融解抵抗性および塩化物イオン浸透に対する抵抗性を改善する全てのメカニズムを説明できるものではないが，これらの性能を求めるコンクリートのBFSの選定においては，重要な指標の一つとなる．

（2）について　BFS，砂岩砕砂，石灰石砕砂のうち，硫酸と最も反応し易いのが石灰石砕砂で，その次がBFS で，砂岩砕砂は硫酸と反応し劣化する程度は低い．ところが，これらを細骨材として用いたモルタルでは，最も硫酸による侵食を受けるのは，砂岩砕砂を用いたモルタルで，最も硫酸に対する抵抗性が高いのはBFS を用いたモルタルである．BFS を用いると硫酸による劣化抵抗性が向上するのは，硫酸との反応によって表層部に緻密な二水石こうを主成分とする層が形成されるためである．砂の種類に係わらず硫酸との反応によってコンクリートの表層部に二水石こうが形成されるが，砕砂や砂等が用いられたモルタルでは，二水石こうの組織は粗となる．これに対して，BFS は，非晶質なため硫酸と反応し，コンクリートの表層部に形成される二水石こうが緻密となり，硫酸が健全部に浸透することが抑制される．

普通骨材を用いたコンクリートでは，水セメント比の低い，すなわち，単位セメント量の多いコンクリートほど，硫酸に対する抵抗性は低い．それは，エトリンガイトが生成される原因となるセメントに含まれるアルミン酸三カルシウムの量が多くなるためである．したがって，セメントペーストで試験を行っても，水セメント比の低いセメントペーストの方が硫酸に対する抵抗性が低くなる．これに対して，BFS を用いたモルタルおよびコンクリートは，BFS と硫酸との反応によって緻密な二水石こうを形成し，その二水石こうの膜によって，硫酸の侵食を防ぐものであるため，緻密な二水石こうの作られやすい低い水セメント比のモルタルまたはコンクリートほど，硫酸に対する抵抗性が高くなる．

BFS の硫酸との反応性には，非晶質の程度等が影響すると考えられている．BFS の非晶質の程度は，原料となる高炉スラグの化学成分や製造時の冷却方法等によって決まる．非晶質の程度は，試料を粉砕して分析する化学分析法や，急冷および徐冷高炉スラグ細骨材のガラス含有量試験方法（透明度法や偏光法）で求められるが，国内の BFS の非晶質の程度は 95～100%と全般に高く，コンクリート材料として求められる BFS の非晶質の程度を判定することは難しい．また，BFS の硫酸に対する抵抗性と，BFS を用いたモルタルまたはコンクリートの硫酸に対する抵抗性とは相関が得られないことから，硫酸に対する抵抗性が求められるコンクリートを製造する際に用いる BFS について，BFS を用いたモルタルの硫酸に対する抵抗性を調べることで，BFS の硫酸との反応性に由来する品質を評価することを目的に，JSCE-C 508 が制定された．

BFS コンクリートの硫酸に対する抵抗性は，BFS コンクリートに用いる結合材の種類，水結合材比等の影響を受けるが，JSCE-C 508 により求められる 5%の希硫酸による浸せき期間 56 日での侵食の深さ y_s は，硫酸に対する抵抗性が求められる BFS コンクリートの BFS の選定においては，重要な指標の一つとなる．

2.3　粒度および微粒分量

（1）　BFS の粒度および微粒分量は，それぞれ，JIS A 1102「骨材のふるい分け試験方法」および JIS A

1103「骨材の微粒分量試験方法」により確認する．
（2）　BFSの粒度および微粒分量は，フレッシュコンクリートの性能に基づいて定める．

【解　説】　（1）について　BFSのふるい分け試験には，JIS Z 8801-1「試験用ふるい−第1部：金属製網ふるい」に規定する公称目開きが150μm，300μm，600μmおよび1.18mm，2.36mm，4.75mmの6つのふるいを用いる．試料は，試験しようとするロットを代表するようにBFSを採取し，JIS A 1158「試験に用いる骨材の縮分方法」によって，ほぼ所定量となるまで縮分する．分取した試料は，105±5°Cで一定質量となるまで乾燥させ，乾燥後，室温まで試料を冷却させる．ふるい分け試験に用いる試料は，1.2mmふるいを質量比で95%以上通過するものについての最小乾燥質量を100gとし，1.2mmふるいに質量比で5%以上とどまるものについての最小乾燥質量を500gとする．試料の質量は0.1gまで測定する．ふるい分けは，試料を揺り動かし，試料が絶えずふるい面を均等に運動するようにし，1分間に各ふるいを通過するものが，全試料質量の0.1%以下となるまで作業を行う．なお，ふるい作業が終わった時点で，各ふるいにとどまるものが式（解2.3.1）の値を超えてはならない．なお，連続する各ふるいの間にとどまった試料の質量と受皿中の試料の質量との総和は，ふるい分け前に測定した試料の質量と1%以上異なってはならない．粗粒率は，5mm，2.5mm，1.2mm，0.6mm，0.3mmおよび0.15mmの各ふるいにとどまる質量分率（%）の和を100で除した値で求める．

$$m_r = \frac{A\sqrt{d}}{300} \quad \text{（解 2.3.1）}$$

ここに，　m_r　：連続する各ふるいの間にとどまるものの量（g）
A　：ふるいの面積（mm^2）
d　：ふるいの公称目開き（mm）

BFSの微粒分量は，公称目開き75μmの網ふるいを通過するものと定義される．試料には，105±5°Cで一定質量となるまで乾燥させた約1kgのBFSを使用する．試験では，試料を覆うまで水を加え，水中で試料を手で激しくかき回し，細かい粒子を粗い粒子から分離させ，洗い水の中に懸濁させる．粗い粒子をできるだけ流さないように注意しながら，洗い水を75μmのふるいの上にあける．再び容器の中の試料に水を加えて激しくかき回し，ふるいの上に洗い水をあける．この操作を水中の骨材が目視で確認できるまで繰り返す．75μmのふるいにとどまった粒子を全て試料に戻し，試料を105±5°Cで一定質量になるまで乾燥し，質量の0.1%まで正確に計り，式（解2.3.2）より，BFS中の微粒分量を求める．

$$A = \frac{m_1 - m_2}{m_1} \times 100 \quad \text{（解 2.3.2）}$$

ここに，　A　：BFS中の微粒分量（%）
m_1　：洗う前の試料の乾燥質量（g）
m_2　：洗った後の試料の乾燥質量（g）

（2）について　安定した品質のBFSコンクリートを製造するためには，BFSの粗粒率の変動を小さくする必要がある．JIS A 5011-1では，粗粒率（fineness modulus, F.M.）は，製造業者と購入者が協議によって定めた値（協議値）に対して±0.20の範囲のものを製造者は出荷しなければならないと規定している．2015～2016年度に，各製造者が実施した製品試験結果によれば，BFS2.5とBFS1.2に関しては，粗粒率の最大と最小の差が0.3を超えることはなく，ほとんどの製造工場における出荷実績では，粗粒率の最大と最小の差は0.2以下である．BFS5やBFS5-0.3に関しては，粗粒率の最大と最小の差が0.4を超える製造工場もあるが，これは，購入者によって製品（ロット）の協議値が異なるためであり，協議値に対して±0.20の範囲のものが確実に製造されている．

普通細骨材においては，0.3mmを通過する量が10%以下の場合は，コンクリートの圧送性が低下し，ポンプが閉塞するおそれが大きくなるとされている．また，ブリーディング等の材料分離も生じやすくなり，空気量も不安定になるとされている．これに対して，BFSでは表面がガラス質のために，BFSコンクリートのワーカビリティーに影響を与えるのは，普通細骨材よりも径の小さな0.15mmを通過するものの影響が大きく，細粒および微粒分量が多い方がコンクリートのワーカビリティーに良い影響を与えることが知られている．したがって，JIS A 5011-1では，0.15mm以下の比率の上限がBFS5では15%，BFS2.5およびBFS1.2では20%と，JIS A 5308附属書Aに規定される砂の上限である10%に比べて高めに規定されている．ただし，微粒分量が著しく多い場合には，粘性の大きなコンクリートになりやすく，また貯蔵時にBFSが固結しやすくなるため注意が必要である．なお，普通細骨材では，0.3mm～0.6mmの粒群が多いと，エントラップトエアが多くなるといわれているが，BFSでは，0.6mm～1.2mmの粒群が多いと，エントラップトエアが多くなる傾向がある．

普通細骨材では，粒度が細かくなると細骨材の比表面積が大きくなる等の影響で，細骨材とセメントペーストの界面の脆弱な部分である遷移帯が増加し，それによって塩化物イオンの拡散係数が大きくなることが指摘されている．これに対して，BFSでは，BFSとセメントペーストとの反応によって遷移帯が緻密化するために，粒径が小さいほど，すなわち，BFSの比表面積が大きいほど，BFSとセメントペースト部の界面が増加するため，BFSの反応サイトが増加し，結果として，BFSの効果によって塩化物イオン浸透に対する抵抗性が高くなる．塩化物イオン浸透に対する抵抗性は，BFSとセメントペーストの界面における総空隙量の低下だけでなく，空隙の連続性および空隙の屈曲性による影響も受けるため，粒度の細かなBFSを用いれば効果が高くなるとは，一概にはいえず，粒度分布によっても影響を受けることに留意する必要がある．

フレッシュコンクリートおよび硬化後のBFSコンクリートの品質を一定なものにするためには，BFSの粒度の管理が重要である．しかし，JIS A 1102によって粒度を管理するには，試料を乾燥すること，5mmふるいから0.15mmふるいまでの6種類の網ふるいを用いてふるい分けを行うことから，試験に多くの時間を要し，試験結果を工程に反映するには時間がかかり過ぎる．普通コンクリートにおいても細骨材の粒度の工程管理は重要で，それを合理的に行うことを目的に，全国生コンクリート工業組合連合会のZKT専門部会から，細骨材の粗粒率を迅速に高い精度で推定できるZKT-110「細骨材の推定粗粒率の試験方法」が提案されている．細骨材は粗骨材と異なり，産地，原石，製造工程等が同じであれば，粒度の変動が若干あってもその粒度分布の基本パターンは一定の傾向をもっている．ZKT-110は，この性質を利用して，JIS A 1102によって求めた粗粒率を目的変数とし，2.5mm，1.2mm，0.6mmおよび0.3mmの中のいずれか2種類のふるい目の通過分（または残分）を説明変数とし，これらの関係から重回帰式を求めておき，粗粒率を推定する手法である．ZKT-110では，湿潤状態の試料を試験に用いることができる．ZKT-110は，原料や製造工程の一定した条件で製造されるBFSに適した試験方法であり，BFSコンクリートの製造者が，BFSコンクリートの工程管理が合理的に行える．

砕砂の微粒分量の上限が，JIS A 5005「コンクリート用砕石及び砕砂」で9.0%とされているのに対して，BFSの微粒分量の上限は，JISA5011-1で7.0%と規定されている．舗装コンクリート及び表面がすりへり作用を受けるコンクリートについては，砕砂もBFSもともに5.0%が上限とされている．なお，2015〜2016年度の各BFSの製造者が実施した製品試験結果によれば，BFS5，BFS2.5およびBFS1.2では，5%を超える微粒分量のBFSを製造している工場は，ほとんどなく，BFS5-0.3では，微粒分量が2.0%を超えるものは製造されていない．

砕砂や砂で，微粒分量の上限が定められているのは，石灰岩を除く，安山岩，粘板岩，砂岩等のいずれの岩種を用いた砕石，砕砂も，石粉が含まれることで，コンクリートの圧縮強度を低下させるためである．これに対して，BFSや石灰石砕砂では，その微粒分がコンクリートの圧縮強度を低下させる原因にはならない．BFSの微粒分を，さらに細かくしたものがGGBSであり，BFSの微粒分の化学組成等はBFSやGGBSと同じである．粘土やシルトとはその性質が異なり，BFSに含まれる微粒分量が硬化後のBFSコンクリートの性能を低下させることはない．しかし，微粒分量が多くなると，フレッシュコンクリートの粘性が高くなり，BFSコンクリートの充塡性や打上がり面の仕上げ作業に影響を与える場合がある．したがって，BFSの微粒分量は，フレッシュコンクリートのこれらの性能に対して安定して製造できる量をあらかじめ定め，製造業者に要求する必要がある．なお，JIS A 5011-1に規定されるBFSの微粒分量の許容差は，製造業者と購入者の協議値に対して±2.0%である．

2.4　粒　　形

（1）　BFSの粒形は，単位容積質量または実積率で評価する．BFSの単位容積質量および実積率は，JIS A 1104「骨材の単位容積質量及び実積率試験方法」により求める．

（2）　BFSコンクリートに用いるBFSは，磨砕処理により粒形が球に近い形に加工されたものを用いる．

【解　説】　（1）について　BFSの単位容積質量試験には，内高と内径の比が0.8〜1.5で，容積が1〜2Lの容器を用いる．試料は，用いる容器の容積の2倍以上用意し，3層に分けて，それぞれ20回ずつ棒突きによって試料を詰める．含水率が1.0%以下のBFSを用いて試験を行った場合は，BFSの単位容積質量および実積率は，それぞれ，式（解2.4.1）および式（解2.4.2）より求める．

$$T=\frac{m_1}{V} \qquad \text{（解 2.4.1）}$$

ここに，　T　：BFSの単位容積質量（kg/L）
　　　　　m_1　：容器中の試料の質量（kg）
　　　　　V　：容器の容積（L）

$$G=\frac{T}{d_{\mathrm{D}}}\times 100 \qquad \text{（解 2.4.2）}$$

ここに，　G　：BFSの実積率（%）
　　　　　T　：式（解2.4.1）より求めたBFSの単位容積質量（kg/L）
　　　　　d_{D}　：BFSの絶乾密度（g/cm³）

（２）について　骨材の粒形の判定には，一般に粒形判定実積率が用いられ，JIS A 5005に規定される砕砂では，粒形判定実積率が54%以上でなければならないとされている．しかし，BFSは，区分によっては粒形判定実積率の試験に用いる試料が準備できないものがあるため，JIS A 5011-1に粒形判定実積率の規定はなく，単位容積質量で1.45kg/L以上の規定が示されている．実積率や単位容積質量は，粒形判定実積率と異なり，骨材の粒形を正確に判定することはできないが，工程検査としてBFSの粒形を管理するのには有効な方法である．なお，2015～2016年度に，各製造者が実施した製品試験結果によれば，BFS2.5，BFS1.2およびBFS5-0.3に関しては，単位容積質量が平均で1.50kg/Lを下回るBFSを製造している工場はない．

解説 写真2.4.1に磨砕処理を行う前と行った後の高炉水砕スラグを示す．BFSの原料となる高炉水砕スラグは凹凸が大きく，角張ったものや線状のものが含まれ，普通細骨材に比べると総じて角張っており，粒度分布も単粒度に近い．そのため，BFSの製造では，原料となる高炉水砕スラグを磨砕処理機等により整粒した後に，粒度調整が行われる．BFSを磨砕する時間を長くすれば，BFSの粗粒率は小さくなるが，それを用いたモルタルのフローは大きくなる．また，磨砕時間を十分に確保したBFSを用いたコンクリートは，プラスティックな性状となる．これに対して，磨砕時間の短いBFSを用いたモルタルではフローが小さくなるだけでなく，水走りが生じる場合がある．さらに，磨砕時間の短いBFSを用いたコンクリートでは，高性能（AE）減水剤の添加量を増やしても，BFSコンクリートのスランプは大きくならず，水走りのみが生じたり，スランプ試験時に崩れることがある．BFSの単位容積質量または実積率でも，BFSの粒形を把握するための指標にはなるが，BFSの磨砕処理の程度を正確に判定することはできない．

(a) 磨砕前

(b) 磨砕後

解説 写真2.4.1　磨砕前の高炉水砕スラグおよび磨砕後のBFSの外観

単位容積質量または実積率によって，BFSの粒形の管理を行っているにも係わらず，突然，BFSコンクリートのスランプの性状が荒々しくなる等通常と異なる場合には，BFSの製造工程における磨砕処理が十分でない可能性がある．BFSの磨砕処理の程度の判定には，JIS R 5201「セメントの物理試験方法」に規定されるモルタルのフロー試験が，有効な方法である．BFSの限度見本を作成する際には，それを用いたモルタルのフローが，水走り等を生じることなく十分に大きいことを確認しておき，BFSの入荷の度に，目視によって，限度見本内のBFSが入荷されていることを確認しなければならない．

2.5　密度および吸水率

（１）　BFS の表乾密度，絶乾密度および吸水率は，JIS A 1109「細骨材の密度及び吸水率試験方法」により求める．

（2）　BFSコンクリートには，吸水率の低いBFSを用いる．

【解　説】　（1）について　BFSの密度および吸水率を求める際，試料は24時間吸水させる．水温は吸水時間の少なくとも20時間は20±5°Cに保つ．試料を平らな面の上に薄く広げ，暖かい風を静かに送りながら，均等に乾燥させる．細骨材の表面にまだ幾分表面水があるときに，細骨材をフローコーンに緩く詰め，上面を平らにならした後，試料の上面から突き棒の重さだけで力を加えず速やかに25回軽く突く．突き固めた後，残った空間を再度満たさずに，フローコーンを静かに鉛直に引き上げる．試料を少しずつ乾燥させながら，前記の方法を繰り返し，フローコーンを引き上げたときに，BFSのコーンがはじめて崩れたとき，表面乾燥飽水状態であるとする．

なお，BFS5-0.3は，微粒分量が少ないために，表面乾燥飽水状態は，試料を24時間吸水した後，JIS A 1110「粗骨材の密度及び吸水率試験方法」に準じ，試料を水中から取り出し水切りした後，吸水性の布の上にあけ，試料を吸水性の布の上で転がして，目で見える水膜をぬぐい去り，表面乾燥飽水状態とする．また，JIS A 5011-1では，微粒分の多いBFSの場合は，JIS A 1103の微粒分量試験で，微粒分を洗い流した試料を密度および吸水率を求める試料とすることができると規定している．これらの方法によりBFSの製造者が表面乾燥飽水状態に調整した場合には，試験成績表の報告事項にその旨を付記することになっている．BFSの購入者の行う試験による結果とBFSの製造者の試験成績表に有為な差が認められる場合は，BFSの製造者に表面乾燥飽水状態の具体な調整方法を確認するとよい．

BFSの表乾密度は，ピクノメータを用いて測定する．ピクノメータに水をキャリブレーションされた容量を示す印まで加え，そのときの質量m_1を0.1gまで量り，また水温t_1を測る．表乾密度試験用試料質量m_2を0.1gまではかった後，ピクノメータに入れ，水をキャリブレーションされた容量を示す印まで加え，泡を追い出した後，20±5°Cの水槽に約1時間漬け，更にキャリブレーションされた容量を示す印まで水を加え，そのときの質量m_3を0.1gまで量り，また水温t_2を測る．水槽につける前後のピクノメータ内の水温の差（t_1とt_2の差）は1°Cを超えてはならない．BFSの表乾密度は，式（解2.5.1）より求める．

$$d_s=\frac{m_2\times\rho_w}{m_1+m_2-m_3} \qquad \text{（解 2.5.1）}$$

ここに，　d_s　：　BFSの表乾密度（g/cm³）
m_1　：　水で満たしたピクノメータの全質量（g）
m_2　：　表乾密度試験用試料の質量（g）
m_3　：　試料と水で満たしたピクノメータの質量（g）
ρ_w　：　試験温度における水の密度（g/cm³）

BFSの吸水率は，表面乾燥飽水状態にある吸水率試験用試料の質量m_4を0.1gまではかった後，105±5°Cで一定質量となるまで乾燥し，デシケータ内で室温まで冷やし，その質量m_5を0.1gまで量る．BFSの絶乾密度および吸水率は，式（解2.5.2）および式（解2.5.3）より求める．

$$d_d=d_s\times\frac{m_5}{m_4} \qquad \text{（解 2.5.2）}$$

ここに，　d_d　：BFS の絶乾密度（g/cm³）

m_4　：表面乾燥飽水状態の吸水率試験用試料の質量（g）

m_5　：乾燥後の吸水率試験用試料の質量（g）

$$Q=\frac{m_4-m_5}{m_5}\times 100 \qquad (解 2.5.3)$$

ここに，　Q　：吸水率（%）

（２）について　JIS A 5011-1では，BFSの絶乾密度および吸水率は，それぞれ，2.5g/cm³以上および3.0%以下と規定されている．2015年～2016年の実績によると，国内で製造されているBFSの絶乾密度（各製造事業所の平均値）は，2.55g/cm³～2.85g/cm³であり，吸水率（各製造事業所の平均値）は，0.2～2.2%程度である．特に，BFS2.5およびBFS1.2では，吸水率が1.0%を超えるものを製造している工場はない．絶乾密度と吸水率の関係は，概ね負の相関関係が認められ，絶乾密度が大きいほど，吸水率は小さくなる傾向がある．

普通骨材と同様にBFSにおいても，密度が小さく，吸水率が高いものを用いるほどコンクリートの強度や劣化や物質の透過に対する抵抗性が低下する．溶融したスラグへの加圧水の噴射あるいは溶融したスラグを水槽に注入して急冷，粒状化（水砕）して製造される高炉スラグは，速い冷却速度で製造されると，気泡の多い軟質水砕スラグとなり，ゆっくりとした冷却速度で製造されると，粒径の大きな硬質水砕スラグとなる．軟質水砕スラグは，気泡が多く，砕きやすいために「軟質」と名付けられているが，それを砕いて内部の気泡が少なくなったBFSは，硬質水砕スラグから造られるBFSに比べて，粒径は小さいが，密度は高く，吸水率も小さく，反応性が高い．

BFSを用いることで，普通細骨材を用いた場合よりも，コンクリートの乾燥収縮ひずみおよびクリープは小さくなる．特に，吸水率の小さいBFSを用いるほど，乾燥収縮ひずみおよびクリープは小さくなることが知られている．なお，BFSの吸水率がBFSコンクリートの乾燥収縮ひずみに与える影響は，強度が高くなるにつれて小さくなる．また，吸水率の高いBFSよりも，吸水率の低いBFSを用いた場合の方が，BFSコンクリートの塩化物イオン浸透に対する抵抗性は高い．ただし，JIS A 5011-1に規定される3.0%以下の吸水率のBFSであればその影響は小さく，1.0%以下の吸水率の範囲では，より高い塩化物イオン浸透に対する抵抗性が得られると考えてよい．

2.6　アルカリシリカ反応性

（１）　BFS は，アルカリシリカ反応を生じない無害な骨材として取り扱う．

（２）　蒸気養生を行うプレキャスト製品では，BFS がアルカリシリカ反応を抑制する効果は期待しない．

【解　説】　（１）について　BFSは，これまでの試験結果からアルカリシリカ反応（以下，ASRと呼ぶ）を起こさない安定な骨材であることが分かっている．また，BFSに起因するASRを生じた報告もない．BFSについて，骨材の潜在反応性試験方法（化学法）を実施しても，溶解シリカ量S_cは1mmol/L程度しか検出されず，アルカリ濃度減少量R_cは50mmol/L程度である．BFSは，ASRを生じるおそれがないため，JIS A 5011-1にも規定が設けられていない．なお，JIS A 1145「骨材のアルカリシリカ反応性試験方法（化学法）」では，溶解シリカ量S_cが10mmol/L未満でアルカリ濃度減少量R_cが700mmol/L未満の場合，その骨材は無害と判定される．

（2）について　粗骨材に反応性をもつ川砂利を用い，アルカリとして塩化ナトリウムおよび水酸化ナトリウムを添加し，ASRによる膨張をJCI-S-010「コンクリートのアルカリシリカ反応性試験方法」によって確認したとき，BFSを用いることで，アルカリの由来に係わらず，反応性を有する川砂利のASRによる膨張が抑制されたとする報告がある．粗骨材に反応性を有する砕石を用いて，細骨材に非反応性の砂岩砕砂とBFSをそれぞれ用いたコンクリートで，ASRによる膨張を調べた結果でも，BFSを用いたものは，反応性を有する砕石の膨張を抑制する効果があることも報告されている．しかし，150×150×530mmの角柱供試体を用いて曝露試験を行い，ASRによってコンクリート表面に生じたひび割れ表面積（ひび割れの幅と長さの積）を調べると，水中養生を行ったものでは，添加するアルカリがNaClであっても，NaOHであっても，BFSによって，ASRによる膨張ひび割れが抑制できているのに対し，蒸気養生を行ったものでは，BFSを用いたものと砕砂を用いたもので，その差が小さいとする報告もある．また，粗骨材に反応性を有する川砂利を用い，Na_2Oeqで13.5kg/m^{3}のNaClを加えたコンクリートを用い，JIS A 5373の推奨仕様B-1に従って道路橋用橋げたAS09を製造し，それを曝露した結果では，ASRによって生じたポップアウトも，ひび割れも，BFSを用いたものは，非反応性の砂岩砕砂を用いたものよりも，少ないことが確認はされている．しかし，蒸気養生を行ったものは，BFSコンクリートを用いた橋げたでも，ASRによる損傷は生じている．

試験室でのアルカリシリカ反応性試験では，反応性をもつ粗骨材のASRをBFSが抑制する効果は確認できているが，蒸気養生を行うプレキャスト製品において，BFSがASRを確実に抑制できることを示すデータはない．このことは，GGBSにおいても同様であり，この指針（案）で対象とするBFSコンクリートにおいては，蒸気養生を行うプレキャスト製品に対しては，GGBSやBFSにASRを抑制する効果を期待せず，反応性をもつ粗骨材や普通細骨材は用いないこととした．

2.7　化学成分

コンクリートの品質に有害な影響を及ぼす可能性がある化学成分を有害量含まないBFSを用いる．

【解　説】　2018年時点で，国内には4つの高炉メーカがあり，11の製造事業所にてBFSが製造されている．国内の4つの高炉メーカが使用する鉄鉱石や石炭（強粘結炭）の原料の輸入元は，概ね同じ国であるために，いずれの製鉄所で製造されるBFSも，化学成分には大きな差がない．また，高炉の操業上，高炉から高炉スラグが排出されやすいように，粘性を持たせる必要がある．高炉スラグは，管理する温度で一定の粘性となるように，化学成分が設計されており，BFSの化学成分が大きく変動することはない．

解説 表2.7.1　JIS A 5011-1におけるBFSの化学成分の規定

項　目		規定値
酸化カルシウム（CaOとして）	(%)	45.0 以下
全硫黄（Sとして）	(%)	2.0 以下
三酸化硫黄（SO_3として）	(%)	0.5 以下
全鉄（FeOとして）	(%)	3.0 以下

解説 表2.7.1に，JIS A 5011-1に規定される4つの化学成分を示す．なお，コンクリートに悪影響を及ぼす有

害物として，石炭，亜炭で密度1.95g/cm^{3}の液体に浮くもの，あるいは粘土塊等があるが，BFSの製造過程でこれらのものが混入することはない．また，BFSとして製造された後の貯蔵時や運搬時においても外部から混入することがないように管理されている．BFSを購入する際には，試験成績表により，BFSの化学成分がJIS A 5011-1の規定値以下であることを確認しなければならない．

酸化カルシウム（CaO）は，BFS中にけい酸二石灰（2CaO･SiO_2）のような鉱物相としては含まれない．酸化カルシウムは，BFSの非晶質度が極端に低い場合に，フリーライムのCaOとして存在すると，水と反応し水酸化カルシウムとなることで，コンクリートを膨張させることがある．ただし，非晶質度が低い場合であっても，BFSに含まれる酸化カルシウムの量が45%以下であれば，コンクリートに有害な膨張を生じさせることはないと言われている．また，非晶質度の高いBFSでは，急冷によってBFSのガラス相中に酸化カルシウムが固溶されるため，鉱物的に不安定になることはなく，BFSの酸化カルシウム含有率が50%程度であっても膨張を生じることはない．なお，日本の高炉の原料事情および高炉操業の条件では，酸化カルシウムが45%を超えると，高炉の操業が不安定となり，銑鉄やBFSの製造を行うことが困難となるため，酸化カルシウムの量が極端に高いBFSは供給されないと考えてよい．

全硫黄（S）は，コンクリートを膨張させたり，時間の経過に伴い硫黄が酸化する際にコンクリート中の鋼材を腐食させるために，JIS A 5011-1だけでなく，諸外国の規格でも，その含有量に規定値が設けられている．しかし，このような問題が生じるのは，非晶質度の低い徐冷高炉スラグの場合であり，非晶質度が高いBFSでは，硫黄はBFSのガラス相の中に分散して存在するために，化学的に安定している．JIS A 5011-1では，徐冷高炉スラグより製造される高炉スラグ粗骨材に合わせて，同じ数値をBFSにも規定している．

三酸化硫黄（SO_3）は，エトリンガイトを生成し，コンクリートを膨張させる原因となる．三酸化硫黄は，非晶質度の低い高炉スラグを長くヤードに貯蔵した場合等に，硫黄の一部が三酸化硫黄に変化することで存在する場合がある．また，高炉水砕スラグの製造時に海水を用いた場合にも存在することがある．BFSでは，非晶質度が高いために，長期間ヤードに放置したとしても，ガラス相内に硫黄が分散しており，その硫黄が三酸化硫黄に変化する可能性は低い．

溶融状態の高炉スラグに含まれている鉄分が水砕化の際に金属の鉄として粒状の鉄になる．このような金属鉄（Fe）がBFS中に含まれると，コンクリート表面で酸化し，錆を生じ，外観を損なう原因となる．全鉄（FeO）が3%以下であれば，粒鉄はほぼ0%であり，大部分の鉄はガラス相の中にイオンとして取り込まれた状態となる．

高炉スラグの化学成分の指標である塩基度は，酸化カルシウム（CaO），二酸化けい素（SiO_2），酸化アルミニウム（Al_2O_3），酸化マグネシウム（MgO）の化学成分の値を用いて，式（解2.7.1）によって求められる．式（解2.7.1）の分子にある成分が多いと強度発現が良く，分母，すなわち，二酸化けい素が多いと強度発現は悪くなる．潜在水硬性は，高炉水砕スラグのガラス相にある二酸化けい素のネットワークを切ることが反応のきっかけであり，二酸化けい素が多いと反応性が低下する．JIS A 6206「コンクリート用高炉スラグ微粉末」では，高炉スラグ微粉末の塩基度は，1.60以上と規定されている．BFSでも，反応性の確認に塩基度を指標として用いるのも一つの方法である．

$$b=\frac{CaO+MgO+Al_2O_3}{SiO_2} \quad \text{（解2.7.1）}$$

ここに，　b ： 塩基度

CaO： 高炉水砕スラグ中の酸化カルシウムの含有量（%）
MgO： 高炉水砕スラグ中の酸化マグネシウムの含有量（%）
Al_2O_3： 高炉水砕スラグ中の酸化アルミニウムの含有量（%）
SiO_2： 高炉水砕スラグ中の二酸化けい素の含有量（%）

2.8　高気温時における貯蔵の安定性

（1）　高気温時におけるBFSの貯蔵の安定性は，試験成績表に記載された固結防止剤の添加と試験により判定する．
（2）　高気温時の貯蔵におけるBFSの固結防止対策は，受渡当事者間の協定に基づき実施する．

【解　説】　（1）について　乾燥状態でBFSを貯蔵した場合には，固結が生じることはない．しかし，BFSの含水率が大きく，気温が高い場合には，BFSが固結を生じる場合がある．BFSの原料となる水砕スラグは潜在水硬性を持っており，BFSも水和反応性を有している．このため，特に気温が高くなる夏場の貯蔵中に，骨材同士が固着し塊状となる現象，いわゆる固結を起こすことがある．指でつぶれる程度の凝集体であればミキサ等でほぐれるため問題はないが，固結が進行した場合，BFSの粒度や微粒分量等が変わり，BFSコンクリートの性能に影響を及ぼす可能性がある．また，製造工場の骨材貯蔵設備からの引出しが困難になる場合や，団粒化した塊状態でコンクリート中に混入する危険性もある．これを防止するために，BFSには，磨砕処理した後，固結防止対策としてオキシカルボン酸塩系化合物やポリアクリル酸塩系化合物等を主成分とする固結防止剤が添加される．その添加量は，BFSの質量比で0.1%以下である．特に固結が起きやすい夏期に数週間の貯蔵を可能とするには，散布量を増量する等の処置が必要となる．散布量が過度となると，コンクリートの性能に影響を与える可能性があることから，BFSコンクリートの製造者は，製造仕様を基に，固結防止剤の添加量をBFSの製造者と十分に協議しておくことが重要である．なお，JIS A 5011-1では，固結防止剤を添加している場合には試験成績表にその旨記載することになっている．BFSコンクリートの製造者は，その添加を確認することで，BFSの貯蔵の安定性を確認しなければならない．

解説 表2.8.1　JIS A 5011-1附属書B「高炉スラグ細骨材の貯蔵の安定性の試験方法」に基づく貯蔵の安定性の判定基準

3個の供試体の試験結果の区分			判　定
a	a	a	A
a	a	b	A
a	b	b	B*
b	b	b	B
cが1個以上あるもの			B

注*　予備試料で再試験することができる．

なお，JIS A 5011-1には，その附属書B（参考）に高炉スラグ細骨材の貯蔵の安定性の試験方法が示されている．判定結果がAの場合に安定とするもので，この試験に基づく判定結果を試験成績表に記載している製造事業所もある．なお，JIS A 5011-1の附属書Bに示される試験の概要は，次のとおりである．試験には，10±3%の含水率に調整したBFSを用いる．150 g の試料をステンレス鋼製の容器に入れ，フローテーブルで，1回/秒の速さで75回の落下運動を与えて試料を締め固める．さらに，試料の表面を突き棒で均一に25回自重で突き固めて水平にならす．この供試体を3個用い，装置内の圧力が1.5±0.1MPaのオートクレーブ装置内で2時間保存する．冷却後，試験容器から供試体をフローテーブル上に取り出し，全ての粒が約10mm以下に砕けるまでの落下回数を記録し，0〜10回で，全ての粒が約10mm以下に砕けた場合はa，11〜40回で砕けた場合はb，40回で砕けなかった場合はcに区分する．3つの供試体の区分により，**解説 表2.8.1**のように判定する．

（2）について　**解説 図2.8.1**に，BFSの製造工程の概要を示す．貯蔵中のBFSの固結を確実に防止するためには，固結防止剤の確認だけでなく，水切りがしっかりと行われていることを確認するのがよい．また，BFSは，入荷後1ヶ月を目途に速やかに使い切るよう，計画的に購入することが望ましい．日平均気温が20°C以上となる場合の貯蔵におけるBFSの固結防止対策については，BFSの製造者とあらかじめ協定を結び実行することが重要である．

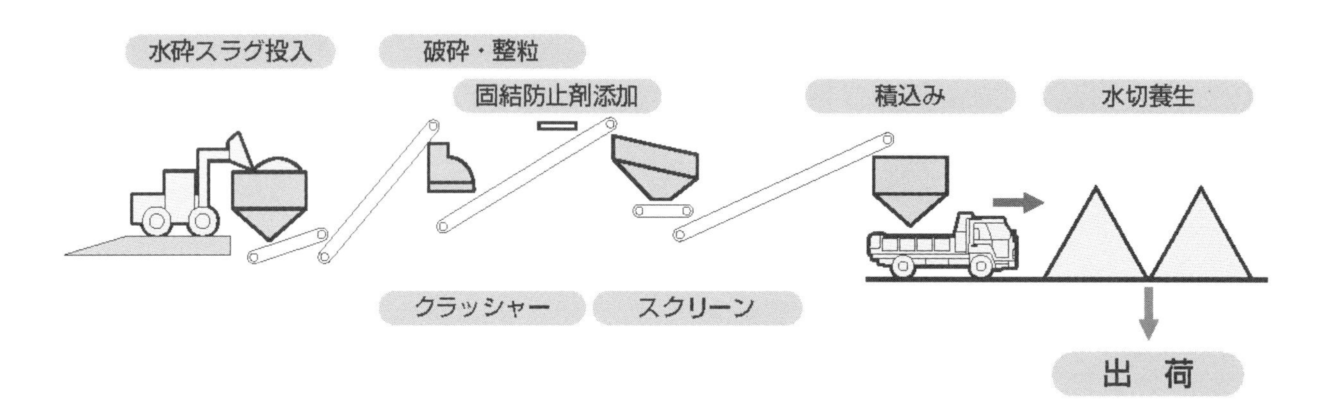

解説 図 2.8.1　BFS の製造工程の概要

3章　BFSコンクリートの品質

3.1 一　　般

（1） プレキャスト製品に用いるBFSコンクリートは，試験室で作製されるBFSコンクリートの品質と同等の品質が得られる製造方法で製造する．

（2） 一定の品質のBFSコンクリートが製造できる製造方法と品質管理方法を社内規格に標準化する．

（3） BFSコンクリートの品質の保証値および標準偏差を求める試験は，養生方法および試験開始時の材齢を除いて，目標値を求める際に用いたのと同じ方法で行う．

【解　説】 （1）について　現場打ちコンクリートを対象とした示方書［施工編：施工標準］においては，1週間程度の湿潤養生を行ったコンクリート構造物の，供用開始時のコンクリートの圧縮強度を，標準水中養生を行った供試体の材齢28日における試験値で評価してよいとしている．それは，比較的部材の大きい土木構造物では，養生終了後の強度増加が期待できることを考慮しているためである．これに対して，部材厚の薄い一般のプレキャスト製品においては，現場打ちの土木用コンクリートと同様な効果を期待することはできない．コンクリートの劣化に対する抵抗性や物質の透過に対する抵抗性は，コンクリートの圧縮強度と必ずしも相関があるとは言えない．たとえ，65N/mm^{2}を超えるような高い圧縮強度のコンクリートであっても，適切な湿潤養生が行われていなければ，未水和のセメント粒子のために早期に凍結融解作用によって破壊に至ることがある．また，雰囲気温度のみを管理し，コンクリートの温度管理を怠り，コンクリート温度が水和熱によって雰囲気温度を超えれば，高湿度下であっても，材齢の初期においてコンクリートに乾燥が生じ，未水和のセメント粒子が多く残ることがある．

BFSコンクリートは，普通コンクリートに比べて，劣化に対する抵抗性および物質の透過に対する抵抗性に優れている．これは，BFSとセメントが水和反応を起こすためであると考えられる．一般のコンクリートでは，セメントペーストの品質を向上させても，セメントペーストと細骨材の界面または，モルタルと粗骨材の界面が改善されるのには限界がある．これに対して，BFSコンクリートは，セメントペーストとBFSとの界面には，明らかな反応層が形成され，物質が容易に透過する界面が改質される．このようなBFSの効果を期待し，十分な水中養生の行われる試験室で作製されたBFSコンクリートより得られる品質と同等の高耐久なBFSコンクリートを実機で製造するためには，現場打ちコンクリート以上に，水和反応を促進する湿潤養生を行うことが技術の要諦である．

BFSコンクリートでこれらの品質を得ようとする場合，BFSの品質はもとより，配合や製造条件を適切に設定することが肝要である．あらかじめ定められた試験方法によってBFSコンクリートの品質を確かめ，それに基づいてBFSの品質，BFSコンクリートの配合，プレキャスト製品の養生方法等の製造条件を定める．特に，BFSコンクリートの品質へのBFSの品質の影響は大きいため，BFSの製造者とBFSコンクリートの製造者はあらかじめ十分に協議し，BFSの受入れ基準等を定める必要がある．

（2）について　BFSコンクリートの品質は，BFSの粒度や粒形，微粉分量や化学成分等の品質，配合条件，養生方法等の製造条件の影響を受ける．製造者は，BFSコンクリートの品質の変動が小さい製造方法を定め，十分に管理された状態で製造することが求められる．

BFSの水和反応は，温度の影響を受ける．現場打ちコンクリートが，寒中コンクリートでは湿潤養生期間を長く必要とするのと同様に，BFSの水和反応は，低温下では進みにくい．そのため，蒸気養生後の湿潤養生期間中の温度を，たとえば20℃に加温する等の対策が必要な場合もある．

一定の品質のBFSコンクリートを製造するためには，使用する材料，すなわち，セメント，混和材，BFS，粗骨材および混和剤に要求する品質を，それぞれの材料の製造者または販売者に示し，要求した品質どおりの材料が入荷されていることを確認しなければならない．特に，骨材の表面に付着している微粒分の量および粒度等は変動しやすく，かつ，コンクリートの品質に著しい影響を及ぼす因子であるので，要求するBFSおよび粗骨材の品質の上限および下限の限度見本を用意し，入荷の度に，要求したとおりの品質のものが入荷されていることを目視によっても確認しなければならない．また，水をかけた骨材の色によっても，入荷される骨材が常に使っている骨材と同じものかを確認することができる．そのような確認をするために，限度見本と一緒に，要求品質の中央値になる標準見本を用意しておくのがよい．

BFSコンクリートが所定のワーカビリティーを得るのに必要な混和剤量は，季節によって異なる．また，BFSコンクリートの品質も，製造時の気温の影響を受け，混和剤量の調整だけでは，BFSコンクリートの品質を維持できない場合もある．そのような事態に備えて，あらかじめ季節ごとの配合を用意するとともに，配合を変更する条件を定め，シューハート管理図等の統計的な手法を用いて，適切な時期に配合の変更を行うことが必要である．

不適合なBFSコンクリートが出ないよう予防を実施すること，また，不適合なBFSコンクリートが出た場合には，それに対する是正措置をとる体制が構築されていることも重要である．これらの製造方法および品質管理の方法は，社内規格に標準化するとともに，常に見直しを行う必要がある．BFSコンクリートの製造および品質管理は，品質管理責任者の下で標準化された社内規格どおりに実施されることが重要である．

（3）について　試験室と実機では製造条件が大きく異なる．実機によって製造されたコンクリート製品が，試験室によって得られた品質と同等の品質となることをあらかじめ十分に確認し，適切な製造条件を定める必要がある．プレキャスト製品の購入者は，配合計画書に記載される目標値と保証値の差をもって，BFSコンクリートが適切に製造されていることを確認する．そのため，目標値と保証値を求める各試験は，養生方法および試験開始時の材齢を除いて，同じ方法で行わなければならない．

3.2　ワーカビリティーと強度発現性

（1）　運搬，打込み，締固めや仕上げ等の作業が適切に行えるワーカビリティーを有するBFSコンクリートを製造する．

（2）　製造の各段階で必要となる強度発現性を有するBFSコンクリートを製造する．

【解　説】　（1）について　プレキャスト製品の部材厚は，比較的薄く，形状も複雑なものが少なくない．したがって，充填性の高いBFSコンクリートが必要とされるが，スランプやスランプフローを大きくしただけでは充填性は得られない．適切な充填性を得るためには，スランプまたはスランプフローとともに，高い材料分離抵抗性が必要である．材料分離抵抗性を測定する試験方法は，規格化されていない方法も含めれば多数の方法が提案されている．例えば，付録Ⅳに示す方法では，スランプ試験の後に平板を木槌等で叩くことによって，骨材やセメントペーストの分離状況を目視によって判断することができる．これらの材料分離抵抗性を調べる試験方法は，コンクリートの充塡性を判断するだけでなく，過度の振動を与えた場合の型枠内でのBFSコンクリートの状況を推察するのにも役立つ．

BFSコンクリートの充塡性は，BFSの粒形によって大きな影響を受ける．一般にBFSは製造過程で磨砕の工程により，粒径を整えている．磨砕の十分でないBFSを用いた場合は，角張った粒形であることにより，高性能（AE）減水剤の添加量を増やしても，スランプが大きくならないことがある．BFSコンクリートの充塡性に異常が認められる場合は，BFSの実積率やBFSを用いたモルタルによるフロー値によってBFSの粒形を確認する．

プレキャスト製品の製造におけるスランプまたはスランプフローは，製造者の責任において，施工しやすい値を設定するとともに，一定の品質のBFSコンクリートが製造されていることを確認するために，管理限界を定め，工程検査として一日に数回測定し，製造記録に残しておかなければならない．

BFSコンクリートの充塡性を確保するために空気量を高めに設定することが有効である．AE剤を用い，充塡性を高める場合には，必要な空気量と管理限界を，あらかじめ定めておき，工程検査として一日に数回の測定を実施し，その製造記録に残しておかなければならない．

（2）について　プレキャスト製品は，脱型後直ちに吊り上げて運搬されたり，プレストレスが導入される．プレキャストRC製品で脱型に必要とされる強度は，製品の大きさや運搬の方法によっても異なるが，一般に，圧縮強度で15N/mm^{2}程度で管理されていることが多い．また，プレストレスを導入する製品では，材齢18時間程度で35N/mm^{2}の圧縮強度が必要とされている．これらの圧縮強度は，プレキャスト製品に用いられる一般的な水結合材比である35%程度のBFSコンクリートであれば，過度な蒸気養生を行わなくても，結合材の選定または水結合材比の設定で十分に得ることができる．

3.3　圧縮強度

（1）　BFSコンクリートの圧縮強度の管理には，シューハート管理図等の統計的な手法を用いる．

（2）　BFSのコンクリートを用いたプレキャスト製品の出荷時の圧縮強度は，製品と同一養生した供試体により確認する．

【解　説】　（1）について　BFSコンクリートを用いたプレキャスト製品の圧縮強度は，実機で製造された製品と同一の養生（以下，製品同一養生と呼ぶ）の供試体によって管理する．工程管理としての圧縮強度試験は，1日に1回以上行い，工程が安定しているか，工程に異常が発生していないか等を管理する．工程管理で行う圧縮強度試験は，いち早く工程の状態を把握し，不適合品が発生しないように事前に対策をとることを目的に，統計的な手法を用いて行うものである．統計的な手法の一つとして，例えばシューハート管理図がある．これは，中心線および管理限界線を実績のデータより定めるもので，一般に，中心線は，実績データの平均値とし，管理限界線は，平均値より標準偏差の3倍離れた値が用いられる．管理限界線を試験値が超える確率は，理論的に0.3%で，工程の異常として直ちに対応を取らなければならない．工程の異常を察知するには管理限界線だけでは十分でないため，平均値より標準偏差の2倍離れた位置に警戒限界線を引き，工程の異常の判別を行うのが一般である．また，管理図によって何らかの兆候が認められた場合に対応がとれるよう，あらかじめ**解説　図3.3.1**に示されるような圧縮強度とその特性要因図を用意しておき，いち早く品質の安定に向けた改善や修正を行うことが大切である．中心線，管理限界線，警戒限界線は，データの実績によって見直しを行い，定期的に変更しなければならない．シューハート管理図によって，適切な管理が行われ，圧縮強度の変動の原因が取り除かれていけば，標準偏差は，次第に小さなものになるはずである．

圧縮強度の保証値に用いる下限規格値は，試験値が管理限界値を超えても直ちに下限規格値を下回らないように定めなければならない．上限規格値と下限規格値の差を標準偏差の6倍で除した値が，工程能力指数であるが，一般に，圧縮強度の管理は，工程能力指数が1.33から1.67になるように行われる．工程能力指数が1.33を下回ったり，平均値である中心線が，上限規格値と下限規格値の中心からずれる場合は，何らかの変化が製造工程において生じているはずである．その原因を調査するとともに，上限規格値および下限規格値の見直し等も行わなければならない．

なお，実機で製造したBFSコンクリートを水中で養生した供試体の圧縮強度が，製品と同一養生した供試体の圧縮強度の1.3倍を超えるような場合は，製品同一養生の供試体に未水和のセメント粒子が多く残っている可能性が高く，プレキャスト製品の劣化に対する抵抗性や物質の透過に対する抵抗性が失われている場合がある．製品同一養生の供試体による圧縮強度の管理に加えて，標準水中養生を行う供試体の圧縮強度も，定期的に取るのがよい．

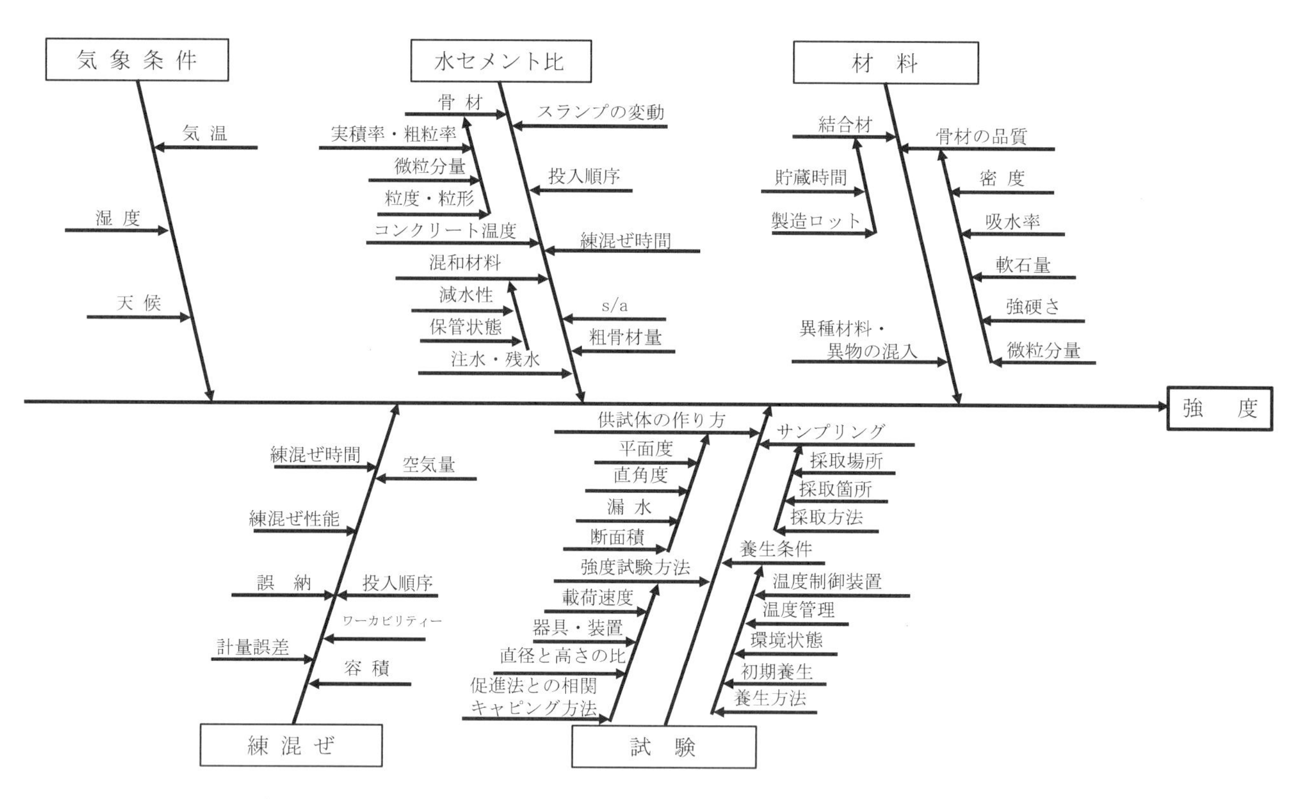

解説 図3.3.1 BFSコンクリートにおける圧縮強度の特性要因図の例

（2）について　BFSコンクリートの性能を全て保証できる材齢よりも，若い材齢でプレキャスト製品を出荷する場合は，出荷時材齢におけるBFSコンクリートの圧縮強度と圧縮強度を保証する材齢における圧縮強度との関係等を用い，圧縮強度が保証値を満足することを，プレキャスト製品の製造に用いられたのと同じバッチから採取したBFSコンクリートを用い，製品同一養生を行った供試体を用いて確認しなければならない．圧縮強度試験の頻度は，全数検査が理想であるが，検査に要する費用，不良品の混入が許容される割合等を考慮して，購入者と協議して定める．合否判定基準は，購入者からの希望がなければ，1回の試験結果が保証値以上であることとする．また，検査方法を検討する場合には，工程能力指数と出荷実績等を参考にするとよい．

3.4　ヤング係数，引張強度，曲げ強度

（1）　BFSコンクリートは，ヤング係数が，示方書［設計編］に示される圧縮強度とヤング係数の関係式と同等以上になるように製造する．

（2）　BFSコンクリートは，引張強度が，示方書［設計編］に示される圧縮強度と引張強度の関係式と同等以上になるように製造する．

（3）　BFSコンクリートの曲げ強度を改善するために膨張材を使用する場合は，膨張材とBFSが互いの効果を阻害しないことを確認してから用いる．

【解　説】　（1）について　BFSコンクリートのヤング係数は，普通コンクリートと比べて，圧縮強度が同じ場合に大きめの値となる傾向がある．また，示方書［設計編］に示される圧縮強度とヤング係数の関係式よりも大きくなるとする研究報告が多い．

プレキャスト製品を現場打ちコンクリートで接合する場合，現場打ちコンクリートは，プレキャスト製品の拘束を受けるため，温度変化や乾燥収縮ひずみに応じて応力が発生する．このとき，現場打ちコンクリートとBFSコンクリートのヤング係数の差が大きくなるほど，発生する応力が大きくなる．プレキャスト製品を用いた構造物の一体性を確保するためには，現場打ちで用いられるコンクリートは，ヤング係数がプレキャスト製品に用いられているBFSコンクリートと同程度なものを選定する必要がある．特に，プレキャスト床版においては，プレキャスト製品の部分（以下，プレキャスト部と呼ぶ）のBFSコンクリートとそれらを接合する部分（以下，接合部と呼ぶ）の現場打ちコンクリートのヤング係数が大きく異なると，輪荷重によって生じるひび割れが，プレキャスト部と接合部で不連続になる．プレキャスト部と接合部における不連続なひび割れは，構造物が設計と異なる応答を示し，接合部で想定しない破壊を導くおそれがある．

コンクリートの強度が高強度なレベルにおいては，モルタル部よりも先に粗骨材から破壊するために，結合材水比と圧縮強度の関係は，モルタル部が先行して破壊する場合と異なり，結合材水比に対する圧縮強度の増加は小さくなる．これは，結合材水比とヤング係数の関係においても同様で，高強度域においては，結合材水比が同じでも，粗骨材が異なればヤング係数が異なる．BFSコンクリートと現場打ちコンクリートのヤング係数の差が小さくなるように，BFSコンクリートおよび現場打ちコンクリートに用いる粗骨材は，堅牢な粗骨材から選定するのがよい．

（2）について　BFSコンクリートの圧縮強度と引張強度または曲げ強度の関係は，普通コンクリート同様に，粗骨材の影響を受けず，水結合材比が25%から60%の範囲において線形性が確認されている．また，BFSコンクリートと普通コンクリートの圧縮強度が同じ場合に，JIS A 1113「コンクリートの割裂引張強度試験方法」により求められる引張強度およびJIS A 1106「コンクリートの曲げ強度試験方法」により求められる曲げ強度はほぼ同じ大きさであるとする研究報告が多い．特に，圧縮強度と引張強度の関係は，示方書［設計編］に示される関係式によく一致する報告もある．

（3）について　RCボックスカルバート製品の曲げ耐力試験では，ひび割れ荷重において，幅が0.05mmを超えるひび割れの有無が調べられる．曲げ耐力試験の結果は，用いられるコンクリートの曲げ強度が大きく影響する．所定の曲げ強度が得られない場合は，膨張材の使用が検討されることが多い．しかし，石灰，石こうおよびボーキサイト等を主成分とする膨張材が，BFSとセメントペーストの反応に与える影響について，まだ十分な知見は得られていない．したがって，BFSコンクリートに膨張材を用いる場合には，膨張材とBFS

が互いの効果を阻害しないことを確認してから用いなければならない．

3.5　乾燥収縮ひずみおよびクリープ

（1）　BFSコンクリートは，乾燥収縮ひずみが乾燥期間182日で400×10^{-6}以下となるように製造する．

（2）　BFSコンクリートの性能にクリープが求められる場合は，100年の持続荷重の載荷に対してクリープ係数で1.4以下となるように製造する．

【解　説】　（1）について　コンクリートの乾燥収縮ひずみは，圧縮強度，単位水量，結合材の種類，細骨材および粗骨材の吸水率，細骨材および粗骨材の岩種，養生中のコンクリートの温度履歴の影響を受ける．吸水率の低い骨材を用い，単位水量が小さく，圧縮強度の高いものほど，乾燥収縮ひずみは小さくなる．ただし，細骨材および粗骨材の吸水率や単位水量が乾燥収縮ひずみに与える影響は，コンクリートの圧縮強度が高くなるほど小さくなる．また，低発熱型の高炉セメントを用いたものは，早強ポルトランドセメント，普通ポルトランドセメントおよび高炉セメントB種を用いたものよりも乾燥収縮ひずみは小さくなる．蒸気養生を行うことでも乾燥収縮ひずみは小さくなることも知られており，特に，早強ポルトランドセメント，普通ポルトランドセメントおよび高炉セメントB種を用いたものは，コンクリートが硬化時に受ける温度履歴が高いほど乾燥収縮ひずみが小さくなる．

BFSを用いれば，他の種類の細骨材を用いた場合よりも乾燥収縮ひずみは小さくなる．特に，吸水率の小さなBFSほど，BFSコンクリートの乾燥収縮ひずみを小さくする効果が高い．ただし，プレキャスト製品に用いられる比較的高強度なBFSコンクリートの配合においては，乾燥収縮ひずみが小さいために，単位水量，BFSの吸水率，蒸気養生の最高温度の影響を受けにくく，乾燥期間182日での乾燥収縮ひずみは500×10^{-6}を超えることは稀である．そこで，この指針（案）では，BFSコンクリートを用いたプレキャスト製品が，乾燥収縮ひずみによってひび割れが発生する確率を小さくするよう，乾燥期間182日で400×10^{-6}以下となる乾燥収縮ひずみのBFSコンクリートを製造することを目標とした．なお，1980年前後にセメント協会が行った130種類の配合の調査データおよび2010年前後に全国生コンクリート工業組合連合会が行った875種類の配合の調査データでは，単位水量をWとしたときに，最も小さい乾燥収縮ひずみの目安が$2.4\times W$（$\times10^{-6}$）であった．$2.4\times W$（$\times10^{-6}$）とは，おおよそ400×10^{-6}である．これらのことより，乾燥収縮ひずみは，乾燥期間182日で400×10^{-6}以下とした．

部材厚の大きい断面においても，コンクリートは硬化の過程で温度履歴を受ける．部材の中心部は水和熱のために高温の温度履歴となり，外気温の影響を受けやすい型枠の近くではコンクリート温度の上昇は内部に比べて低い．高温の温度履歴を受けた内部のコンクリートの乾燥収縮ひずみは，乾燥面に近いコンクリートの乾燥収縮ひずみよりも小さい．したがって，コンクリート中の湿度が外気の湿度と平衡状態に達したときは，コンクリートの外部と内部で乾燥収縮ひずみの大きさに差が生じ，コンクリート表面にコンクリートの内部拘束による乾燥収縮ひび割れが発生する．これに対して，乾燥期間182日で400×10^{-6}の乾燥収縮ひずみに抑えたBFSコンクリートでは，乾燥収縮ひずみが温度履歴の影響を受けにくいため，コンクリート中の湿度が外気の湿度と平衡状態に達したときに，コンクリートの外部と内部で乾燥収縮ひずみの大きさの差が小さく，コンクリート表面にコンクリートの内部拘束による乾燥収縮ひび割れが生じる応力が発生することはない．したがって，プレキャスト製品の接合部の断面が大きくなる場合においても，現場打ちコンクリートにBFSコンクリートを用いれば，乾燥収縮ひずみの内部拘束によるひび割れの発生が生じにくくなる．

（2）について　BFSコンクリートのクリープひずみは，圧縮強度，単位水量，結合材の種類，骨材の吸水率，細骨材および粗骨材の原料である岩石の種類の影響を受ける．とりわけBFSコンクリートのクリープひずみに与える影響が大きいのは圧縮強度とBFSの吸水率である．一般に，コンクリートのクリープは，クリープひずみを初載荷時の弾性ひずみで除したクリープ係数を用いて表される．また，クリープ係数の経時変化は，対数式である式（解3.5.1）を用いて表される．

$$\phi(t)=A \cdot \log_e(t+1) \qquad \text{（解3.5.1）}$$

ここに，$\phi(t)$：載荷期間t（日）におけるクリープ係数
A：クリープ速度係数
t：載荷期間（日）

水結合材比が小さいBFSコンクリートであれば，BFSの品質がBFSコンクリートのクリープに与える影響は小さく，100年の持続荷重の載荷に対して1.4程度のクリープ係数（クリープ速度係数で，0.30程度）のBFSコンクリートを製造することが可能である．

3.6　物質の透過に対する抵抗性

3.6.1　塩化物イオン浸透に対する抵抗性

（1）塩化物イオン浸透に対する抵抗性が求められるBFSコンクリートに用いるBFSは，JSCE-C 507「モルタル小片試験体を用いた塩水中での凍結融解による高炉スラグ細骨材の品質評価試験方法（案）」によって求まる質量残存率R_7が高いものを用いる．

（2）塩化物イオン浸透に対する抵抗性が求められるBFSコンクリートを製造する場合は，蒸気養生の温度を抑え，蒸気養生後は湿潤養生を行う．

（3）塩害環境下で用いられるプレキャスト製品のBFSコンクリートは，塩化物イオンの見掛けの拡散係数が0.20cm^2/年以下となるように製造する．

【解　説】（1）について　塩化物イオン浸透に対する抵抗性が高いセメントペーストおよび骨材を用いても，その界面が粗であっては，塩化物イオン浸透に対する抵抗性が高いコンクリートを製造することはできない．BFSコンクリートが，塩化物イオンの浸透に対して高い抵抗性をもつのは，BFSとセメントペーストとの反応によって界面が改善されるためである．JSCE-C 507は，BFSモルタルの凍結融解抵抗性を調べることで，BFSのセメントペーストとの界面における反応性を評価する試験方法である．したがって，この試験によって得られる質量残存率R_7の高いBFSほど，塩化物イオン浸透に対する抵抗性が高いBFSコンクリートを製造しやすくなる．また，粗粒率が小さく細かなBFSほど水和反応に要する湿潤期間が短くなる．

JSCE-C 507に示される試験方法は，比較的短期間で容易に行える試験である．JSCE-C 507では粒度調整を行った試料を用いることになっているが，工程管理においては，粒度調整を行っていないBFSを用いてJSCE-C 507に準じて試験を行い，その質量残存率R_7によって，BFSコンクリートの塩化物イオン浸透に対する抵抗性を管理することもできる．見掛けの拡散係数を求めるには，少なくとも4ヶ月を要し，これを品質管理

に用いることは現実的ではないが，JSCE-G 571「電気泳動によるコンクリート中の塩化物イオンの実効拡散係数試験方法」に準じた非定常法で拡散係数を求めれば，品質管理に用いることは可能である．JSCE-G 581「四電極法によるコンクリートの電気抵抗率試験方法（案）」を用いてプレキャスト製品の表面で電気抵抗率を直接測定する方法もある．塩化物イオン浸透に対する抵抗性は，圧縮強度に比例して高くなるものではなく，これまでに提案されている試験方法を活用して，品質管理が行われることが望ましい．

（２）について　高い温度で蒸気養生を行ったコンクリートの塩化物イオン浸透に対する抵抗性は，標準水中養生を行ったものに比べて低くなり，見掛けの拡散係数が2倍程度に大きくなる場合がある．また，蒸気養生によって低下した塩化物イオン浸透に対する抵抗性は，蒸気養生の温度が高い場合には，その後にコンクリートを湿潤で養生しても回復することは期待できない．これは，BFSコンクリートにおいても同様で，高い塩化物イオン浸透に対する抵抗性を求める場合は，過度な蒸気養生は行わず，蒸気養生後は直ちに湿潤養生を行わなければならない．蒸気養生および湿潤養生の方法は，特に塩化物イオンの見掛けの拡散係数に与える影響が大きいことを考慮して，あらかじめ試験により定めておく必要がある．

（３）について　セメントペーストとBFSとの反応によってBFSの界面が改善によって，BFSコンクリートの見掛けの拡散係数は，普通コンクリートと比較すれば，半分以下にすることが可能である．この指針（案）では，塩害環境下で用いられるプレキャスト製品のBFSコンクリートは，その拡散係数が0.20cm²/年以下となるよう製造することを目標とした．なお，拡散係数が0.20cm²/年の場合，プレキャスト製品のかぶりが40mmで，表面塩化物イオン濃度が4.5kg/m³であれば，BFSコンクリートの乾燥の程度を考慮せずにフィックの第2法則に従い100年後の鉄筋位置での塩化物イオン濃度を計算すれば，2.4 kg/m³となる．なお，示方書［設計編］において，表面塩化物イオン濃度が4.5kg/m³となる場所は，北海道，東北，北陸，沖縄であれば，海岸からの距離が100mで，それ以外の地域であれば，汀線付近とされている．

BFSコンクリートの塩化物イオン浸透に対する抵抗性は，粗骨材の界面の存在によって，改質に限界があるが，粗骨材を用いないBFSモルタルでは，浸せき期間3ヶ月以降も塩化物イオンは浸透せず，浸せき期間3年においても浸透面から10mmの位置までしか塩化物イオンが検出されないものを製造することが可能である．この特長を活かせば，埋設型枠等，BFSモルタルを利活用できるプレキャスト製品は多くある．

コンクリート中の鋼材の腐食は，塩化物イオン濃度が腐食発生限界塩化物イオン濃度を超えたときに生じる．腐食発生限界塩化物イオン濃度は，コンクリートの体積あたりの質量で1.2kg/m³から2.5kg/m³程度の範囲にあると考えられている．腐食発生限界塩化物イオン濃度は，コンクリートの配合，結合材の種類，腐食環境等によって異なる．また，コンクリート中の塩化物イオンの一部は，セメント硬化体中などに固定され，鋼材の腐食発生に影響を与えず，セメント量の多いコンクリートほど，より多くの塩化物イオンをセメント硬化体中に固定できるとされているが，BFSコンクリートの腐食発生限界塩化物イオン濃度に関する知見はまだない．しかし，鋼材をBFSモルタルに埋め込み，塩水を用いて乾湿の繰返しを行い，鋼材の腐食を促進試験で確認した結果では，BFS混合率が高いほど，鋼材の腐食が抑制されていることが確認されている．また，あらかじめひび割れを導入したコンクリートを用いて鋼材の腐食を促進試験で確認した結果においても，BFS混合率が高いほど，鋼材の腐食が抑制されていることが確認されている．すなわち，示方書［設計編］に示される腐食発生限界塩化物イオン濃度の予測式を用いれば，BFSコンクリートの鋼材腐食に対する照査は安全側なものになる．

3.6.2　中性化に対する抵抗性

（1） 気中で用いられるプレキャスト製品に用いるBFSコンクリートは，中性化に対する抵抗性を確保するために，蒸気養生の温度を抑え，蒸気養生後は湿潤養生を行う．

（2） 気中で用いられるプレキャスト製品に用いるBFSコンクリートは，促進中性化試験で得られる中性化速度係数が0.1mm/√年以下となるように製造する．

【解　説】 （1）について　BFSは，GGBSと異なり，大量に使用しても中性化に対する抵抗性を下げることはない．BFSを全量用いれば，中性化に対する抵抗性が若干ではあるが向上するとする研究報告もある．しかし，蒸気養生を行えば，BFSコンクリートであっても，中性化に対する抵抗性は低下する．蒸気養生を行うことによってコンクリートの乾燥収縮ひずみが小さくなったり，塩化物イオンの拡散係数が大きくなるのは，硬化後のセメントペーストの組織が粗になるためである．セメントペーストの組織が粗になったコンクリートでは，中性化に対する抵抗性も下がる．気中で用いられるプレキャスト製品を製造する場合には蒸気養生の必要性を検討した上で，蒸気養生を行わなければならない場合には，温度を抑えた蒸気養生を実施し，その後湿潤養生を行う．

（2）について　気象庁の観測点における二酸化炭素濃度は，おおよそ420ppmである．これに対して，JIS A 1153で実施される促進中性化試験は，5%の二酸化炭素濃度で行われる．コンクリートの中性化速度係数は，二酸化炭素濃度の平方根に比例するとすれば，実環境でのコンクリートの中性化速度係数は，促進中性化試験で求められる中性化速度係数のおおよそ10分の1になる．促進中性化試験で，0.1mm/√年の中性化速度係数となるBFSコンクリートは，実環境においては，おおよそ100年で，0.1mmの中性化が生じることとなる．

3.7　コンクリートの劣化に対する抵抗性

3.7.1　凍結融解抵抗性

（1） 凍結融解抵抗性が求められるBFSコンクリートは，JSCE-C 507「モルタル小片試験体を用いた塩水中での凍結融解による高炉スラグ細骨材の品質評価試験方法（案）」によって求まるBFSの質量残存率R_7の値に応じて，製造方法を検討する．

（2） 凍結融解抵抗性が求められるBFSコンクリートは，耐久性指数が95以上となるように製造する．

（3） 凍結融解抵抗性が求められるBFSコンクリートは，スケーリング量が100g/m^{2}以下となるように製造する．

【解　説】 （1）について　JSCE-C 507の試験によって求まるBFSの質量残存率R_7が高いBFSを用いれば，AE剤を用いることなく，耐久性指数が高いBFSコンクリートを製造することができる．BFSを用いることによって，凍結融解抵抗性の高いコンクリートが製造できるのは，BFSとセメントペーストとの反応によって，BFSとセメントペーストとの界面が緻密化するためである．

骨材を含まないセメントペーストのみの供試体が凍結融解作用を受けると，表面から刃物で削り取られたようにセメントペーストが剥離して劣化が進行する．モルタルやコンクリートでは，表面部のセメントペースト層がスケーリングするようなケースを除いて，薄層が剥離し続けることによって劣化が進行することはない．これは，細骨材や粗骨材がセメントペーストを拘束し，ある程度の大きさの団粒が母材から剥離するためである．このとき，団粒の大きさを決めるのはその団粒の外郭部分に存在する骨材界面の性質であり，相対的に脆弱な部分が起点となって微細ひび割れが進行し，それらが連結して団粒の外殻を形成し，母材から剥離すると考えられる．したがって，骨材を含むコンクリートでは，骨材界面とセメントペーストの付着性が高まるほど，凍結融解抵抗性が向上すると考えられる．BFS コンクリートでは，BFS 界面で生じる反応によってセメントペーストと BFS との付着性が向上する．そのため，一般的な細骨材と比較して，BFS コンクリートは凍結融解抵抗性が向上する．なお，入手できる BFS の質量残存率 R_7 が低く，所定の凍結融解抵抗性が得られない場合には，AE 剤の使用または GGBS の併用を検討する．

また，コンクリートの粗骨材の界面には，水酸化カルシウムが集積する．水酸化カルシウムは，低温であるほど溶けやすい性質がある．粗骨材界面に集積した水酸化カルシウムが溶出し，その隙間に水が集まると，その水が凍結し，その膨張圧によってコンクリート内部にひび割れが生じ破壊に至ることがある．BFS コンクリートにおいては，BFS のポゾラン反応によって粗骨材界面の水酸化カルシウムが消費されるため，粗骨材の界面に水酸化カルシウムが集積しにくくなる．これらの BFS の効果によって，凍結融解抵抗性が高まっていると考えられる．さらに AE 剤を用いると，セメントペースト内部の氷圧を下げることが可能になるため，より耐凍害性が向上する．AE 剤を用いた BFS コンクリートを JIS A 1148（A 法）に従って試験を行った結果，1 500 サイクルでも，相対動弾性係数が 100 を下回らなかったとする実験結果も報告されている．

（２）について　BFS と同様に，GGBS もコンクリートの凍結融解抵抗性を向上させる．結合材の 60%に GGBS を用いれば, BFS を用いなくても, 耐久性指数 100 の Non-AE コンクリートを製造することができる．したがって，普通ポルトランドセメントよりも，高炉セメント B 種を用いると，より高い凍結融解抵抗性が得られやすくなる．早強ポルトランドセメントを用いると，普通ポルトランドセメントや高炉セメント B 種を用いる場合に比べて，凍結融解抵抗性を得るために長い湿潤養生期間が必要となるが，GGBS を併用することで短い湿潤養生期間で凍結融解抵抗性が得られる．AE 剤を用いずに凍結融解抵抗性を得るために必要な湿潤養生期間は，2 週間以上が必要であるが，増粘剤または増粘作用のある AE 剤を用いれば，湿潤養生期間を 1 週間に短縮することができる．増粘剤の使用は，BFS コンクリートと鋼材の付着力を高め，プレキャスト部材の力学的な性能も向上させる．

凍結融解試験において，相対動弾性係数が 100%であっても，コンクリートの圧縮強度は，凍結融解作用のサイクルに比例して低下し，相対動弾性係数が 100%を下回り始めるときには，コンクリートの圧縮強度は，凍結融解作用を与える前の 70%程度までに低下している．95 以上の耐久性指数を目標としたのは，JIS A 1148（A 法）の 300 サイクルに相当する凍結融解作用を受けても，凍結融解作用を受ける前の圧縮強度に比べ，70%程度の圧縮強度を確保するためである．

（３）について　増粘剤を用いれば，同じ耐久性指数を得るための湿潤養生期間を短くすることはできるが，ブリーディングの多い BFS コンクリートに増粘剤を用いると，スケーリングが多くなる．これは，増粘剤によって抑えられたブリーディング水が全て水和によって消費されるのではなく，セメントの水和反応に消費されずに残った水が，凍結によって膨張するためと考えられる．そのため，GGBS の置換率を大きくし，粉体の体積を増やしたり，単位水量の少ない，ブリーディングを抑えた配合のものは，増粘剤によって閉じ込められる水分が少ないため，スケーリングは生じにくい．また，蒸気養生を行い，強度は十分に発現している BFS コンクリートであっても，その後の水中養生期間中の水温が低いと BFS の水和反応が進まないために，スケーリングは多くなる．このような場合は，湿潤養生中の温度を高める管理を行ったり，AE 剤の使用を検討するのがよい．**解説 写真 3.7.1** に，スケーリング量の目安を示す．型枠面での測定で $100g/m^2$ 以下のスケーリング量では，スケーリングはほとんど生じない．

（約 100g/m²）　（約 1 000g/m²）　（約 2 000g/m²）

解説 写真 3.7.1　スケーリング試験終了後の試験体表面の例（スケーリング量の目安）

3.7.2　硫酸に対する抵抗性

（1）　硫酸に対する抵抗性が求められるBFSコンクリートに用いるBFSは，JSCE-C 508「モルタル円柱供試体を用いた硫酸浸せきによる高炉スラグ細骨材の品質評価試験方法（案）」によって求まる硫酸による侵食の深さy_sが小さいものを用いる．

（2）硫酸に対する抵抗性が求められるBFSコンクリートは，5%の希硫酸に2ヶ月浸せきさせたときに，侵食深さが2mm以下となるように製造する．

【解　説】　（1）について　BFSを用いることで硫酸による劣化抵抗性が向上するのは，硫酸との反応によって表層部に緻密な二水石こうを主成分とする層が形成されるためである．細骨材の種類に係わらず硫酸との反応によってコンクリートの表層部に二水石こうの層は形成されるが，砕砂や砂等を用いたモルタルでは，二水石こうの組織は粗となる．これに対して，BFSは，非晶質なため硫酸と反応し，コンクリートの表層部に形成される二水石こうが緻密となる．BFSによって形成される表層部の緻密さはBFSの非晶質の程度に依存し，二水石こうの層が緻密なほど，モルタルやコンクリートへの硫酸の侵入を抑制する効果が高くなる．JSCE-C 508は，このBFSの非晶質の程度を評価するための試験法で，硫酸による侵食の深さy_sが小さいBFSを用いた場合ほど，BFSコンクリートの硫酸による侵食深さは小さくなる．

硫酸による劣化のサイクルは，希硫酸と接触したときから始まる．セメント中のカルシウム成分と硫酸が反応すると，セメントペーストと硫酸が接する面に二水石こうの膜が生成される．希硫酸のpHとセメントペースト内部のpHの勾配によって，アルミニウム成分が二水石こうとセメントペースト表面との間に集積する．その結果，エトリンガイトが生成される．このエトリンガイトが硫酸の侵入によりpHが下がると，パテ状の二水石こうに変化する．エトリンガイトがパテ状の二水石こうに変化することで，表面の硬い二水石こうの膜が剥がれ落ち，剥がれ落ちずに残っていたエトリンガイトも，硫酸と直接接することで，全て，パテ状の二水石こうに変化する．これによって，コンクリートの新たな健全部が硫酸に接し，次の劣化のサイクルが始まる．このサイクルを繰り返すことで質量の増加と減少を繰り返しながら，硫酸による劣化が進行する．

普通コンクリートでは，水結合材比の小さな圧縮強度の高いものほど，硫酸に対する抵抗性が低い．水結合材比が25%の普通コンクリートが硫酸によって侵食を受ける深さは，水結合材比が60%のものに比べて，倍以上に深い．エトリンガイトの生成の少ない高炉セメントB種を用いれば，普通ポルトランドセメントを用いた場合よりも，硫酸に対する抵抗性は向上するが，細骨材に砕砂や砂を用いる限り，高い効果は期待できない．BFSコンクリートの硫酸に対する抵抗性が高いのは，硫酸との反応面に緻密な二水石こうの膜が形成され，それによって硫酸の侵入が抑制されるためである．BFSコンクリートの二水石こうの膜は，水結合材比の小さいものほど緻密なものとなる，したがって，BFSコンクリートでは，普通コンクリートとは逆に水セメント比の小さな強度の高いものほど，硫酸に対する抵抗性が高くなる．

（2）について　下水道施設のように高い濃度の硫酸環境下においては，硫酸による侵食深さと，浸せき期間と硫酸濃度の積との間には線形関係が成り立つ．すなわち，式（解3.7.1）によって，硫酸による侵食の深さを求めることができる．

$$y=S \cdot s_c \cdot t \qquad \text{（解 3.7.1）}$$

ここに，　y　：硫酸による侵食深さ（mm）
　　　　　S　：硫酸侵食速度係数（mm/(年・%)）
　　　　　s_c　：硫酸濃度（%）
　　　　　t　：硫酸による侵食を受ける期間（年）

拡散式硫化水素濃度測定器を用いて硫化水素濃度を常時測定することが困難な，液面が頻繁に変化する消化タンク脱離液ピット内のような環境下でも，硫酸による侵食深さと，浸せき期間と硫酸濃度の積との関係を表す式（解3.7.1）の係数Sの明らかなモルタルを下水道施設に設置し，1年後その侵食深さを測定すれば，硫酸濃度を推定することが可能である．また，このようにして推定した硫酸濃度と，プレキャスト製品に用いるBFSコンクリートの係数Sから，そのプレキャスト製品が設計耐用期間に硫酸によって侵食する深さを予測することが可能である．例えば，5%の希硫酸に2ヶ月浸せきさせたときに，侵食深さが2mmとなるBFSコンクリートの係数Sは，2.4mm/(年・%)となる．硫酸による侵食が深刻な問題となることが多い消化タンク脱離液ピット内で，硫酸濃度は0.25%程度である．0.25%の硫酸濃度の環境下に置かれた硫酸侵食速度係数Sが2.4mm/(年・%)のコンクリートが50年間に硫酸によって侵食される深さは，30mmである．

3.7.3　ASR抑制対策

BFSコンクリートには，アルカリシリカ反応性試験において無害と判定される骨材を用いる．

【解　説】　BFSは，これまでの試験結果からASRを起こさない骨材であることが分かっており，また，BFSに起因するASRを生じた報告もない．BFSについて，JIS A 1145「骨材のアルカリシリカ反応性試験（化学法）」を実施した結果，溶解シリカ量S_cがほとんど検出されないことも確認されている．したがって，ASRを生じるおそれはないと考えられ，JIS A 5011-1では規定が設けられていない．

BFSは，GGBSと同様にポゾラン反応を生じる．したがって，BFSにもASRによる膨張を軽減させる効果がある．粗骨材に反応性を有する川砂利を用い，アルカリとして塩化ナトリウムおよび水酸化ナトリウムを添加し，ASRによる膨張を，JCI-S-010「コンクリートのアルカリシリカ反応性試験方法」に従って確認した結果，細骨材にBFSを用いることで，アルカリの由来に係わらず，粗骨材のASRによる膨張が抑制されるとする試験結果がある．また，粗骨材に反応性骨材を用い，細骨材にBFSおよび砕砂を用いたコンクリートで，ASRによってコンクリート表面に生じたひび割れを調べた調査では，水中養生を行ったものでは，添加するアルカリに塩化ナトリウムを用いても，水酸化ナトリウムを用いても，BFSを用いることで，ASRによる膨張ひび割れが抑制できているが，蒸気養生を行ったものでは，BFSを用いたものと砕砂を用いたもので，その差が小さく，蒸気養生によってBFSのASR抑制効果が阻害されているとする報告がある．

プレキャスト製品の製造では蒸気養生を行うことが多いことを考慮して，この指針（案）では，BFSコンクリートに用いる骨材は，アルカリシリカ反応性試験において無害と判定されるものに限定した．

3.8　その他の品質

（1）　疲労，耐摩耗性，透水性等，その他の品質がBFSコンクリートに求められる場合は，それらの品質を評価できる指標を用いて評価する．

（2）　その他の品質に関する試験は，プレキャスト製品の購入者と合意の上，実施する．

（3）　その他の品質の保証は，プレキャスト製品の購入者との協議において取り決める．

【解　説】　（1）について　その他の品質として，例えば疲労については，最大応力および最小応力が，圧縮強度の25.0%および2.5%となる繰返し荷重を，周波数20Hzで，水中で載荷させたとき，普通コンクリートが600万回で破壊に至ったのに対し，水結合材比および強度がほぼ同じBFSコンクリートを試験すれば，2 000万回で破壊に至らなかったとする報告がある．この報告では，1 200サイクルの凍結融解作用を与えた後に，同様の条件の繰返し荷重を載荷させたBFSコンクリートも，2 000万回で破壊に至っていない．BFSコンクリートに対して，疲労や遮水性，ひび割れ抵抗性等，JIS等に規格化された試験がない特別な品質を示すときには，それらの品質を評価できる指標を定めるとともに，試験方法を社内規格で取り決めておかなければならない．

（2）および（3）について　購入者から，その他の品質が求められる場合は，プレキャスト製品を用いる構造物の要求品質や設計時の照査内容，設計図書や施工方法等を総合的に検討した上で，製造者は，購入者の求める事項と試験方法が適切であることを購入者とともに確認する．購入者と製造者で打ち合わせた結果は，文書として残し，相互に確認をする必要がある．なお，受渡当事者間の協議によって，品質および仕様を定めて製造されるプレキャスト製品は，JIS A 5371，JIS A 5372およびJIS A 5373では，II類に分類される．このような製品をJIS製品として出荷する場合には，製品に「II類」の文字または記号を表示しなければならない．

4章　設　　計

4.1　一　　般

（1）　プレキャスト製品の設計では，プレキャスト製品の使用性，安全性，施工性および一体性に関して所要の性能を確保できるよう設計する．

（2）　プレキャスト製品を用いた構造物の設計では，構造物に求められる耐久性，使用性，安全性および耐震性が満足していることを照査する．

【解　説】　（1）について　製造者は，使用時に想定される荷重によって所定の機能を失わず，快適に使用できる使用性，設計上想定される荷重によって破壊しない安全性，および有害な変状を生じることなく，運搬，据付，組立，接合等の作業を安全かつ容易に行える施工性，および構造物として組み立てられた際に，所要の性能を発揮する一体性をもつプレキャスト製品を設計する．

プレキャスト製品の使用性は，耐力および外観，変形，水密性に関して限界状態を定めて設計する．耐力および外観は，BFS コンクリートおよび鋼材に発生する応力，曲げひび割れ耐力，ひび割れ幅，せん断ひび割れ耐力，製品の軸方向圧縮耐力等を指標に設計する．変形は，たわみ等を指標に設計する．水密性は，内水圧に対するひび割れ耐力，透水量，ひび割れ幅等を指標に設計する．なお，曲げひび割れ耐力とは，曲げモーメントによりひび割れ発生に至らない曲げ耐力である．

プレキャスト製品の安全性は，断面破壊，疲労破壊および構造物の安定に関して限界状態を定めて設計する．断面破壊は，軸方向圧縮耐力，終局曲げ耐力，せん断耐力を指標に設計する．疲労破壊は，鋼材の繰返し応力，製品の軸力曲げ耐力，押抜きせん断疲労耐力を指標に設計する．構造物の安定は，転倒モーメント，滑動力，浮力，地盤反力等を指標に設計する．なお，終局曲げ耐力は，断面破壊の終局状態に至らない曲げ耐力である．

プレキャスト製品の耐久性は，プレキャスト製品を用いた構造物の設計者が，鋼材腐食およびBFS コンクリートの劣化に対する抵抗性に関して限界状態を定めて照査できるように，プレキャスト製品の製造に用いる BFS コンクリートの塩化物イオンの見掛けの拡散係数，中性化速度係数，耐久性指数，スケーリング量，硫酸侵食速度係数等の保証値，かぶりの最小値およびかぶりの許容差等，設計に必要な情報を製品カタログやミルシート等に表示する．

プレキャスト製品の施工性は，運搬性および施工安全性に関して限界状態を定めて設計する．運搬性は，製品の形状寸法，質量等を指標に設計する．施工安全性は，吊り金具の位置および強度，施工時の取扱いによるひび割れを指標に設計する．

プレキャスト製品の一体性は，プレキャスト製品が構造物として組み立てられた際の構造的な一体性および止水性に関して限界状態を定めて照査する．構造的な一体性は，接合部の強度等を指標に照査する．止水性は，試験水圧による接合部の漏水の有無等を指標に照査する．プレキャスト製品の一体性は，構造物の種類と目的に応じ，所定の性能が安全かつ容易に得られる接合方法を定めることで確保する．

（2）について　構造物の設計者は，プレキャスト製品を用いた構造物に所要の耐久性，使用性，安全性および耐震性があることを照査する．耐久性は，想定される作用によるひび割れ，材料の経時的な劣化等によって，所要の性能が損なわれないことを照査する．プレキャスト製品を用いた構造物は，地震時に所定の機能を保持し，地震後にもその機能が健全で使用できる，または地震後に所定の機能が短時間で回復できるようにしなければならない．耐震性の照査では，断面破壊，変位変形等に関して限界状態を定めて照査する．断面破壊は，BFSコンクリートおよび鋼材の応力度，終局曲げ耐力，せん断耐力等を指標に照査する．変位，変形は，各継手部の目開き量，継手部の屈曲角および抜出し量，浮上がりまたは沈下等を指標に照査する．

4.2　プレキャスト製品の設計

4.2.1　一　　般

（1）　製造者は，性能試験，設計図書，および実績等に基づき，プレキャスト製品の性能を保証する．

（2）　プレキャスト製品の性能試験は，JIS A 5363「プレキャストコンクリート製品－性能試験方法通則」，およびJIS A 5371「プレキャスト無筋コンクリート製品」，JIS A 5372「プレキャスト鉄筋コンクリート製品」，JIS A 5373「プレキャストプレストレストコンクリート製品」の製品ごとに規定された試験方法に従って試験する．

（3）　製造者は，繰り返し製造されるプレキャスト製品の性能を確認できる最終検査の方法を定める．

【解　説】　（1）について　プレキャスト製品の繰返しの製造が始まる前に製造者は，製品の性能を性能試験，構造計算，または実績等によりプレキャスト製品の性能を確認し，型式検査とする．構造計算には，購入者から合意が得られる方法を用いる．性能試験により性能を確認する場合は，原則，JIS A 5363，およびJIS A 5371，JIS A 5372，JIS A 5373の製品ごとに規定された試験方法に従って試験する．実績により保証する性能を定める場合は，BFSコンクリートの使用材料，配合，成形方法，養生等の条件，製品の形状，配筋等に関係する資料，およびプレキャスト製品の置かれた使用環境，維持管理の条件および変状の経時的な変化等の実績の資料を整える．

プレキャスト製品は一般的な環境条件において使用されることを前提とし，設計耐用期間中に生じる性能の経時変化を考慮した設計限界値をプレキャスト製品の性能の保証値とする．なお，JIS A 5371，JIS A 5372およびJIS A 5373に推奨仕様の示されるⅠ類の製品においては，保証値は規格値以上でなければならない．

（2）について　**解説 表4.2.1**に，JIS A 5363に示されるプレキャスト製品の性能試験方法の種類を示す．曲げ耐力試験は，プレキャスト製品に曲げ破壊が生じる条件で直接載荷する試験方法である．せん断耐力試験は，プレキャスト製品にせん断破壊が生じる条件で直接載荷する試験方法である．圧縮耐力試験は，プレキャスト製品の軸方向に圧縮破壊が生じる条件で直接載荷する試験方法である．内圧耐力試験は，プレキャスト製品の中空部分を水で満たし，内圧を加え，製品の内圧耐力および漏水の有無を確認する試験方法である．なお，JIS A 5371，JIS A 5372，JIS A 5373のⅠ類の推奨仕様には，製品ごとに求められる性能と，それを確認するためのJIS A 5363に基づく試験方法が示されている．

（3）について　プレキャスト製品の型式検査時の性能が，繰返しの製造が始まった後に確保されていることを確認できる最終検査の方法を定めておかなければならない．特に，最終検査ではプレキャスト製品を破壊せずに，曲げひび割れ耐力等でプレキャスト製品の性能を保証する場合は，選定した指標が終局曲げ耐力等と相関のあることを確認しなければならない．また，最終検査に適合しない不適合品の処置，是正措置の方法等を製品ごとに社内規格に定め，構造物の施工に不適合品が用いられない対策を講じておく．

解説 表4.2.1　JIS A 5363に示されるプレキャスト製品の性能試験方法の種類

性能試験方法の種類	測定項目	製品の形状	載荷方法
曲げ耐力試験方法	曲げひび割れ耐力，限界ひび割れ幅耐力，終局曲げ耐力，ひび割れ幅，変位，曲率，変状の有無等．	棒状製品 板状製品	単純はり形式2点載荷 単純はり形式1点載荷 片持ちはり形式載荷
		箱形ラーメン製品	線載荷する方法(1)
		円筒状製品	線載荷する方法(2)
せん断耐力試験方法	せん断ひび割れ耐力，せん断破壊耐力，ひび割れ幅等．	棒状製品 板状製品	単純はり形式載荷 張出はり形式載荷
圧縮耐力試験方法	製品単体の軸方向圧縮に対するひび割れ耐力，終局耐力等．軸方向に部材同士を組み立てる場合は，継ぎ目での軸方向圧縮力による伝達状況の調査等．	円筒状製品等	軸圧縮載荷
内圧耐力試験方法	製品の内圧に対するひび割れ耐力，終局耐力，試験水圧における漏水の有無等．継手部の試験の場合は，継手部の抜出し量の測定等．	円筒状製品 箱形ラーメン製品	試験水圧を加える方法(3)

注(1)　箱形ラーメン部材の底版を両端部で支持し，頂版の延長方向に線載荷する方法．

注(2)　円筒部材を水平に線支持し，頂部の延長方向に線載荷する方法．

注(3)　円筒部材または箱形ラーメンの中空部分を満水状態にし，試験水圧を加える方法．

4.2.2　性能試験

（1）　曲げ耐力試験では，載荷荷重に対するひび割れ幅，変位，曲率等を測定し，曲げひび割れ耐力および終局曲げ耐力を求める．

（2）　せん断耐力試験では，ひび割れ幅等を測定し，せん断ひび割れ耐力，せん断破壊耐力を求める．

（3）　圧縮耐力試験では，プレキャスト製品単体の軸方向圧縮に対するひび割れ耐力，終局耐力等を求める．

（4）　内圧耐力試験では，内水圧に対するひび割れ耐力，終局耐力および試験水圧における漏水の有無等を確認する．

【解　説】　（1）について　プロトタイプのプレキャスト製品（以下，プロトタイプと呼ぶ）を用いて，曲げひび割れ耐力および終局曲げ耐力を求める場合，Ⅰ類の推奨仕様の範囲の寸法および形状の製品に対しては，JIS A 5363 に示される性能試験により求める．この範囲を超えるⅡ類の製品をプロトタイプを用いて曲げひび割れ耐力および終局曲げ耐力を求める場合は，購入者と協議して試験方法を定める．

棒状または板状のプレキャスト製品の曲げひび割れ耐力および終局曲げ耐力をJIS A 5363に従って求める方法を**解説 図4.2.1**に示す．プレキャスト製品への載荷は，製品の両端部を支点とし，スパンの中央部の2点に載荷する．なお，支点および載荷点には，荷重が均等に分布されるように，ゴム板等を挟む．

プロトタイプの曲げひび割れ耐力および終局曲げ耐力は，式（解4.2.1）によって算出する．自重はその影響の程度によって無視できる場合もある．また，必要に応じて荷重に対応するひび割れ幅を測定する．曲げひび割れ耐力，限界ひび割れ幅耐力等は，荷重と変位やひび割れ幅との関係から定めて求めてもよい．終局曲げ耐力は，断面破壊を生じるまで，または最大荷重を確認するまで載荷し，その荷重から求める．

$$M=\frac{2F(l-b)+mg(2l-L)}{8} \qquad \text{（解4.2.1）}$$

ここに，　M ：曲げモーメント（kN･m）

F ：荷　重（kN）

g ：重力加速度（9.81 m/s^2）

m ：部材の質量（t）

L ：部材の長さ（m）

l ：スパン（m）

b ：載荷点間の長さ（m）

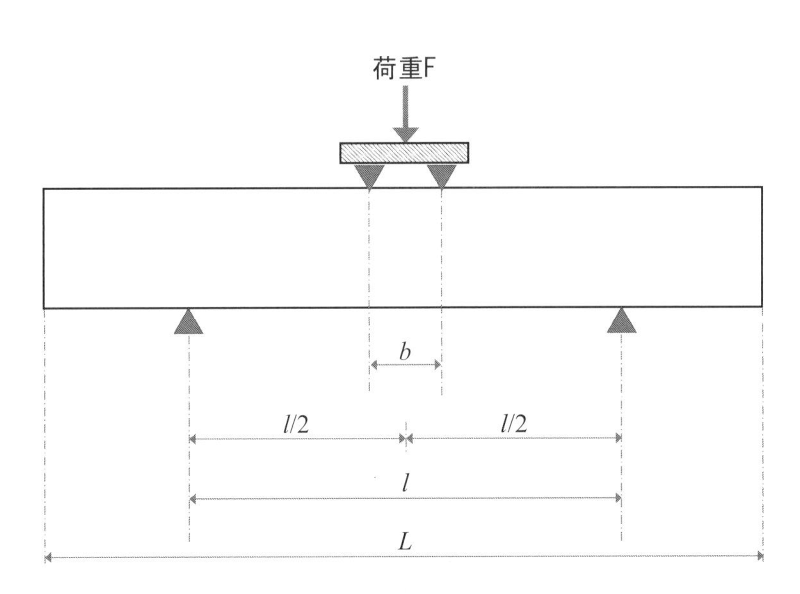

解説 図4.2.1　単純はり形式2点載荷による曲げ耐力試験

箱形ラーメン製品の曲げひび割れ耐力および終局曲げ耐力をJIS A 5363に従って求める方法を**解説 図4.2.2**に示す．プレキャスト製品への載荷は，製品の側壁の中心線を支点とし，頂版の中央部に線載荷する．なお，支点および載荷点には，荷重が均等に分布されるように，ゴム板等を挟む．プロトタイプの曲げ耐力（曲げモーメント）は，たわみ角法を用いて求める．なお，頂版，底版および側壁の剛性が等しく，正方形な箱形ラーメン製品の頂版中央における曲げモーメントは，式（解4.2.2）となる．

$$M=\frac{11}{64}\cdot Fl+\frac{l^2}{96}(7m_t+m_b)g+\frac{F}{192}\cdot\frac{b}{l}(5b-24l) \qquad \text{（解4.2.2）}$$

ここに，　M　：曲げモーメント（kN･m/m）
　　　　　F　：荷　重（kN/m）
　　　　　g　：重力加速度（9.81 m/s^2）
　　　　　m_t　：頂版の長さ 1m 当たりの質量（t/m/m）
　　　　　m_b　：底版の長さ 1m 当たりの質量（t/m/m）
　　　　　l　：箱形ラーメン製品の側壁中心間の距離（m）
　　　　　b　：載荷点の幅（m）

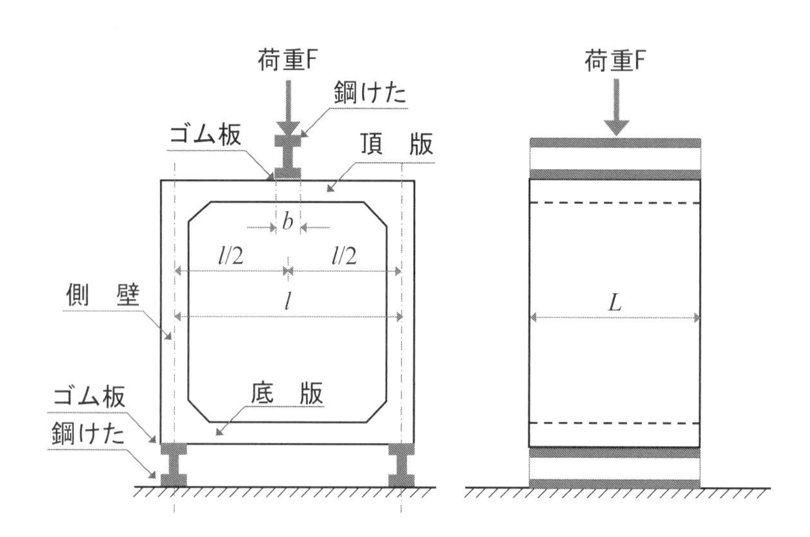

解説 図4.2.2　箱形ラーメン製品の曲げ耐力試験

（2）について　プロトタイプを用いて，せん断ひび割れ耐力およびせん断破壊耐力を求める場合，Ⅰ類の推奨仕様の範囲の寸法および形状の製品に対しては，JIS A 5363 に示される性能試験により求める．この範囲を超えるⅡ類の製品をプロトタイプを用いてせん断ひび割れ耐力およびせん断破壊耐力を求める場合は，購入者と協議して試験方法を定める．

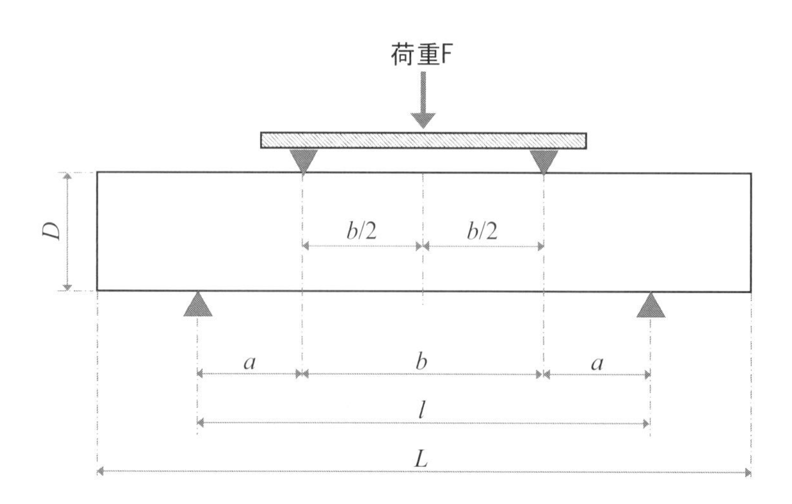

解説 図4.2.3　単純はり形式の載荷によるせん断耐力試験

棒状または板状のプレキャスト製品のせん断ひび割れ耐力およびせん断破壊耐力を単純はり形式の載荷で

JIS A 5363に従って求める方法を**解説 図4. 2. 3**に示す．プレキャスト製品への載荷は，両端部を支点とし，スパンの中央部の2点に載荷する．なお，支点および載荷点には，荷重が均等に分布されるように，ゴム板等を挟む．製品によっては，せん断スパン比（＝曲げモーメント／せん断力×はり高さ）が1.0より大きい場合は，せん断破壊しないで曲げ破壊することがあるので，あらかじめせん断破壊を生じるせん断スパン比の領域を調べておく．

単純はり形式の載荷によるプロトタイプのせん断ひび割れ耐力およびせん断破壊耐力は，式（解4.2.3）によって算出する．せん断ひび割れ耐力は，載荷点と支持点とを結ぶ斜線の近傍で，斜線に比較的平行に発生するひび割れが生じた荷重から，また，せん断破壊耐力は，せん断破壊が生じる荷重より求める．

$$Q=\frac{F}{2} \qquad \text{（解4.2.3）}$$

ここに，　Q ：せん断力（kN）

　　　　　F ：荷　重（kN）

棒状または板状のプレキャスト製品のせん断ひび割れ耐力およびせん断破壊耐力を張出はり形式の載荷でJIS A 5363に従って求める方法を**解説 図4. 2. 4**に示す．プレキャスト製品への載荷は，製品を2点で支持し，張り出した一端および支点間内の2点に載荷する．なお，支点および載荷点には，荷重が均等に分布されるように，ゴム板等を挟む．プロトタイプのせん断ひび割れ耐力およびせん断破壊耐力は，式（解4.2.4）を用いて求める．なお，せん断ひび割れは，中央部のせん断スパン$2a$区間内における，支点と載荷点とを結ぶ斜線の近傍で，斜線に平行に発生する．中央部分配載荷点直下または中央部支点直上近傍で部材軸に直交する方向に発生するひび割れは，曲げひび割れであり，これをせん断ひび割れと混同してはならない．

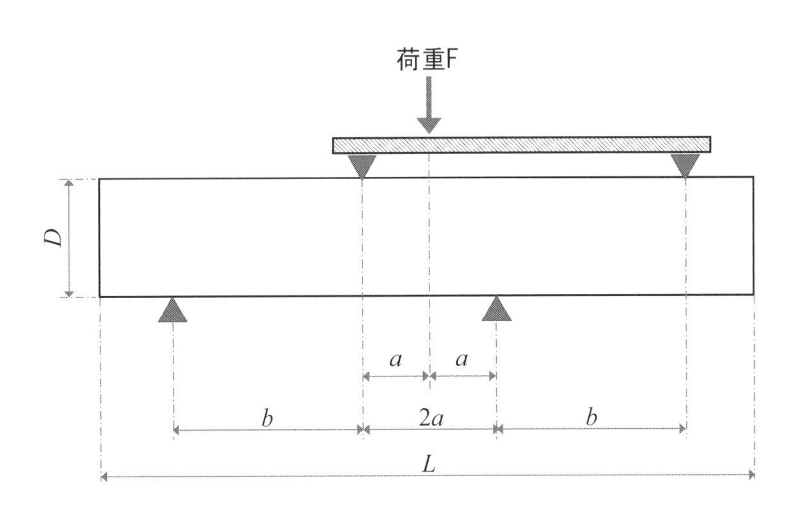

解説 図4. 2. 4　張出はり形式の載荷によるせん断耐力試験

$$Q=\frac{Fb}{2a+b} \qquad \text{（解4.2.4）}$$

ここに，　Q ：せん断力（kN）

F ：荷　重（kN）

a ：せん断スパン（中央部支点から載荷点および載荷点から中央部分配載荷点までの長さ）（m）

b ：部材端部支点から中央部分配載荷点および中央部支点から張出部分配載荷点までの長さ（m）

（3）について　内空を有するプレキャスト製品の圧縮耐力試験では，プレキャスト製品を**解説 図 4.2.5**に示すように据え付け，製品の軸方向の下端を平面で支持し，上端に平面で載荷する．なお，組み立てられたマンホールのように蓋に直接載荷する場合は，蓋の形状に合わせたパッキン材を用いるのがよい．軸方向に部材同士を組み立てる場合は，試験の項目に，継ぎ目での軸方向圧縮力による伝達状況の調査等を加えることができる．

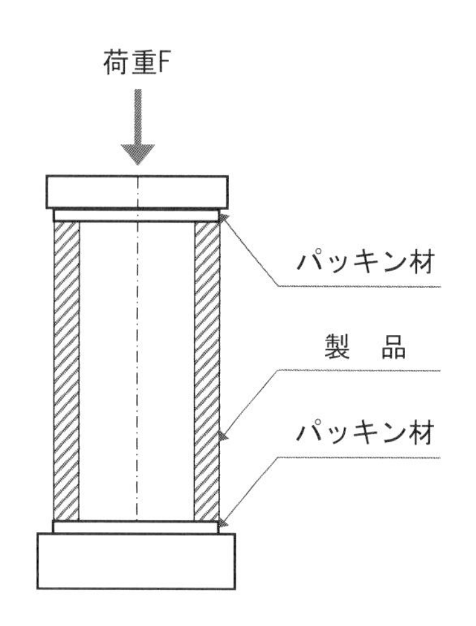

解説 図 4.2.5　圧縮耐力試験

（4）について　継手部を含めて水密性を調査する場合に，JIS A 5363 に従って求める方法を**解説 図 4.2.6**に示す．プロトタイプの中空部分を満水状態にした後，試験水圧を加える．所定の時間圧力を保持して漏水の有無を調べる．継手部を含めた水密性の調査では，内水圧を与えて，抜出し量を測定する．

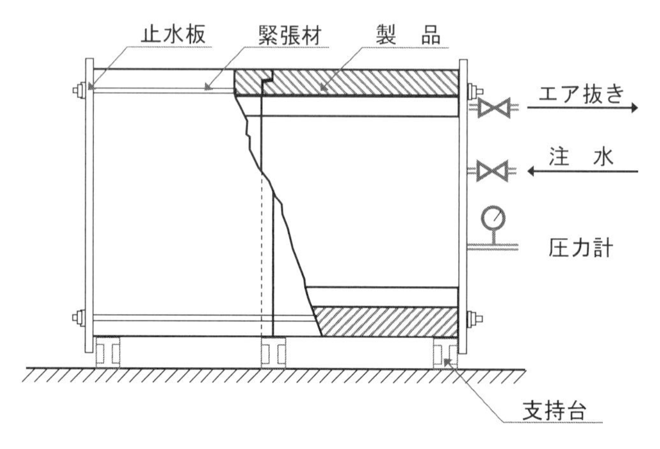

解説 図4.2.6　中空断面の内圧耐力試験

4.2.3　プレキャスト製品の性能の保証値

（1）　プレキャスト製品の構造計算に用いる手法が適切であることを，プロトタイプを用いた試験結果と計算結果との比較により確認する．

（2）　プレキャスト製品の性能の保証値は，設計耐用期間に生じる性能の経時変化を考慮した設計限界値とする．なお，Ⅰ類の製品は，推奨仕様に規定される規格値を満足することを確認する．

【解　説】　（1）について　プレキャスト製品の繰返しの製造が始まる前に，型式検査を実施し，プレキャスト製品の性能の保証値を設定する．保証値を設定するまでのフローを**解説 図4.2.7**に示す．プロトタイプを用いた性能試験によって型式検査を行う場合は，性能試験に先立ち，プロトタイプの曲げひび割れ耐力，せん断ひび割れ耐力，終局曲げ耐力およびせん断破壊耐力等を構造計算によって求める．

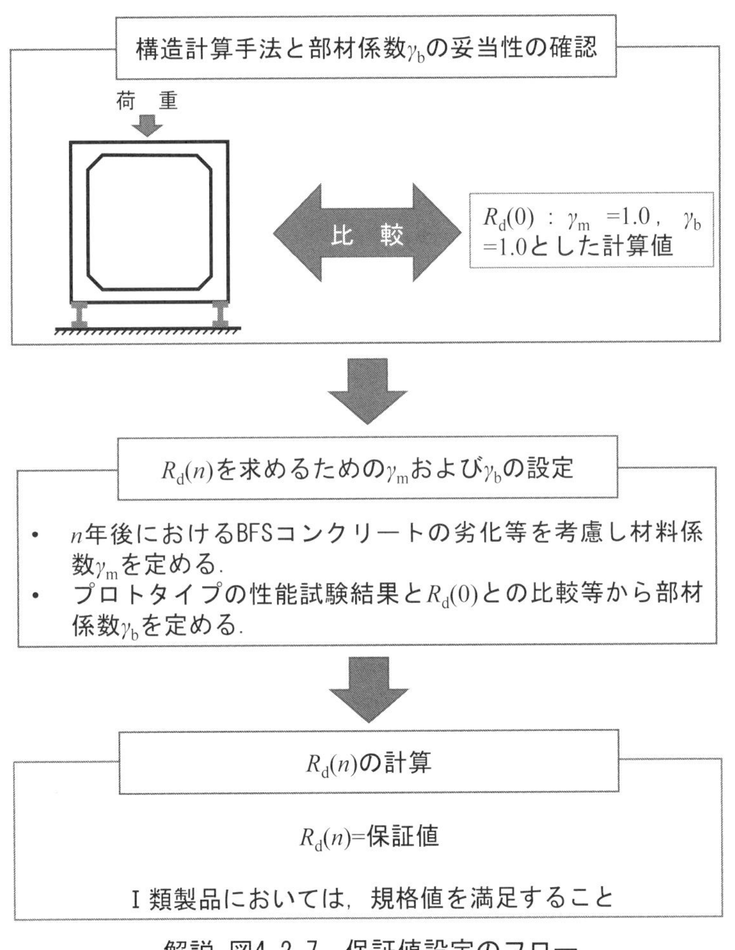

解説 図4.2.7　保証値設定のフロー

プロトタイプの耐力の設計値$R_d(0)$の構造計算に用いる材料係数γ_mおよび部材係数γ_bは，1.0とする．また，BFSコンクリートの圧縮強度の特性値は式（解4.2.5）より，また，設計値は式（解4.2.6）により求める．

$$f'_{ck}=f'_{cg}+3Cp\cdot\sigma'_c \qquad \text{（解4.2.5）}$$

ここに，　f'_{ck} ：BFS コンクリートの圧縮強度の特性値（N/mm^2）
f'_{cg} ：BFS コンクリートの圧縮強度の保証値（N/mm^2）
σ'_c ：BFS コンクリートの圧縮強度の標準偏差（N/mm^2）
Cp ：工程能力指数（無次元）

$$f'_{cd}=f'_{ck}/\gamma_m \quad \text{（解4.2.6）}$$

ここに，　f'_{cd} ：BFS コンクリートの圧縮強度の設計値（N/mm^2）
γ_m ：BFS コンクリートの材料係数（=1.0）

$$R_d(0)=R(t=0, f'_{cd}, \cdots, \cdots)/\gamma_b \quad \text{（解4.2.7）}$$

ここに，　$R_d(0)$ ：プレキャスト製品製造直後の耐力の設計値
$R(t=0, f'_{cd}, \cdots, \cdots)$ ：プレキャスト製品製造直後の耐力の計算値
t ：プレキャスト製品の製造からの経過年（年）
γ_b ：部材係数（=1.0）

設計耐用期間に生じる性能の経時変化を考慮した設計限界値である$R_d(n)$の計算に用いる部材係数γ_bは，プロトタイプを用いた性能試験結果と，式（解4.2.7）により求めた耐力の設計値$R_d(0)$との比較により耐力の計算上の不確実性を確認し，部材寸法のばらつきの影響，プレキャスト製品がある限界状態に達したときに構造物全体に与える影響等を考慮して定める．プロトタイプの性能試験結果と構造計算の計算結果に大きな隔たりがない場合は，使用性に関する照査に用いる部材係数γ_bは1.0を，断面破壊に対する安全性に関する照査に用いる部材係数γ_bは1.1～1.3を用い，疲労破壊に対する安全性の照査に用いる部材係数γ_bは1.0～1.3を用いる．

（２）について　プレキャスト製品製造からn年後の設計限界値である$R_d(n)$の計算に用いるBFSコンクリートの圧縮強度の特性値は式（解4.2.8）より，また，設計値は式（解4.2.9）より求める．$R_d(n)$の計算に用いるBFSコンクリートの材料係数γ_mは，材料物性の特性値からの望ましくない方向への変動，供試体とプレキャスト製品中の材料物性の差異，材料物性が限界状態に及ぼす影響，材料物性の経時変化等を考慮して定める．標準的な環境でプレキャスト製品が用いられることを想定する場合は，使用性に関する照査に用いる材料係数γ_mは1.0を，また，安全性に関する照査に用いる材料係数γ_mは1.3を用いる．

$$f'_{ck}=f'_{cg} \quad \text{（解4.2.8）}$$

ここに，　f'_{ck} ：BFS コンクリートの圧縮強度の特性値（N/mm^2）
f'_{cg} ：BFS コンクリートの圧縮強度の保証値（N/mm^2）

$$f'_{cd}=f'_{ck}/\gamma_m \quad \text{（解4.2.9）}$$

ここに，　f'_{cd} ：BFS コンクリートの圧縮強度の設計値（N/mm^2）
γ_m ：BFS コンクリートの材料係数（使用性の照査：1.0，安全性の照査：1.3）

設計限界値$R_d(n)$は，式（解4.2.10）より求める．ただし，プレキャスト製品製造後n年において，鋼材の腐食およびBFSコンクリートの劣化は，限界値に達していないとする．プレキャスト製品の耐力の保証値は$R_d(n)$とし，Ⅰ類製品においては，$R_d(n)$が推奨仕様に示される規格値を満足していることを確認する．例として，道路橋用プレキャスト床版の曲げひび割れ耐力の規格値を**解説 表4.2.2**に示す．

$$R_d(n)=R(t=n, f'_{cd}, \cdots, \cdots)/\gamma_b \qquad (解4.2.10)$$

ここに，$R_d(n)$：プレキャスト製品製造からn年後の耐力の設計値

$R(t=n, f'_{cd}, \cdots, \cdots)$：プレキャスト製品製造から$n$年後の耐力の計算値

γ_b：部材係数（使用性に関する照査：1.0，安全性（断面破壊）に関する照査：1.1～1.3，安全性（疲労破壊）に関する照査：1.0～1.3）

解説 表4.2.2　JIS A 5373附属書B（規定）推奨仕様B-4「道路橋用プレキャスト床版」の曲げひび割れ耐力

種　類	床版の長さ（mm）	主げた数	主げた間隔（mm）	標準張出し長（mm）	床版の厚さ（mm） 中央部 H_1	支点部 H_2	曲げひび割れ耐力（kN·m）
PDS2− 7.9	7 900	2	4 000	1 950	250	350	142
PDS2− 8.9	8 900		4 100	2 400	250	350	127
PDS2− 9.4	9 400		4 400	2 500	260	360	137
PDS2− 9.9	9 900		4 700	2 600	270	370	152
PDS2−10.4	10 400		5 000	2 700	280	380	161
PDS2−11.2	11 200		5 600	2 800	310	410	198
PDS2−11.7	11 700		6 000	2 850	320	420	219
PDS3−12.2	12 200	3	4 700	1 400	240	340	185
PDS3−12.7	12 700		4 900	1 450	240	340	185
PDS3−13.2	13 200		5 100	1 500	240	340	198
PDS3−13.5	13 500		5 200	1 550	240	340	198
PDS3−13.7	13 700		5 300	1 550	250	350	206
PDS3−14.0	14 000		5 400	1 600	250	350	206
PDS3−14.5	14 500		5 600	1 650	260	360	215
PDS3−14.7	14 700		5 700	1 650	260	360	215
PDS3−15.0	15 000		5 800	1 700	260	360	229
PDS3−15.2	15 200		5 900	1 700	260	360	229
PDS3−15.5	15 500		6 000	1 750	270	370	238
PDS4−16.0	16 000	4	4 400	1 400	240	340	162
PDS4−16.5	16 500		4 500	1 500	240	340	162
PDS4−17.0	17 000		4 600	1 600	240	340	162
PDS4−17.5	17 500		4 700	1 700	240	340	174
PDS4−18.5	18 500		5 000	1 750	240	340	187

4.2.4　BFS コンクリートの品質の保証値

製造者は，BFS コンクリートの劣化に対する抵抗性および物質の透過性に対する抵抗性に関する品質の保証値を，配合計画書，製品カタログおよびミルシート等に記載する.

【解　説】　プレキャスト製品の製造者が責任を負うBFSコンクリートの劣化に対する抵抗性および物質の透過性に対する抵抗性は，その保証値を配合計画書，製品カタログおよびミルシート等に示し，それらの値が得られた根拠を技術文書として整理し，プレキャスト製品の購入者から提示が求められた場合は，直ちに示せるように保存しておかなければならない．配合計画書には，保証値を求めるために用いた試験規格も記載する.

出荷実績の多いⅠ類製品の耐久性は，使用実績により照査を行うのが最も信頼性の高い照査方法である．通常より，出荷したプレキャスト製品は追跡調査等を実施し，当該製品を用いた構造物の状態，置かれた使用環境，維持管理の条件等に関する資料を技術文書として取りまとめておくのがよい．なお，BFSコンクリートではなく，一般のコンクリートが用いられたプレキャスト製品の追跡調査の実績であっても，一般のコンクリートの抵抗性および物質の透過性に対する抵抗性が明らかであれば，これらのデータの比較によって，BFSコンクリートを用いたプレキャスト製品の耐久性を推察することは可能である．例えば，拡散現象に基づく物質の透過性である中性化や塩化物イオン等では，時間と位置に関して相対比較ができる．一般のコンクリートを用いたプレキャスト製品の鋼材位置における塩化物イオン濃度が2.4kg/m^{3}に達するのに50年経ったとする．それと同じ環境条件にBFSコンクリートを用いたプレキャスト製品が施工される場合，BFSコンクリートの塩化物イオンの見掛けの拡散係数が一般のコンクリートの1/4であるとすれば，鋼材位置における塩化物イオン濃度が2.4kg/m^{3}に達するのには，200年かかることになる．また，かぶりの位置が20mmであるとすれば，BFSコンクリートを用いるプレキャスト製品では，50年で塩化物イオン濃度が2.4kg/m^{3}に達するのは，プレキャスト表面から10mm（$\because$ 20mm/$\sqrt{1/4}$）となる．これに対して，時間に比例して侵食される硫酸による劣化では，BFSコンクリートの硫酸による劣化に対する抵抗性が，一般のコンクリートの4倍であれば，BFSコンクリートを用いたプレキャスト製品が硫酸によって侵食される深さは，同じ侵食期間で1/4となる.

4.2.5　施 工 性

プレキャスト製品が，有害な変状を生じることなく脱型，吊上げ，運搬，据付等の作業を安全かつ容易に行うことができる吊上方法等を定める.

【解　説】　プレキャスト製品に埋め込まれる吊上げ用フック等の吊上げ金物は，プレキャスト製品を吊り上げられる安全性がなければならない．プレキャスト製品を脱型後，型枠のベッドから吊り上げる際には，BFSコンクリートとベッドの付着が切られる際に力が作用し，プレキャスト製品が揺れることも予想される．吊上げ金物には，プレキャスト製品の静的な重量だけでなく，動的な力も作用する．また，吊上げ金物には，吊上げ方によっては，単純な引張力だけでなく，せん断力や曲げ等の力が複合して作用する．吊上げ金物の設計においては，脱型時の低い圧縮強度でも，吊上げ金物がこれらの力に耐えられる付着長を確保できていることを確認する.

吊上げ金物を取り付ける位置，すなわち，プレキャスト製品を吊り上げる位置は，プレキャスト製品に，曲げひび割れ等の変状を生じさせる有害な力が発生しない位置とし，架設や据付の工程においては，プレキャスト製品の吊上げと吊降ろしが容易にできるようにする．また，プレキャスト製品の保管または仮置きにおいても，曲げひび割れ等の変状を生じさせる有害な力が発生しない支点を定める．

4.2.6　接 合 部

接合部は，プレキャスト製品が構造物として組み立てられた際に，適用する構造物や部材に応じ，所定の性能を満足することを試験や解析等により確認されたものでなければならない．

【解　説】　プレキャスト製品間の接合部には，**解説 図 4.2.8** に示すように，せん断力，軸力および曲げ力が作用する．これらのうち，曲げによる力は接合面において引張軸力と圧縮軸力に置き換えられる．すなわち，接合部に生じる力は，接合面に平行なせん断力，および，接合面に垂直な引張軸力と圧縮軸力となる．したがって，接合部においては，せん断と軸方向の 2 種類の変形を検討する必要がある．

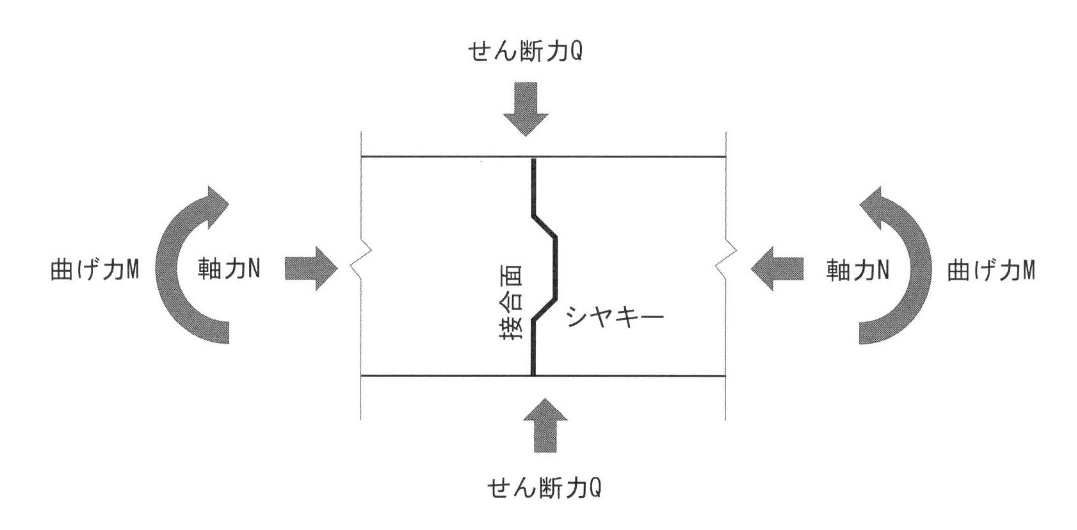

解説 図4.2.8　接合部に生じる力

接合部に変形を許容すれば，構造物全体の挙動は接合部の挙動に支配され，構造物の設計者が，構造物全体の挙動を接合部の変形により制御することが可能となる．ただし，現状では，接合部におけるシヤキー，接合筋，摩擦抵抗といった各抵抗要素について，個々の破壊モードに対応した構造特性の把握は十分にはなされておらず，プレキャスト PC 床版を用いた構造設計等においては，設定された諸外力に対して，その応答が各部の挙動でほとんど同等であることを期待し，プレキャスト PC 床版の挙動は現場打ちで施工された一体型の PC 床版の挙動と同等であると見なした設計が一般に行われている．プレキャスト PC 床版を用いた場合と，現場打ちで施工された一体型の PC 床版が同等であることの証明は，一般に**付録Ⅱ**に示すように，一体打ちと同等と見なせる試験体と，プレキャスト製品を接合した試験体とを用い，力学的な構造実験の結果がほぼ同じで，接合部には変形が生じない，あるいは，変形による構造物への性能に対して影響をほとんど与えないとする構造実験結果を示すことで行われている．この条件を確認することで，プレキャスト製品を用いた構造物の設計では特別な設計式を用いることなく，既往の諸設計式が用いられている．

これに対して，暗きょとして用いられるボックスカルバートや管類をつなげた線状の構造物は，剛性の高い接合によって地震時の地盤の変位に耐えられるようにすることは，構造上からも，経済性の面からも不利な設計となる．このような構造物においては，接合面を可とう性とし，地盤の変位を吸収させる接合部をもったプレキャスト製品を設計する方が合理的な場合もある．例えば，地震時に引張力が生じることが想定されるプレキャスト製品には，伸びまたはずれが可能な接合部とする．圧縮が生じる部位に用いられる製品には，圧縮時の衝突による衝撃を緩和できる接合部とする．液状化による浮上がりや沈下，側方流動等の変位によって，曲げやせん断が生じることが想定する場合には，屈曲が可能な柔軟な接合部を設計するのがよい．

4.2.7　構造細目

プレキャスト製品には，所要の性能が確保されるよう，かぶりおよび鉄筋相互のあきを確保する．

【解　説】　プレキャスト製品は，鉄筋とコンクリートが一体となって挙動することを前提として設計する．鉄筋とコンクリートの付着を確保するのに必要なかぶりの最小値は，鉄筋の直径以上である．はり部材に用いるプレキャスト製品の軸方向鉄筋の水平のあきは，20mm以上，粗骨材の最大寸法の4/3倍以上，かつ鉄筋の直径以上を満足させる．2段以上に軸方向鉄筋を配置するプレキャスト製品の鉛直のあきは，20mm以上かつ鉄筋直径以上とする．柱部材に用いるプレキャスト製品の軸方向鉄筋のあきは，40mm以上，粗骨材の最大寸法の4/3倍以上，かつ鉄筋直径の1.5倍以上を満足させる．

鋼材の組立において溶接を用いれば，鋼材の疲労強度が低下することが知られている．実験を行って疲労強度を確かめない限り，溶接を行う鋼材の疲労強度は，通常の50%とする．溶接を行う鉄筋は，プレキャスト製品の図面にその位置を示す．

4.2.8　製品カタログ

製品カタログには，構造物の設計者が，耐久性，安全性，使用性等の性能を照査できるように，プレキャスト製品の形状および寸法，使用性および安全性に関する性能，BFS コンクリートの品質および配合等，必要な情報を記載する．

【解　説】　使用性には，曲げひび割れ耐力，せん断ひび割れ耐力，および内水圧に対するひび割れ耐力，試験水圧における漏水等の中から製造者が保証できる耐力を，また，安全性には，終局曲げ耐力，せん断破壊耐力，軸方向圧縮に対する終局耐力等の中から製造者が保証できる耐力を製品カタログやミルシート等に表示する．なお，これらの耐力の保証値は，BFSコンクリートの圧縮強度の特性値には保証値を用い，安全係数には材料物性の経時変化等を考慮した材料係数および耐力の計算上の不確実性等が考慮された部材係数を用いて計算されたものを示す．また，JIS A 5371，JIS A 5372およびJIS A 5373に，これらの耐力に規格値がある場合はその規格値を併せて示す．さらに，型式検査において，性能試験によりこれらの耐力が求められている場合は，その試験結果も示す．

解説 表4.2.3に，道路橋用橋げたを例に，製品カタログやミルシート等にプレキャスト製品の性能に関する保証値を記載する場合の例を示す．

解説 表4.2.3　プレキャスト製品の性能に関する保証値を記載する例

スパン (m)	種　類	耐　力	プロトタイプの性能試験結果	プロトタイプの構造計算値$R_d(0)$	保証値※1 $R_d(n)$	規格値※2
9	BS09	曲げひび割れ耐力（kN･m）	337	352	317	314
		終局曲げ耐力（kN･m）	778	681	442	―
		せん断破壊耐力（kN）	―	497	372	―

※1　保証値は，橋げた下縁の引張応力度が有効プレストレス+3.0N/mm^{2}となる曲げモーメントの計算値.

※2　JIS A 5373附属書B（規定）推奨仕様B-1「道路橋用橋げた」に示される規格値

解説 表4.2.4　BFSコンクリートの品質に関する保証値を記載する例

拡散係数 (cm^2/年)	中性化速度係数 (mm/$\sqrt{年}$)	耐久性指数	スケーリング量 (g/m^2)	硫酸侵食速度 (mm/(年・%))	かぶりの最小値 (mm)	かぶりの許容差 (mm)
0.40	5.0	95	100	―	30	3

プレキャスト製品を用いた構造物の設計者が，構造物の置かれる環境条件に応じて耐久性を照査できるように，配合計画書に記載されるBFSコンクリートの劣化に対する抵抗性および物質の透過性に対する抵抗性に関する保証値，かぶりの最小値およびかぶりの許容差を記載する．また，構造計算に用いるための圧縮強度，ヤング係数，クリープ係数および乾燥収縮ひずみの保証値も記載する．これらの保証値は，BFSコンクリートの繰返しの製造が統計的管理状態に入った後に製品同一養生の供試体より求められる値である．圧縮強度の保証値には下限規格値を示し，圧縮強度以外の保証値には平均値を示す．**解説 表4.2.4**に，製品カタログやミルシートにBFSコンクリートの品質に関する保証値を記載する例を示す．

製造者は，構造物の設計者の求めに応じて，断面形状や寸法等の構造ならびに補強鋼材の詳細等の設計計算の基本事項等を明示した製品の製造図を提出する．製品の設計計算書には，保証する性能を検討した計算の過程等を明示する．

4.3　構造物の設計

4.3.1　一　　般

（1）　設計者は，プレキャスト製品の性能の保証値およびBFSコンクリートの品質の保証値に基づき，構造物の構築される条件に応じて，構造物の性能照査を行う．

（2）　規格化されていないII類のプレキャスト製品により構造物を構築する場合は，構造物に要求される性能を満足するプレキャスト製品の性能および仕様を製造者に示し，設計図書どおりのプレキャスト製品が製造されていることを購入者が確認する．

【解　説】　（1）について　BFSコンクリートを用いたプレキャスト製品により構築する構造物は，耐久性，安全性，使用性および耐震性について，求められる性能に応じた限界状態を設定して照査を行う．構造物の設計者は，プレキャスト製品により構築される構造物に考慮すべき作用や構造の特性を反映したモデル化を行い，信頼性の高い解析方法により設計応答値を求める．プレキャスト製品の製品カタログやミルシートに記載される性能の保証値を設計限界値として用い，性能照査では，設計応答値が，設計限界値に至らないことを，性能ごとに確認する．構造物の設計では，プレキャスト製品の輸送や架設の制約を考慮し，適切な重量や部材長さのものを選択するとともに，構造物の一体性を確保できる構造を検討する．また，プレキャスト部材を用いた構造物は，完成時のみならず，施工時においても，部材に発生する応力状態が完成時の構造物の性能に影響を与えることを考慮して性能照査する．

（2）について　設計条件を満足するプレキャスト製品が製品カタログにない場合は，受渡当事者間の協議によって，性能および仕様を定めて製造されるⅡ類の製品の使用を検討する．規格化されていないⅡ類の製品の設計は，架設方法および接合方法の設計も含めて，構造物の設計者が行い，その性能を満足する使用材料，製造方法等の仕様は，製造者と協議して決める．繰返しの製造が始まった後のプレキャスト製品に設計図書どおりの性能があることは，国により登録された民間の第三者機関（登録認証機関）より認証を受けることで保証する．登録認証機関の認証を受け，Ⅱ類の表示が認められた製品を購入する場合は，プレキャスト製品に設計図書どおりの性能があることを，購入者はJISマークの表示で確認する．第三者機関より認証を受けないプレキャスト製品を購入する場合は，購入者の責任において，設計図書どおりの性能がプレキャスト製品にあることを確認する．規格化されていないⅡ類の製品の設計は，部材の形状を簡単化し，型枠の転用回数の増加により型枠費を削減し，経済性を図るとともに，製造や施工の作業において，単純化，自動化，機械化により現場作業の省力化がより図れる製品を検討する．

4.3.2　耐 久 性

（1）　構造物の耐久性は，鋼材腐食およびコンクリートの劣化のそれぞれに対して照査する．

（2）　鋼材腐食に対する照査は，コンクリート表面のひび割れ幅が，鋼材腐食に対するひび割れ幅の限界値以下であることを確認した上で，設計耐用期間中の中性化と水の浸透に伴う鋼材腐食深さが，限界値以下であること，および，塩害環境下においては，鋼材位置における塩化物イオン濃度が，設計耐用期間中に鋼材腐食発生限界濃度に達しないことを確認する．

（3）　コンクリートの劣化に対する照査は，凍結融解抵抗性および化学的侵食に関して行う．

【解　説】　（1）について　プレキャスト製品を用いた構造物の耐久性に関する照査は，プレキャスト製品部と，現場打ちコンクリートが用いられる場所（以下，現場打ちコンクリート部と呼ぶ）に分けて実施する．製造者が実施した追跡調査等の実績でプレキャスト製品部の耐久性に関する照査を行う場合は，これから構築される構造物の置かれる使用環境および維持管理の条件等が，当該製品を用いた構造物の条件に一致することを確認する．条件に適合しない場合は，製品カタログ，配合計画書またはミルシートに記載されるBFS コンクリートの品質の保証値に基づき，耐久性に関する照査を行う．現場打ちコンクリートの耐久性に関する照査は，示方書［設計編］に従って行う．

解説 表 4.3.1　ひび割れ幅の検討を省略できる永続作用による鉄筋応力度の制限値 σ_{sl1} (N/mm^2)

常時乾燥環境 （雨水の影響を受けない桁下面等）	乾湿繰返し環境 （桁上部，海岸や川の水面に近く湿度が高い環境等）	常時湿潤環境 （土中部材等）
140	120	140

（2）について　永続作用による鋼材応力度が，**解説 表 4.3.1** に示す鋼材応力度の制限値を超える場合は，耐久性に関する照査の前に，鋼材腐食に対するひび割れ幅の設計限界値を設定し，式（解 4.3.1）により，コンクリート表面のひび割れ幅の設計応答値が設計限界値以下であることを確認する．

$$\gamma_i \cdot \frac{w_d}{w_{ad}} \leq 1.0 \qquad \text{（解 4.3.1）}$$

ここに，　γ_i ：構造物係数で，1.0 とする．

w_{ad} ：鋼材腐食に対するひび割れ幅の設計限界値（mm）

w_d ：コンクリート表面におけるひび割れ幅の設計応答値（mm）

ひび割れ幅の設計限界値 w_{ad} は，一般の鉄筋コンクリートでは，0.5mm を上限として，0.005c（c：かぶり（mm））とされている．

コンクリート表面におけるひび割れ幅の設計応答値 w_d は，コンクリートの収縮およびクリープ等による影響を考慮した，式（解 4.3.2）に示す曲げひび割れ幅の算定方法によって求める．

$$w_d = 1.1k_1k_2k_3\{4c+0.7(c_s-\phi)\}\left[\frac{\sigma_{se}}{E_s}\left(\text{または}\frac{\sigma_{pe}}{E_p}\right)+\varepsilon'_{csd}\right] \qquad \text{（解 4.3.2）}$$

ここに，　k_1 ：鋼材の表面形状がひび割れ幅に及ぼす影響を表す係数で，一般に，異形鉄筋の場合に 1.0，普通丸鋼および PC 鋼材の場合に 1.3 としてよい．

k_2 ：コンクリートの品質がひび割れ幅に及ぼす影響を表す係数で，式（解 4.3.3）による．

$$k_2 = \frac{15}{f'_c+20}+0.7 \qquad \text{（解 4.3.3）}$$

f'_c ：コンクリートの圧縮強度（N/mm^2）．一般に，設計圧縮強度 f'_{cd} を用いてよい．

k_3 ：引張鋼材の段数の影響を表す係数，式（解 4.3.4）による．

$$k_3 = \frac{5(n+2)}{7n+8} \qquad \text{（解 4.3.4）}$$

n ：引張鋼材の段数

c ：かぶり（mm）

c_s ：鋼材の中心間隔（mm）

ϕ ：鋼材径（mm）

ε'_{csd} ：コンクリートの収縮およびクリープ等によるひび割れ幅の増加を考慮するための数値．標準的な値として，**解説 表 4.3.2** に示す値としてよい．

σ_{se} ：鋼材位置のコンクリートの応力度が 0 の状態からの鉄筋応力度の増加量（N/mm^2）
σ_{pe} ：鋼材位置のコンクリートの応力度が 0 の状態からの PC 鋼材応力度の増加量（N/mm^2）
E_s ：鉄筋のヤング係数（N/mm^2）
E_p ：PC 鋼材のヤング係数（N/mm^2）

解説 表 4.3.2　収縮およびクリープ等の影響によるひび割れ幅の増加を考慮する数値 ε'_{csd}

環境条件	常時乾燥環境（雨水の影響を受けない桁下面等）	乾湿繰返し環境（桁上面，海岸や川の水面近く，高い湿度環境等）	常時湿潤環境（土中部材等）
自重でひび割れが発生（材齢 30 日を想定）する部材	450×10^{-6}	250×10^{-6}	100×10^{-6}
永続作用時にひび割れが発生（材齢 100 日を想定）する部材	350×10^{-6}	200×10^{-6}	100×10^{-6}
変動作用時にひび割れが発生（材齢 200 日を想定）する部材	300×10^{-6}	150×10^{-6}	100×10^{-6}

中性化と水の浸透に伴う鋼材腐食に対する照査は，鋼材腐食深さが設計耐用期間中に鋼材腐食深さの限界値に達しないことを確認することを原則とするが，式（解 4.3.5）に示す中性化深さが設計耐用期間中に鋼材腐食発生限界深さに達しないことを確認する照査方法を適用してもよい．

$$\gamma_i \cdot \frac{y_d}{y_{lim}} \leq 1.0 \qquad \text{（解 4.3.5）}$$

ここに，γ_i ：構造物係数．一般に，1.0～1.1 としてよい．
y_d ：中性化深さの設計値（mm）
y_{lim} ：鋼材腐食発生限界深さ（mm）

鋼材腐食発生限界深さ y_{lim} は，式（解 4.3.6）より求める．

$$y_{lim} = c_d - c_k \qquad \text{（解 4.3.6）}$$

ここに，c ：かぶり（mm）
c_k ：中性化残り（mm）．一般に，通常環境下では 10mm としてよい．塩化物イオンの影響が無視できない環境では 10～25mm とするのがよい．
c_d ：耐久性に関する照査に用いるかぶりの設計値（mm）

$$c_d = c - \Delta c_e \qquad \text{（解 4.3.7）}$$

Δc_e ：かぶりの施工誤差（またはかぶりの許容差）（mm）

中性化深さの設計値y_dは，式（解 4.3.8）より求める．

$$y_d = \gamma_{cb} \cdot \alpha_d \cdot \sqrt{t} \qquad \text{（解 4.3.8）}$$

ここに，　γ_{cb} ：中性化深さの設計値y_dのばらつきを考慮した安全係数．1.15 としてよい．ただし，高流動コンクリートに BFS を使用する場合には，1.1 としてよい．

t ：中性化に対する耐用年数（年）

α_d ：中性化速度係数の設計値（mm/$\sqrt{年}$）

$$\alpha_d = \alpha_k \cdot \beta_e \cdot \gamma_c \qquad \text{（解 4.3.9）}$$

α_k ：中性化速度係数の特性値（mm/$\sqrt{年}$）

β_e ：環境作用の程度を表す係数．一般に 1.6 としてよい．

γ_c ：コンクリートの材料係数．一般に 1.0 としてよい．ただし，上面の部位に関しては 1.3 とするのがよい．

現場打ちコンクリートの中性化速度係数の特性値α_kは，示方書［施工編：施工標準］に従って施工が行われる場合は，示方書［設計編］に示される予測式を用いて求めてよい．プレキャスト製品の中性化速度係数の特性値α_kは，中性化速度係数の保証値を用いて式（解 4.3.10）により求める．なお，中性化速度係数の保証値が記載されていない場合，蒸気養生を行ったプレキャスト製品または脱型後湿潤養生が行われていないプレキャスト製品は，示方書［設計編］に示される予測式を用いて中性化速度係数α_kを求めることはできない．

$$\alpha_k = \sqrt{\frac{CO_{2.atm}}{CO_{2.chm}}} \cdot \alpha_g \qquad \text{（解 4.3.10）}$$

ここに，　α_g ：中性化速度係数の保証値（mm/$\sqrt{年}$）

$CO_{2.atm}$ ：大気中の二酸化炭素濃度（%）．0.05%としてよい．

$CO_{2.chm}$ ：促進中性化試験を行う装置内の二酸化炭素濃度（%）．JIS A 1153 では，5%．

塩害環境下における鋼材腐食に対する照査では，式（解 4.3.11）により，鋼材位置における塩化物イオン濃度の設計値に構造物係数を乗じた値が，鋼材腐食発生限界濃度以下であることを確認する．

$$\gamma_i \cdot \frac{C_d}{C_{lim}} \leq 1.0 \qquad \text{（解 4.3.11）}$$

ここに，　γ_i ：構造物係数．一般に 1.0～1.1 としてよい．

C_{lim} ：鋼材腐食発生限界濃度（kg/m^3）

C_d ：鋼材位置における塩化物イオン濃度の設計値（kg/m^3）

鋼材腐食発生限界濃度 C_{lim} は，類似の構造物の実測結果や試験結果を参考にして定める．これらの実績のデータがない場合は，普通ポルトランドセメントを用いた場合は式（解 4.3.12）によって，高炉セメント B 種相当を用いた場合は，（解 4.3.13）に示す示方書［設計編］の算定式によって求めてよい．

$$C_{\mathrm{lim}} = -3.0(W/C) + 3.4 \qquad \text{（解 4.3.12）}$$

$$C_{\mathrm{lim}} = -2.6(W/C) + 3.1 \qquad \text{（解 4.3.13）}$$

鋼材位置における塩化物イオン濃度の設計値 C_{d} は，式（解 4.3.14）により求める．

$$C_{\mathrm{d}}=\gamma_{\mathrm{cl}}\cdot C_0\left\{1-erf\left(\frac{0.1\cdot c_{\mathrm{d}}}{2\sqrt{D_{\mathrm{d}}\cdot t}}\right)\right\}+C_{\mathrm{i}} \qquad \text{（解 4.3.14）}$$

ここに，　C_0 ：コンクリート表面における塩化物イオン濃度（kg/m^3）

C_{i} ：初期塩化物イオン濃度（kg/m^3）．一般に，0.3kg/m^3 としてよい．

γ_{cl} ：鋼材位置における塩化物イオン濃度の設計値 C_{d} のばらつきを考慮した安全係数．一般に，1.3 としてよい．ただし，高流動コンクリートに BFS を使用する場合には，1.1 としてよい．

c_{d} ：耐久性に関する照査に用いるかぶりの設計値（mm）

$$c_{\mathrm{d}}=c-\Delta c_{\mathrm{e}} \qquad \text{（解 4.3.15）}$$

c ：かぶり（mm）

Δc_{e} ：かぶりの施工誤差（またはかぶりの許容差）（mm）

t ：塩化物イオンの侵入に対する耐用年数（年）

D_{d} ：塩化物イオンに対する設計拡散係数（cm^2/年）

コンクリート表面における塩化物イオン濃度 C_0 は，**解説 表 4.3.3** より求める．

解説 表 4.3.3　コンクリート表面塩化物イオン濃度 C_0（kg/m^3）

地域		飛沫帯	海岸からの距離（km）				
			汀線付近	0.1	0.25	0.5	1.0
飛来塩分が多い地域	北海道，東北，北陸，沖縄	13.0	9.0	4.5	3.0	2.0	1.5
飛来塩分が少ない地域	関東，東海，近畿，中国，四国，九州		4.5	2.5	2.0	1.5	1.0

塩化物イオンに対する設計拡散係数 D_{d} は，式（解 4.3.16）より求める．

$$D_d=\gamma_c \cdot D_k+\lambda \cdot \left(\frac{w}{l}\right) \cdot D_0 \qquad \text{(解 4.3.16)}$$

ここに，　γ_c ：コンクリートの材料係数．一般に 1.0 としてよい．ただし，上面の部位に関しては 1.3 とするのがよい．

D_k ：コンクリートの塩化物イオンに対する拡散係数の特性値（cm^2/年）

D_0 ：コンクリート中の塩化物イオンの移動に及ぼすひび割れの影響を表す定数（cm^2/年）．一般に，400cm^2/年としてよい．

λ ：ひび割れの存在が拡散係数に及ぼす影響を表す係数．一般に，1.5 としてよい．

w/l ：ひび割れ幅とひび割れ間隔の比．一般に，式（解 4.3.17）で求めてよい．

$$\frac{w}{l}=\left(\frac{\sigma_{se}}{E_s}\left(\text{または}\frac{\sigma_{pe}}{E_p}\right)+\varepsilon'_{csd}\right) \qquad \text{(解 4.3.17)}$$

ε'_{csd} ：コンクリートの収縮およびクリープ等によるひび割れ幅の増加を考慮するための数値．**解説 表 4.3.2** より求める．

σ_{se} ：鋼材位置のコンクリートの応力度が 0 の状態からの鉄筋応力度の増加量（N/mm^2）

E_s ：鋼材のヤング係数（N/mm^2）

現場打ちコンクリートの塩化物イオンに対する拡散係数の特性値 D_k は，示方書［施工編：施工標準］に従って施工が行われる場合は，示方書［設計編］に示される予測式を用いて求めてよい．プレキャスト製品の塩化物イオンに対する拡散係数の特性値 D_k は，塩化物イオンの見掛けの拡散係数の保証値を用いて式（解 4.3.18）により求める．なお，塩化物イオンの見掛けの拡散係数の保証値が記載されていない場合，蒸気養生を行ったプレキャスト製品または脱型後湿潤養生が行われていないプレキャスト製品は，示方書［設計編］に示される予測式を用いて塩化物イオンに対する拡散係数の特性値 D_k を求めることはできない．

$$D_k=\rho_e \cdot D_{ap} \qquad \text{(解 4.3.18)}$$

ここに，　D_{ap} ：BFS コンクリートの塩化物イオンの見掛けの拡散係数の保証値（cm^2/年）

ρ_e ：浸せき試験によって得られた塩化物イオンの見掛けの拡散係数を，実際に構造物が構築される大気中の実環境条件での値に換算するための係数．

浸せき試験によって得られた塩化物イオンの見掛けの拡散係数を，実際に構造物が構築される大気中の実環境条件での値に換算するための係数 ρ_e は，環境条件が大気中で水の移流の影響を受けにくい場所であれば，**付録Ⅵ**に示されるように，0.2 程度としてよい．海水や凍結防止剤を含む融雪水などの液状水が部材に断続的に直接作用する環境においては，移流によっても塩化物イオンがコンクリート中に侵入するので，**付録Ⅵ**に示すデータに基づいて ρ_e を定めることはできない．この場合，式（解 4.3.18）の考え方に準じて，浸せき試験あるいは電気泳動試験によって得た塩化物イオンの拡散係数の保証値から塩化物イオンに対する拡散係数の特性値 D_k を求める場合，実験や実績に基づいて ρ_e を適切に定めておく必要がある．

鋼材腐食に対する照査に合格することが困難な場合には，耐食性が高い補強材や防錆処置を施した補強材の使用，鋼材腐食を抑制するためのコンクリート表面被覆，あるいは腐食の発生を防止するための電気化学的手法等を用いることを原則とする．その場合には，維持管理計画を考慮した上で，それらの効果を適切な方法により評価する．

（３）について　内部損傷を伴う凍結融解抵抗性の照査では，式（解 4.3.19）に従い実施する．ただし，凍結融解試験における相対動弾性係数の特性値が 90%以上の場合には，この照査を省略してよい．なお，相対動弾性係数が 90%に低下したコンクリートの圧縮強度は，70%程度に低下している場合がある．

$$\gamma_i \cdot \frac{E_{min}}{E_d} \leq 1.0 \qquad \text{（解 4.3.19）}$$

ここに，　γ_i ：構造物係数．一般に 1.0～1.1 としてよい．

E_d ：凍結融解試験における相対動弾性係数の設計値

$$E_d = E_k / \gamma_c \qquad \text{（解 4.3.20）}$$

E_k ：凍結融解試験における相対動弾性係数の特性値

γ_c ：コンクリートの材料係数．一般に 1.0 としてよい．ただし，上面の部位に関しては 1.3 とするのがよい．

E_{min} ：凍結融解試験における相対動弾性係数の最小限界値

凍結融解試験における相対動弾性係数の最小限界値 E_{min} は，**解説 表 4.3.4** より求める．

解説 表 4.3.4　凍結融解試験における相対動弾性係数の最小限界値 E_{min}（%）

気象条件 ／ 断面 ／ 構造物の露出状態	凍結融解が頻繁に繰り返される		氷点下の気温となることがまれ	
	薄い場合[2)]	一般の場合	薄い場合[2)]	一般の場合
(1) 連続あるいは頻繁に水で飽和される[1)]	85	70	85	60
(2) 普通の露出状態にあり(1)に属さない	70	60	70	60

1) 水路，水槽，橋台，橋脚，擁壁，トンネル覆工等で水面に近く水で飽和される部分，およびこれらの構造物の他，桁，床版等で水面から離れてはいるが融雪，流水，水しぶき等のため，水で飽和される部分等．

2) 断面の厚さが 20cm 程度以下の部分等．

プレキャスト製品部の凍結融解試験における相対動弾性係数の特性値 E_k は，相対動弾性係数の保証値 E_g を用いて，式（解 4.3.21）により求める．

$$E_k = E_g \qquad \text{（解 4.3.21）}$$

ここに，　E_g ：相対動弾性係数の保証値空気量が4～7%の現場打ちコンクリート部の相対動弾性係数の特性値は，示方書［施工編：施工標準］に従って施工が行われる場合は，**解説 表4.3.5**に示される値を用いてよい．なお，相対動弾性係数の保証値が記載されていないプレキャスト製品の場合，蒸気養生を行ったプレキャスト製品，または脱型後湿潤養生が行われていないプレキャスト製品は，**解説 表4.3.5**に示される値を用いることはできない．

解説 表4.3.5　現場打ちコンクリートの相対動弾性係数とそれを満足するための水セメント比（%）

水セメント比（%）	65	60	55	45以下
相対動弾性係数の特性値(%)	60	70	85	90

表面損傷（スケーリング）に対する照査では，構造物表面のコンクリートのスケーリング深さの設計値 d_d に構造物係数 γ_i を乗じた値と，限界値 d_{lim} との比が1.0以下であることを式（解4.3.22）により確認する．

$$\gamma_i \cdot \frac{d_d}{d_{lim}} \leq 1.0 \qquad \text{（解 4.3.22）}$$

ここに，　γ_i　：構造物係数．一般に1.0～1.1としてよい．

d_d　：コンクリートのスケーリング深さの設計値（mm）

$$d_d = \gamma_c \cdot d_k \qquad \text{（解 4.3.23）}$$

d_k　：コンクリートのスケーリング深さの特性値（mm）．

γ_c　：コンクリートの材料係数．一般に1.0としてよい．ただし，上面の部位に関しては1.3とするのがよい．

d_{lim}　：コンクリートのスケーリング深さの限界値（mm）

コンクリートのスケーリング深さの限界値 d_{lim} は，式（解4.3.24）より求める．

$$d_{lim} = c_d - \phi \qquad \text{（解 4.3.24）}$$

ここに，　ϕ　：かぶりに最も近い鋼材の径（mm）

c_d　：コンクリートのかぶりの設計値（mm）．式（解4.3.7）より求める．

コンクリートのスケーリング深さの特性値 d_k は，式（解4.3.25）より求める．

$$d_k = \frac{S_n}{\rho_c} \times \frac{N}{n} \qquad \text{（解 4.3.25）}$$

ここに，　S_n　：凍結融解 n サイクル後の累積のスケーリング量（g/m^2）

ρ_c　：コンクリートの密度（kg/m^3）

N ：構造物が繰返し受ける凍結融解のサイクル数
n ：試験体に与えた凍結融解のサイクル数

プレキャスト製品の凍結融解 n サイクル後の累積のスケーリング量 S_n は，保証値を用いる．現場打ちコンクリートのスケーリング量は，JSCE-K 572「けい酸塩系表面含浸材の試験方法（案）」によって求める．

硫酸による侵食に対する照査では，構造物表面のコンクリートの硫酸による侵食深さの設計値 y_d に構造物係数 γ_i を乗じた値と，限界値 y_{lim} との比が 1.0 以下であることを式（解 4.3.26）により確認する．

$$\gamma_i \cdot \frac{y_d}{y_{lim}} \leq 1.0 \qquad \text{（解 4.3.26）}$$

ここに，
γ_i ：構造物係数．一般に 1.0～1.1 としてよい．
y_d ：硫酸による侵食深さの設計値（mm）

$$y_d = \gamma_c \cdot y_k \qquad \text{（解 4.3.27）}$$

y_k ：硫酸による侵食深さの特性値（mm）
γ_c ：コンクリートの材料係数．一般に 1.0 としてよい．
y_{lim} ：硫酸による侵食深さの限界値（mm）

コンクリートの硫酸による侵食深さの限界値 y_{lim} は，式（解 4.3.28）より求める．

$$y_{lim} = c_d - \phi \qquad \text{（解 4.3.28）}$$

ここに，
ϕ ：かぶりに最も近い鋼材の径（mm）
c_d ：コンクリートのかぶりの設計値（mm）．式（解 4.3.7）より求める．

コンクリートの硫酸による侵食深さの特性値 y_k は，式（解 4.3.29）より求める．

$$y_k = S \cdot s_c \cdot t \qquad \text{（解 4.3.29）}$$

ここに，
S ：硫酸侵食速度係数（mm/(年・%)）
s_c ：構造物の置かれる環境の硫酸濃度（%）
t ：硫酸による侵食を受ける期間（年）

プレキャスト製品の硫酸侵食速度係数 S は，保証値を用いる．現場打ちコンクリートの係数 S は，下水道施設のように高い濃度の硫酸環境下においては，硫酸による侵食深さと，浸せき期間と硫酸濃度の積との間には線形関係が成り立つことを考慮して，S は，一定の濃度の硫酸にコンクリートを浸せきし，その硫酸による侵食深さから，式（解 4.3.30）によって求められる．

$$S=\frac{y}{s_c \cdot t}$$　（解 4.3.30）

ここに，　y　：試験で硫酸による侵食を受けた深さ（mm）

s_c　：試験を行った硫酸の濃度（%）

t　：硫酸による侵食試験を行った期間（年）

なお，下水道環境下のように，硫酸による侵食を受ける個所が特定されており，**解説 図 4.3.1** に示すように，あらかじめ余盛を行うことで硫酸侵食への対策を講じる場合は，余盛りを行ったプレキャスト部材が，終局荷重によって脆性的な破壊を生じないことを確認する必要がある．

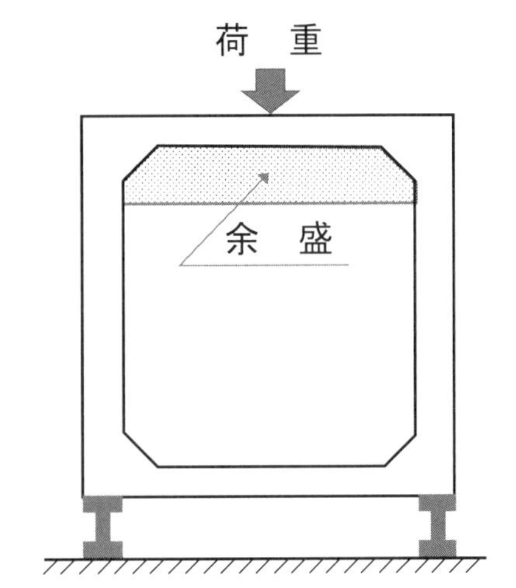

解説 図 4.3.1　硫酸侵食への余盛による対策

4.3.3　使 用 性

（1）　プレキャスト製品により構築する構造物の使用性に関する照査では，設計作用の下で，全ての構成部材や構造物が使用性に対する限界状態に至らないことを確認する．

（2）　使用性に関する照査で対象とする限界状態は，外観，振動等の使用上の快適性や水密性等，構造物に求められる機能と使用目的に応じて，応力，ひび割れ，変位，変形等の物理量を指標として設定する．

【解　説】　（1）について　プレキャスト製品を用いた構造物の使用性に関する照査は，プレキャスト製品部と，現場打ちコンクリート部に分けて実施する．プレキャスト製品部の使用性に関する照査は，製品カタログまたはミルシート等に記載されるBFSコンクリートを用いたプレキャスト製品の性能の保証値を用い，設計耐用期間中に使用目的に適合する十分な快適性等の諸機能を保持することを確認する．現場打ちコンクリートの使用性に関する照査は，示方書［設計編］に従って行う．

（2）について　プレキャスト製品により構築する構造物の使用性は，その使用目的に応じて，外観，変位，変形，水密性等を対象として照査を行う．

外観に対する照査では，コンクリートの表面に発生するひび割れや汚れ等が，周囲に不安感や不快感を与えず，構造物の使用を妨げないようにするための性能を有していることを照査する．BFSコンクリートは，普通コンクリートと同様な色を持っており，色むらの発生程度も同等であることから，外観に対する照査の方法は，普通コンクリート同様に，表面のひび割れ幅，または変位や変形を照査指標として照査を行えばよい．

コンクリートのひび割れは，外観に与える影響が大きく，かつ設計において制御可能であるため，荷重によるひび割れを外観の照査指標として設定することができる．BFSコンクリートを用いた製品では，必要に応じて曲げひび割れ耐力やひび割れ幅等が示されているため，その値を用いて照査を行う．なお，別途ひび割れ幅を算定する場合は，一般のコンクリートを対象としたひび割れ幅算定式を用いてよい．ただし，収縮およびクリープの影響によるひび割れ幅の増加を考慮する際には，製品ごとに与えられたBFSコンクリートの保証値を用いる．また，材料および施工等に起因して発生するひび割れについては，できる限り設計の段階で考慮しておく．ひび割れに対する設計上の対策としては，ひび割れ幅制御用鉄筋の配置，ひび割れ誘発目地の配置，ひび割れ制御用プレストレスの導入等があり，実施例等を参照して選択するのがよい．

構造物の使用上の快適性が，構造物に生じる変位や変形により損なわれないことを，構造物の種類と使用目的，作用の種類等を考慮して照査する．例えば，プレキャスト製品を組み合わせて構築した道路橋の床版では，走行車両の変動荷重によって製品同士の接合部で角折れが生じることなく，設計耐用期間中に快適に走行できることを確認する必要がある．

各種貯蔵施設や地下構造物等，水密性を必要とする構造物に用いられるプレキャスト製品の製品カタログ等には，内水圧に対するひび割れ耐力，試験水圧における漏水等の保証値が示されている．構造物の水密性に対する照査に合格することが困難な場合には，水密性の求められる部位へ防水工を設置することや，ひび割れ誘発目地を設けて，ひび割れ発生後に防水処置を施す等の，施工上の対策によって水密性に関する性能を確保する．

4.3.4　安 全 性

（1）　プレキャスト製品により構築する構造物の安全性に関する照査では，断面破壊および疲労破壊の限界状態に至らないことを確認する．

（2）　断面破壊に対する照査では，設計耐用期間中に生じる変動作用，永続作用，および偶発作用等の想定される作用に対して，全ての構成部材が断面破壊の限界状態に至らないことを確認する．

（3）　疲労破壊に対する照査では，設計耐用期間中に生じる変動作用の繰返しに対して，全ての構成部材が疲労破壊の限界状態に至らないことを確認する．

【解　説】　（1）について　プレキャスト製品を用いた構造物の安全性に関する照査は，プレキャスト製品部と，現場打ちコンクリート部に分けて実施する．プレキャスト製品部の安全性に関する照査は，製品カタログまたはミルシート等に記載されるBFSコンクリートを用いたプレキャスト製品の性能の保証値が，構造物の置かれる環境や作用等に対して十分な耐荷力のあることを確認することで行う．現場打ちコンクリートの安全性に関する照査は，示方書［設計編］に従って行う．

（2）について　プレキャスト製品により構築する構造物の断面破壊に対する照査は，曲げモーメント，軸方向力およびせん断力を指標として照査を行う．

BFSコンクリートを用いたプレキャスト製品は，製品カタログ，ミルシートまたはプレキャスト製品の設計図書に，製品の種類に応じて，曲げモーメントおよび軸方向力に対する終局耐力，せん断力に対するせん断破壊耐力または押抜きせん断破壊耐力，および内水圧に対する終局耐力の保証値が示されている．断面破壊に対する照査は，式（解 4.3.31）に示すように，これらの保証値が，構造物に考慮すべき作用や構造の特性を反映したモデルによる応答値以上であることを確認することによって行う．

$$\gamma_i \cdot \frac{S_d}{R_d(n)} \leq 1.0 \quad \text{（解 4.3.31）}$$

ここに，　γ_i　：構造物係数．一般に 1.0～1.2 としてよい．
　　　　　S_d　：設計断面力
　　　　　$R_d(n)$：設計断面耐力．ここでは，製品カタログに示される耐力の保証値を用いる．
　　　　　n　：設計耐用期間（年）

設計断面力S_dは，組み合わせた設計作用F_dを用いて構造解析により断面力S（SはF_dの関数）を算定し，これに構造解析係数γ_aを乗じた値を合計する．

$$S_d = \Sigma \gamma_a S(F_d) \quad \text{（解 4.3.32）}$$

ここに，　S　：断面力
　　　　　F_d　：設計作用
　　　　　γ_a　：構造解析係数．一般に 1.0 としてよい．

（3）について　プレキャスト製品を用いた構造物の疲労破壊に対する安全性に関する照査において，断面力を指標とした照査が必要な場合は，構造物が置かれる条件等を反映した試験を行い安全性を確認する．例えば，道路橋にみられる典型的な押抜きせん断破壊に対する安全性は，定点繰返し載荷試験ではなく輪荷重走行試験により確認する．

断面力を指標とした照査を必要としない一般の場合は，疲労破壊に対する安全性に関する照査は，応力度を指標にして行う．応力度を指標とした疲労破壊に対する安全性に関する照査では，コンクリート，鉄筋およびPC鋼材に作用する設計変動応力度に構造物係数を乗じた値を，設計疲労強度で除した比が，式（解 4.3.33）に示すように，1.0以下であることを確かめる．なお，変動作用の繰返しの影響が小さい場合は，疲労破壊に対する照査は省略できる．

$$\gamma_i \cdot \frac{\sigma_{rd}}{f_{rd}/\gamma_b} \leq 1.0 \quad \text{（解 4.3.33）}$$

ここに，　γ_i　：構造物係数．一般に 1.0～1.1 としてよい．
　　　　　σ_{rd}　：設計変動応力度（N/mm^2）
　　　　　f_{rd}　：設計疲労強度（N/mm^2）

$$f_{rd} = f_{rk}/\gamma_m \quad \text{（解 4.3.34）}$$

f_{rk} ：材料の疲労強度の特性値（N/mm^2）．
γ_m ：材料係数．一般に，コンクリートは 1.3，鋼材は 1.05 としてよい．
γ_b ：部材係数．一般に 1.0～1.3 としてよい．

コンクリートの設計疲労強度f_{rd}は，疲労寿命Nと永続作用による応力度σ_pの関数として，式（解4.3.35）により求める．

$$f_{rk}=k_{1f}f_d\left(1-\sigma_p/f_d\right)\left(1-\frac{\log N}{K}\right)$$ ただし，$N\leq 2\times 10^6$ （解 4.3.35）

ここに，f_{rk} ：疲労強度の特性値（N/mm^2）
k_{1f} ：圧縮および曲げ圧縮の場合は k_{1f}=0.85．引張および曲げ引張の場合は k_{1f}=1.0．
f_d ：それぞれの設計強度（N/mm^2）．圧縮強度の場合は，式（解 4.2.9）より求める．ただし，f'_{ck}=50N/mm^2 に対する各設計強度を上限とする．
σ_p ：永続作用によるコンクリートの応力度（N/mm^2）．交番荷重を受ける場合には，0 とする．
K ：継続あるいはしばしば水で飽和される場合は K=10．それ以外の場合は K=17．
N ：疲労寿命

曲げモーメントまたは曲げモーメントと軸方向力による設計変動応力度σ_{rd}は，次の1)～4)に示す仮定に基づき算定する．なお，コンクリートの曲げ圧縮応力度は，三角形分布の応力の合力位置と同位置に合力位置がくるようにした矩形応力分布の応力度としてよい．

1) 維ひずみは，部材断面の中立軸からの距離に比例する．
2) コンクリートおよび鋼材は，弾性体とする．
3) コンクリートの引張応力は，無視する．
4) BFSコンクリートおよび現場打ちコンクリートのヤング係数は，圧縮強度の設計値より，示方書［設計編］に示されるヤング係数と圧縮強度の関係式より求める．

4.3.5 耐 震 性

構造物の耐震性に関する照査においては，構造物の使用目的に応じて性能の水準を設定し，適切な照査指標を用いて，性能の水準を満足することを照査する．

【解　説】 プレキャスト製品を用いた構造物が，地形，地質，地盤条件，立地条件等を考慮した上で，適切な耐震性を有するように，想定する地震動の大きさとその頻度に応じて性能の水準を設定し，それを満足することを照査する．プレキャスト製品を用いた構造物の地震時の検討にあたっては，安全性，供用性，修復性の観点から以下の検討を行う．

1) レベル 1 地震動に対して耐震性能 1 を満足する．
2) レベル 2 地震動に対して耐震性能 2 または耐震性能 3 を満足する．

耐震性能1は，地震時に構造物に求められる機能を保持し，地震後にも機能が健全で補修しないで使用が可能な性能である．耐震性能2は，地震後に構造物に求められる機能が短時間で回復でき，補強を必要としない性能である．耐震性能3は，地震によって構造物全体系が崩壊しない性能である．

構造物の耐震性は，構造物が地震作用に対して十分なエネルギー吸収能力を有すること，地震後の修復が容易であること，地震による動的応答性状が複雑とならない構造であること，および冗長性や頑健性を有する構造であること等の観点から検討を行う．すなわち，全ての構造物に，地震時の作用に耐えられる堅牢な構造が求められるのではなく，例えば，線状構造物である管路施設等では，可とう性の継手とし，継手部のずれ量や抜出し量を許容することで，レベル1地震動に対しては，設計流下能力を確保し，レベル2地震動に対しては，流下機能が確保できるよう設計を行う方が合理的な場合もある．

プレキャスト製品を用いた構造物を剛な構造として耐震性の照査を行う場合は，構造物の構造特性を反映したモデルを用いる．特に，接合部は，接合方法に応じた剛性や変形性能を再現できるモデルとする．プレストレスによる接合を行う場合は，接合部で鉄筋が不連続になるため，接合を行う位置やプレストレスの量を十分検討する．塑性ヒンジ部に接合部を設ける場合は，必要に応じて部材の力学特性や修復性を実物大の模型実験等により確認する．

4.3.6 施 工 性

（1） 設計者は，プレキャスト製品を用いた構造物を施工する過程において，吊上げ，運搬，据付，組立，接合等の作業を安全に行うことができることを確認する．

（2） プレキャスト製品の架設および組立方法を，適用する部材や部位，架設地点の条件等を考慮して選定するとともに，設計時に明確にし，設計図または設計計算書に示す．

【解　説】 （1）について　プレキャスト製品には，吊上げ位置や支持位置等が製造者によって定められている．設計者は，製品の運搬および構造物の施工において，製造者が定めた吊上げ位置や支持位置等を守ることで，製品に有害な応力や変形等が発生することなく，作業を安全に行えることを確認する．

（2）について　プレキャスト製品によって構造物を構築する場合，構造によっては，組立後に不静定力が生じる場合がある．この不静定力は，組立時の製品の材齢や，現場でコンクリートを打ち込んで接合する場合のコンクリートとの材齢の差によって，不静定力の大きさが異なる．また，プレキャスト製品によって構造物を構築する場合，組立の過程で構造系や応答値が変化する場合がある．したがって，設計者は，設定した組立の各段階で応力や変形等が安全な範囲にあることを確認するとともに，設計時に設定した組立の順番や材齢等の条件が明確となるよう，設計図または設計計算書に明示する．

4.3.7 その他の性能

耐久性，安全性，使用性，耐震性および施工性以外の性能を求める場合は，施工中および設計耐用期間中の構造物あるいは構成部材ごとに要求性能に応じた限界状態を設定し，設計で仮定した形状，寸法，配筋等の構造詳細を有する構造物あるいは構造部材が限界状態に至らないことを確認する．

【解　説】 構造物の性能照査は，性能に対する限界状態を定めて検討する．したがって，構造物の性能照査を合理的に行うためには，限界状態を可能な限り直接表現することができる照査指標を用いて，限界値と応答値の比較を行うことが原則である．プレキャスト製品を用いた構造物に，耐久性，安全性，使用性，耐震性および施工性以外の性能，例えば排水性，防音性，環境調和性等が求められる場合は，発注者と協議の上，照査指標と限界値，および応答値の求め方等について合意する必要がある．

4.3.8　接合部

構造物の構築に用いるプレキャスト製品の接合部は，構造物に求められる性能を十分に発揮できるような性能を有するものでなければならない．

【解　説】　プレキャスト製品を組み合わせて構築する構造物の接合部は，構造物全体の性能に大きく関係する．したがって，接合部は，構造物の中で重要な部位であることを十分に認識し，設計供用期間を通じて設計で想定した構造物としての所要の性能を確保できることを確認する必要がある．例えば，ボックスカルバートを数個に分割して運搬し，現場で一体化する場合の接合部は，分割されない製品と同等以上の剛性や耐力を確保する必要がある．

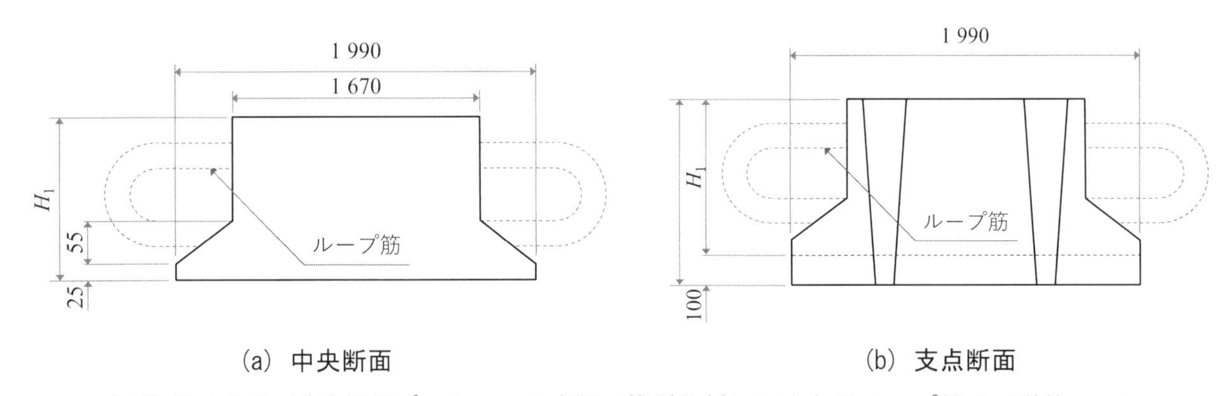

(a) 中央断面　　(b) 支点断面

解説 図4.3.2　道路橋用プレキャスト床版の推奨仕様に示されるループ継手（単位：mm）

一般に，プレキャスト製品は，用いられる構造物に応じて，製品の種類ごとに所要の性能や機能を備えた接合方法が定められている．例えば，JIS A 5373に示されるⅠ類の道路橋用プレキャスト床版の推奨仕様では，現場打ちと同等の耐力や剛性を有するループ継手を用いた接合方法が解説 図4.3.2のように定められており，現場打ちの部材と同様な方法によって，求められる性能を照査できる．推奨仕様以外の製品は，性能試験や信頼性の高い解析等により確認された接合方法が定められており，技術文書等に必要な事項が示されている．設計では，構造物の応答値と，製品ごとに示された接合部の性能とを比較し，構造物に求められる性能を満足することを確認する．

可とう性の接合が用いられる管路施設の設計では，可とう性の接合部の変形性能等を反映したモデルによる解析を行い，変位や変形等が構造物に求められる性能を満足することを確認する．

4.3.9　防水工

設計者は，期待する防水効果が得られるように，防水工の仕様を設定する．

【解　説】　防水工を選定するにあたっては，防水工を設置する部材に対する作用，環境条件，施工条件，維持管理計画等の条件に応じて，防水工に求める性能を設定する必要がある．設計者は，防水工に求められる性能を満足する防水工を，工法のカタログや技術資料等を参考に選定する．防水工に求める性能の例としては，コンクリートに水を浸入させない性能，塩化物イオンの侵入を抑制する性能，コンクリートへの接着性能，コンクリートにひび割れや変形が生じても有害な損傷を受けないで変形する性能等がある．

床版防水工のコンクリートへの接着性能を設計する場合は，日本道路協会「道路橋床版防水便覧：付録-1」6.に記載される**解説 図 4.3.3** に示す引張試験法に従い，23°C の試験環境温度で引張接着強度が 0.6N/mm^2 以上，-10℃の試験環境温度で引張接着強度が 1.2N/mm^2 以上を満足する下地処理の方法，使用材料の設計塗布量および塗布方法等を設定する．

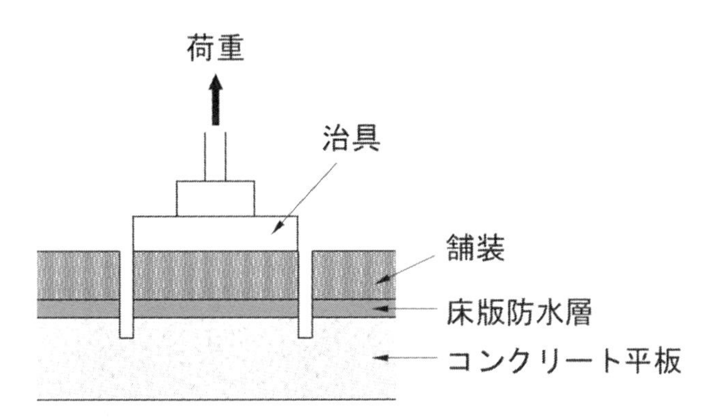

解説 図 4.3.3　床版防水の引張接着試験

4.3.10　設計図書

設計者は，設計図および設計計算書を作成する．

【解　説】　プレキャスト製品を用いた構造物の設計者は，製品の設計図書に加え，設計した構造物に関する情報や設計時に設定した施工および維持管理に関する情報を作成する必要がある．製品の設計図書には，プレキャスト製品の使用性，安全性，施工性，一体性等の性能，および BFS コンクリートの品質等を保証する 1)～8)に関する資料を作成する．構造物の設計図書には，9)～15)に関する資料を作成する．構造物の設計図には，断面形状や寸法等の構造ならびに補強鋼材の詳細のほか，選定した接合方法および防水工法，使用材料の基本条件や設計時に設定した全ての特性値等を示す設計計算の基本事項，施工および維持管理に必要となる条件等を明示する．設計計算書には，適用した基準，構造物の環境条件，設計耐用期間，および考慮した作用等の基本条件，構造物に求められる耐久性能，使用性能，安全性能，耐震性能，およびそれらの性能を照査する際に設定した限界状態，照査指標，照査の過程や解析モデル等を明示する．設計図書は，対象となる BFS コンクリートを用いた構造物の実績や状態を把握するための資料となるだけでなく，その後の維持管理を行う上での重要な資料となるものであることから，長期にわたり保存を図る必要がある．また，設計図，設計計算書以外にも，BFS コンクリートを用いたプレキャスト製品を採用する根拠となるデータや資料等，施工や維持管理において役に立つ情報も保存を図るとよい．

1)　製品の型式検査および最終検査に関する資料

2) 製品の設計図
3) 製品の設計計算書およびその根拠となる技術資料
4) 製品の保証値およびその根拠となる技術資料
5) コンクリートの配合，使用材料および製造仕様
6) コンクリート以外の使用材料に関する資料
7) 製品の設計に携わる責任技術者
8) 製品のカタログ，ミルシート，実績等に関する技術資料
9) 構造物の設計耐用期間，環境条件等の基本条件
10) 構造物の設計図
11) 構造物の設計計算書およびその根拠となる技術資料
12) 接合部の設計，接合方法，接合部の仕様および材料等
13) 構造物に用いる防水工等に関する資料
14) 構造物の設計に携わる責任技術者
15) 構造物の施工および維持管理に関する引継ぎ事項

5章　配　　合

5.1　一　　般

（1）　BFSコンクリートに使用する材料は，品質が確認されたものを用いる．

（2）　使用材料の品質に応じて，目標とするBFSコンクリートの性能が得られる配合を設計する．

（3）　室内試験に基づき目標に定めたBFSコンクリートの性能を，実機で製造し保証できることを確認する．

【解　説】　（1）について　安定した品質のBFSコンクリートを製造するためには，使用材料の品質が安定している必要がある．そのため，BFSコンクリートの製造に用いられるセメント，混和材，細骨材，粗骨材および混和剤は，品質が確かめられたものであって，BFSコンクリートの製造者は，使用材料の品質の変動がBFSコンクリートの品質に与える影響を調べ，使用材料の品質の許容できる範囲を決めておく必要がある．このようにして定められた材料の許容される品質の範囲を，JISの認証を受けているコンクリートを製造する工場では社内規格に定め，その要求品質を使用材料を供給する販売店または製造会社に明示し，契約書を取り交わすとともに，受入れ検査時に要求したとおりの品質の使用材料が入荷されていることを確認している．コンクリートの製造上許される使用材料の品質変動の範囲は，JISに規格される品質の範囲よりもせまく，細骨材を例にとれば，絶乾密度では±0.02g/cm^3，粗粒率では±0.20，微粒分量では±2.0%とすることが多い．すなわち，絶乾密度が2.70 g/cm^{3}の細骨材を用いるのであれば，細骨材の製造者には，2.70±0.02g/cm^{3}の絶乾密度の細骨材を要求し，その範囲の絶乾密度の細骨材が入荷されていることを確認することになる．

セメントや骨材等のJISには，JISに適合するセメントや骨材の品質の範囲は示されているが，安定した品質のコンクリートを製造するための品質の範囲は示されていない．このような範囲は，コンクリートの製造者が自らの判断と責任において定めるものである．なお，BFSの粗粒率と微粒分量については，JIS A 5011-1の5.3.2項において以下のように定められている．

1)　BFSの粗粒率は，製造業者と購入者との協議によって定めた粗粒率に対して±0.20の範囲のものでなければならない．

2)　BFSの微粒分量の許容差は，製造業者と購入者の協議値に対して±2.0%とする．

2015年～2016年の実績によると，BFSの各製造事業所の絶乾密度の平均値は，2.55g/cm^3～2.85g/cm^{3}の範囲にある．各製造事業所内におけるBFSの絶乾密度および吸水率の範囲は，製造事業所によって異なり，小さな範囲で管理されている製造事業所もあれば，最大値と最小値の差が無視できない製造事業所もある．BFSコンクリートの品質は，BFSの物理的な性質だけではなく，水和反応等の化学的な性質の影響も受ける．安定した品質のBFSコンクリートを製造するためには，BFSコンクリートの製造者がBFSに許容する物理的性質および化学的性質の両方の品質の範囲を定めるとともに，要求どおりの品質のBFSが入荷されていることを確認することが重要である．

（2）について　BFSの効果は，適切なコンクリートの配合と使用材料および製造方法によって得られる．BFSの効果は，セメント，混和材，水，混和剤の種類の影響を受け，材齢が十分に経った後は同じ性能が得られるとしても，早期の材齢で強度が得られる早強ポルトランドセメントよりも，高炉セメントB種を用いた方が，短い湿潤養生期間でプレキャスト製品の耐久性に関する所要の性能を得ることができる．また，増粘剤または増粘剤一液型高性能（AE）減水剤を用いれば，より短い湿潤養生期間で所要の性能を得られる．これに対し，フライアッシュを用いれば，BFSの効果が阻害されることが知られている．BFSを用いれば，無条件にコンクリートの性能が向上することはない．また，JIS A 1123「コンクリートのブリーディング試験方法」で，ブリーディング量が $0.5cm^3/cm^2$ を超えるようなコンクリートでは，たとえAE剤を用いても凍結融解抵抗性は得られない．さらに，ワーカビリティーの良くないコンクリートでは，供試体では高い性能が確認されても，プレキャスト製品で同等の性能が得られるとは限らない．硬化後にBFSコンクリートの性能が確実に得られるためには，所要のワーカビリティーと強度発現性がBFSコンクリートに求められる．

配合設計においては，目標とする性能だけでなく，プレキャスト製品およびBFSコンクリートの製造条件を考慮する必要がある．例えば，材齢18時間で $35N/mm^2$ の圧縮強度があり，短い湿潤養生期間で高い凍結融解抵抗性をもつBFSコンクリートを製造する場合には，AE剤を用いずに，水セメント比を30%とし，普通ポルトランドセメントを用いる方法もあれば，水セメント比を35%とし，早強ポルトランドセメントとAE剤を用いる方法もある．また，近くから入荷できるBFSのJSCE-C 507-2018「モルタル小片試験体を用いた塩水中での凍結融解試験による高炉スラグ細骨材の品質評価方法（案）」による質量残存率 R_7 が想定したものよりも低い場合は，粗粒率の小さいBFSをBFSの製造者に要求したり，BFSコンクリートの水結合材比を小さくする方法もある．目標とする性能を満足するBFSコンクリートの配合，使用材料および製造方法の組み合わせは無数にある．その中から，その製造工場に最も適した使用材料，配合および製造方法を，経済性や環境性等にも配慮し，選定することが重要である．

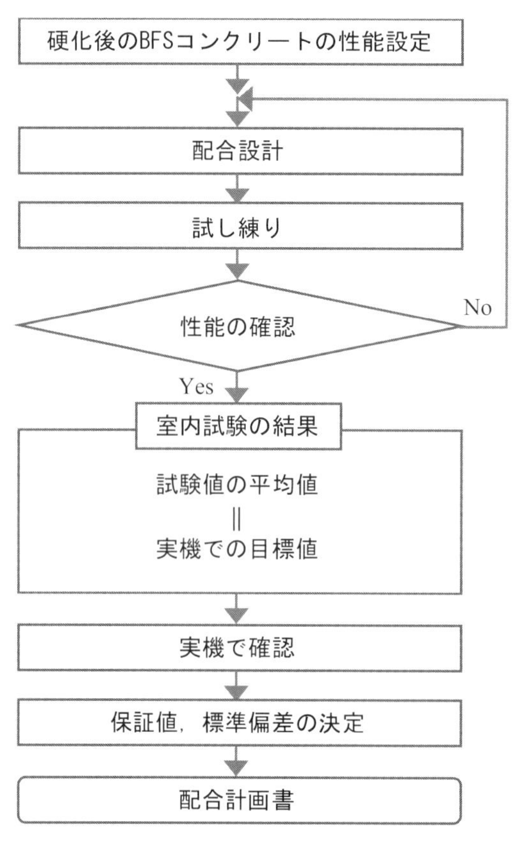

解説 図5.1.1　配合設計から配合計画書の決定の流れ

（3）について　BFS コンクリートの硬化後の性能が，配合設計によって，目標どおりに得られていることを室内試験により確認する．室内試験では，使用材料の品質が許容される範囲で変動した場合でも，目標とする性能が得られることを確認しなければならない．試し練りは，許容される範囲でばらつく使用材料の品質が，BFS コンクリートの性能のばらつきに与える影響を把握できるだけの回数を行わなければならない．

室内試験で求められた試験値の平均値を，配合計画書に目標値として記載する．実機では，この目標値を目標に BFS コンクリートを製造する．標準偏差は，材料の品質の変動に起因する BFS コンクリートの性能の変動のみとなるよう，実機による製造では，社内規格に定めた品質管理を遵守しなければならない．配合計画書に記載される目標値，保証値および標準偏差は，BFS コンクリートの使用材料や配合，製造方法が変更になった場合には見直しを行わなければならない．また，使用材料や製造方法に変更がなくても，年に 1 度は見直しを行わなければならない．配合設計から配合計画書の決定の流れを**解説 図 5.1.1** に示す．

5.2　配合設計の手順

（1）　BFS コンクリートの配合は，使用材料の品質，BFS コンクリートに求める性能，使用を想定するプレキャスト製品の設計条件，製造工場の製造条件および経済性等を考慮して定める．

（2）　BFS コンクリートの配合は，季節による影響を考慮し，修正標準配合を用意する．

【解　説】　（1）について　BFS コンクリートの配合設計の手順の例を**解説 図 5.2.1** に示す．配合設計は，コンクリートの性能から，それを実現する仕様を決定する行為である．プレキャスト製品の設計条件に応じて，粗骨材の最大寸法および BFS コンクリートの充填性を定める．BFS コンクリートの充填性より，スランプまたはスランプフロー，材料分離抵抗性および空気量を定める．細骨材率を変更しても材料分離抵抗性が得られない場合は，粒径や粒形の異なる BFS の使用または普通細骨材の混合を検討する必要もある．

プレキャスト製品に用いる BFS コンクリートの強度は，高強度のものとなるため，強硬な粗骨材を用いなければ，所要の圧縮強度およびヤング係数を得るための水結合材比が小さくなり，不経済な配合になる場合がある．BFS および粗骨材の吸水率は，ともに，乾燥収縮ひずみおよびクリープに影響を与える．吸水率の小さな骨材が入手できない場合は，吸水率が BFS コンクリートの乾燥収縮ひずみおよびクリープに与える影響を小さくするよう，圧縮強度を高くしたり，単位水量を下げる必要がある．BFS の質量残存率 R_7 は，塩化物イオン浸透に対する抵抗性および凍結融解抵抗性に影響を与える．BFS の硫酸侵食深さ y_s は，硫酸に対する抵抗性に影響を与える．求める品質の BFS が近くから入手できない場合でも，水結合材比を下げる，結合材に高炉セメント B 種や GGBS を使用する，AE 剤を用いて空気を連行することによって，求める劣化に対する抵抗性を有する BFS コンクリートを製造できる場合もある．

実機の製造において，長い湿潤養生期間が取れないことが想定される場合には，増粘剤の使用を検討する．増粘剤は，BFS コンクリートの充填性だけでなく，スケーリングにも影響を与える．ブリーディングの多いコンクリートに増粘剤を用いた場合には，ブリーディングは抑えられ，耐久性指数は向上しても，スケーリングを助長させることがある．また，増粘剤の使用は，鋼材の付着強度を向上させることが知られている．

水結合材比は，圧縮強度，ヤング係数，乾燥収縮ひずみおよびクリープ，中性化に対する抵抗性，塩化物イオン浸透に対する抵抗性の全てを満足するものを選定する．結合材の種類は，中性化に対する抵抗性，塩化物イオン浸透に対する抵抗性，硫酸に対する抵抗性を基に選定する．空気量は，充填性および凍結融解抵抗性を基に決定する．

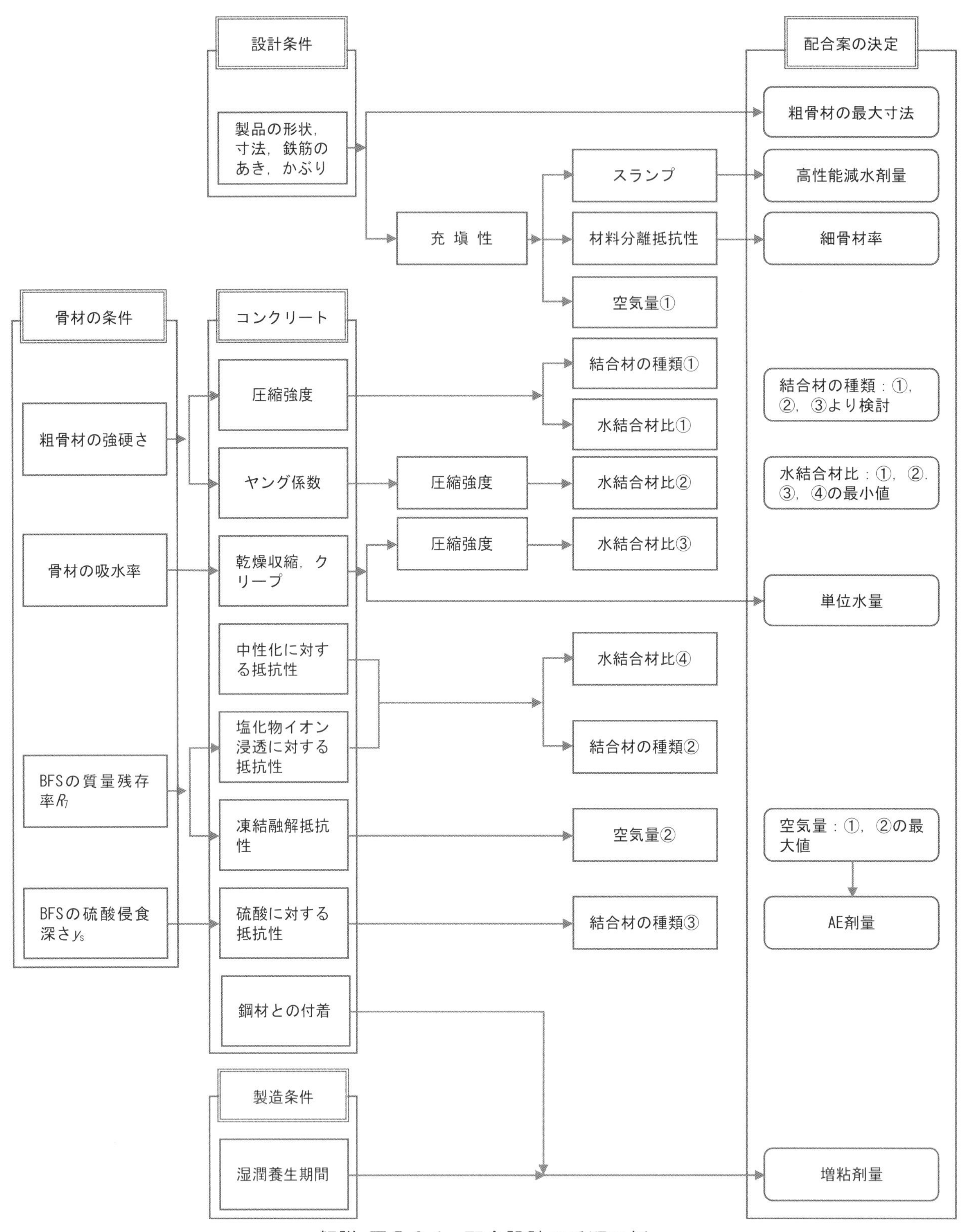

解説 図 5.2.1　配合設計の手順の例

（2）について　夏期に製造されるコンクリートは，スランプの低下，連行空気量の減少を起こし，長期強度の増進が低下する傾向がある．この対策として，高性能（AE）減水剤のタイプを標準形から遅延形に変更したり，単位水量は固定し，セメント量を5〜15kg/m^{3}程度増加させることがある．また，冬期に製造されるコンクリートは，強度発現性が現れにくくなるために，水結合材比を小さくすることがある．また，増粘剤を用いている場合は，増粘剤の効果が低下するため，使用量を増加させる場合がある．コンクリートの品質は，製造時の気温の影響を受けるため，1年を通して，同じ配合で同じ性能のコンクリートが得られることはない．あらかじめ夏期および冬期の修正標準配合を用意するとともに，配合を修正する条件を定め，シューハート管理図等の統計的な手法を用いて，適切な時期に配合の修正を行うことが必要である．

解説 図 5.2.2 は，修正標準配合を用意せずに1年間，標準配合のみでBFSコンクリートの製造を行った場合の圧縮強度の変動の例である．圧縮強度は季節による影響を受け，変動しており，工程管理が統計的管理状態に入っていない．圧縮強度の年間を通した平均値は，61.2N/mm^{2}と高いが，保証値は，工程能力指数を一般に用いられる最も低い値近くに設定しても，JIS A 5372に規定されるプレキャストRC製品の推奨仕様の規格値である35N/mm^{2}と同じであり，修正標準配合が必要なのは明らかである．

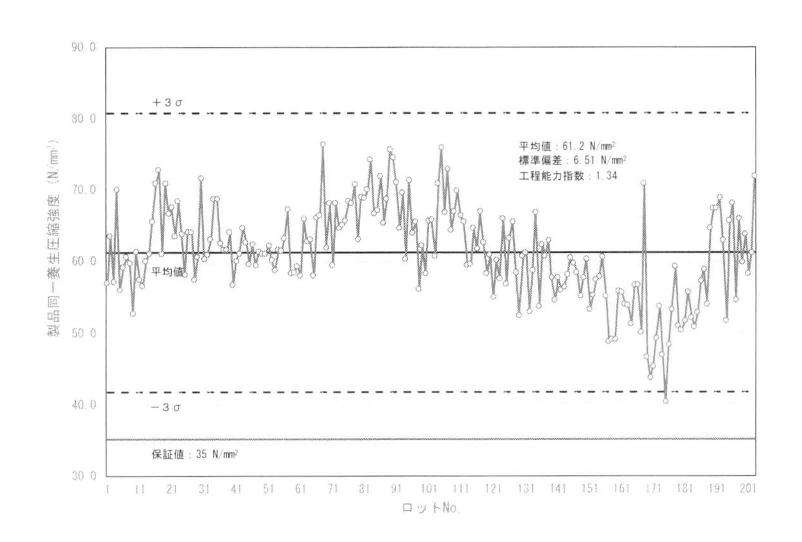

解説 図 5.2.2　圧縮強度の管理図の例

5.3　使用材料

5.3.1　水

練混ぜに用いる水は，BFSがコンクリートの性能を向上させる効果を阻害しないものを用いる．

【解　説】　上水道水，上澄水およびスラッジ水は，JSCE-B 101およびJIS A 5308附属書Cに規定されるコンクリートの練混ぜ水であるが，それらを用いたコンクリートの品質は異なる．BFSコンクリートおよび普通コンクリートともに，凝結時間は，上水道水を用いた場合に比べて，上澄水を用いたものは，若干遅れる傾向がある．これに対して，スラッジ水を用いた場合は，上水道水を用いたものよりも，凝結時間が早くなる．したがって，練混ぜ後から20時間での圧縮強度は，スラッジ水を用いたものが，上水道水や上澄水を用いたものよりも高くなる．これに対して，材齢28日での圧縮強度は，上水道水，上澄水およびスラッジ水を用いたもので大きな差はない．しかし，上水道水または上澄水を用いれば，JIS A 1148（A法）によって凍結融解試験を行うと，耐久性指数が100になるAE剤を用いた普通コンクリートも，Non-AEのBFSコンクリートも，スラッジ水を用いると，凍結融解抵抗性は低下し，200サイクルまでに破壊に至ることが多い．

JIS A 5308「レディーミクストコンクリート」では，スラッジ水を用いる場合には，スラッジ固形分率が3%

を超えてはならないとし，呼び強度が 50 以上の高強度コンクリートには適用しないことが定められている．スラッジ水を用いても，スランプ，凝結時間および圧縮強度は，混和剤の種類や量を調整することで上水道水および上澄水を用いたものと同程度のものを製造することはできる．しかし，高い水セメント比で水和反応を生じたスラッジ水に含まれる固形分がコンクリートに混入すると，凍結融解抵抗性等の性能が著しく低下する．JIS A 5308 では，環境への配慮から，配合計画書にスラッジ水を用いることと目標スラッジ固形分率を記載すること，スラッジの濃度が所定の方式によって正しく管理されていること，購入者から要求された場合にスラッジ水の濃度管理データを提出できること，購入者の仕様書等にスラッジ水の使用が禁じられていないことを条件に，呼び強度が 36 以下のコンクリートに対しては，購入者との協議なくスラッジ水を使用できることになっている．また，JIS A 5364「プレキャストコンクリート製品－材料及び製造方法の通則」には，「水は，油，酸，塩類，有機不純物，懸濁物等，プレキャスト製品の品質に影響を及ぼす物質を有害量含んでいてはならない」とされ，スラッジ水の使用は禁止されていない．しかし，この指針（案）に示される BFS コンクリートでは，高耐久なプレキャスト製品を対象とすることから，スラッジ固形分率に関係なくコンクリートの練混ぜ水として，スラッジ水を用いることを原則禁じる．

スラッジ水がコンクリートの凍結融解抵抗性等の劣化に対する抵抗性を低下させるのは，水和反応によって活性のないセメントの水和生成物のためである．したがって，コンクリートの洗浄水にセメントの凝結遅延剤を添加することにより，数日にわたりセメントの活性を維持し翌日以降のフレッシュコンクリートの練混ぜ水として用いる場合には，劣化に対する抵抗性を低下させない可能性がある．この指針（案）では，このようなスラッジ水の使用まで禁止するものではなく，試験によって求める性能が得られることが確認できれば用いてもよい．ただし，そのスラッジ水は，固形分濃度のみならずセメントの活性の程度も確認できる管理がされている必要がある．一般に，連続濃度測定方法による管理では，スラッジ水の濃度が絶えず変動するため，凝結遅延剤の添加量を正確に把握することは困難である．それに対して，凝結遅延剤を添加したスラッジ水を第 1 スラッジ水貯留槽に一度貯えた後，翌日以降の練混ぜ水を第 2 スラッジ水貯留槽に移送し，第 2 スラッジ水貯留槽でスラッジ固形分濃度およびセメントの活性度を測定し，必要量の凝結遅延剤あるいは清水を添加するバッチ濃度調整方法であれば，その管理の信頼性は高い．スラッジ水を用いる場合は，購入者からの求めに応じ，スラッジ水の濃度管理データを提出するとともに，その信頼性を証明する．

5.3.2　結 合 材

（1）　セメントおよび混和材は，BFS がコンクリートの性能を向上させる効果にセメントおよび混和材が与える影響を考慮して選定する．

（2）　フライアッシュセメントおよびフライアッシュは，使用しない．

【解　説】　（1）について　結合材に占めるGGBSの量が多くなるにつれて，コンクリートの凍結融解抵抗性は改善され，結合材の6割にGGBSを用いれば，BFSを用いることなく，また，AE剤による空気連行を行わずに，高い耐久性指数のコンクリートを製造することが可能である．BFSとGGBSは，互いの効果を高め合う特徴がある．したがって，BFSコンクリートの結合材には，高炉セメントB種を用いることが望ましく，早強ポルトランドセメントや普通ポルトランドセメントを用いる場合は，GGBSと一緒に用いるのがよい．

BFSがセメントペーストとBFSの界面を改善し，塩化物イオン浸透に対する抵抗性を向上させるのに対し，GGBSは，セメントペーストの塩化物イオン浸透に対する抵抗性を向上させる．GGBSとBFSを用いると，水結合材比が50%程度あっても，塩化物イオンが，表面から10mmの位置より中に入らないBFSモルタルを製造できる．また，鋼材を埋設し，あらかじめひび割れを入れた供試体に対して，塩分環境下で鋼材腐食の促進試験を行った結果では，BFSとGGBSの双方が，鋼材を腐食から保護する効果があることが確認されている．GGBSを結合材の一部に用いれば，ポルトランドセメントが減り，それに伴ってアルミン酸三カルシウム量が減る．BFSが硫酸に対する抵抗性を向上させるメカニズムとは異なるが，GGBSを用いることでBFSコンクリートの硫酸に対する抵抗性は向上する．なお，GGBSを，砂や砕砂等を用いたコンクリートに使用しても，硫酸に対する抵抗性は向上するが，その効果は，BFSコンクリートに比べて大きくない．なお，GGBSがBFSコンクリートの乾燥収縮ひずみおよびクリープに与える影響は小さく，中性化に対する抵抗性は，BFSコンクリートにおいても，GGBSをセメントと置換して用いることで低下する．

プレテンション方式でプレキャストPC製品にプレストレスを導入する場合には，材齢18時間で35N/mm^{2}の圧縮強度が求められる．高耐久なプレキャストPC製品においては，蒸気養生の最高温度を抑えて製造が行われるため，強度発現性を確保するために，水結合材比を減少させたり，早強ポルトランドセメントが使用される．早強ポルトランドセメントを用いると，普通ポルトランドセメントよりも早期に高強度を得ることができるが，AE剤を用いないBFSコンクリートでは，所要の凍結融解抵抗性を得るために，早強ポルトランドセメントの方が長い湿潤養生期間が必要となる．ただし，早強ポルトランドセメントを用いる場合でも，GGBSを併用することで，湿潤養生期間を短くすることができ，早強ポルトランドセメントの2割程度をGGBSで置き換えると，1週間の湿潤養生期間で耐久性指数が100のBFSコンクリートを製造することができる．

（2）について　フライアッシュの使用量が多くなるにつれ，BFSコンクリートの凍結融解抵抗性は，低下する．たとえ91日間水中養生を行っても，AE剤を用いない場合は，JIS A 1148（A法）によって試験を行えば，150サイクルまでに破壊に至る．フライアッシュは，BFSの効果を阻害するために，この指針（案）では，フライアッシュを用いないことを原則とした．ただし，BFSコンクリートの求める性能を満足することが試験によって確認され，プレキャスト製品の製造者が品質を保証する場合は，フライアッシュの使用を認める．

5.3.3　B F S

（1）BFS コンクリートに，凍結融解抵抗性および塩化物イオン浸透に対する抵抗性を求める場合は，JSCE-C 507「モルタル小片試験体を用いた塩水中での凍結融解による高炉スラグ細骨材の品質評価試験方法（案）」による BFS の質量残存率 R_7 を確認する．

（2）BFS コンクリートに，硫酸に対する抵抗性を求める場合は，JSCE-C 508「モルタル円柱供試体を用いた硫酸浸せきによる高炉スラグ細骨材の品質評価試験方法（案）」による BFS の硫酸侵食深さ y_s を確認する．

（3）BFS コンクリートに，乾燥収縮ひずみまたはクリープの抑制を求める場合は，吸水率の小さい BFS を用いる．

【解　説】　（1）について　JIS A 5011-1には，粒度の異なるBFS5，BFS2.5，BFS1.2およびBFS5-0.3の4つのBFSが規定されている．JIS A 5308においては，BFS5-0.3は，砕砂もしくは砂，またはこれらの混合物と混合して使用することが前提になっている．各BFSの上限の粒度分布，中央の粒度分布，下限の粒度分布を粗粒率で表せば，BFS5は，上限が3.43，中央が2.69，下限が1.95となり，BFS2.5は，上限が3.18，中央が2.44，下限が1.70となり，BFS1.2は，上限が2.73，中央が2.12，下限が1.50となり，BFS5-0.3は，上限が4.30，中央が3.48，下限が2.65となる．JIS A 5308附属書A（規定）「レディーミクストコンクリート用骨材」に示される砂の粒度分布は，粗粒率で表せば，上限が3.43，中央が2.72，下限が2.00であり，BFS5，BFS2.5，BFS1.2であれば，細骨材の全量に用いても，砂の粒度分布を満足するものが得られる．

JSCE-C 507の質量残存率R_7は，粗粒率で2.25に粒度を調整した試料で試験が行われる．化学反応は，粒子が小さく比表面積の大きいものほど速く進む．JSCE-C 507で，粗粒率を2.25に粒度調整した試料によって試験を行うのは，粒度の影響を除くためである．したがって，粗粒率が2.25より大きいBFSは，質量残存率R_7を求めた試料よりも水和反応性が低く，粗粒率が2.25より小さいBFSは，質量残存率R_7を求めた試料よりも水和反応性が高くなる．一般に，質量残存率R_7が50%を超えるBFSであれば，水結合材比が40%のコンクリートであっても，AE剤を用いることなく，耐久性指数が100のBFSコンクリートを製造することができる．水結合材比が65%のコンクリートであっても，湿潤養生期間を十分に長くとれば，AE剤を用いることなく，耐久性指数が100のBFSコンクリートを製造することができる．また，塩化物イオン浸透に対する抵抗性においても，水結合材比が50%であっても，GGBSを結合材の60%に用いることで，3ヶ月以降塩化物イオンの浸透が生じないBFSモルタルを製造することができる．なお，砕砂を用いて質量残存率R_7を求めれば，10%程度以下となる．

（2）について　BFSの硫酸との反応性に与えるBFSの粒度の影響は，水和反応性に比べて大きくない．したがって，JSCE-C 508では，粒度調整を行わない試料で硫酸侵食深さy_sが求められる．なお，入手できるBFSの硫酸侵食深さy_sが大きく，所定の硫酸の侵食に対する抵抗性が得られない場合には，結合材にGGBSを併用するか，高炉セメントを用いることで，硫酸の侵食に対する抵抗性を改善できる場合もある．

普通ポルトランドセメントの割合を下げ，ポゾラン反応を生じる結合材としてフライアッシュやシリカフューム等を混合して，硫酸に対する抵抗性の高いことを特長として市販されているセメントもある．このようなセメントを用いたコンクリートにBFSを用いても，砕砂や砂を用いた場合と大きな差は表れないことに注意する必要がある．

（3）について　吸水率の小さいBFSを用いると，BFSコンクリートの乾燥収縮ひずみおよびクリープは，小さくなる．2015年から2016年における実績によれば，BFS2.5およびBFS1.2の吸水率は，いずれの製造工場のものも，1.0%を超えることは稀である．BFS5においても，吸水率が1.0%以下のものが多いが，2.7%を超えるBFSを製造している工場もある．BFS5-0.3は，吸水率が大きく，1.2%以下のものを製造している工場はない．BFSコンクリートの製造に用いるBFSが，吸水率の大きなものしか入手できない場合は，単位水量を下げるか，圧縮強度を上げる等の検討を行う必要がある．

5.3.4　普通細骨材

普通細骨材は，清浄，強硬かつ均質で，かつ，耐火性および耐久性をもち，ごみ，泥，有機不純物，その他有害なものを有害量含まず，アルカリシリカ反応性試験で無害と判定されるものを用いる．

【解　説】　BFS と混合して使用する普通細骨材は，BFS の水和反応によるコンクリートの性能改善を阻害せず，また，普通細骨材自体が BFS コンクリートの品質を低下させる原因とならないものを用いる必要がある．特に，アルカリシリカ反応性が無害でないと判定される細骨材の使用は，GGBS を用いて ASR の抑制対策を行うとしても，蒸気養生が与える影響が十分に明らかとされていないため，この指針（案）では，無害ではない細骨材は用いないこととした．また，JIS A 5011-2「コンクリート用スラグ骨材−第 2 部：フェロニッケルスラグ骨材」，JIS A 5011-3「コンクリート用スラグ骨材−第 3 部：銅スラグ骨材」，JIS A 5011-4「コンクリート用スラグ骨材–第4部：電気炉酸化スラグ骨材」およびJIS A 5021「コンクリート用再生骨材H」を混合して用いるBFSコンクリートに関する知見は少なく，これらの細骨材を用いる場合は，製造者が十分な検討を行うとともに，BFS以外のスラグ骨材や再生骨材を使用していることを配合計画書に明記しなければならない．

西日本で製造されるBFSは，塩分除去のために水洗いし，微粒分の除去された海砂と混合することを前提に，BFS1.2やBFS2.5のような細目のものが造られてきた．一方，東日本では，細目の山砂と混合することを目的に粗目のBFSが製造されてきた．特に，BFS5-0.3のように，普通細骨材と混合することを前提に製造されているBFSもある．BFSを細骨材の全量に用いれば，BFSコンクリートの硬化後の性能は高くなるが，高い充填性を得るためには，BFSの粒度分布が適切であることが重要である．BFSコンクリートの凍結融解抵抗性や塩化物イオン浸透に対する抵抗性等は，AE剤やGGBSの使用で補えることもある．所要の充填性を得られるBFSを入手できない場合には，普通細骨材を混合することも有効な手段である．

5.3.5 粗骨材

粗骨材は，清浄，強硬かつ均質で，かつ，耐火性および耐久性をもち，ごみ，泥，有機不純物，その他BFSコンクリートに有害なものを有害量含まず，アルカリシリカ反応性試験において無害と判定されるものを用いる．

【解　説】 プレキャスト製品に用いるBFSコンクリートは高強度なため，使用する粗骨材によっては，圧縮の荷重によって粗骨材が先行して破壊する場合がある．PCプレキャスト床版のように，接合部とプレキャスト製品の一体性が確保されなければならない製品では，使用状態でも破壊時においても，プレキャスト部と接合部の連続性が求められる．すなわち，接合部にのみひび割れが集中したり，プレキャスト部と接合部でコンクリートの破壊形態が異なってはならない．BFSコンクリートに用いる粗骨材の品質に基づいて，接合部に用いる現場打ちコンクリートの選定を行うのに際し，BFSコンクリートの圧縮による破壊が，粗骨材が先行して破壊するものか，モルタル部が先行するものなのかを事前に把握しておく必要がある．コンクリートが，粗骨材が先行して破壊に至っているかどうかは，結合材水比と圧縮強度の関係を調べ，その関係式が折れ曲がる圧縮強度の大きさで確認をすることができる．なお，粗骨材の強硬さを調べる試験には，BS 812-110「Methods for determination of aggregate crushing value (ACV)」等がある．

BFSコンクリートに使用する粗骨材は，BFSコンクリートの性能低下の原因にならないものを用いる必要がある．BFSを用いると，粗骨材界面に集積する水酸化カルシウムを消費して，脆弱な粗骨材界面が消失する．これによって，凍結融解抵抗性や塩化物イオン浸透の抵抗性が向上するが，粗骨材に付着する微粒分が多いと，BFSが水和反応しても粗骨材界面の組織が改善されずに脆弱部がコンクリート中に残存し，BFSの効果を阻害することがある．2009年のJIS A 5005の改正で，砕石の微粒分量の最大値が1.0%から3.0%に変更された．また，砕石の粒形判定実積率が58%以上であれば，微粒分量の最大値を5.0%とすることも可能となっている．このため，現在では，比較的微粒分量が多い砕石が多く流通している．粗骨材は，微粒分量の少ないものを指定するか，製造工程において粗骨材の微粒分を除去することが，BFSコンクリートの品質を確保するために重要である．

高い凍結融解抵抗性をもつBFSコンクリートを製造する場合には，粗骨材自身の凍結融解抵抗性を確認する必要がある．JIS A 5308「レディーミクストコンクリート」では，骨材自身の凍結融解抵抗性を，JIS A 1122

「硫酸ナトリウムによる骨材の安定性試験方法」によって求めた損失質量分率に基づく安定性から判定基準を設けている．粗骨材の安定性は，AE剤を用いた普通コンクリートには，適用性が高いが，AE剤を用いずにBFSコンクリートに高い凍結融解抵抗性を求める場合には，粗骨材の安定性が高くても，所要の凍結融解抵抗性を得られない場合がある．そのような場合は，10mm程度の骨材塊を用いて，JSCE-C 507「モルタル小片試験体を用いた塩水中での凍結融解試験による高炉スラグ細骨材の品質評価方法（案）」に準じて試験を行い，質量損失量が多ければ，粗骨材を変更することを検討した方がよい．

5.3.6　化学混和剤

（1）　充填性および凍結融解抵抗性を求める場合は，空気連行性を有する混和剤を用いる．

（2）　過度のエントラップトエアが巻き込まれる場合は，消泡剤の使用を検討する．

（3）　湿潤養生期間を長く取れない場合および鋼材の付着強度を求める場合は，増粘作用を有する混和剤を用いる．

【解　説】　（1）および（2）について　コンクリートの充填性は，スランプ，材料分離抵抗性および空気量によって影響を受ける．BFS コンクリートでは，AE 剤を用いないでも凍結融解抵抗性の高いコンクリートを製造することが可能である．しかし，AE 剤を用いれば，ワーカビリティーの改善を期待できる．また，AE 剤を用いない場合は，JIS A 1148（A 法）で，600 サイクルの凍結融解で破壊に至った BFS コンクリートも，AE 剤を併用すること，1 500 サイクルの凍結融解でも破壊に至らなかったとする研究報告もある．AE 剤を用いて適切にエントレインドエアを連行することは，確実に凍結融解抵抗性が得られることからも望ましい．一般に，0.6～1.2mm の粒径が多い砂を用いるとエントラップトエアが多くなる．BFS においても，コンクリートのエントラップトエアの量と，0.6～1.2mm の粒径の粒子の割合には相関が認められている．BFS2.5 と BFS1.2 は，0.6～1.2mm の粒径の粒子の割合が多くなるものが多く，粗粒率だけでなく，粒度分布の管理が重要となる．粒度分布の管理では，エントラップトエアを抑えることができない場合は，消泡剤の併用を検討する必要がある．消泡剤と AE 剤を併用する場合は，AE 剤の効果を阻害しない，消泡剤の投入順序や練混ぜ時間を検討する必要がある．消泡剤が，AE 剤の効果を阻害していないことは，BFS コンクリートの充填性と凍結融解抵抗性で確認をする．

（3）について　増粘剤や増粘剤一液型高性能（AE）減水剤を用いると，比較的短い湿潤養生期間で，凍結融解作用抵抗性を得ることができる．また，単位水量が 200kg/m^3 もあり，ブリーディングの多い BFS コンクリートであっても，AE 剤を用いることなく高い凍結融解抵抗性が得られる．ただし，ブリーディングが多い BFS コンクリートに増粘剤を用いると，ブリーディング水がセメント等と未反応の状態でセメントペーストに閉じ込められて硬化するために，スケーリング量が大きくなる．スケーリングを抑え，かつ，短い湿潤養生期間で高い耐久性指数をもった BFS コンクリートを製造するためには，増粘剤を用いなくても，ブリーディングの小さい配合となっていなければならない．

増粘剤および増粘剤一液型高性能（AE）減水剤の使用は，鋼材の下面に集積するブリーディングを抑制する効果があり，鋼材の付着強度を増加させる．JSCE-G 503「引抜き試験による鉄筋とコンクリートとの付着強度試験方法」に準じて行った試験で，すべり量が 0.002D における付着応力度を調べると，増粘剤を用いた BFS コンクリートおよび増粘剤を用いていない普通コンクリートの鉄筋との付着強度は，それぞれ，9.6N/mm^2 および 6.5N/mm^2 であったとする報告がある．また，増粘剤や増粘剤一液型高性能（AE）減水剤の使用は，

BFSコンクリートの材料分離抵抗性を向上させるため，充填性の向上にも効果がある．

AE剤や高性能（AE）減水剤は，夏期にその効果が下がり，添加量を増やす必要があるが，増粘剤は，冬期に効果が下がり，添加量を増やす必要がある．

5.4 配合条件の設定

5.4.1 スランプまたはスランプフロー

（1） コンクリートのスランプまたはスランプフローは，それぞれ，JIS A 1101「コンクリートのスランプ試験方法」またはJIS A 1150「コンクリートのスランプフロー試験方法」により試験する．

（2） コンクリートのスランプまたはスランプフローは，製造する製品の形状，寸法，成型方法，打込み方法，締固め方法に応じて，型枠内ならびに鉄筋および鋼材の周囲に密実に打ち込むことができ，かつ，材料分離が生じないように定める．

【解　説】 （1）および（2）について　プレキャスト製品は，一般に断面が薄く，かぶりも小さい．また，型枠内には鉄筋，溶接金網，鋼材，接合用金物，吊上げ用金物，先付部分，配管，配線，木れんが，インサート等が配置されている場合があり，フレッシュコンクリートは，製品製造時の成型方法に係わらず，これらの挿入物の位置を乱すことのない高い充填性が求められる．

コンクリートの充填性は，スランプが大きければ高いということはなく，スランプまたはスランプフローの他に，材料分離抵抗性および空気量等によって影響を受ける．現場打ちコンクリートにおいては，材料分離抵抗性は，単位粉体量で判断されるのが一般である．しかし，プレキャスト製品に用いられるコンクリートは，水結合材比が小さく単位粉体量の多い配合となることが多い．このようなコンクリートにおいては，直接，コンクリートで材料分離抵抗性を確認するのがよい．材料分離抵抗性を確認する試験として，スランプ試験後に衝撃を加えて流動時の一体性を確認する，たたき試験が現場の実務者の間で行われてきた．しかし，定量的に材料分離抵抗性が確認できる試験方法は少なく，規格化されたものはない．したがって，客観的な指標で材料分離抵抗性を示すことはできないが，充填性だけでなく，締固めや，硬化後の物質の透過に対する抵抗性にも影響する製造工程上極めて重要な材料分離抵抗性は，**付録Ⅳ**に示される試験方法を参考にして判断するのがよい．なお，その場合は，試験の担当者を決めておき，試験者の違いによるばらつきを小さくすることが必要である．

コンクリートのスランプまたはスランプフローは，目標とする性能をもったBFSコンクリートを製造するための仕様の一つであり，配合計画書に記載されなければならない．プレキャスト製品の購入者は，スランプまたはスランプフローの大きさで，適切な製造がされていることを確認する必要がある．スランプやスランプフローは練混ぜ直後に測定が可能なコンクリートの品質である．この大きさが設定されたものと異なるのは，製造工程上，何らかの変更が生じている兆候であり，速やかに原因を追及しなければならない．また，スランプやスランプフローが不適合なBFSコンクリートは，あらかじめ社内規格に定められた方法によって処置されなければならない．したがって，BFSコンクリートの製造者は，毎バッチ，所要のスランプまたはスランプフローとなっていることを目視や練混ぜ時のミキサの駆動電力とスランプまたはスランプフローの関係（スランプモニタ）等で確認するとともに，工程検査として，一日に数回，JIS A 1101またはJIS A 1150に従ってスランプ試験またはスランプフロー試験を実施しなければならない．工程検査で得られたスランプまたはスランプフローは，シューハート管理図等の統計的な手法によって管理し，標準配合から修正標準配合への切替えの時期を決定することも必要である.

5.4.2 空 気 量

（1） コンクリートの空気量は，JIS A 1128「フレッシュコンクリートの空気量の圧力による試験方法－空気室圧力方法」により試験する.

（2） AE 剤を用いてコンクリートのワーカビリティーを確保する場合には，圧縮強度等の性能を満足する範囲で空気量を定める.

（3） BFS コンクリートの硬化後の外観に影響を与える過度のエントラップトエアは，消泡剤等を用いて消す.

【解　説】 （1），（2）および（3）について　BFSコンクリートをAEコンクリートとすることで，BFSコンクリートの充填性が改善するとともに，凍結融解抵抗性が向上し，その効果も得られやすくなる．そのため，BFSコンクリートの品質を向上させる観点から，BFSコンクリートには，AE剤を用いるのが望ましい.

0.6～1.2mmの粒径が多いBFSを用いると，エントラップトエアの量が増える傾向にある．エントラップトエアがBFSコンクリートの劣化に対する抵抗性や物質の透過に対する抵抗性を阻害することはない．しかし，棒状バイブレータを使用せずに，型枠バイブレータによって締固めを行う場合は，エントラップトエアがプレキャスト製品の表面に集まってきて表面気泡を形成し，製品の美観を損なう原因となる．無視できないエントラップトエアが発生する場合は，BFSコンクリートのエントラップトエアを，消泡剤を用いて消すか，締固め方法を検討する必要がある.

BFSコンクリートのエントラップトエアを，消泡剤を用いて消す場合には，その投入順序や練混ぜ時間を検討し，特にAE剤を併用する場合には，AE剤の効果が阻害されないことを確認しなければならない．BFSコンクリートの空気量は，スランプまたはスランプフローの工程検査時に一緒に，試験によって確認する．コンクリートの空気量は，目標とする性能を有するBFSコンクリートを製造するための仕様の一つであり，配合計画書に記載されなければならない．プレキャスト製品の購入者は，空気量の数値によって，プレキャスト製品に求める性能が得られることを確認する.

練混ぜ直後の空気量を確認することで，製造工程上の異常，特にBFSの品質の変動を早期に発見することが可能である．空気量が不適合なBFSコンクリートは，あらかじめ社内規格に定められた方法によって処置されなければならない．空気量試験は，工程検査として，一日に数回，スランプ試験またはスランプフロー試験と同時に実施するのがよい．工程検査で得られた空気量は，シューハート管理図等の統計的な手法によって管理すれば，系統的な変動が生じていないことを確認することができる.

5.4.3 強度発現性

所定の材齢において，プレキャスト製品の製造工程上必要とされる圧縮強度が得られる配合を定める.

【解　説】 プレキャスト PC 製品では，プレストレスの導入材齢における強度発現性が求められる．また，プレキャスト RC 製品では，場内運搬等に耐えられることの観点から，若材齢時における強度発現性が求められる．プレキャスト製品の脱型時に必要とされる強度は，製品の大きさや運搬の方法によっても異なるが，一般に，圧縮強度で15N/mm^{2}以上とされることが多い．また，プレストレスを導入する製品では，材齢18時間で35N/mm^{2}以上の圧縮強度が必要とされている．これらの圧縮強度は，プレキャスト製品に用いられる一般的な水結合材比である35%程度のBFSコンクリートであれば，過度な蒸気養生を行わなくても，結合材の選定または水結合材比の設定で十分に得ることができる．製造方法，特に養生方法が，BFSコンクリートの劣化に対する抵抗性および物質の透過に対する抵抗性に与える影響を小さくできるよう，1年を通じて過度な蒸気養生を行うことなく，所要の強度発現性が得られる配合および使用材料を選定する．

工業製品は，工場出荷時に保証する品質が満足され，工場出荷後から荷卸しまでは，一切，何も手を加えないことが原則である．例外として，JIS A 5308のレディーミクストコンクリートのように，適切な品質管理が行えていることで材齢28日における圧縮強度は保証されているとして，出荷されるものもある．プレキャスト製品も，製造計画によっては，品質を保証する材齢よりも，早く出荷をしないといけない場合もある．そのような場合を想定して，社内規格にはプレキャスト製品を出荷できる材齢を定め，その出荷時の材齢における圧縮強度と品質を保証する材齢における圧縮強度の相関関係を求めておかなければならない．プレキャスト製品の出荷時には，この相関関係より出荷時材齢に求められる圧縮強度を求め，それを判定基準として試験によって保証する材齢において品質が保証できることを確認しなければならない．ただし，プレキャスト製品を出荷してよい材齢は，湿潤養生等の所定の養生が終了する材齢よりも早くしてはいけない．また，品質を保証する材齢よりも早期に出荷することへの合意を購入者から得て，受渡検査の検査項目を協議しておかなければならない．

5.4.4　水結合材比

水結合材比は，要求する劣化に対する抵抗性や物質の透過に対する抵抗性を満足するように選定する．

【解　説】　普通コンクリートでは，水結合材比を小さくすることが，全ての劣化に対する抵抗性を向上させることにはならない．例えば，硫酸侵食に対する抵抗性は，水結合材比が小さいほど低下する．これに対して，BFSコンクリートでは，硫酸侵食に対する抵抗性を含めた劣化に対する抵抗性および物質の透過に対する抵抗性は，水結合材比を小さくすることで向上する．BFSコンクリートにおいても，水結合材比を小さくすれば，自己収縮が大きくなることが懸念されるが，一般に部材断面が比較的薄いプレキャスト製品では，脱型後に自己収縮ひずみが生じることは稀で，水結合材比が25%のBFSコンクリートで製造されたボックスカルバートでも，ひび割れが問題となるような事例は報告されていない．

コンクリートへの塩化物イオンの浸透は，セメントペースト相，骨材およびセメントペーストと骨材の界面の緻密さに依存する．通常のコンクリートで，水セメント比を小さくすると塩化物イオンの浸透性が顕著に小さくなるのは，セメントペースト相の塩化物イオン浸透に対する抵抗性が高くなるためである．しかし，セメントペースト相の塩化物イオン浸透に対する抵抗性を高めても，また，塩化物イオンの浸透に対して高い抵抗性をもつ骨材を用いたとしても，セメントペーストと骨材の界面が粗な組織であれば，その界面を通して塩分は浸透する．これに対して，BFSコンクリートでは，BFSが水和反応を生じることで，高い水結合材比においても，骨材とセメントペーストの界面が緻密化されることにより，物質の透過に対する抵抗性が向上する．特に，反応性の高いBFS，すなわち，JSCE-C 507「モルタル小片試験体を用いた塩水中での凍結融解試験による高炉スラグ細骨材の品質評価方法（案）」の試験結果の質量残存率R_7が大きいBFSを細骨材の全量に用い，水セメント比を65%および35%としたBFSコンクリートでは，水セメント比の違いによる塩化物イオンの見掛けの拡散係数に対する影響は顕著とはならず，水セメント比が65%のBFSコンクリートの塩化物イオンの見掛けの拡散係数は，水セメント比が35%の普通コンクリートよりも小さいことも示されている．また，質量残存率R_7の大きいBFSを用いたBFSコンクリートの塩化物イオン浸透に対する抵抗性に対しては，水結合材比よりも結合材の種類の影響が顕著である．水結合材比が50%で，GGBSを結合材の60%用い，細骨材の全量にBFSを用いたモルタルでは，塩水に3年間浸せきさせた場合でも，浸せき100日後から塩化物イオンの分布に変化が見られないほど高い浸透抵抗性が確認された研究結果も報告されている．一方，粗粒率が大きく（粒径が大きく）水和反応性が低い，すなわち，質量残存率R_7が小さいBFSを用いる場合には，普通コンクリートと同様に，水結合材比を小さくすることで，塩化物イオン浸透に対する抵抗性が高くなる．なお，このような質量残存率が小さいBFSを用いる場合でも，同じ水結合材比の普通コンクリートに比べて，塩化物イオン浸透に対する抵抗性は大きい．

中性化に対する抵抗性は，普通コンクリートと同様に，水結合材比が小さいほど高くなる．また，同じ水結合材比であれば，BFSコンクリートの方が普通コンクリートよりも中性化の進行は抑制される傾向がある．

AE剤を用い，エントレインドエアが適切に連行されれば，普通コンクリートと同様に，BFSコンクリートも高い凍結融解作用に対する抵抗性が得られる．AE剤を用いない普通コンクリートでは，セメントペーストと骨材の界面に形成された水酸化カルシウムの集積による脆弱部が起点となり，凍結時に骨材周辺から微細ひび割れが生じる．これに対して，BFSコンクリートでは，質量残存率R_7が大きいBFSであれば，十分な湿潤養生を行うことで，BFSの水和反応によってセメントペーストとBFSの界面は緻密で強固なものとなり，粗骨材とセメントペーストの界面もBFSの水和反応によって水酸化カルシウムが消費されることで付着力が向上する．BFSとセメントペーストの界面が緻密になり，粗骨材とセメントペーストの付着力が高まることで，氷圧による微細ひび割れの進展が抑制され，凍結融解抵抗性が向上する．質量残存率R_7が高い場合には，水結合材比が50%以下であれば，十分な凍結融解抵抗性を得ることができる．質量残存率R_7が小さいBFSを細骨材に用いる場合には，骨材とセメントペーストの付着力の向上は小さいため，水結合材比を小さくし，セメントペースト相の強度を大きくすることが凍結融解抵抗性を向上させるには有効である．

BFSコンクリートの乾燥収縮およびクリープは，水結合材比と単位水量およびBFSの吸水率の影響を受ける．水結合材比が小さく単位水量が少なく，吸水率の低いBFSを用いたものほどBFSコンクリートの乾燥収縮およびクリープは小さくなる．また，水結合材比が大きい場合には，BFSコンクリートの乾燥収縮およびクリープは，単位水量とBFSの吸水率の影響を顕著に受けるが，水結合材比が小さい場合は，これらの影響は顕著とはならない．

圧縮強度は，セメントペーストの強度と骨材強度の影響を受ける．水結合材比が小さい場合は，粗骨材によっては，モルタル相よりも粗骨材が先に破壊するため，水結合材比を小さくしても，期待するほどの強度が得られなくなる．これは，ヤング係数についても同様である．しかし，引張強度および曲げ強度に関しては，水結合材比が25%程度の範囲まで，線形関係になることが確認されている．

5.4.5　化学混和剤の量

化学混和剤の量は，求めるフレッシュコンクリートおよび硬化後のBFSコンクリートの性能が得られるように，季節ごとに定める．

【解　説】　化学混和剤の種類により，練混ぜ時の外気温によって受ける影響が異なり，このことで所定の効果を得るための使用量が異なる．高性能（AE）減水剤は，気温が高くなるとその効果が得られにくくなり，増粘剤は，気温が低くなるとその効果が得られにくくなる．したがって，高性能（AE）減水剤は，夏期に同等のスランプを得るための使用量は多くなり，増粘剤は，冬期に同等の効果を得るための使用量が多くなる．

高性能（AE）減水剤を使用する目的は，スランプの増大であるが，過剰に添加した場合には，スランプが同じであっても，練混ぜからの時間が経過した後にブリーディングが生じることがある．所要のスランプを得るために必要な高性能（AE）減水剤の使用量は，夏期に比べて冬期には少ないが，必要以上の高性能（AE）減水剤を添加した場合，練混ぜ後，しばらく経ってからブリーディングが生じる傾向は，冬期では夏期よりも高くなる．

増粘剤を使用する目的は，AE剤を用いない場合に短い湿潤養生期間で凍結融解作用に対する抵抗性を得るためや，鉄筋とコンクリートの付着を向上させるためである．また，増粘剤を添加することで，高性能（AE）減水剤を添加しても分離が生じにくくなり，良好なワーカビリティーが得られやすくなる．しかし，増粘剤を過剰に添加した場合は，エントラップトエアを巻き込みやすくなり，蒸気養生後の湿潤養生が十分でない場合には，増粘剤を過剰に使用しない時にはスケーリングが全く生じないコンクリートであっても，スケーリングが顕著となることがある．増粘剤は用途によって種々のものが販売されているが，水中不分離性コンクリート用の増粘剤であれば，水中不分離性を付与するための標準使用量の10分の1以下の使用量で十分な効果が得られる．したがって，増粘剤の使用量は，目的に応じて試し練りによって確認する．

5.4.6　BFS混合率および細骨材率

（1）　BFS混合率は，所要の充塡性が得られる範囲で高くする．

（2）　細骨材率は，所要のワーカビリティーが得られるように定める．

【解　説】　（1）および（2）について　BFS混合率は，BFSコンクリートの劣化に対する抵抗性や物質の透過に対する抵抗性の観点から，所要の充塡性が得られる範囲で高くする．BFSコンクリートの充塡性は，BFSの磨砕処理の程度の影響を受ける．BFS混合率および細骨材率の選定にあたっては，目視や，モルタルを用いたフロー試験等でBFSの磨砕処理の程度を確認するのがよい．細骨材率は，所要のワーカビリティーが得られるように試し練りによって選定する．プレキャスト製品に用いるBFSコンクリートは，単位粉体量が比較的多いため，40%から45%程度の細骨材率となることが多い．

5.4.7　単位水量

単位水量は，所要の充塡性が得られる範囲において可能な限り小さくする．

【解　説】　物質の透過に対する抵抗性やひび割れに対する抵抗性の観点から，BFSコンクリートの単位水量は，所要の充塡性が得られる範囲において可能な限り小さくする．水結合材比が35%程度のBFSコンクリートであれば，155kg/m^{3}から160kg/m^{3}の単位水量で，十分な充塡性を得ることができる．ただし，このような単位水量では，ブリーディング水が打込み面に浮き上がらないため，仕上げ作業をしやすくするために，界面活性剤を主成分とする仕上げ補助剤が用いられることがある．仕上げ補助剤は，使用方法を誤ると，レイタンスの層ができ，蒸気養生後に剥がれることがあるので注意が必要である．打込み面の表面を強化するには，再振動を与えながらコテで抑えるのが基本である．打込みや締固めの設備の整ったプレキャスト製品の製造工場では，ブリーディング水が打込み面に浮き上がるような高い単位水量にする必要はない．

プレキャスト製品に用いるBFSコンクリートでは，単位水量が低いため，相対的に骨材量が多い配合となる．したがって，品質の安定したBFSコンクリートを製造するためには，骨材の表面水率の変動を抑えるとともに，適切な管理によって配合の補正が行われることが重要である．特に，BFSは，表面がガラス質で保水性が小さいために，表面水率が多い場合には，採取する位置によって表面水率が大きく異なることがあるために，BFSの表面水率が安定する貯蔵が必要である．

5.5　配合の補正，修正，変更

（１）　骨材の表面水率に応じて配合の補正を行う．

（２）　BFSコンクリートの品質が許容される範囲から外れるおそれのある場合は，配合の修正を行う．

（３）　配合を修正する期間が長期に及ぶ場合または改善されることが見込まれない場合は，配合を変更する．

（４）　使用材料や製造方法を変更する場合，または，それらの変更がない場合でも1年に1度は配合の見直しを行う．

【解　説】　（１）について　普通細骨材およびBFSの表面水率は，始業前および午前と午後に各1回以上測定し，配合補正を行う．BFSは表面がガラス質なため，水切りが十分でない場合に，上部に貯蔵したBFSに付着している水が下方に移動して，上部と下部の表面水率が異なりやすい傾向にある．製造の途中で表面水率が大きく変化すると，安定した品質のBFSコンクリートが製造できなくなる．このため，BFSの表面水率の変動を抑制する処置を行う必要がある．BFSの受入れに際しては，表面水率の上限を定めて，納入業者に対して水切りを十分に行わせるか，1日おいてから使用する等の処置をとるのが望ましい．細骨材の表面水率を安定させる方法には，サイロの区画のローテーションを行い，2～3回水切りを行う方法，貯蔵量を多くして表面水率を安定させる方法，測定頻度を高めることによって誤差を小さくする方法等がある．

（２）について　普通細骨材およびBFSの粒度の変化は，BFSコンクリートの充填性に与える影響が大きく，圧縮強度にも影響を与える場合がある．したがって，普通細骨材およびBFSの粗粒率は，目標値と管理幅をあらかじめ定めておき，その管理限界値を超えた場合の処置の方法を決めておかなければならない．管理幅は一般に±0.20が多く採用されている．この管理限界値を外れた場合の処置は，次のような方法がある．なお，細骨材およびBFSのふるい分け試験は，1週間に1回以上行う必要がある．

1)　BFS混合率が100%の場合：細骨材率を修正する．

2)　普通細骨材とBFSを使用している場合：BFS混合率を修正する．

粗骨材の粒度がBFSコンクリートのワーカビリティーに及ぼす影響は，普通細骨材およびBFSの粒度の変化と同様に小さくない．粗骨材においては，実積率を用いて目標値と管理幅をあらかじめ定めておき，その管理限界値を超えた場合の処置の方法を決めておかなければならない．なお，管理幅は一般に，実積率の目標値が60%以上の場合は，管理幅を±2%とし，実積率の目標値が60%未満で58%以上の場合は，管理幅の上限を+2%，下限を-1%とし，実積率の目標値が58%未満の場合は管理幅を±1%とするのが多い．実積率が管理限界値を外れた場合には，細骨材率または高性能（AE）減水剤の使用量を修正する必要がある．粗骨材の実積率は，1 週 1 回以上は測定する必要がある．なお，粗骨材の実積率は，粗骨材の粒形がよい場合だけでなく，過小粒が多い場合にも大きくなる．したがって，貯蔵に際しては，粗骨材が分離しないようにするための配慮が必要である．

使用材料の密度および粗骨材の粗粒率に関しても，あらかじめ目標値と管理幅を定め，その管理限界値を超えた場合には配合の修正が必要である．スランプまたはスランプフロー，空気量，圧縮強度においては，許容される範囲から外れるおそれのある場合を早期に発見することに努めるとともに，許容される範囲から外れた場合の原因究明を行う手順と配合の修正方法を定めておかなければならない．また，夏期修正標準配合および冬期修正標準配合を用意しておき，季節に対応した標準配合によって，所要の性能を有する BFS コンクリートを 1 年を通じて製造できるようにしなければならない．

（3）について　使用材料の密度，普通細骨材および BFS の粗粒率，粗骨材の実積率および粗粒率が長期にわたり目標値から外れる場合，スランプまたはスランプフロー，空気量，圧縮強度を許容する範囲に収めるために，修正配合を長期にわたって用いる場合には，配合を変更し，配合計画書に記載する目標値，保証値および標準偏差を求め直さなければならない．

（4）について　使用材料や製造方法を変更する場合は，配合を変更し，配合計画書に記載する目標値，保証値および標準偏差を求め直さなければならない．また，少なくとも 1 年に 1 度は，1 年間用いた配合を見直し，配合の変更が必要な場合は，配合計画書に記載する目標値，保証値および標準偏差を求め直さなければならない．

6章　製　　造

6.1　一　　般

（1）　製造者は，所要の品質を有するプレキャスト製品を安定して製造できる工場設備を整える.

（2）　製造者は，品質管理の責任技術者を置き，品質管理体制を定め，これを社内規格に標準化する.

（3）　製造者は，プレキャスト製品の製造方法の標準を社内規格に示す.

（4）　製造者は，施工者が作成する施工計画書に記載するプレキャスト製品の製造計画書および運搬計画書を，施工者とともに作成し，発注者の承認を得る.

（5）　製造者は，製造計画書と社内規格に従って，製造要領書を作成する.

（6）　プレキャスト製品の製造は，製造要領書に従って行う.

【解　説】　（1）について　プレキャスト製品の製造には，主に，原材料・部品類貯蔵設備，コンクリート製造・運搬設備，鋼材加工設備，プレキャスト製品成形設備，養生設備，運搬・保管設備，試験・検査設備，工場付帯設備が必要となる．コンクリートを製造する製造ラインは，ミキシングプラントへの原材料の供給設備，貯蔵ビン，計量設備，ミキサ，コンクリート運搬設備により構成される．計量設備には，自動で計量結果を印字記録することができる装置等が含まれる．工場付帯設備には，排水処理設備，スラッジ水の回収設備，スラッジの脱水設備等，環境に配慮するための設備や管理事務所，衛生設備，電気設備が含まれる．**解説 図6.1.1**に標準的なプレキャスト製品の製造工場の製造工程と製造設備を示す．所定の品質のBFSコンクリートを製造するためには，各設備が，それぞれに要求される能力を発揮することが必要であり，日々の点検，整備によって適切な状態に維持管理することが重要である.

セメントおよび混和材は，品種別および銘柄別に区分し，品質の劣化が防止できるよう，気密性が高く，防湿構造となったサイロに外気との接触を避けて貯蔵する．サイロの受入れ口には，品質表示板を設置し，誤納防止に努める．骨材は，日常管理ができる量を，種類別および区分別に識別表示をして貯蔵する．粗骨材は，大小粒が分離しないよう，中間サイズで2分割する等の工夫をする．骨材が貯蔵される設備には，骨材の表面水率が安定するよう，上屋を設置する．また，雨の日にも操業ができるよう，貯蔵設備からミキシングプラントの貯蔵ビンまで骨材を運搬するベルトコンベアにも，カバーを設置する．骨材の貯蔵設備から貯蔵ビンに，誤った受入れ（供給）をしないシステムを確立し，そのことを社内規格として文書化する．BFSコンクリートの品質を安定して製造するために，BFSの表面水率を連続して測定する装置を設置している場合は，あらかじめ定めた間隔でその精度を確認し，製造工程に反映させる.

計量設備は，材料ごとに，計量する量に適切な精度等級のはかりを用いる．また，はかりの精度が，計量法に規定される使用公差以内となるよう，定期的に校正を行う．校正に電気式校正器を用いる場合には，計量法によって指定された期間において検査を受けたものを用いる．計量設備には，1バッチに練り混ぜるコンクリートの量が自動演算できる容量変換装置を設置する．また，BFSおよび骨材の表面水率を補正する装置は，表面水率を設定したときに，水とBFSおよび骨材の計量値と指示値との差が，許容される差にあることをあらかじめ定めた間隔で検査する．化学混和剤計量装置には，過剰添加防止装置を設置する．計量設備には，計量印字記録装置を設置し，配合表どおりのBFSコンクリートが製造されていることを記録する．計量印字記録装置により記録された値と，操作盤に表示される読取り値とが整合していることを定期的に確認する．

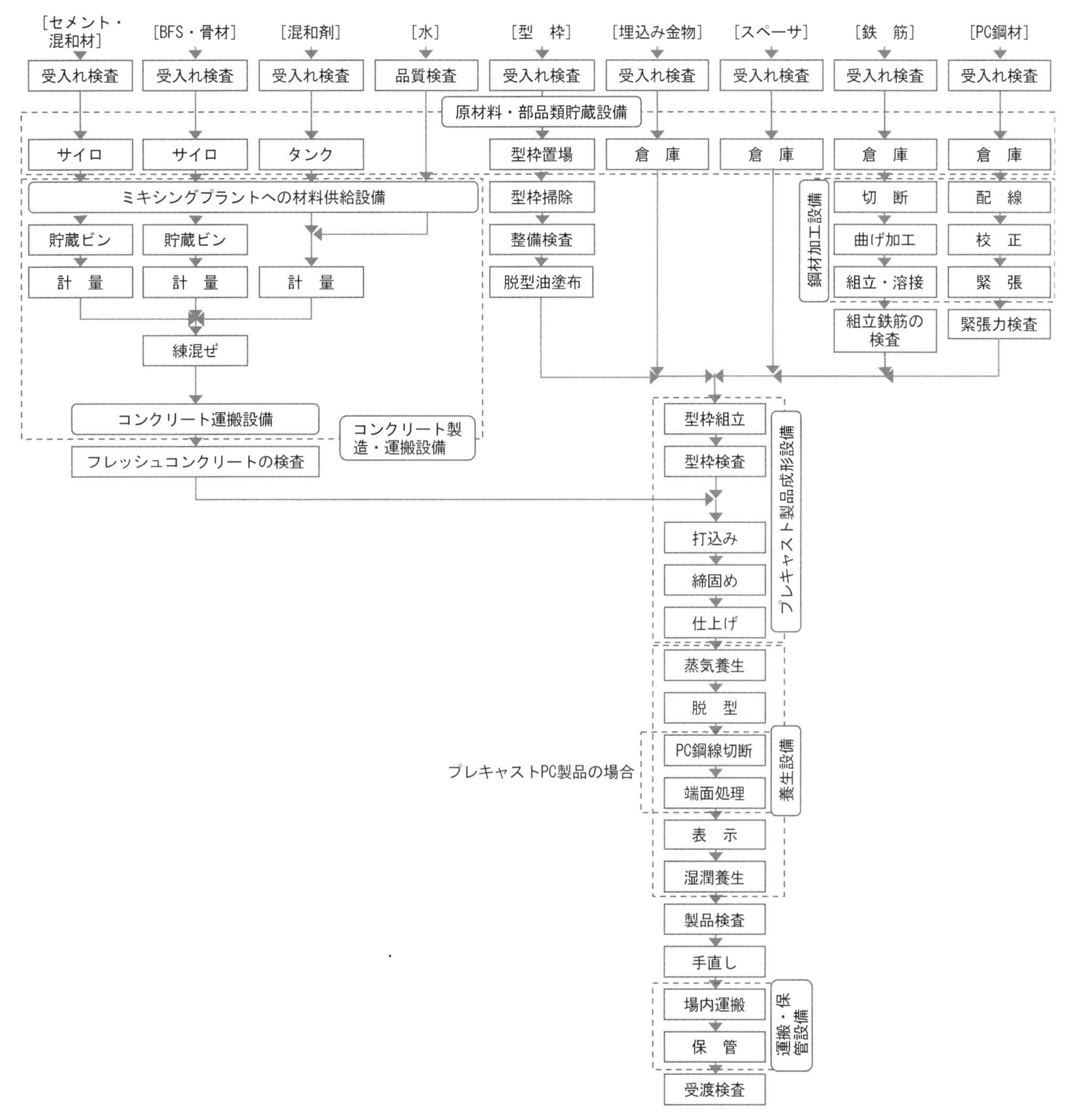

解説 図6.1.1　プレキャスト製品の製造工程と製造に必要な設備

ミキサは固定ミキサとし，JIS A 8603「コンクリートミキサ」に適合するものでなければならない．なお，ミキサの公称容量は，JIS A 5308に規定される「普通　24　8　20　N」を1回に練り混ぜることができる量であり，水セメント比が低く，単位水量の少ないBFSコンクリートは粘性が高くなるため，1度に練り混ぜることができる量は公称容量よりも少なくなる．使用するミキサで練り混ぜることができる量を確認し，それ以上の量ではBFSコンクリートを製造してはならない．また，安定した品質のBFSコンクリートを製造するために，スランプとミキサ駆動電流（電力）との関係を把握しておくのがよい．ミキサの点検は，日常点検および定期点検に分けて，それぞれ，点検の項目，頻度，点検方法，点検基準を定める．異なる配合のコンクリートを連続して製造する場合は，1つ前に製造したコンクリートが運搬設備から完全に排出されなければならない．コンクリートの排出手順は，手順書等にまとめ，遵守されていることを品質管理責任者が確認する．

蒸気養生および湿潤養生を行う設備には，温度を記録できる装置が設置されていなければならない．常圧の蒸気養生を行う場合には，打込み後から蒸気をかけ始めるまでの養生（前養生）も含めて，昇温速度，最高温度とその保持時間，その後の降温時間等の条件を定める必要がある．蒸気養生設備は，設定した条件どおりの温度履歴をコンクリートに与えることができるように，槽内において温度にばらつきが生じない構造でなければならない．また，蒸気養生後に行う湿潤養生，特に水中養生では，コンクリートからカルシウム成分が溶け出さないよう，プレキャスト製品が常に水で洗い流される状態にしてはならない．

プレキャストPC製品の緊張作業には，正確にプレストレスを与えることができる形式および容量のジャッキを使用する．ジャッキは，用いる前と使用中も定期的に校正を実施する．なお，ジャッキに衝撃を与えたと思われる時には臨時に校正を実施する．これらの校正の結果は，記録にして残す必要がある．

プレキャスト製品の製造工場は，製造工程の各段階において実施する検査（試験）を行える設備を有していなければならない．検査設備には，管理基準を設け，その基準に基づいて管理する．特に，校正を必要とする検査設備は，校正手順を文書化するとともに，校正によって行われた設定が無効にならない保護手段を講じる．

（2）について　品質管理は，具体的，体系的に行うとともに，業務を管理，実行，検証する全ての人々の責任，権限を明確にし，文書化しなければならない．また，プレキャスト製品の製造工場には，標準化および品質管理の知見を有する責任技術者を配置しなければならない．なお，JIS Q 1001附属書B（規定）「品質管理体制の審査の基準」に準拠すると，品質管理の責任技術者には以下の職務を行う能力が求められる．

1)　社内標準化および品質管理に関する計画の立案及び推進
2)　社内規格の制定，改廃および管理についての統括
3)　登録認証機関の認証に係るプレキャスト製品の品質水準の評価
4)　各工程における社内標準化および品質管理の実施に関する指導及び助言ならびに部門間の調整
5)　工程に生じた異常，苦情等に関する処置およびその対策に関する指導および助言
6)　就業者に対する社内標準化および品質管理に関する教育訓練の推進
7)　外注管理に関する指導および助言
8)　登録認証機関の認証に係るプレキャスト製品の日本工業規格への適合性の承認
9)　登録認証機関の認証に係るプレキャスト製品の出荷の承認

（3）について　プレキャスト製品を設計図書どおりに製造するために，JIS等の外部文章を参考にし，厳密な取決めを社内規格に文章化しなければならない．これによりプレキャスト製品の製造工場は技術水準を向上させることができ，工場の設備や機械の性能等の実情に合った規格となることで，品質管理の合理化が図れる．プレキャスト製品の製造計画書の立案にあたっては，事前に，施工者（プレキャスト製品の購入者）とプレキャスト製品の製造工場の担当者で，施工者からの要求事項および契約内容が適切であることを社内規格を基に確認し，製造上の安全と品質に関する課題を抽出する．契約内容の確認中や，プレキャスト製品の製造中に新たな課題が発生した場合は，社内規格を改定し，常に，最適な社内規格に基づいて，不具合を発生させない対策を取る．

社内規格における標準化の「標準」とは，原材料の受入れ，プレキャスト製品の購入者等の社外の関係者間での取決めや，社内における製造活動における必要事項を定めたものである．上位規格の JIS や示方書が

改正または改訂された場合や，技術的な課題が発見された場合等がなくても，1 年に少なくとも 1 回は見直し，常に最新の情報を反映した内容に整備する．

（4）について　プレキャスト製品の製造計画書には，工場概要，使用材料（コンクリートの原材料，鋼材，取付け部品類），コンクリートの配合および品質，養生方法，コンクリートの品質管理方法，製品規格，製造工程，検査方法，補修方法，保管方法を記載する．工場概要には，一般に，会社概要，工場の規模，工場の保有する設備，品質管理のための組織図，品質管理および製造に係わる技術者の権限と責任を記した職務分掌を社内規格に基づいて記載する．また，技術者に関しては有資格者も記載する．コンクリート用材料，コンクリートの配合および品質，養生方法は，BFS コンクリートの配合計画書（**解説 表 1.5.1** 参照）に示される内容と相違があってはならない．コンクリートの品質管理方法には，コンクリート用材料の受入れ検査，鋼材およびスペーサの受入れ検査，コンクリート用材料の工程検査，コンクリートの工程検査，配筋検査について記載する．製品規格には，製造図の作成および製品の設計を行う際に引用した準拠図書および準拠規格等の適用図書を示す．製造工程には，製品製造の一連の工程を，**解説 図 6.1.1** を参照にして，必要な設備，各設備の運用方法，型枠や鋼材関連，プレストレスの導入方法等との関連が分かるように，フローにして示す．検査方法には，製品の受渡検査について記載し，硬化後のコンクリートの品質検査，脱型時の製品検査，出荷時における製品検査および製品の外圧に対する強さの検査を記載する．補修方法には，微小なひび割れ，欠け，豆板，ペースト漏れ，表面気泡，鋼材露出，ねじれ，そりの許容限度と，それぞれの補修方法を示す．保管方法には，取付け部品類や鋼材を錆から防ぐ方法や，プレキャスト製品に汚れ，ひび割れ，破損および有害な変形を生じさせない方法を示す．

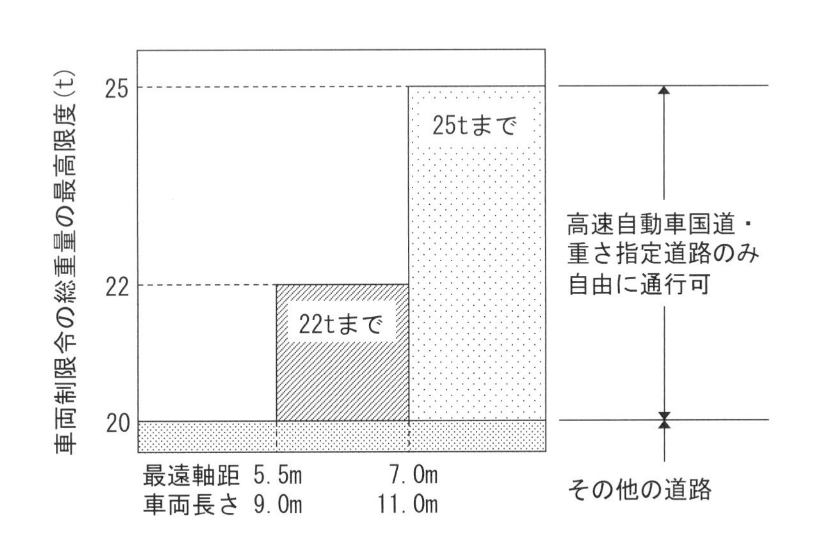

解説 図 6.1.2　重さ指定道路における総重量の最高限度

プレキャスト製品の運搬方法は，運搬途中において製品に有害なひび割れや損傷が生じない方法を選定し，プレキャスト製品の製造工場から工事現場までの運搬経路の状況ならびに輸送関係法令による制限を確認し，対応を検討しなければならない．また，運搬計画書には，プレキャスト製品ごとに運搬車両の種類，運搬架台，積載方法を示すとともに，通行許可の申請等の必要な措置を記載する．プレキャスト部材を運搬する場合の関係法令には，道路法・同施行令，高速自動車国道法・同施行令，道路交通法・同施行令，道路運搬車両法・同施行令，車両制限令等がある，たとえば，道路交通法施行令では，一般の自動車に積載できる製品の長さは，自動車の長さ（最大 12.0m，高速自動車国道ではセミトレーラ連結車で最大 16.5m，フルトレーラ連結車で最大 18.0m）にその長さの 1/10 の長さを加えたもの以下，製品の幅は，自動車の幅（最大 2.5m）以下，製品の高さは，自動車に積載してその高さが 3.8m 以下（道路管理者が道路の構造の保全および交通の危険防止上支障がないと認めて指定した高さ指定道路では 4.1m 以下），製品の質量は，自動車の最大積載重量以下となっている．なお，車両の総重量は，20.0 トン以下（高速自動車国道および道路管理者が道路の構造の保全および交通の危険防止上支障がないと認めて指定した重さ指定道路では 25.0 トン以下）である．**解説 図 6.1.2** に重さ指定道路における車両の長さに応じた車両の総重量を示す．この規定を超える場合には，制限外積載許可申請書を出発地の警察署長に提出し，許可を得る必要がある．また，道路法に規定される制限値を超える車両によってプレキャスト製品を運搬する場合には，特殊車両通行許可認定申請書を道路管理者に提出し，許可を得る必要がある．通行が禁止されている道が運搬経路に含まれている場合には，警察署長に通行の許可を申請する必要がある．

（5）および（6）について　プレキャスト製品の製造要領書は，製造計画書を詳細にしたもので，工場概要，品質目標，使用材料，工程管理，検査計画，不適合品の管理および是正処置，予防処置，製品の保管・出荷等を記載する．工事の工期に支障をきたさないことの確認を含め，購入者（または工事の発注者）より製造要領書の承認を得る．プレキャスト製品の製造は，製造要領書に従って実施する．

品質目標には，型式検査結果を基に製品の目標品質がプレキャスト製品の購入者の要求する品質を満足すること，寸法許容差等を含む製品規格，製品の設計を行う際に引用した外部文章（社外規格・基準）を示す．使用材料には，所要の品質を有するプレキャスト製品を製造することが可能なコンクリート用材料，鋼材，取付け部品類，スペーサ等が用いられていることを示す．

工程管理では，型枠に関すること（種類と個数，品質，製作期間），組立鉄筋の製作期間，コンクリートの配合計画書，強度管理方法，プレキャスト製品製造工程表，社内規格に規定されるプレキャスト製品の製造，管理のフローチャート，作業標準および作業の安全計画を記載する．プレストレス導入等の工程が含まれる場合はその管理方法を併せて記載する．

検査計画には，検査の対象と，それぞれの検査項目，責任技術者および担当者を記載する．不適合品の管理では，あらかじめ購入者と協議し定めた検査に合格しないロットのプレキャスト製品の処置を記載する．再発を防止するために，不適合品を出した原因を究明する方法等を，社内規格の是正処置規定に基づいて記載する．予防処置では，不適合品が発生しない取組みを，社内規格の予防処置規定に基づいて記載する．製品の保管・出荷では，受渡検査を終えた後に出荷まで保管される製品の識別および保護について記載する．

プレキャスト製品の製造要領書には，品質を保証するプレキャスト製品をいかに製造し初期欠陥のない製品を納期内に納入するか，その実現が可能なことが明記されなければならない．

6.2　型枠の製作および組立

（1）　型枠は，コンクリートの打込み時の振動や給熱によって，有害な変形を生じない強度と剛性を有し，繰返しの使用に耐えるものを用いる．

（2）　型枠は，十分な清掃の後，プレキャスト製品の寸法精度が満足されるよう，反りやねじり等がなく，寸法，通りおよび角度が正しく保たれるように組み立てる．

（3）　型枠に使用する剝離剤には，硬化後のコンクリートの性能および製品の外観に悪影響を及ぼさないものを用いる．

【解　説】　(1)について　プレキャスト製品の型枠には，大きな平面を形成することができ，変形が少なく，形状の仕上りの精度が高く，高熱に耐え，耐水性があること等が求められることから，鋼製型枠が一般に用いられる．鋼製型枠は，木製型枠に比較すると高価で，プレキャスト製品の製造原価および運賃に型枠損料が占める割合は1割程度となる．このため，プレキャスト製品の製造に用いる鋼製型枠には，長期間にわたって繰り返し使用されても，その取扱い等により，歪み，凹凸等の変形が生じず，振動をさせても型枠がゆるまず，形状や寸法の誤差が少ない堅牢な構造であることが求められる．また，作業性の観点から，組立および取外しが簡単な構造であることも求められる．**解説 写真 6.2.1**に，鋼製型枠の例を示す．

解説 写真 6.2.1　鋼製型枠の例

新たに型枠を製作する場合には，プレキャスト製品の製造者は，型枠の製作図に示される寸法の許容差がプレキャスト製品の寸法の許容差よりも小さいことを確認する必要がある．なお，型枠は，繰り返し使用するにつれ，製造時の振動や，蒸気養生による熱によって反りやねじれ等の変形を生じる．したがって，型枠の供用開始後は，定期的に水準調整を行うとともに，日常管理では，型枠から水やセメントペーストの漏れがないことを確認する必要がある．型枠の中には，一部の部品を溶接等によって取り付けることで，寸法または形状の異なるプレキャスト製品を製造できる型枠がある．このような型枠を使用する場合には，溶接によって，コンクリートと接する面の平坦性が失われていないこと，型枠に有害な変形が生じていないことを，使用するごとに確認する必要がある．プレストレスが与えられるプレキャスト製品では，プレストレス導入後にそりが生じる．プレキャスト製品の製造台は，型枠の底面全体で荷重を支えていたものが，製品の両端で荷重を支えることになっても，製品や型枠に有害な沈下や変形を生じさせることなく，プレストレスを与えた時の弾性変形による部材の短縮等を拘束しないものでなければならない．

(2)について　JIS A 5371に規定される暗きょ類，舗装・境界ブロック類，路面排水溝類，ブロック式擁壁類，JIS A 5372に規定されるくい類，擁壁類，暗きょ類，マンホール類，路面排水溝類，用排水路類，共同溝類およびJIS A 5373に規定されるポール類，橋りょう類，擁壁類，暗きょ類，くい類で，附属書に推奨仕様が示されているⅠ類の製品には，プレキャスト製品ごとに寸法の許容差が示されている．例えば，**解説 表 6.2.1**は，JIS A 5372 附属書C－暗きょ類－推奨仕様C-4「鉄筋コンクリートボックスカルバート」に示されるRCボックスカルバートの寸法の許容差の例で，**解説 表 6.2.2**は，JIS A 5373 附属書B－橋りょう類－推奨仕様B-4「道路橋用プレキャスト床版」に示される寸法の許容差の例である．一方，これらのⅡ類の製品およびその他の製品の寸法の許容差は，受渡し当事者間，すなわち，プレキャスト製品の製造者と購入者との間で協議して決めることになっている．また，推奨仕様の定められたI類の製品は，設計思想に差がなく，性能および性能照査の方法が同じであれば，所要の性能を満足する範囲で，購入者の要求によって基準寸法を±10%の範囲で変更できる．なお，設計思想に差がないとは，製品を適用する範囲が同一で，製品に作用する荷重の評価方法，断面力の算定方法等は同じ示方書または指針等に基づいていることを意味する．

型枠の組立精度は，型枠を組立てた際に毎回確認しなければならない．なお，壁や床版等の平板状のプレキャスト製品では，型枠の寸法よりも製品の方が数mm程度大きくなる．製造者は，経験に基づき，型枠の設置寸法をプレキャスト製品の設計寸法に応じて設定する．なお，組立時には寸法精度が確認されていても，蒸気養生による熱によって型枠の寸法に狂いが生じる場合がある．BFSコンクリートの打ち込まれた製品の温度が均一になるよう，蒸気を一様に行き渡らせる必要がある．また，社内規格には，プレキャスト製品の寸法精度が確保できるよう，型枠の修理の時期および更新の時期の判断基準を定めておく．

解説 表6.2.1　RCボックスカルバートの寸法の許容差の例（単位：mm）

呼び寸法	寸法の許容差		
	内幅および内高	厚さ	有効長
600×600～900×900	±4	+4 -2	+10 -5
1 000×800～2 500×2 500	±6	+6 -3	
2 800×1 500～3 000×3 000	±7	+6 -4	
3 500×2 000～3 500×2 500	±10	+8 -4	

解説 表6.2.2　道路橋用プレキャスト床版の寸法の許容差の例（単位：mm）

項　目	許容差
床版の長さ	+20 0
床版の幅	+5 -10
床版の厚さ	+10 0

（3）について　プレキャスト製品の製造に用いられる型枠は，親水性である．したがって，親水性のコンクリートを親水性の型枠から脱型するために，型枠に親油性を持たせる．一般に，鋼製型枠は，表面の平滑さとその剛性により良好な仕上がりが期待できるとされるが，剥離剤の塗布によって親油性となった鋼製型枠の表面に水分が接すると，その水分は強い表面張力で丸い水滴となり，コンクリートの硬化後に製品の表面に気泡として残る．コンクリートの打込み時に巻き込まれた気泡の大部分は，振動締固め時に浮力によってコンクリートから排出されるが，ブリーディング等の余分な水があると，内部振動であればコンクリート内部に，また，型枠に取り付けられた外部振動機であれば型枠側に水泡が集まり，コンクリートの硬化後

に気泡として表面に残る．なお，製品の下部に丸い小さい空隙が集中する場合は，剥離剤の粘性が高いか，塗り過ぎである可能性がある．製品の全面に比較的小さい空隙が多く，セメントペーストが型枠に取られているときは，剥離剤の効きが弱すぎることが考えられる．剥離剤の希釈倍率を下げて濃くするか，剥離性の強いものに代えるか，もしくは，剥離剤を厚く塗る等の対応を行う．製品の全面に比較的小さい空隙が多く，型枠にセメントペーストが取られていないときは，剥離剤の消泡力が不足している可能性が高い．このような場合は，消泡性の強い剥離剤に代えるか，消泡剤を剥離剤に添加する．型枠に，硬い付着物が残る場合は，養生過剰で剥離剤がコンクリート内部に吸収されていることが考えられる．一方，型枠に，軟らかい付着物が残る場合は，剥離剤の塗り過ぎが原因である場合がある．脱型しにくい，型枠にコンクリートが付着する，製品が破損する等の不具合は，剥離剤の塗布量が不足している，剥離力が不足している，コンクリート充填までの放置時間が長い，型枠の温度が高い等の原因が考えられる．

コンクリートの剥離剤に JIS 等の公的規格はなく，メーカの自主管理規格に基づいて製造されている．取扱い方法もメーカごと，使用方法ごとに異なり，自工場にあった最適の条件を見出さなければならない．表面の美しいプレキャスト製品を製造するためには，ブリーディングが少なく，充填性に富み，材料分離は生じないが粘性の低い BFS コンクリートを用いることが基本である．剥離剤は，型枠とコンクリートの付着を防ぎ，型枠の取外しを容易にすることおよび型枠を保護して型枠の寿命を長くすることを目的に使用され，剥離剤によって BFS コンクリートの外観を美しく整えることには限りがある．なお，剥離剤は，鋼材や取付け部品類等，BFS コンクリートとの付着を必要とするものに付着させない．

6.3　鋼材の組立および取付け

（1）　鋼材の組立は，所定の材質，径および本数の鋼材を用いて，結束用焼きなまし鉄線，適切なクリップ，または溶接によって行う．

（2）　組立てた鋼材は，所定のかぶりが確保できる位置に固定し，打込み中に移動させない．

【解　説】　（1）について　JIS A 5364「プレキャストコンクリート製品－材料及び製造方法の通則」に使用が認められている鋼材は，JIS A 5525「鋼管ぐい」，JIS G 3101「一般構造用圧延鋼材」，JIS G 3109「PC 鋼棒」，JIS G 3112「鉄筋コンクリート用棒鋼」，JIS G 3117「鉄筋コンクリート用再生棒鋼」，JIS G 3137「細径異形 PC 鋼棒」，JIS G 3444「一般構造用炭素鋼鋼管」，JIS G 3506「硬鋼線材」，JIS G 3521「硬鋼線」，JIS G 3532「鉄線」に規定する普通鉄線またはコンクリート用鉄線，JIS G 3536「PC 鋼線及び PC 鋼より線」，JIS G 3538「PC 硬鋼線」，JIS G 3551「溶接金網及び鉄筋格子」，JIS G 4322「鉄筋コンクリート用ステンレス異形棒鋼」，JIS G 5502「球状黒鉛鋳鉄品」，および，その他の鋼材である．その他の鋼材を用いる場合は，その種類，品質および機械的性質を社内規格に定めなければならない．

プレキャスト製品の鋼材の組立は，直径 0.5mm 以上の焼きなまし鉄線や，鋼製あるいは樹脂製のクリップを用いて緊結する．大型のプレキャスト製品や量産されるプレキャスト製品の場合は，点溶接によって鉄筋が組み立てられることが多い．点溶接が，鋼材の引張強度に与える影響は小さく，母材に対して 9 割以上の強度は確保され，鋼材の規格値も十分に満足すると言われている．ただし，鋼材の伸びは小さくなり塑性ヒンジが形成されやすくなるため，伸び能力を要求される部位では点溶接を避けることが望ましい．鋼材の疲労強度に溶接が与える影響は，熱の影響によるもので，アーク溶接よりも点溶接の方が短時間で溶接が終わるために影響を受けにくい．また，鉄筋径が D38 以上と大きいものは点溶接の影響を受けにくく，母材の 9

割の疲労強度が確保されると言われる．ただし，径の細い鉄筋では，示方書［設計編］に示されるように，母材の5割程度に疲労強度が低下することを考慮しておくのがよい．溶接を行うと，プレキャスト製品の性能は損なわれる．したがって，プレキャストPC製品または繰返し荷重を受けるプレキャストRC製品において鋼材の組立を溶接により行う場合は，事前に購入者（工事の発注者）の承認を受ける．なお，PC鋼材は，炭素量が多く溶接に適しておらず，大きな引張力を受け持つことから，アークストライクを避けるためにスターラップや用心鉄筋等を溶接しないことを原則とする．

鋼材加工ヤードで組み立てられた鋼材は，運搬，貯蔵および型枠設置時に変形が生じず，堅固なものでなければならない．特に，点溶接によって鋼材を組み立てる場合は，D13のような細径の鉄筋では，曲率が大きく溶接面積が得られにくいため，点溶接箇所のせん断強さは，目標とするせん断強さを得られにくく，また，そのばらつきも大きくなる．鋼材の組立に点溶接を用いる場合には，社内規格に定めた適切な方法に従って，資格を有する者が溶接作業を行うことが重要である．**解説 写真6.3.1**に鋼材の組立の例を示す．

解説 写真6.3.1　鋼材の組立の例（プレキャストPC製品）

（2）について　組立てた鋼材は，かぶりの施工誤差ができるだけ小さくなるように型枠内に配置する．使用するスペーサは，構造上の弱点，鋼材の腐食，製品の外観等に配慮して選定する．スペーサには，プレキャスト製品に使用するBFSコンクリートと同等の品質を有するBFSコンクリートもしくはBFSモルタル製のものを用いることが望ましい．プラスチック製のスペーサを用いる場合は，その熱膨張係数が小さく，鋼材の重量による横倒れが生じにくく，スペーサ断面内の空間（開孔率）の大きいJIS A 5390「鉄筋コンクリート製品用プラスチックスペーサ」に適合するものを選定する．取付け部品類を設置する場合は，所定の位置からの移動によって不具合が生じないよう配慮しなければならない．特に，取付け部品類や小開口部の周りでは，鋼材が交差して所定のかぶりが確保しにくい場合が生じる．取付け部品類の設置位置，開口部の斜め筋，アンカー筋等の配置の順序をあらかじめ定め，確実にかぶりが確保されることを確かめる．

JIS A 5372およびJIS A 5373では，配筋および最小のかぶりは，受渡し当事者間で協議して決めることになっている．ただし，配筋の設計における一般的な注意事項として以下のことが示されている．

1)　鋼材の最小あきは，粗骨材の最大寸法の5/4倍以上とする．
2)　必要な鋼材の断面積は，構造計算および構造細目により定める．
3)　鋼材の径および本数は，鋼材の断面積，プレキャスト製品の厚さ，粗骨材の最大寸法を考慮し，鋼材とコンクリートとの付着が十分に得られ，コンクリートのひび割れ分散性が良好となるように選定する．

なお，JIS A 5372 および JIS A 5373 では，配筋および最小かぶりの許容差は，プレキャスト製品の製造者の責任において，プレキャスト製品が所定の性能が満足するように定めることになっている．したがって，購入者（または工事の発注者）は，プレキャスト製品の製造要領書によって，許容差の根拠を確認するとともに，製造要領書どおりの配筋が行われていることを確認する．

6.4 BFSコンクリートの製造

6.4.1 材料の貯蔵および貯蔵設備

（1） セメントおよびGGBSの貯蔵設備は，材料の滞留が生じない防湿的な構造を有するサイロとする．

（2） 骨材およびBFSの貯蔵設備は，粒度の変動が生じにくい構造で，表面水の変動が小さくなるように適切な排水設備等を設けるものとする．

（3） 化学混和剤の貯蔵設備は，不純物の混入，変質，分離を防ぎ，種類別に貯蔵できるものとする．

【解　説】 （1）について　セメントやGGBSは，貯蔵中に空気に触れると，空気中の水分を吸って軽微な水和反応を起こし，同時に空気中の炭酸ガスとも反応する．これにより強熱減量が増し，密度が小さくなり凝結が遅くなったり，強度が低下したりする．したがって，セメントおよびGGBSは湿気を防ぐとともに，通風を避けて貯蔵する必要がある．気密性が高く，内部に結露が生じない構造のサイロであれば，比較的長期間貯蔵してもセメントおよびGGBSの品質はほとんど変化しないと言われている．サイロの容量は，1日の平均使用量の3倍以上あることが望ましく，一つのセメントサイロを仕切り板により分割して使用する場合には，仕切り板が片荷になっても耐えられる構造であるとともに，仕切り板とサイロ内面との隙間や仕切り板の腐食孔から異種のセメントや混和材が混ざり合わないように工夫する．

セメントの温度が約8°C変化すると，コンクリートの練上がり温度は1°C増減する．セメントの温度は，骨材および水と比較してコンクリートの温度に及ぼす影響は小さいが，温度が過度に高いセメントを用いると，コンクリートの品質に影響を与える．一般に，50°C程度以下の温度のセメントを使用すれば，問題が生じることは少ないと言われるが，セメント工場から直送した製造後間もないセメントの温度は平均して50～80°Cであり，夏期にサイロに貯蔵されるセメントの温度も高温になり得る．品質が一定のBFSコンクリートを製造するためには，貯蔵中のセメントおよびGGBSの温度管理が必要である．

（2）について　骨材の貯蔵設備は，種類別，粒度別に貯蔵でき，雨水等を防げるよう上屋を設置する．また，寒中においては氷雪の混入や凍結を防ぎ，暑中においては日光の直射を避ける等の骨材の乾燥や温度の上昇を防ぐ．品質が一定のBFSコンクリートを造るには，粒度分布の変動が少ない骨材を用いるとともに，骨材の表面水率が安定していることが重要である．貯蔵中の骨材の分離を防ぐには，骨材を高いところから落とさないこと，骨材が斜めに転がるような場所を設けないこと等の注意が必要である．サイロ方式の貯蔵設備では，上方から骨材を受け入れ，下方から抜き出す設備にすると，骨材の粒度の変動を小さく保つことができる．骨材の表面水率を一様とするためには，入荷した骨材を直ちに使用するのではなく，排水設備を備えた適当な容量の貯蔵設備内で，表面水が一様となるまで貯蔵するのがよい．ストックヤード方式の貯蔵設備では，緩やかな排水勾配を設けて水抜きができる構造とすること，サイロ方式の貯蔵設備では，骨材を貯蔵するサイロ底部から水抜きが可能な構造にすることが必要である．骨材の表面水率の安定化を図るには，骨材の売買契約時に，入荷時の骨材の含水率を骨材納入業者と取り決めておくことも重要である．

BFSは，ガラス質で保水性が低いため，含水率の高いBFSを貯蔵すると，貯蔵設備内で上部と下部のBFSの表面水率の分布に大きな偏りが生じる傾向がある．出荷前に固結防止剤が散布されるBFSを，製造直後に入荷すると，含水率は10%を超え，安定した品質のBFSコンクリートを製造することが困難となる．BFSの含水率は，BFSコンクリートの品質だけでなく，貯蔵中のBFSの固結にも影響を与え，貯蔵設備内からの引出しが困難となる場合がある．**解説 写真6.4.1**に示されるような貯蔵中のBFSの固結を確実に防止するためには，試験成績表に示されるBFSの使用期限内に，また，試験成績表に使用期限の目安が示されていない場合は入荷後1ヶ月を目途に速やかに使い切るよう，BFSを計画的に入荷する．なお，平均気温が20°C以上となり，固結が生じやすくなる季節の貯蔵は，BFSの製造者とあらかじめ固結防止対策について協定を結び，それを互いに確実に実行する．BFSを貯蔵できる量と1日のBFSの使用量を考えれば，貯蔵設備内にBFSが滞留しない限り，使用期限を超えてBFSが貯蔵されることは考えられにくいが，使用期限内であっても，BFSの水和反応によって，少量が20mm程度に緩く固結する可能性があるため，BFSを使用している工場では，BFSの取出し口に**解説 写真6.4.2**に示すような，緩く固結したBFSをほぐす装置を設置しているところもある．

解説 写真6.4.1　緩く固結したBFS

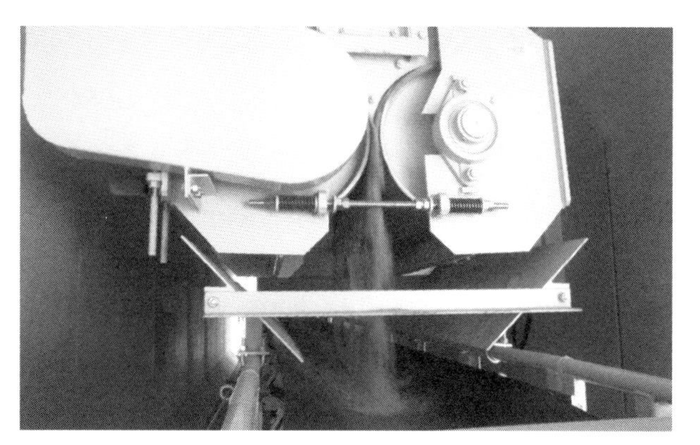

解説 写真6.4.2　緩く固結したBFSをほぐす装置

（3）について　液状の化学混和剤は，不純物の混入，水分の蒸発や雨水の混入による濃度変化を防止できる密閉したタンクに貯蔵する．化学混和剤成分の沈殿による分離や凍結防止のために，攪拌装置や循環装置を設置する．化学混和剤は使用量が少なくても，コンクリートに及ぼす影響は大きく，わずかな品質の変化でもコンクリートの品質に大きな影響を与える．したがって，長期間貯蔵した化学混和剤は，使用しない．

6.4.2　計量設備

（1）　計量設備は，BFS コンクリートの製造条件に適し，かつ対象とする材料を所定の計量値の許容差内で計量できる精度を有するものを用いる．

（2）　材料の計量設備は，使用前，使用中，使用後と定期的に点検し，必要に応じて計量器，または計量器に材料を供給するゲートの開閉動作等の計量システムを調整する．

【解　説】　（1）について　計量器は，計量する材料ごとに設置し，計る量に適したひょう量，最小測定量，目量，目量の数，精度等級のものを選ぶ．計量法では，1級から4級の精度等級が定められており，一般に，水，セメント，混和材，細骨材および粗骨材の計量には3級の精度等級の計量器が，また，化学混和剤の計量には4級の計量器が用いられる．計量器は，定期的に静荷重検査を行い，計量精度が維持されていることを確認する．静荷重検査では，質量を負荷していない状態から順次，ひょう量に相当する質量まで静かに負荷し，その後，順次，質量を静かに減じて質量がない状態まで戻し，最小測定量，使用公差が変わる付近，ひょう量を含めた5点以上の質量が，使用公差以内であることを確認する．計量器が使用公差を外れる場合は，その原因を確認し，計量器の使用公差の半分の検定公差をもった検査器を用いて計量器を校正する．

解説 表6.4.1　計量器の日常点検の例

時　期	点検項目	頻　度	点検方法
使用前	コンプレッサの圧力	毎　日	適正圧力であることを確認
	エアレーションの圧力	毎　日	適正圧力であることを確認
	各部オイラの油量	毎　日	適正油量であることを確認
	エア配管ラインの漏れ	毎　日	漏れのないことを確認
	計量ゲートの動作	毎　日	動作がスムーズであることを確認
使用中	計量前の操作盤計量表示値	毎バッチ	表示値が0であることを確認
	計量精度	毎バッチ	印字記録による確認
	計量速度	毎バッチ	材料切れの無いことを確認
	放出後の残量	毎バッチ	残量が0であることを目視で確認
	練上がり時のスランプ	毎バッチ	目視または測定で確認
使用後	計量ホッパ内の付着状態	毎　日	付着のないことを目視で確認

解説 表6.4.2　計量器の定期点検の例

点検項目	頻　度	点検方法
計量ゲートピン，レバー等の摩耗状態	1ヶ月ごと	ガタのないことを確認
計量ホッパの付着状態	1ヶ月ごと	ゼロ点の調整の行える付着状態を確認
骨材ゲート本体の摩耗状態	1ヶ月ごと	最低残厚3mm以上
それぞれの計量器の本体パッキングの摩耗状態	1ヶ月ごと	漏れのないことを確認
動荷重検査	1ヶ月ごと	計量誤差内であることを確認
静荷重検査	6ヶ月ごと	使用公差内であることを確認

（2）について　静荷重検査により確認した計量器の精度を維持するためには，日常および定期的な保守管理が必要である．**解説 表6.4.1**および**解説 表6.4.2**に，計量器の日常点検および定期点検の例を示す．計量器の維持管理状態と計量器に材料を供給するゲートの開閉動作等によって生じる計量システムとしての誤差である計量誤差は，動荷重検査によって確認する．1回の動荷重検査は，連続5バッチの計量を行い，全てバッチで，全ての材料の計量値が許容範囲内（水，セメントおよびGGBS：目標値±1%，骨材および化学混和剤：目標値±3%）であることを確認する．

6.4.3　ミ キ サ

ミキサは，JIS A 8603-1「コンクリート用ミキサー第1部：用語及び仕様項目」に適合するものを用いる．

【解　説】　プレキャスト製品の製造に用いるBFSコンクリートは，水結合材比が小さく，単位水量が少ない傾向にあるために，通常のコンクリートと比較して粘性が高くなる傾向がある．そのため，均質で品質の安定したBFSコンクリートを製造していくためには，常にミキサの点検と整備を行うとともに，あらかじめBFS コンクリートのスランプとミキサ駆動電流（電力）との関係等を把握しておき，それを工程管理に役立てることが重要である．ミキサの練混ぜ性能は，JIS A 8603-2「コンクリート用ミキサー第2部：練混ぜ性能試験方法」に従い，定期的に，練り混ぜられたミキサ内のコンクリートの均一性で確認する．JIS A 8603-2では，練混ぜ槽の異なる2点から採取されたフレッシュコンクリートの試料中のモルタルの単位容積質量の差，単位粗骨材量の差，空気量の差，スランプの差および硬化後の強度の差が，**解説 表 6.4.3**に示される許容値以内であることで，均一なコンクリートが製造できていると判断している．なお，JIS Q 1012「適合性評価－日本工業規格への適合性の認証－分野別認証指針（プレキャストコンクリート製品）」では，ミキサの練混ぜ性能に関する管理方法に定めはなく，また，JIS Q 1011「適合性評価－日本工業規格への適合性の認証－分野別認証指針（レディーミクストコンクリート）」では，モルタルの単位容積質量差と単位粗骨材量の差で確認することになっているが，この指針（案）では，**解説 表 6.4.3**に示される項目で確認することを推奨する．

解説 表 6.4.3　バッチミキサの練混ぜ性能基準

項　目	許容値
コンクリート内の空気量の偏差率	10% 以下
コンクリート内のモルタル量の偏差率	0.8% 以下
コンクリート内の粗骨材量の偏差率	5% 以下
コンシステンシー（スランプ）の偏差率	15% 以下
圧縮強度の偏差率	7.5% 以下

解説 表6.4.4　ミキサの定期点検の例

点検項目	頻　度	点検方法
ブレード	1ヶ月ごと	隙間が10mm以上で2～3mmに調整
底部ライナおよびゲートライナ	1ヶ月ごと	残厚2～3mm，ひび割れ発生で取替え
側面ライナ	1ヶ月ごと	最低残厚3mmで取替え
ダストカバーおよびリングライナ	1ヶ月ごと	リングライナの隙間8～10mmで取替え
排出ゲートシール材	1ヶ月ごと	漏れが修正できない場合に取替え
排出ゲートピンおよびレバー	1ヶ月ごと	著しいガタの無いこと
駆動チェーンの伸び	6ヶ月ごと	基準長の1.5%以下
同調ギアおよび駆動チェーン	1ヶ月ごと	適正な油量を塗布
軸受け部	1ヶ月ごと	適正な油量を塗布
減速機	1ヶ年ごと	適正な油量
油圧ユニット	1ヶ年ごと	適正な油量

ミキサの日常点検および定期点検は，メーカの取扱説明書を参考に，工場の実情に合った方法を社内規格に定めて実施する．例えば，日常点検では，ミキサ内，投入シュート，排出シュートへの付着物，ブレード

やアームの緩みや著しい摩耗，排出ゲート開閉状態，オイラの給油，減速機等の給油，Vベルトやローラーチェーンの張り，混練軸のシール部の状態等を，毎日始業前に確認する．また，定期点検は，**解説 表6.4.4**を参考に実施する．

6.4.4 計　量

（1） 材料の計量は，所要の品質を有するコンクリートが得られるよう，材料の管理状態および製造時期を勘案して補正または修正された配合を基に行うとともに，その計量精度を確保する．

（2） 練混ぜに用いた各材料の計量実績は，購入者からの求めに応じて提出する．

【解　説】 （1）について　BFSコンクリートの製造に使用する材料は，品質の変動を補正して計量する．特に，骨材の表面水率の変動は，安定した状態で骨材が貯蔵されていても小さくない．骨材の表面水率が多い場合は，水分の垂れ下がりが生じるため，1日の最初に使用するときは，適当量を抜き取った後に，次に引き出されるものから使用する等の配慮が必要である．また，骨材の表面水率の変動を小さくするためには，骨材納入業者に対して含水率の上限値の規制を行う，受入れ直後の骨材は使用せず1日以上水切りをしてから使用する，回転している骨材の引出しベルト上に落ちる水が他の骨材と一緒に貯蔵ビンに入ることを防ぐ等の工夫が必要である．また，外気温によって，BFSコンクリートの練り上がりの性状や硬化後の性能は影響を受ける．社内規格に従って，適切な時期に季節ごとに用意された修正標準配合または標準配合への切替えが必要である．

材料の計量は，**解説 表6.4.5**に示される許容差を守らなければならない．練混ぜ中に，オペレータが，スランプを目視しながら細骨材の表面水率を±0.5%未満で調整することが慣例として行われてきた場合がある．単位細骨材量が800kg/m^{3}であれば，オペレータの裁量で調整される水分量は，±4kg/m^{3}未満となる．単位セメント量が400kg/m^{3}であれば，オペレータの裁量によって変化する水セメント比は1%未満であり，コンクリートの強度に影響はないとされているが，水の計量精度からみれば，単位水量が160kg/m^{3}であれば，2.5%の計量誤差が生じており，不適合となる．材料の品質の変動への対応は，オペレータの裁量に委ねず，品質管理責任者の指示（または担当者との連携）によって，表面水率の再測定，骨材粒度の再調整，化学混和剤の使用量の変更等，配合を補正または修正することで対応する．

解説 表6.4.5 計量値の許容差

材料の種類	計量値の許容差（%）
水	1
セメント	1
GGBS	1
骨　材	3
化学混和剤	3

セメントおよびGGBSは，累加計量は行わず，種類ごとに個別計量する．貯蔵ビン内でセメントおよびGGBSの貯蔵量が変化すると，計量時の流出量が変化し，計量誤差が大きくなる．これを防ぐために，セメントおよびGGBSは常に一定量を貯蔵するように努める．貯蔵ビンにセメントおよびGGBSが供給されてから時間が

経つと，セメントおよびGGBS中に含まれる空気が減少し，流動性が失われる．計量誤差を小さくするためには，計量時に，脱湿された空気を用いてエアレーションを行う必要もある．骨材は，粒度の異なるものの累加計量は認められているが，2種類の骨材を累加計量する場合，最初に計量する骨材の計量誤差が-3%であれば，次に計量する骨材は，計量誤差が+6%であっても，計量は適合となる．したがって，BFSの計量精度を優先するために，細骨材を累加計量する場合は，BFSを先行して計量する．水はあらかじめ計量された化学混和剤との累加計量が認められている．化学混和剤は，わずかな量であってもBFSコンクリートの品質に大きな影響を与えるため，計量バルブの漏洩等は日常的に点検する必要がある．

異常計量が生じた場合は，直ちに作業を中止し，その原因を調査し対処する．異常計量された材料がミキサ内に放出されている場合は，そのBFSコンクリートは廃棄する．異常計量事故は，詳細を記録に残し，再発防止に役立てる．

（2）について　計量実績の記録は，所定の性能を満足するBFSコンクリートが製造できていることの品質証明である．その印字記録の精度は，計量に要する時間によって影響を受ける．計量に要する時間が短時間に設定されている場合は，計量完了時点で計量装置が揺れる不安定な状態の計量がされ，精度の高くない計量値が記録される．計量印字記録によって，品質管理記録のトレーサビリティーが確保できるよう，計量値の操作盤での読取り値と印字記録値とが整合していることを確認しておく必要がある．

6.4.5　練混ぜ

（1）　BFSコンクリートが均質に練り混ぜられるように，材料をミキサへ投入する順序，練混ぜ量および練混ぜ時間を定める．

（2）　オペレータは，所要の性能をもったBFSコンクリートが練り混ぜられていることを各バッチで確認する．

【解　説】　（1）について　ミキサ内部への材料の付着や丸まって緩く固結した塊状物ができないように，材料の投入順序と各材料を投入する時間差を試験により確認し，それを社内規格に定める．GGBSを用いる場合は，セメントの放出ゲート付近に投入口を設け，セメントの放出に合わせて適切なタイミングでGGBSを放出する．セメントやGGBSを骨材や化学混和剤の入った水よりも先に投入すると，ミキサの内壁や羽根等に付着したり塊状になるおそれがある．特に膨張材を用いる場合は，不均質な練混ぜによって異常な膨張を生じさせ，プレキャスト製品にひび割れを発生させる事故の原因となる．

プレキャスト製品の製造に用いられるBFSコンクリートは，低水結合材比で単位水量を抑え，増粘系の化学混和剤が用いられるため，ミキサに高い負荷を与える．そのため，BFSコンクリートが均質に練り混ぜられるように，電動機のミキサ動力負荷を把握し，過負荷とならない練混ぜ量で製造を行わなければならない．安定したフレッシュ性状のBFSコンクリートを製造するためには，普通コンクリートと比較して，練混ぜ時間が長めになる．しかし，長く練り混ぜると，骨材が砕かれて微粉の量が増したり，空気量が減ることで，ワーカビリティーの改善が期待できない場合がある．ポリカルボン酸系の高性能（AE）減水剤を用いている場合は，練混ぜから時間が経った後に効果が表れることもあり，一度，練混ぜを中断し，しばらく静置した後に練り返すと効果的にワーカビリティーを改善できることもある．

（2）について　練上がり直後のBFSコンクリートの性状を，オペレータが毎バッチ目視で確認できるよう，計量制御室からミキサの排出状況や練混ぜ状態が見えるようにしておかなければならない．目視によって確認したBFSコンクリートの体積，ワーカビリティー（スランプまたはスランプフロー），異物の混入は，品質管理の記録として，製造日報等に残す必要がある．また，一日に数回，スランプ（スランプフロー），空気量およびコンクリートの練上がり温度を実測し，確認することも重要である．

ミキサ内にコンクリートが残った状態で，新たに材料を投入して練混ぜを行うと，練混ぜ不良の部分を生じる．次の練混ぜは，前のバッチのBFSコンクリートが完全に排出されたことを確認した後に行わなければならない．特に，種類の異なるコンクリートを交互に練り混ぜる場合には，前のバッチのコンクリートの影響を次のバッチのコンクリートが受けない製造計画を始業前に確認し，関係者に周知する．

6.4.6　打込み，締固めおよび仕上げ

（1）　型枠の組立，配筋，先付け部品の取付けが，プレキャスト製品の製造図どおりであることをコンクリートの打込み前に確認する．

（2）　BFSコンクリートが，材料分離を生じることなく，密実で均質となる打込みと締固めを行う．

（3）　打継ぎや防水工を行う面は，出荷前に適切な処理を行う．

（4）　BFSコンクリートの表面の仕上げは，適切なかぶりの品質が得られるよう行う．

【解　説】　（1）について　型枠の状態，配筋および先付け部品が，プレキャスト製品の製造図に合致し，BFSコンクリートの打込みや締固めによって，ずれたり，外れないことを打込み前に目視や検測により確認する．型枠は，ボルトやテーパーピンにより堅固に固定されていること，清掃および剥離剤の付着が適当であることを確認する．配筋は，鋼材の径，本数，間隔が配筋図と合致していること，かぶりが確保されていることを確認する．取付け部品類は，種類と数量が製造図どおりの位置に堅固に固定されていることを確認する．これらの確認には，チェックシート等を用い，作業を確実に実施したことを記録に残す．

（2）について　プレキャスト製品を製造する工場は，作業者の安全性と，コンクリートが分離せず，**解説 写真6.4.3**に示すようなバケット等から容易にコンクリートが排出できる作業性等を考慮し，コンクリートの運搬，打込み，締固め作業が行える設備を整える．BFSコンクリートの打込み，締固めおよび仕上げの工程では，作業指揮者を指名し，その者の下で作業を実施する．

解説 写真6.4.3　バケットを用いた打込みの例

解説 写真6.4.4　内部振動機を用いた締固めの例

コンクリートを高所より落下させると，骨材が分離するとともに，巻き込まれる空気が多くなる．材料分離を生じたコンクリートは回復せず，表面の美観を損ねたり豆板を生じさせる原因となる．ポンプ配管また

はバケット等の吐出口とコンクリートの打込み面までの高さは1.5m以下が標準である．振動機によるコンクリートの締固めが過剰な時には，粗骨材が沈降して材料分離が生じる．このため，高さのあるプレキャスト製品では，数層に分割して打ち込む必要がある．一層の高さは50cm程度が標準で，上下層が一体となるように，内部振動機は下層のコンクリートに10cm程度挿入し，締固めを行う．また，振動機でコンクリートを移動させることが原因で生じる材料分離を防ぐために，型枠内に打ち込まれたコンクリートを横移動させる目的で，振動機を使用してはならない．コンクリートは1箇所から打ち込まず，数箇所に分けて打ち込む．また，コンクリートの締固めに外部振動機を用いる場合には，打込み作業中に，型枠や鋼材が所定の位置から動かないように，コンクリートが打ち込まれた後に締固めを開始する．**解説 写真6.4.4**に，内部振動機を用いた締固めの例を示す．

振動機を用いて締固めを行う目的は，コンクリート内部から余計な気泡を除去し，セメントや骨材等のコンクリートを構成する要素を均等化させることにある．そのため，内部振動機は，振動の伝播が周囲に及ぶ有効範囲に全てのコンクリートが入る間隔で挿入する．内部振動機の振動の有効範囲が30cm程度であれば，50cmごとに内部振動機を鉛直に差し込み，確実に全体を締め固める．なお，型枠中に設置された鋼材がずれないよう，内部振動機は鋼材に接触させてはいけない．振動機の鋼材との接触は，鋼材の振動によりブリーディング水を鋼材の回りに集積させ，鋼材とコンクリートとの付着力を低下させる原因ともなる．型枠バイブレータ等の外部振動機は，型枠を通してコンクリートに振動を与えるため，型枠に内部振動機と同様な働きを生じさせる．したがって，外部振動機は，コンクリートの気泡やブリーディング水等を型枠近くに引き寄せ，外部振動機のかけ過ぎは，コンクリートの表層部の品質を低下させる原因となる．

型枠の上部が閉じられたり，斜面となっている場合は，振動機だけでコンクリート中の気泡を取り除くことは難しい．コンクリート内の気泡は，骨材等との密度差により上方へと移動し，振動機はその動きを助長させる．上部が閉じられたり，斜面となっている型枠にコンクリートを打ち込む場合には，上方に移動する気泡の多くを大気に開放させ，上部の型枠に付着する気泡の数を少なくさせる必要がある．また，コンクリート表面の気泡を少なくし，滑らかで美しい仕上げ面とし，コンクリートの表層部の品質を向上させるためには，打込みの一層の厚さを小さくし，内部振動機で十分に締め固めることが重要である．補助として，内部振動機にメッシュ盤を付けた法面振動機またはサーベル等を利用する等の工夫が必要である．

解説 写真6.4.5　打継目処理の例

（３）について　コンクリートを現場で打ち継ぐ接合部は，型枠表面にグルコン酸ナトリウム等を主成分とする遅延剤の塗布や，凝結遅延シートの貼り付けで，コンクリート表面の薄層部の凝結を計画的に遅延させ，BFSコンクリートの硬化前に打継目処理を行う．**解説 写真6.4.5**に打継目処理を行った接合部の例を示す．打継面を粗にする施工方法には，打継面の型枠に金網等を用いたり，凹凸状の樹脂製シートを貼り付ける方法もある．これらの方法を用いる場合には，事前に試験や信頼できる資料により，その効果や施工性を確認する．なお，打継ぎ面のレイタンスや緩んだ骨材粒等は，完全に取り除く．

防水工を施す床版では，床版防水層との接着を阻害するBFSコンクリートの表面のレイタンスや被膜養生剤の付着等は，製品の出荷前にディスクサンダやケレン棒等で確実に除去する．また，部分的なひび割れまたは豆板であっても，床版防水層の接着性や耐久性に影響を及ぼすことが懸念される場合は，購入者（発注者）と協議を行い，無溶剤樹脂，樹脂パテまたは樹脂モルタル等によって充填し，平滑に処理する．なお，床版防水層の施工では，ブリスタリングやピンホールの発生にBFSコンクリートの水分量が大きな影響を与える．湿潤養生後の床版は，ブルーシートで覆う等，雨水等に対する保護が必要である．

（4）について　コンクリートの表面仕上げは，表面を平坦にするだけでなく，鋼材を保護するかぶりの品質を向上させることが目的である．コンクリートには，凝結の始まりの段階で再度練り混ぜると，強度が増大する性質がある．凝結の始まりで，コテ等で振動を与え，コンクリートを再び軟らかくし，その時点で速やかに仕上げると，コンクリートは緻密な組織になり，劣化因子の侵入に対する抵抗性が向上する．仕上げの作業手順は，所定の量のコンクリートを打ち込んだ後，大体のレベルを出し，ブリーディングが収まった段階で平坦性を出し，凝結が始まり，表面が硬くなってきてから平滑性を出すのが標準的な方法である．プレキャスト製品に用いるBFSコンクリートは，ブリーディングを抑えた配合となっている．したがって，平坦性を出す段階のタイミングを目視によって判断することが難しいため，凝結特性を事前に把握しておく必要がある．**解説 写真6.4.6**に，仕上げ作業の例を示す．

解説 写真6.4.6　仕上げ作業の例

6.5 養　生

6.5.1 蒸気養生

（1）　蒸気養生は，最高温度を抑えた温度制御で実施する．

（2） 蒸気養生は，蒸気養生中にBFSコンクリートが乾燥しない方法で実施する．

（3） 蒸気養生の温度履歴は，購入者からの求めに応じて提出する．

【解　説】 （1）について 早強ポルトランドセメント，普通ポルトランドセメント，高炉セメントを用いたコンクリートが硬化中に高温の温度履歴を受けると，乾燥収縮ひずみが小さくなることが知られている．これは，セメントペーストの細孔構造が粗になるためで，コンクリートの品質が向上するためではない．したがって，蒸気養生を行ったコンクリートの塩化物イオンの見掛けの拡散係数は，標準水中養生を行ったものよりも，数倍程度に大きくなる．一度，蒸気養生によって粗となったセメントペーストの細孔構造は，蒸気養生後に水中養生を行っても回復されることはない．また，養生初期に高温下に置かれたコンクリートの圧縮強度は，標準水中養生した供試体の圧縮強度よりも小さくなる傾向がある．

プレキャスト製品において蒸気養生を行う目的は，脱型時の強度を確保するためである．一般のプレキャストRC製品には，安全にプレキャスト製品を吊り上げるのに必要な強度として，15N/mm^{2}程度の圧縮強度が求められる．プレキャストPC製品には，プレストレスを導入するのに必要な強度として，材齢18時間程度で35N/mm^{2}の圧縮強度が求められる．水結合材比が35%程度の一般のプレキャスト製品の配合であれば，適切な結合材を選定することで，これらの圧縮強度は，夏期であれば蒸気養生を行わなくても十分に得ることができる．蒸気養生が必要な季節においても，プレキャストPC製品では，最高温度が50℃で蒸気養生が行われることが多く，コンクリートの品質を確保する目的で，最高温度を40℃程度に抑えている工場もある．

BFSコンクリートは，AE剤を用いなくても凍結融解作用に対して高い抵抗性が得られるが，普通ポルトランドセメントを用いた場合には，蒸気養生の最高温度が高いものほど，凍結融解作用に対する抵抗性が失われる．また，普通ポルトランドセメントを用いた場合でも，高炉セメントを用いた場合であっても，高温で蒸気養生を行うと，塩化物イオンの浸透に対する抵抗性は低下する．高い品質のBFSコンクリートを製造するためには，セメントの種類やBFSの使用に係わらず，蒸気養生の最高温度は，できる限り低く抑える．

急激な温度上昇を伴う蒸気養生は，養生の初期にコンクリートに微細なひび割れを生じさせる．前置き養生中の温度と最高温度との差が大きくならないよう，前置き養生の温度を定めなければならない．特に冬期において外気温が著しく低い場合には，前置き養生中にセメントの水和反応が阻害され，初期凍害を受けるおそれがあるので，必要な温度条件を保つために給熱または保温による温度制御を行う必要がある．**解説写真6.5.1**に蒸気養生の例を示す．

解説 写真6.5.1　蒸気養生の例

（2）について　通常，蒸気養生槽中のコンクリートの温度は，結合材の水和反応によって雰囲気温度（蒸気養生槽の設定温度）よりも高くなる．養生槽内の湿度が高くても，コンクリートの温度が雰囲気温度よりも高くなると，コンクリートは乾燥する．蒸気養生中の乾燥により，水和に用いられる水分が損失し，コンクリート表層部の細孔構造が粗な状態となる．蒸気養生中のコンクリートの乾燥が生じるのは，最高温度の保持期間から降温中に生じることが多い．これは，最高温度が保持されている過程で活発となった結合材の水和反応によるコンクリート温度の上昇に起因するものであり，工程上，降温する過程に入っても，コンクリート温度の低下が緩やかなため，雰囲気温度との差が大きくなることで生じる．高い品質のコンクリートを製造するためには，蒸気養生中のコンクリートの乾燥を防止することが重要で，蒸気養生中のコンクリート打込み面をビニールシートで覆ったり，散水することが有効である．

（3）について　安定した品質のコンクリートが，1年を通じて製造されなければならない．蒸気養生を行わない夏期に製造されたコンクリートも，蒸気養生を行う冬期のコンクリートも，配合計画書に記載される保証値を満足しなければならない．夏期または冬期において，配合が標準期の配合と同じであっても，養生の方法が異なれば，夏期または冬期の配合計画書を用意する必要がある．購入者は，配合計画書に記載される養生の方法と，製造者が記録として残す温度履歴の記録が同じであることを確認することで，製造要領書どおりのBFSコンクリートが製造されていることを確認する．

6.5.2　脱型後の養生

（1）　BFSコンクリートの水和反応を持続させるために，脱型後に湿潤養生または水中養生を実施する．
（2）　湿潤養生または水中養生後から出荷までは，凍結や直射日光の影響を受けない養生を行う．

【解　説】　（1）について　蒸気養生によって，材齢の初期に圧縮強度が高くなったコンクリートであっても，その中には未水和のセメント粒子がまだ多く残っている．未水和のセメント粒子は，コンクリートの劣化に対する抵抗性や，物質の透過に対する抵抗性を損なう原因となる．最高温度 65℃で蒸気養生を行い，65N/mm^{2}の圧縮強度となったコンクリートで，JSCE-K 572「けい酸塩系表面含浸材の試験方法」に示されるスケーリング試験を実施すると，56サイクルの凍結融解作用を与えた後には，コンクリート表面だけでなく，コンクリート全体が崩れる試験結果が報告されている．JSCE-K 572に示されるスケーリング試験では，コンクリート供試体の下面 1cmのみが塩水に浸せきした状態で凍結融解作用が与えられる程度であるにも係わらず，未水和のセメント粒子を多く含むコンクリートは，容易に破壊に至る．コンクリートの劣化に対する抵抗性は，高い強度で得られるものではなく，脱型後の湿潤養生によって決まる．

湿潤養生期間の例として，示方書［施工編：施工標準］には，気温 10℃の時期に，普通ポルトランドセメントを用いた水セメント比が 55%のコンクリートを一般的な大きさの断面の構造物に施工する場合には，湿潤養生期間は 7 日間とされている．これは，比較的部材断面が大きい土木構造物では，7 日間の湿潤養生で，供用開始時には標準養生を行った供試体の材齢 28 日の試験値に相当する圧縮強度が得られると見込まれているためである．これに対して，一般に断面の薄いプレキャスト製品では，結合材の水和を期待するためには，湿潤養生期間は，断面の厚い現場打ちコンクリートよりも長くとることが必要である．

BFS コンクリートの劣化に対する抵抗性および物質の透過に対する抵抗性が高くなるのは，セメントペーストと BFS との反応によって，骨材界面が改質されるためである．セメントペーストと BFS の反応は，数十年にわたって進む反応であり，圧縮強度等によって判定できるものではない．試験室で得られたのと同じ性能を製品でも得るためには，蒸気養生後に十分な期間の湿潤養生または水中養生を行うことが重要である．湿潤状態に保つためには，コンクリートの表面に給水をしなければならない．給水の手段としては，湛水や散水のほかに水分を含んだ湿布や養生マット等の養生材料でコンクリートの表面を覆う方法がある．また，**解説 写真** 6.5.2 に示されるように，大型のプールで水中養生が行われている例もある．

解説 写真 6.5.2　プレキャスト PC 製品の水中養生の例

結合材の種類によって，劣化に対する抵抗性および物質の透過に対する抵抗性を得るために必要な湿潤養生期間が異なる．BFS コンクリートに用いる早強ポルトランドセメント，普通ポルトランドセメントおよび高炉セメント B 種のうち，最も長い湿潤養生期間を要するのは，早強ポルトランドセメントで，高炉セメント B 種がこの 3 つのセメントの中では，最も短い湿潤養生期間で，高い劣化に対する抵抗性および物質の透過に対する抵抗性を得ることができる．ただし，早強ポルトランドセメントを用いた場合でも，GGBS を併用することで短い湿潤養生期間で凍結融解抵抗性が得られる．また，増粘剤を用いることでも，湿潤養生期間を短縮することができる．

曲げひび割れ発生荷重を増加させる目的で膨張材を用いる場合は，膨張材による圧縮応力を導入させる観点で，型枠の脱型時期を定めなければならない．鋼材が密に配筋されている場合は，鋼材による内部拘束によって圧縮応力をコンクリートに導入することも可能であるが，鋼材による内部拘束が低い場合には，型枠の存置を長くする等の工夫が必要である．膨張材を用いて 150×10^{-6}～250×10^{-6} の膨張ひずみを生じさせるのに必要な日数は，養生温度が 20℃で，3 日～7 日と言われており，十分な水分の供給が必要である．

（2）について　現場打ちコンクリートでは，日平均気温が 4°C 以下になる場合には，寒中コンクリートとして取り扱うことになっており，養生期間中は，コンクリートを凍結させないこととなっている．出荷前のプレキャスト製品においても，劣化に対する抵抗性を低下させないように，凍結をさせてはいけない．一方，夏期において高温によって水分の逸散が激しくなる場合には，水分の逸散を抑える工夫が必要である．

有害な作用に対して保護するための養生は，若材齢においてプレキャスト製品が振動や衝撃，荷重等の外力を受けて損傷することのないように保管することが基本となる．

6.6 脱　　型

（1）　脱型は，BFS コンクリートが所定の圧縮強度に達したことを確認して行う．

（2） 脱型後の吊上げは，プレキャスト製品に損傷を与えることなく，作業の安全を確認して行う．

【解　説】 （1）について　プレキャスト製品の脱型時に必要とされるBFSコンクリートの圧縮強度は，プレキャスト製品の形状，寸法，質量，脱型方法，脱型後の吊上げ等の取り扱いによって異なる．たとえば，平打ちした床版を片側より水平立て起こし方式により起こす場合には，脱型時に自重による曲げ応力が生じる．また，一般に，プレキャスト製品は，脱型と同時に吊り上げられることが多く，BFSコンクリートに吊上金物の配置（位置と個数）に対して適した強度が十分に発現していない場合には，吊上げによってプレキャスト製品に有害な損傷が生じる．これらの影響は，プレキャスト製品の設計時に構造計算によって確認しておくとともに，その確からしさを過去の実績や必要に応じて実験によって確認しておく必要がある．なお，プレキャストRC製品の製造工場では，脱型時に必要とされるコンクリートの圧縮強度を15N/mm^{2}程度として管理しているところが多い．脱型時に行う外観目視検査で合格したプレキャスト製品には，製造業者名，製品の種類，製品の特性に基づく記号，製造年月日等を表示し，製品の識別を行う．

（2）について　プレキャスト製品を安全に吊り上げるためには，吊上げ金物と治具に十分な強度があり，コンクリート中に埋め込まれた吊上げ金物の定着長が，プレキャスト製品の吊上げに耐えられる付着強度をもつ十分な長さでなければならない．吊上げ用金物がプレキャスト製品の側面に設置される場合には，プレキャスト製品を水平立て起こし方式で吊り上げると，吊上げ金物が先に引き起こされ，その側面に作用する力によってコンクリートが割裂する場合がある．このような事故を防止するためには，用心鉄筋を配筋する等の配慮が必要である．吊上げに用いられる吊上げ用フックは，脱型から施工現場での組立終了まで，クレーンのフックによって繰返しの曲げ変形を受ける．このような繰返しの曲げ変形を受けても破断しないよう，鉄筋をU字状に加工して吊上げ用フックを設ける場合は，異形棒鋼は使用せず，丸鋼を用いる．

6.7　プレストレスの導入

（1） プレストレスは，構造計算で定められたプレストレスが確実にBFSコンクリートに与えられるように導入する．

（2） プレテンション方式で製造されたプレキャスト製品の端部で切断を行うPC鋼材は，劣化に対する抵抗性が得られるよう保護する．

【解　説】 （1）について　プレストレスの導入は，BFSコンクリートが所定の圧縮強度に達したことを確認してから行う．一般に，プレストレス導入時に必要なコンクリートの圧縮強度は，導入されるプレストレスに対して2〜3倍の安全率を見込んで決定される．JIS A 5373附属書B（橋りょう類）に推奨仕様が定められたI類の製品に求められる圧縮強度は，**解説 表6.7.1**に示されるように，製品の種類ごとにプレストレス導入時および品質保証時のコンクリートの圧縮強度の下限値が規定されている．また，各高速道路会社が定めている設計要領（第二集 橋梁建設編）では，プレストレス導入時の強度として36N/mm^{2}以上が規定されている．プレキャスト製品の製造が1日/サイクルの工程の場合，午後に打込みを行い，翌朝にプレストレスの導入を行うことになるため，練混ぜ後18時間程度で，この強度が必要となる．プレテンション方式では，あらかじめ緊張材を緊張し，引張力を保持した状態でコンクリートを打ち込み，コンクリートが硬化した後に緊張材の引張力を解放し，緊張材とコンクリートの付着によって，緊張材に作用していた引張力の反力がプレストレスとしてコンクリートに与えられる．プレストレス導入時の圧縮強度は，単にコンクリートに生じる最大圧縮応力に対して安全度をもたせるだけでなく，緊張材とコンクリートの間の十分な付着強度が得られよう定められている．

ポストテンション部材においては，出荷時に圧縮強度がプレストレスの導入に必要な強度に達していない場合は，現場で圧縮強度が確認された後，プレストレスの導入が行われる．プレテンション方式においても，ポストテンション方式の場合と同様に，プレストレスの導入に必要となる圧縮強度の確認は，製品同一養生を行った供試体を用いて行う．

解説 表6.7.1　JIS A 5373附属書B（橋りょう類）に定められるコンクリートの圧縮強度

種　類		コンクリートの圧縮強度（N/mm^2）	
		プレストレス導入時	品質保証時
橋げた	スラブ橋げた	35以上	50以上
	軽荷重スラブ橋げた	42以上	70以上
	けた橋げた	35以上	50以上
	道路橋橋げた用セグメント	35以上	50以上
床　版	合成床版用プレキャスト板	30以上	50以上
	道路橋用プレキャスト床版	35以上	50以上

工場製品の製造に多く用いられるプレテンション方式によるPC鋼材の緊張においては，緊張材に与える引張力は，固定装置のすべり，促進養生を行う場合の温度の影響等を受けることを考慮する．多数の緊張材を固定した固定板を移動して全ての緊張材に同時に引張力を与える場合には，緊張材を固定する前にそれぞれの緊張材を適当な力で引き揃え，たるみを除去する予備緊張を行う必要がある．くさび形式の固定装置を用いる場合は，定着具に固定する際に緊張材の移動が生じるので，引張り台の長さが短い場合や緊張材の移動量（セット量）が大きい場合には引張力の減少量を考慮する．緊張材を折れ線状に配置する場合は，緊張材の配置や引っ張る順序により支持装置と緊張材との間の摩擦損失の状態が異なるので，緊張材を配置する順序と摩擦損失との関係をあらかじめ考慮する．プレストレスを与える際に緊張材の固定装置を急激に緩めると，コンクリートに衝撃を与えて緊張材とコンクリートの付着を損なうおそれがある．また，各緊張材の引張力が同時に一様に緩まないと，予期しない偏心力が生じ，部材および固定装置に有害な影響を与えることもある．緊張材の一部を折り曲げて配置されたプレキャスト製品の緊張を緩める順序は，部材に有害な影響を与えない順序を，あらかじめ検討しておかなければならない．また，蒸気養生を行った場合，プレストレスを与える前に完全に冷却させると，部材間の露出した緊張材が破断するおそれがあるため，プレストレスは，温度が下がらないうちに与えることが望ましい．

（2）について　PC鋼材や定着具は，熱の影響により材質が変化する．したがって，緊張後のPC鋼材の端部の切断は，機械的な方法で行うのが原則である．特に，PC鋼棒のねじ部が継手となる場合は，加熱による切断を行ってはならない．プレテンション方式においては，PC鋼材の端は部材端面より5mm以下に切りそろえた後，防水性，付着性および耐アルカリ性を有する材料で**解説 写真6.7.1**に示されるように端部を保護する．橋りょう類のプレキャスト製品のように供用開始後に，凍結防止剤の散布が製品の端部に作用することが懸念される場合には，端部のPC鋼材の周囲にくぼみを設け，PC鋼材をくぼみの内部で切断し，そのくぼみをポリマーセメントモルタルや樹脂モルタル等で埋めた後，端部のコンクリート面に保護塗装を施すのが望ましい．なお，端部処理の作業には数時間を要するために，養生の初期において，プレキャスト製品が乾燥することを防止できるよう，端部以外の部分を養生マット等で保護する等の工夫が重要である．

解説 写真 6.7.1　緊張後の PC 鋼材の処理（上段：処理前，下段：処理後）

6.8　製品の保管および運搬

（1）　製品の保管にあたっては，自重や積重ねによる異常な応力や塑性変形が生じないようにする．

（2）　製品の運搬にあたっては，安全に留意し，製品に有害な影響を与えないようにする．

【解　説】　（1）について　プレキャスト製品は，出荷するまで，ストックヤード（在庫置き場）で外力等の影響が生じないよう保管する．保管のために製品を積み重ねる場合には，製品の強度や自重のほか，保管場所での支持状態等を考慮し，積み重ねる方法を定める．特に，橋げた等の転倒しやすい製品においては，地震その他の不慮の荷重によって倒れないように転倒防止の処置が必要である．長期間保管するプレキャスト製品は，保管中に乾燥収縮ひずみやクリープ等の影響を受けて有害な変形を生じることがないように，保管方法や保管時に設ける支承の位置等に注意する．

プレキャスト製品を立てて保管する竪置きの場合，使用する架台は，等間隔に配置した支持用パイプの間に製品を差し入れて寄りかからせる形式のものが多い．したがって，地震時や暴風時のみならず，常時でも水平力が作用する．架台が設置される地盤が柔らかいと，地面が沈み込み，架台に保管されたプレキャスト製品が転倒するおそれがあるので，雨等でゆるむことのないように，地盤を転圧し，コンクリートで舗装することが望ましい．平置きの場合は，解説 写真 6.8.1 に示されるように，木材や鋼材を利用した台木を並べ，製品を水平に積み重ねる．台木の本数は，プレキャスト製品の形状および大きさに応じて，均等に荷重がかかるように配置する．積重ねの段数は地盤の支持力や製品の厚さにより異なるが，通常は 6 段程度までとする場合が多い．プレキャスト製品を重ねて保管する場合，下段の製品にはその上に積み重ねた製品による荷重が累積される．上下の台木の位置にずれがあると，製品に垂直荷重の他に曲げ応力やせん断力が生じるため，台木は同一線上に配置しなければならない．木製の台木を用いる場合は，プレキャスト製品が雨等によって汚れない対策が必要である．汚れ防止のためにプラスチック製の台木を使用する場合は，プレキャスト製品が滑りやすくなるので注意が必要である．小型のプレキャスト製品をバンドで結束する場合は，地震時に崩壊しないように，バンドの強度に余裕を持たせておくのがよい．

解説 写真 6.8.1　プレキャスト PC 床版の保管の例

（2）について　プレキャスト製品の運搬では，公道における安全を確保し，運搬中にプレキャスト製品が有害な損傷を受けないように，製品の形状や質量，運搬距離，道路状況や作業所搬入路および経済性等を考慮して運搬に用いる車両および運搬架台を選定する．また，運搬中に，プレキャスト製品にひび割れ，欠け等の損傷が生じないよう防護処置を施す．特に，橋げたや床版のような長い製品の運搬では，大きな曲げモーメントが生じないように支持することが大切である．たとえば，構造物として組み立てられたときに 2 点支持となるプレキャスト製品には，支持点を増やすことで，中央付近に過度な曲げモーメントが生じないようにすることができる．解説 写真 6.8.2 にプレキャスト製品の出荷の例を示す．

柱状の製品は，一般に，水平に積み込み運搬（平積み）する場合が多いが，垂直に立てた状態で運搬（堅積み）する場合もある．平積みの場合，荷姿が安定しており，2 段程度の積込みは可能であるが，現場に搬入して組み立てる際に一度立て起す作業が必要となる．堅積みした場合は，現場に搬入した後，直接吊上げ作業を行うことができるので作業性はよいが，積込み高さが高くなるので，運行経路の高さ制限を事前に確認する必要がある．また，運搬時における転倒防止策にも十分留意する必要がある．

梁状の製品は，一般に，平積みで運搬される．積載重量の範囲内で 2 段程度の積込みが可能であるが，ワイヤー等により確実に車体と緊結し，荷崩れを防止しなければならない．台木の位置はプレキャスト部材の配筋を確認したうえで，運搬中にひび割れが生じないような場所にする．

壁状の製品を平積みする場合は，現場搬入後，立て起こし作業が必要となる．また，壁状の製品は，面外に応力が加わることを想定しない構造（配筋）となっている場合があり，平積みを行った場合，自重による応力や，運搬時の車両の振動により加わる外力により，製品にひび割れを生じる場合があるため，台木の設置位置に注意が必要である．

版状の製品は，最終的な据付時と同様な支持方法となるように，各支持点にかかる荷重が偏らないように支持点の高さを調整する．なお，版状の製品を堅積みする場合は，現場搬入後，版状の製品を水平に据え直す作業が生じる．また，堅積みする場合は，壁状の製品を平積みする場合と同様に，製品の配筋を確認し，運搬中のひび割れ防止対策をとる必要がある．

ボックスカルバート製品の運搬では，車両に複数の製品を積み込む際は，振動による外力での製品同士の接触による製品欠けが発生しないよう，製品の近接箇所に台木や緩衝材等を挟み込み，これを防止する．

小型製品の運搬では，他の製品に比べて厚さが薄いことから，車両に複数製品を積み込む場合や，重ねて積み込む場合が多い．車両の振動による不測の外力での製品同士の接触による欠けや割れが発生しないよう，近接部箇所に台木や緩衝材等を挟み込み，これを防止する．また，小型製品の運搬に用いる車両では，クレーン付きのトラックを用いることもある．この場合は，クレーンの先端に製品が接触し，製品の欠け等が発生しないように注意する．

(a) 柱状の製品

(b) 梁状の製品

(c) 壁状の製品

(d) 版状の製品

(e) ボックスカルバート製品

(f) 小型の製品

解説 写真 6.8.2　プレキャスト製品の出荷の例

7章　施　　工

7.1　一　　般

（1）　施工者は，設計図書に示されたコンクリート構造物を構築するために，適切な施工計画書を作成し，施工計画書に従い施工する．

（2）　プレキャスト製品を用いた構造物の施工は，製品に関する十分な知識を有する技術者の下で行う．

【解　説】　（1）について　プレキャスト製品を用いた施工は，構造物の所要の性能を確保できるように，設計図書に基づき適切な施工計画を立案し，施工計画書を作成し，この施工計画書に従って施工を管理しながら構造物を構築し，構造物が設計図書どおりに構築されていることを確認する．施工途中では，プレキャスト製品単体から部材，さらには，接合部を含んだ部材へと変化するため，施工中の応力や変形を考慮して施工の順序や方法を設定することになる．また，施工計画の立案に際しては，施工場所や施工時期等，実際の施工条件を考慮して，適切な施工が行えるようにする．さらに，施工計画では，プレキャスト製品の輸送や架設の制約を考慮するとともに，その接合部については，構造物や部材の性能を確保できる接合方法であることを確認する必要がある．施工計画書には，一般に，工事概要，施工管理体制，要求品質，工程計画，品質管理計画，プレキャスト製品の製造計画，プレキャスト製品の運搬計画，架設計画，工事別施工計画，安全計画等が記載されなければならない．

工事概要では，施工内容として，対象構造物の種類や外形寸法，基数，総延長等を，施工数量として，工事区分，工種，使用材料等の種別，単位，数量，摘要等について，主要使用機械として，機械名，規格，台数，使用工種等について，表にまとめて記載する．施工数量や主要使用機械は，設計で設定された特性，発注者の定める仕様や規格を満足できるものであることを容易に確認できるように，整理して記載する．工事の概要図としては，工事の位置図，構造物の一般図，主要なプレキャスト製品等を記載する．

施工管理体制は，工期が長期になる場合等，必要に応じて，プレキャスト製品の製造者を含めて組織する．施工者とプレキャスト製品の製造者は，施工期間中，常に意思疎通の図れる体制を築いておく．施工者は，現場での施工状況や天候等によってプレキャスト製品の出荷指示を変更することがあり得る．プレキャスト製品の製造者は，製造工程における余裕を勘案し，施工者の要求に対応が可能か判断し，回答しなければならない．施工体制における指示系統と各技術者の責任と権限を明確にした施工監理組織図と職務分掌を整える必要がある．

施工者は，設計図書に示される構造物，プレキャスト製品，接合部，現場打ちコンクリート部材に要求される性能および品質を実現するために，施工サイクルの工程上必要となる接合部のコンクリートやモルタルのワーカビリティーおよび強度発現性等の施工における要求品質を定める必要がある．

工程計画では，工事の総合工程表，プレキャスト製品の製造工程表およびプレキャスト製品の組立工程表を示す．工事の総合工程は，工場におけるプレキャスト製品の製造工程と，施工現場における施工工程ならびにプレキャスト製品の運搬からなり，全てが密接に関連する．プレキャスト製品を用いた工事の優位性が得られるよう，施工現場における省力化と工期の短縮が図れる工程計画を策定する必要がある．

発注者は，完成後の構造物の性能を直接検査することは難しく，施工のプロセスごとに検査を行うのが一般的である．また，施工者の立場からも，実施した内容が検査に合格するものか否か判断できないのは合理的でない．したがって，品質管理計画は，施工計画に示す施工の段階ごとに改善を実現できるように，品質管理を実施する．すなわち，**解説 図7.1.1**に示すように，プレキャスト製品の受入れ，仮置き，場内運搬，架設，組立，接合，防水工，安全衛生管理計画等に対して，それぞれ，適切な方法により品質管理を実施するための品質管理計画を策定する．

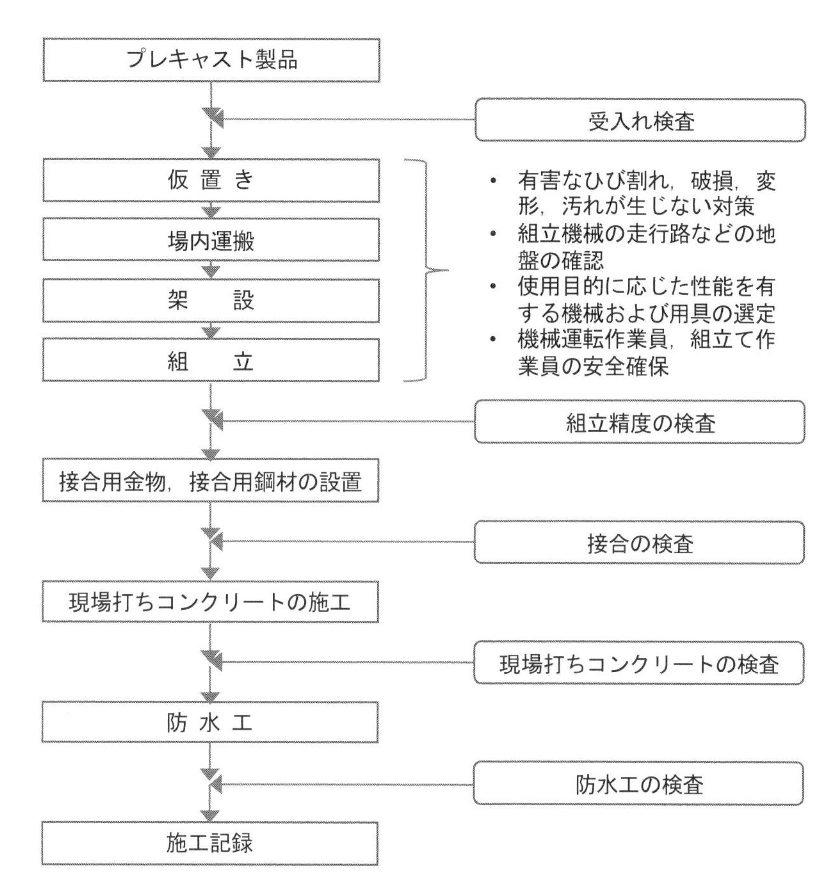

解説 図7.1.1 プレキャスト製品を用いた構造物の施工の工程と検査プロセス

プレキャスト製品の製造計画およびプレキャスト製品の運搬計画には，品質を保証するプレキャスト製品を，初期欠陥なく，納期内に納入する具体な方法をプレキャスト製品の製造者とともに作成する．

架設計画では，揚重計画，仮置き場，プレキャスト製品の搬入路，足場計画，仮設電気および仮設給水について検討する．揚重計画では，プレキャスト製品の組立作業に使用されるクレーン，揚重機械の選定，プレキャスト製品の取付け位置の検討を行う．プレキャスト製品の仮置き場は，施工に必要なプレキャスト製品を保管できる十分な面積を確保する．プレキャスト製品の搬入路は，大型で重量の重い車両が長期間使用するのに耐えうる構造とするとともに，排水方法を考慮し適時補修を施す等，資機材の搬入に支障を生じさせない．足場計画では，作業員の安全が確保されるよう計画する．仮設電気計画では，接合部に溶接を用いる計画となっている場合には，所要の電気容量が確保されないと不完全な溶接の原因となるため，接合に関する施工計画に基づいて十分な能力のある設備とする必要がある．仮設給水計画については，コンクリート打込み前の清掃や，打継部の水湿し，プレキャスト製品の組立やプレキャスト部材の架設および設置時のモルタルの練混ぜ，現場コンクリート打込み後の湿潤養生等，施工で必要な水の量を確保するように行う．

工事別施工計画では，プレキャスト製品の組立，プレキャスト製品の接合，防水工およびプレキャスト製品に接する現場打ちコンクリート工に関して，それぞれの施工上の要点を記載する．

プレキャスト製品の組立に関する施工計画では，躯体施工工程，工区分割，組立サイクル，架設計画，組立作業標準，作業員配置計画，組立作業指揮系統，組立検査要領（精度基準および補修要領を含む），作業安全に関する留意事項等を示す．躯体施工工程には，施工計画に記載されるプレキャスト製品の組立工程表を基に，プレキャスト製品の基数，各製品の質量および組立に要する時間，接合部を施工するコンクリートの数量，使用する重機の性能および台数等を決定し，工区ごとのサイクルを作成し，躯体の全体工程を計画する．特に，組立のサイクルでは，組立に必要な毎日の作業について相互の前後関係を明確にし，それに必要なプレキャスト製品，材料，資機材，職種の配置と揚重機械の稼働計画を検討し，組立の精度を確保する．

プレキャスト製品の接合に関する施工計画では，接合の時期，手順，作業従事者，材料，設備，作業要領，作業前と作業後の検査（試験方法，時期，判定基準）を明示する．また，接合部に用いる現場打ちコンクリートについては，その配合，施工方法，検査方法について示す．プレキャスト製品の接合部は，構造物の安全性，使用性，耐久性および施工性に影響を及ぼすため，設計時に定められた接合の位置および構造を理解し，適切な施工計画を作成する．

なお，プレキャスト製品の組立と接合に関しては，プレキャスト製品ごとにその特性を踏まえた施工要領がプレキャスト製品の製造者から示される場合には，その施工要領を施工計画書に反映させる．

防水工では，施工の時期，防水材料，施工方法について示す．

安全衛生管理計画では，足場工，支保工，クレーン作業，飛来落下・墜落防止工，コンクリート工，熱中症対策等について安全衛生管理の計画を策定する．特に，危険箇所や危険作業の抽出とその対策，点検・管理の方法，異常が認められた場合の措置等について十分に検討する．

（2）について　プレキャスト製品の組立および接合は，施工計画どおりに適切に行わないと作業中に製品の欠けや出来形寸法の精度に影響を及ぼす．プレキャスト製品を吊り上げて組み立てる場合には，プレキャスト製品に有害な応力が発生しないように事前に吊り位置を検討し，あらかじめ吊り金具を製造時に設置しておく必要がある．また，不安定な吊り方をするとプレキャスト製品が揺れて，製品同士が接触して角欠けを生じるおそれがある．

プレキャスト製品を接合する際に接着剤を用いる場合には，適切な材料を用いるとともに接着剤を塗布するタイミングも接合箇所の品質に影響を及ぼすため，使用実績のある接着剤の選定や経験を有する技術者の管理の下に接合を行うことが重要である．また，プレストレスによる接合を行う場合，設計計算で定められたプレストレスが確実にコンクリートに与えられるように施工することが大切である．したがって，プレストレストコンクリート工学会認定のプレストレストコンクリート技士等，プレストレストコンクリートに関する専門的な知識と経験が豊富な技術者の指導の下で施工を行い，設計計算の内容や施工中の応力変化，施工上の留意点を理解して施工する必要がある．プレキャスト製品の組立および接合は，構造物の種類や重要度に応じて，製品に関する十分な知識を有する技術者の指導の下で行うことが大切である．

7.2　プレキャスト製品の受入れ，保管および場内運搬

（1）　施工現場に納入されたプレキャスト製品の取扱いは，施工者が責任を持って行う．

（2）　プレキャスト製品の揚重に用いる重機は，構造物の施工性を考慮して選定する．

【解　説】　（1）について　プレキャスト製品の受入れ時に，施工者は，製品記号，製造年月日，検査済みの表示を確認した上で，プレキャスト製品の積込み時および運搬中に，ひび割れ，破損，変形が生じていないことを確認する．また，プレキャスト製品から突出している取付け部品類や鋼材等がプレキャスト製品の規格どおりであることを確認する．これらの受入れ検査の項目，合否判定基準，不適と判定されるプレキャスト製品の取扱いは，あらかじめ施工者（工事の発注者）側の責任技術者とプレキャスト製品の製造者側の責任技術者で協議し文章化する．受入れ検査は，発注者が定めた判定基準に従って，施工者が全てのプレキャスト製品に対して行う．

プレキャスト製品の保管は，自重や積重ねによる異常な応力や塑性変形が生じることのないようにする．保管場所の面積および地盤の状態は，組立時の機械や作業員の動線，プレキャスト製品の品質の確保，保管する数量，作業安全等を考慮して決める．なお，プレキャスト製品は汚損しないよう，直に地面に置かず，保管時のプレキャスト製品の向きは，組立時の吊り方および構造物として組み立てられた状態を考慮する．プレキャスト製品を置く架台は，プレキャスト製品の転倒，ひび割れ，たわみ，ねじれ等が生じない堅固なものとし，プレキャスト製品の形状，寸法，質量，重心の位置を考慮して決める．

（2）について　プレキャスト製品の架設や資機材の運搬に用いる重機の種類，性能および台数は，プレキャスト製品や資機材の質量および数量，重機の作業半径，工期，構造物の施工性を考慮して決める．プレキャスト製品を揚重する重機は，移動式クレーンと定置式クレーンとに大別される．移動式クレーンを用いた施工では，構造物の周辺に設けられたクレーン走行路からプレキャスト製品が架設される．したがって，クレーン走行路は，クレーンの走行およびプレキャスト製品の架設時の荷重に対して耐えられる構造でなければならない．なお，クレーン走行路の安全性の検討で用いるクレーンの自重と吊り荷の質量は，施工時のクレーンとジブの向きを考慮する．クレーン走行路は，地盤耐力と沈下量を調査した上で，必要な耐力を得るための地盤改良，砂利敷き，鋼板（覆工板）による荷重分散等の対策を実施する．

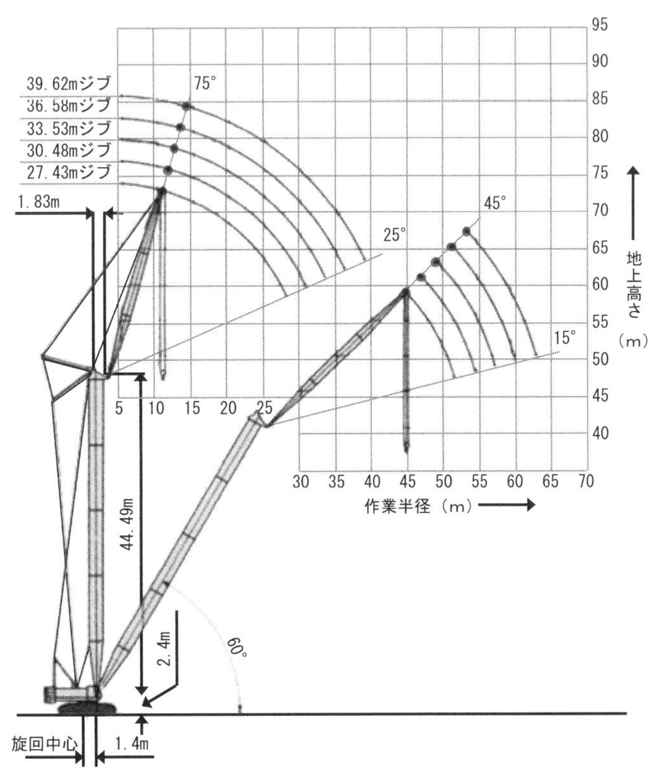

解説 図7.2.1　クローラクレーンの作業半径揚程図の例

また，クレーン走行路は，平坦な面とし，雨水等による地盤耐力の低下が生じないようにする．定置式クレーンを用いた施工では，クレーン設置用の基礎が必要となる．クレーン設置用の基礎の設置においては，必要に応じて杭を設ける等の補強を行う．クレーンの頂部には風速計を設置し，強風時における施工の安全を確保しなければならない．

移動式クレーンには，クローラクレーンとラフテレーンクレーンがある．クローラクレーンは，吊り荷位置を自由に設定でき，作業半径も大きく，構造物に接近して作業を行える特長がある．ラフテレーンクレーンは，全輪駆動の大型タイヤを装備し，不整地や比較的軟弱な地盤でも走行でき，狭小な現場にも多く使用されている．クレーンは，構造物の施工条件に基づいて，クレーンの主要諸元，定格総荷重表および作業半径揚程図を参考に適切な機種を選定する．なお，移動式クレーンを用いる場合は，最小直角通路幅および外観図（姿図と寸法図）も参考にする．クレーンの主要諸元には，クレーン容量（吊上げ荷重と作業半径の関係），ブームおよびジブの最大地上揚程，最大作業半径，ブーム長さ，ブーム伸縮長さ，ブーム伸ばし速度，ジブ長さ，巻上げ速度，フック速度，ブーム起伏角度，ブーム上げ速度，旋回角度，旋回速度等の情報が記載されている．定格総荷重表には，アウトリガーの張出し幅やブーム長さ，吊る位置までの距離等の条件によって吊ることが可能な質量が示されている．作業半径揚程図には，吊ることができる範囲（高さと距離）が示されている．**解説 図 7.2.1** に，クローラクレーンの作業半径揚程図の例を示す．クレーンの作業半径揚程図により，施工現場の条件に応じた作業半径を確認することができる．

7.3　架設および組立

（1）　プレキャスト製品の架設においては，設計時に組立順序等の検討がなされている場合は，その施工順序により製品に不具合が生じないことを事前に確認し，手順に従って施工を行う．

（2）　プレキャスト製品は，設計図書に示される構造物の出来形を確保できる精度で組み立てる．

【解　説】　（1）について　プレキャスト工法では，構造物に作用する荷重が施工の段階ごとに異なり，架設時と完成時では，プレキャスト製品の応力状態が異なる．施工においては，コンクリートに有害なひび割れ，損傷または変形を生じさせず，作業の安全性を損わないように，設計時に定めた施工順序に従って架設を行わなければならない．

プレキャスト PC 製品では，製品の自重を考慮したプレストレスが与えられているため，設計図書と異なる架設を行うと，想定より大きな応力が発生する等，有害なひび割れの発生や，場合によっては破壊に至る場合があることに注意が必要である．なお，やむを得ず設計時と異なる方法で架設を行わなければならない場合は，施工計画の段階で，安全に施工が行えること，また，構造物の安全性，使用性および耐久性に問題がないことを確かめなければならない．

架設に先立ち，プレキャスト製品が設計図書に示された位置に設置できることを，測量を行って確認し，プレキャスト製品を設置するための軸方向と横方向に基準線を設定する．また，施工の各段階で所定の安全性と作業性が得られる足場，および，架設時（組立完了前）における施工精度の確保や変形防止のための支保鋼材（変形抑止材等）を計画する．**解説 写真 7.3.1** に，足場の例を示す．さらに，プレキャスト製品間に設置するシール材のラップ位置を設定するとともに，架設後に地震等の作用によって，プレキャスト製品が横ずれや落下しない対策を講じる．

解説 写真 7.3.1　足場の例

解説 写真 7.3.2　架設の例

（2）について　プレキャスト製品を用いて施工が行われるプレキャスト工法では，各プレキャスト製品の組立精度が，他の製品の組立精度に影響を与える．したがって，プレキャスト製品ごとに，その位置，傾き，高さ等を管理する必要がある．プレキャスト製品ごとの組立精度は，設計図書に示される構造物の出来形の精度を確保できるように，管理基準を設けて確認する．管理基準の検討に際しては，構造物の形式や架設および設置等の施工の難易度を考慮する必要がある．必要に応じて仮組立を実施して確認する等，出来形の精度に支障がないように配慮しなければならない．**解説 写真 7.3.2** に架設の例を示す．

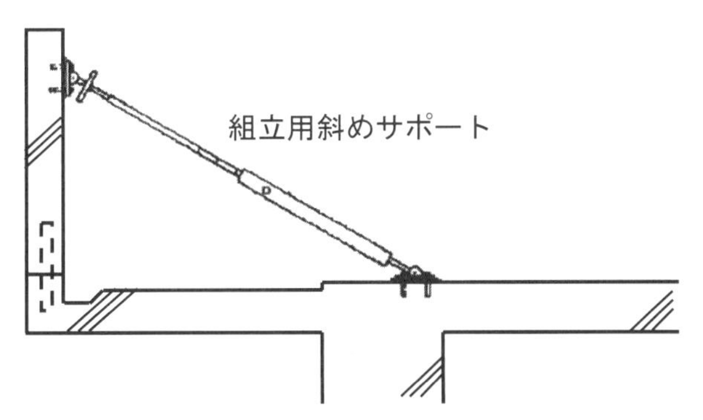

解説 図 7.3.1　組立用斜めサポートの例

組み立てられた精度は，接合の工程が終了するまで確実に維持されなければならない．柱や壁部材等の垂直方向に施工される組立では，基準墨に脚部を正確に合わせ，プレキャスト製品が垂直になるように，**解説 図 7.3.1** に示されるような組立用斜めサポートで調整し，移動しないように仮固定する．床版は，はり部材のレベル高さを確認し，床版製品が相互に目違いが生じないように調整する．

7.4　接　　合

7.4.1　接合に用いる材料

プレキャスト製品の接合に用いる材料は，接合方法ごとに適した品質のものを用いる．

【解　説】　プレキャスト製品の接合に用いるコンクリート，モルタルおよび接着剤等は，接合部の施工条件に適したものを用いる．

プレキャスト製品をプレストレスによって接合する場合等，製品同士を密着させて接合する場合には，水密性の観点から樹脂系の接着剤を用いる．プレキャスト製品の接合に用いる接着剤には，エポキシ樹脂系とアクリル樹脂系があり，JSCE-H 101「プレキャストコンクリート用樹脂系接着剤（橋げた用）品質規格（案）」を満足するものの中から，設計で定めた接合方法に適する品質のものを使用する．エポキシ樹脂系接着剤は，主剤と硬化剤の 2 液を混合するものと，大気中あるいはコンクリート中の水分を介して硬化する湿気硬化タイプの 1 液のものがある．これらの製品は，可使時間や硬化時間に差はあるが，硬化したエポキシ樹脂の性能には大きな違いはない．接着剤の取扱いは，安全データシート（SDS）に従って安全対策を講じる．

コンクリートまたはモルタルを用いてプレキャスト製品を接合する場合は，プレキャスト製品の BFS コンクリートと同等以上の品質のコンクリートまたはモルタルを用いる．なお，輪荷重の作用等を受ける構造物においては，プレキャスト部と接合部の境界に不連続なひび割れが生じないよう，接合部の現場打ちコンクリートは，ヤング係数がプレキャスト部の BFS コンクリートに近いものを用いる．

接着剤は，変質したり，不純物が混入するのを防ぐために，冷暗所に荷姿のまま保管し，使用直前に開栓する．また，製造後長期間経過すると，材料分離したり，缶の錆が混入したりすることがあるので，接着剤の有効期間が過ぎたものや，一度開栓したもの等，品質が変化した可能性のあるものは使用しない．

7.4.2　プレストレスによる接合

（1）　プレキャスト製品の接合面のレイタンス，ごみ，油等は，確実に取り除く．

（2）　プレキャスト製品は，接合作業中および緊張中にずれやねじれが生じないよう設置する．

（3）　ダクトの接合部から，プレキャスト製品の接合に用いるコンクリート，モルタルまたは接着剤がダクト内に流入したり，独立して隣接するダクト同士が連通しないように，ダクトを設置する．

（4）　緊張には，正確にプレストレスを与えることができるジャッキを使用する．

（5）　水や塩化物イオンの浸入が想定される接合目地には，防水処理を行う．

【解　説】　（1）について　プレキャスト製品の接合面の品質が確保されるように，緩んだ骨材，品質の悪いコンクリートがあるプレキャスト製品は受け取らない．また，接合面にレイタンスや型枠の剥離剤，部材の運搬や保管中に付着したどろや油等は，接合作業の前にワイヤブラシ等を用いて取り除く．シースのめくれ等のわずかな凹凸は，接合が完全になるように取り除く．

接着剤を用いて接合するプレキャスト製品は，雨水等によって接合面が濡れないよう保管する．接合時には，接着剤が接着力を十分に発揮できる程度に接合面の BFS コンクリートが乾燥状態にあることを確認する．接合面に水分の付着が認められる場合は，接合面を乾燥させるために，BFS コンクリートの品質を低下させるほど，過度の熱を与えてはいけない．なお，接着剤には，十分な接着力と劣化に対する抵抗性があり，温度，作業時間等の施工条件に最も適したものを選定する．主剤と硬化剤を混合する接着剤の計量は，所定の混合比となるよう正確に計量する．練混ぜは，少量の場合を除き，機械練りとし，1 回に練り混ぜる量は可使時間を考慮して定める．接着剤は，塗り残しがないように，均一な厚さに，手早く，入念にできるだけ薄く塗布する．作業にあたっては，ゴム手袋をする等，皮膚に直接ふれないよう安全に十分注意する．接着面を仮接合したあとは，引張応力が作用しないように接着剤が硬化するまで適度な圧縮応力を与える．接合面の温度が低い場合は保温養生を行う．また，接着剤が硬化するまで，降雨に備えて接合部をシートで覆う．

コンクリートまたはモルタルを接合材料として用いる場合は，十分な接着力が得られるよう，接合面の BFS

コンクリートは十分に吸水させ湿潤な状態にしておくか，吸水防止用のプライマーや打継用の接着剤を用いる．コンクリートまたはモルタルは，接合部のシースが破れたり，外れないよう，打込みと締固めを行う．

（2）について　接合のために，一時的に部材を支持するための支保工は，接合作業中に作用するプレキャスト製品の荷重および仮設機械等の荷重に対して十分耐える構造とするとともに，緊張によるプレキャスト製品の弾性変形等の変位に対しても十分に耐えられる構造とする．セグメントを用いて片持ばりを施工する工法等では，部材の設置精度が構造物全体の形状および寸法の精度に与える影響が大きく，特に基準となる第一番目の部材を正確に設置することが重要となる．プレキャスト製品の接合面の密着性を確保し，断面やダクトを正確に一致させるために，プレキャスト製品の接合に用いる架台は，位置の微調整ができる構造とする．また，緊張中に接合面がずれたり，ねじれたりしないよう，プレキャスト製品は確実に支持する．

（3）について　緊張材の挿入および PC グラウトの注入の妨げにならないよう，プレキャスト製品を接合した直後に，接合に用いた材料がダクト内に流入していないことを確認し，流入が認められる場合には速やかに取り除く．また，隣接するダクト間が，接合に用いた材料で充填されていることを確認する．

（4）について　設計図に示された組立および緊張の順序は，施工の各段階における各部材の応力状態や，緊張による不静定力等を考慮して定めたものであり，遵守しなければならない．緊張作業には，正確にプレストレスを与えることができるジャッキを使用しなければならない．ジャッキは，用いる前にキャリブレーションを行わなければならない．使用中も，ジャッキに衝撃を与えたと思われる時だけでなく，定期的なキャリブレーションの実施が必要である．これらのキャリブレーションの結果は，記録して残す．緊張は，緊張材に与えられる引張力が所定の値を下回らないように，緊張材 1 本ごとに緊張管理を行う．一つの接合面に数本の緊張材が配置される場合は，緊張材 1 本ごとの管理のほか，緊張材を組に分けた管理も行う．摩擦係数および緊張材の見掛けのヤング係数は，現場において試験により求めることを原則とする．

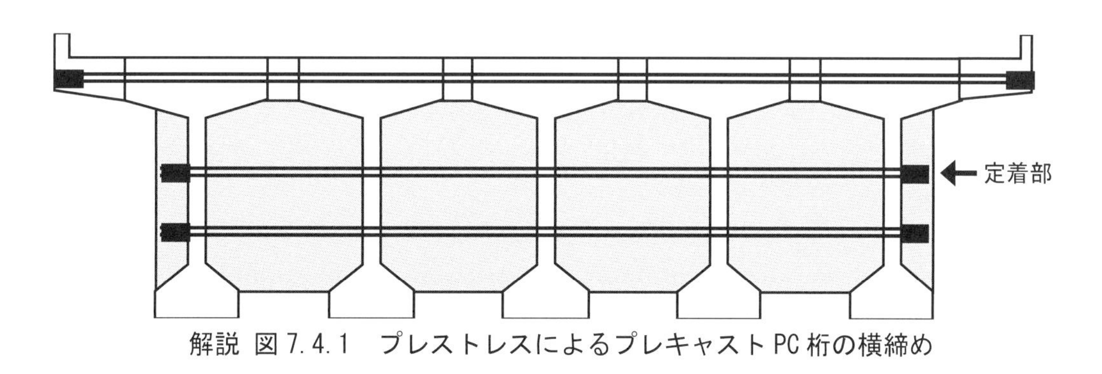

解説 図 7.4.1　プレストレスによるプレキャスト PC 桁の横締め

プレストレスによる接合の例として，**解説 図 7.4.1** に桁の横締めを示す．複数の桁を連結する横締めでは，部材に均等にかつ確実にプレストレスが導入されるように，一度に所定の緊張力を導入するのではなく，数回に分けて段階緊張を行うのがよい．なお，横締めの緊張を行う際には，現場打ちコンクリートの圧縮強度が，緊張直後にコンクリートに生じる最大圧縮応力度の 1.7 倍以上であること，および，緊張時の定着部付近のコンクリートが，定着により生じる支圧応力度に耐える強度以上であることを確認する．また，緊張作業に先立ち，ジャッキのキャリブレーション後，緊張材の緊張の管理に用いる摩擦係数および緊張材の見かけのヤング係数を求める試験を実施し，荷重計の示度と PC 鋼材の抜出し量の測定値との関係を求める．緊張は，各桁ともできるだけ同一強度の時期に行う．緊張材の緊張力は，それぞれの桁のコンクリートの弾性変形および緊張を行う順序を考慮に入れて定める．緊張の順序，緊張力，緊張材の抜出し量，緊張の日時およびコンクリートの強度等の記録は保管し，発注者からの求めに応じて速やかに提示する．緊張後の緊張材の切断は，機械的手法により行い，定着部を錆から防ぐために，防水性，付着性および耐アルカリ性を有する材料で後埋めする．

解説 写真 7.4.1　プレキャスト RC ボックスカルバートのプレストレスによる接合の例

プレキャスト RC ボックスカルバートをプレストレスにより接合する例を，**解説 写真 7.4.1** に示す．プレキャスト製品の断面にプレストレスが設計どおりに導入されるためには，接合される断面同士の平坦性，垂直度ならびに鉛直度の精度が重要である．接合断面の表面の不陸による応力集中，接合のずれ，さらには，接合の開きが生じないことも必要である．プレストレスの導入に伴い，弾性変形が生じ，さらにはクリープによる変形も発生する．PC 鋼材の緊張は，これらの変形量を把握し，PC 鋼材とシース間の摩擦のばらつき，引張装置および定着具における摩擦のばらつき，PC 鋼材の見掛けのヤング係数のばらつき，測定値の読取り誤差，荷重計の誤差等を考慮に入れ，**解説 図 7.4.2** に示すような管理範囲を定め管理する．

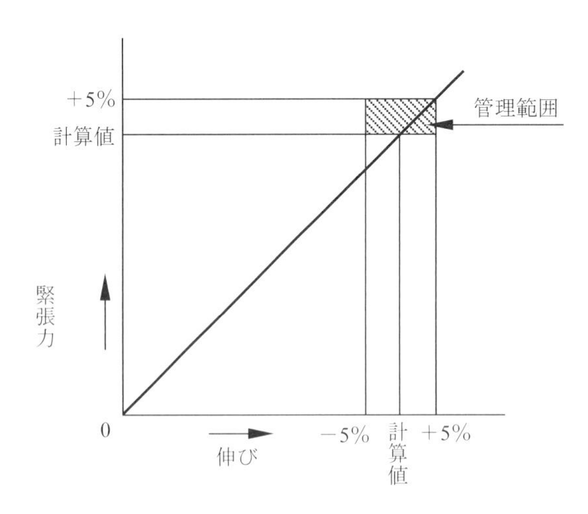

解説 図 7.4.2　緊張力と伸び量の管理図

（5）について　接合目地は，水や塩化物イオンの浸入経路となりやすい．そのため，雨水や凍結防止剤の散布の影響を直接受ける橋梁の橋面等の緊張材が貫通して配置されている接合目地には，防水処理を施す必要がある．

7.4.3　プレストレス以外による接合

（1）　鉄筋の継手は，重ね継手，圧接継手，溶接継手または機械式継手を用いる．

（2）　コンクリートまたはモルタルを用いる接合では，プレキャスト製品の接合面を十分に吸水させ，接合部に打ち込むコンクリートまたはモルタルが，接合部全体にゆきわたり，接合面と密着するよう，打込みと締固めを行う．

（3）　接合部に用いた鋼材や取付け部品類は，腐食しないよう保護する．

【解　説】　（1）について　プレキャスト製品の接合部において，重ね継手，ガス圧接継手，溶接継手および機械式継手を用いる場合は，施工要領書に従って確実に施工する．これらの継手をプレキャスト製品の接合に用いる場合は，鉄筋の配置精度が重要となる．したがって，プレキャスト製品の受入れ時に，継手となる鋼材の材質，径および配置がプレキャスト製品の規格どおりであることを確認するとともに，プレキャスト製品を正しい位置に設置する必要がある．

重ね継手では，重ね継手の重合わせ長さが，鉄筋直径の20倍以上あることを確認する．なお，水中で用いられる構造物の場合は，重合わせ長さが，鉄筋直径の40倍以上あることを確認する．圧接継手や溶接継手の施工にあたっては，所要の品質管理体制を有する専門業者が実施し，有資格者が作業し，第三者性と必要な能力を有する者が検査を実施する必要がある．機械式継手の施工にあたっては，圧接継手や溶接継手のような特別な技量を必要とはしないが，適切な知識を有することが確認された者が作業する必要がある．機械式継手は，挿入長さの不足等の不適切な施工が実施されると，容易に継手の不良が生じる上，施工後の検査で不良の有無を確認することが困難であるため，施工プロセスにおける管理が重要となる．なお，継手の施工および検査に関する資格者や会社の認定は，日本鉄筋継手協会が実施している．

(a) ねじ節鉄筋継手の例

(b) モルタル充填継手の例

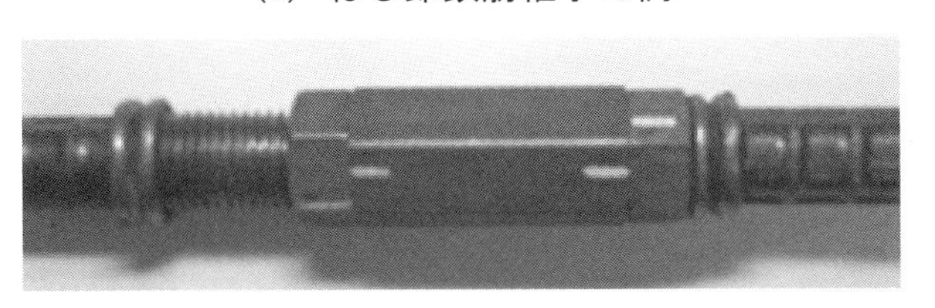

(c) 端部ねじ加工継手の例

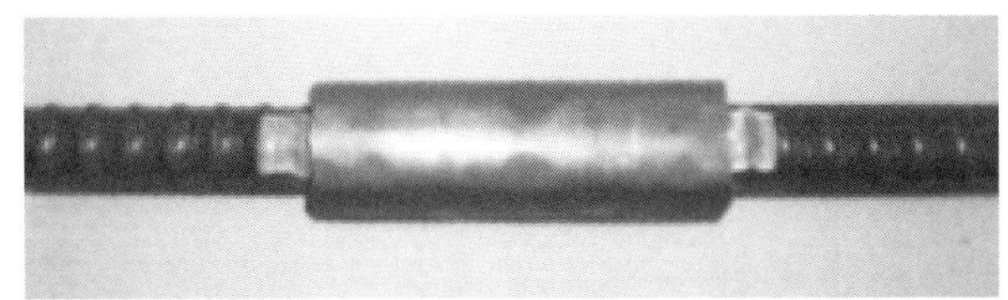

(d) 鋼管圧着継手の例

解説 写真 7.4.2　機械式継手の例

機械式継手には，**解説 写真 7.4.2** に示すねじ節鉄筋継手，モルタル充填継手，端部ねじ加工継手，鋼管圧着継手等がある．ねじ節鉄筋継手は，鉄筋の製造段階で，鉄筋表面の節がねじ状に形成された異形鉄筋を，内部にねじ加工されたカプラーによって接合する工法で，鉄筋とカプラーの隙間にグラウト材を注入して固定する．モルタル充填継手は，継手部に挿入した内部がリブ加工されたスリーブと鉄筋との隙間に高強度モルタルを充填して接合する．端部ねじ加工継手は，鉄筋の端部に摩擦圧接等により接合したねじを相互に突合せ，長ナットによって接合したのち，長ナットの両端を固定ナットで締め付けて一体とする．鋼管圧着継手は，異形鉄筋を継手部に挿入した継手用スリーブを，冷間で油圧により鉄筋の節部に圧着して接合する．

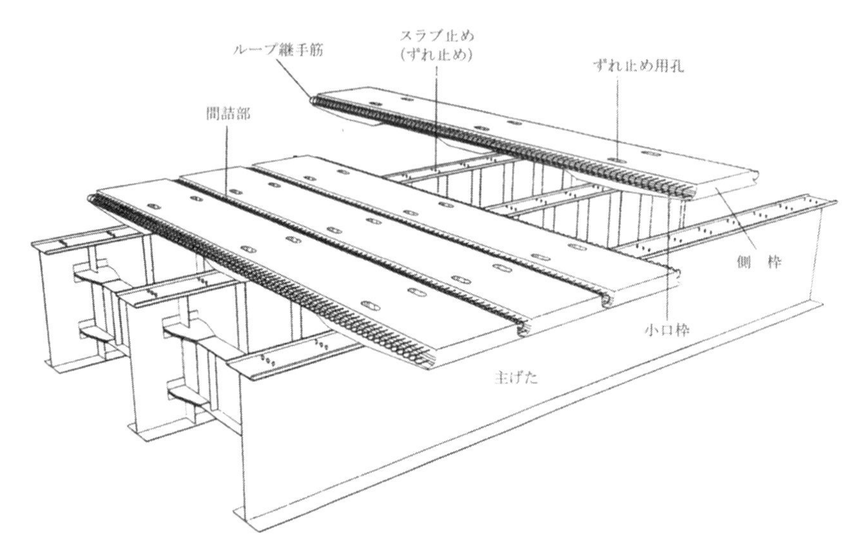

解説 図7.4.3　プレキャストPC床版の接合の例

（2）について　解説 図7.4.3に，プレキャストPC床版の接合の例を示す．直鉄筋の重ね継手では，鉄筋の引張力は，それぞれの鉄筋がコンクリートとの付着力を介して伝達される．これに対して，床版の接合では，解説 写真7.4.3に示すループ継手および機械式定着を併用した重ね継手等が用いられる．ループ継手は鉄筋の付着力とループ部の支圧力の複合作用で応力を伝達する．ループ継手のループ部は，制限以内の加工半径であることを確認することが重要である．機械式定着を併用した重ね継手は，鉄筋の付着力と鋼製バンド部の支圧力の複合作用で応力を伝達する．機械式定着を併用した重ね継手は，重ね継手部が鉄筋径に対して十分な長さがあることを確認することが重要である．機械式定着を併用した重ね継手は，鉄筋の付着力と支圧力との複合定着となっており，鉄筋の先端に取り付けられた鋼管が支圧面として抵抗するために重ね継手に比べて鉄筋の継手長を短くできる特長がある．また，この継手には，鋼管が薄肉のため鉄筋のかぶりの増加が少ないこと，鋼管部の支圧により応力分布の範囲が広くなり継手の際に隣り合う鉄筋の間隔を開くことができること等の特長がある．

(a)　ループ継手の例

(b)　機械式定着を併用した重ね継手の例

解説 写真7.4.3　接合方法の例

これらの接合がコンクリート構造物の弱点とならないためには，接合面が粗なBFSコンクリートの表面を十分に水で湿らせた後に，現場打ちコンクリートを打ち込む必要がある．なお，接合面の粗度が十分でない場合は，ワイヤブラシで表面を削るか，チッピングを行うか，または，表面にサンドブラストを行った後に水で洗うと粗度を上げられる．接合部にコンクリートを打ち込む前に，型枠の組立て状態，配筋，先付部品の取付け状態等を確認する．また，打込み箇所を清掃し，異物を取り除き，散水して型枠やコンクリートを湿潤状態とする．散水後の余剰な水は，高圧空気等によって取り除く．打込み箇所は，打ち込むコンクリートの量，接合部の形状，配筋状態を考慮し，隅々までコンクリートが確実に行き渡る箇所を選定する．締固めは，棒状振動機や型枠振動機等を用いて密実に締め固める．天端面は，型枠の上端または定規に沿って金ごてで入念に仕上げる．接合用の金具が埋め込まれる部分は，接合用の金具の裏側に空隙が生じないように注意する．現場打ちした接合部のコンクリートまたはモルタルは，プレキャスト製品のBFSコンクリートと同程度の品質が得られるよう，脱型後は湿潤養生を実施する．

解説 写真7.4.4　プレキャスト埋設型枠を用いた施工の例

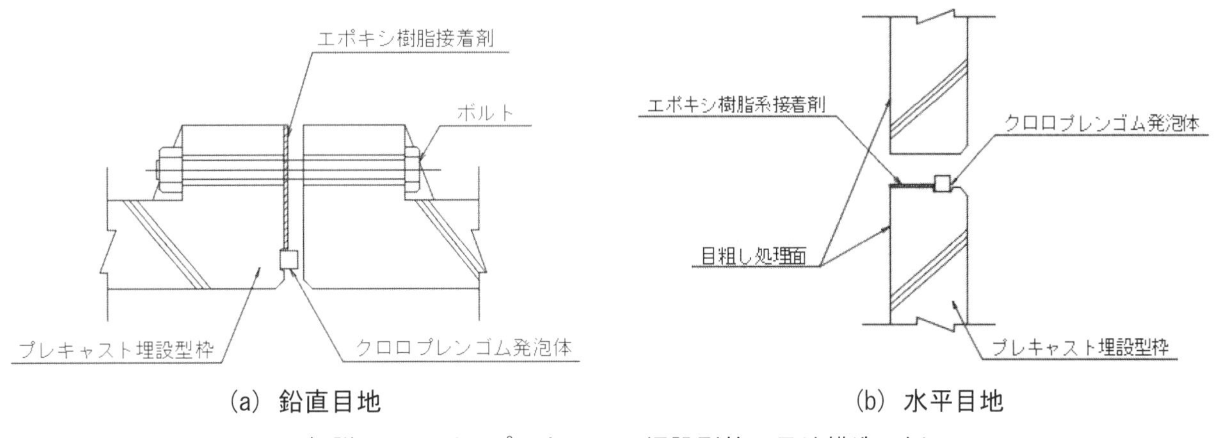

(a) 鉛直目地　　(b) 水平目地

解説 図7.4.4　プレキャスト埋設型枠の目地構造の例

(3)について　**解説 写真7.4.4**に，樹脂系接着剤を用いて接合されるプレキャスト埋設型枠の例を示す．プレキャスト埋設型枠の鉛直目地には，**解説 図7.4.4(a)**に示すように，止水材として発泡ゴム（クロロプレンゴム）が設置され，接着強度の高いエポキシ樹脂系接着剤を塗布した後，埋設型枠端部に設けられたリブ同士がボルトで連結される．プレキャスト埋設型枠を函体（1段分）に組み立てるための接合は工場で施工され，**解説 写真7.4.5**に示すように，内側に所定の鉄筋を配筋した後，施工現場に運搬される．なお，函体への組立は設計図書に示される橋脚の出来形を満足するために，**解説 写真7.4.6**に示すような組立ガイドを用い，プレキャスト埋設型枠の鉛直を調節しながら行う．現場での上下のプレキャスト埋設型枠の接合は，**解説 図7.4.4(b)**に示すように，発泡ゴム（クロロプレンゴム）とエポキシ樹脂系の接着剤を用いて接合される．プレキャスト埋設型枠（函体）の鉛直精度を確保するために，最下段の函体はレベル調整ボルト等を用いて高い設置精度を確保する．また，2段目以降の函体設置後に，トランシットを用いて鉛直精度を確認して精度調整を行う．

解説 写真7.4.5　プレキャスト埋設型枠函体への配筋の例

解説 写真7.4.6　プレキャスト埋設型枠函体の組立ガイドの例

プレキャスト製品より突出した鋼材を各々溶接またはボルト締めにより接合するシールドのセグメント等では，接合部にコンクリートもしくはモルタルを打ち込まないことにより，型枠や養生を必要としない利点はあるが，プレキャスト製品の製造時および接合時に，高精度な寸法管理や設置管理が必要となる．また，鋼材や取付け部品類は，防錆処理等を行い，腐食しないよう保護する必要がある．鋼材や取付け部品類の腐食を防ぐには，セメントペーストを塗ったり，高分子材料の被膜で包んだりする方法がある．いずれを用いる場合も，BFSコンクリートとの付着を阻害するものは完全に除去する．

7.5　防水工のための準備

コンクリート工事の施工者は，防水工に適した下地処理が行えるコンクリート表面とし，防水工事の施工者に構造物を引き継ぐ．

【解　説】　防水工は，コンクリート工事の終了後に施工され，コンクリート工事の施工者とは別の施工者が施工する場合が多い．このため，コンクリート工事の施工者は，施工計画段階において防水工事に適用される防水工法を確認するとともに，防水工事の施工者と連携し，それぞれの施工計画を立てる必要がある．

一般に，防水材の施工は，下地処理（素地調整），清掃，プライマーの施工が行われる．広い面積に防水工事が行われる床版のような場合には，太陽の日射による熱で温められたコンクリートから水分が蒸発し，防水層を持ち上げるブリスタリング現象を起こす．このため，プライマーの施工において，コンクリートの表面の水分量が多い場合，防水工事の施工者は，ブリスタリング現象を生じさせず，また，防水材との付着を高める目的で，強い熱でコンクリート表面を乾かすことがある．コンクリート工事の施工者は，防水工事によってBFSコンクリートの品質が低下しないよう，防水工事を行う範囲のコンクリートの表面を適用される防水工法に適した状態が保たれるよう，防水工事の施工者に構造物を受け継がなければなければならない．例えば，汚れ防止のためにブルーシートを**解説 写真7.5.1**のように設置する場合もある．また，床版と床版防水層との接着性に悪影響を及ぼすレイタンス，被膜養生剤等は確実に除去し，接合部等での段差，ひび割れや豆板等は，工事の発注者と協議した上で，防水工事が始まるまでに，無溶剤樹脂や樹脂モルタル等で補修しておく必要がある．

解説 写真7.5.1　プレキャストPC床版の養生の例

ボックスカルバートのようなプレキャスト製品の接合目地では，構造体の内部空間へ水の浸入が少なく，防水工の必要性がない場合は，モルタルで充填されることが多いが，地下水の影響を受ける場合は，シーリング材で充填されたり，接合部にブチルゴムや水膨潤ゴムを貼り付け，製品を引き寄せてゴムを圧縮し密着させたり，接合部に伸縮ゴムを後固定する場合がある．

(a) 樹脂を用いた止水の施工

(b) 樹脂による止水を行った目地

解説 写真7.5.2　プレキャスト製品の接合部の樹脂による止水の例

さらに地下水位が高い場合や，構造体の内部空間への水の浸入をより確実に防止する必要がある場合には，接合部にブチルゴムや水膨潤ゴムを貼り付け，製品を引き寄せてゴムを圧縮し密着させる工法が採用されることがある．また，ブチルゴムやポリウレア樹脂等を接合部の周辺に貼り付ける工法もある．ブチルゴムを用いる工法では，接合部の外側にブチルゴムシートを貼り付け，外部から浸水を防止する．**解説 写真7.5.2**

に示すように樹脂を用いる場合は，プレキャスト製品の内側から，接合部周辺のコンクリートにプライマーを施工した後，樹脂が接合部に塗布される．なお，接合部に伸縮ゴムを後固定する工法によって施工された接合部は，止水性だけでなく，大きな可とう性を持ち，耐震性に優れる特長がある．

7.6　施工の記録

（1）　施工者は，施工計画に基づき，適切な施工管理を行い構造物が施工された記録を残す．

（2）　施工の記録は，あらかじめ協議により定めた項目について発注者に提出する．

【解　説】　（1）について　構造物を設計図書どおりに，工期内に，適切に，正確に，経済的かつ安全に施工するために，工程管理，品質管理，出来形管理，原価管理および安全管理が行われる．これらの管理を行った記録は，施工の記録として残す．なお，出来形管理に関しては，各発注機関の土木工事施工管理基準等における規格値を満足するように施工者が自ら定めた管理基準値も，ともに記録に残す．

工程管理では，当初計画の工程に対する実際の工程と，工期に影響を及ぼす想定外の事態が生じた場合には，その原因究明の結果とそれに対して講じた対策を記す．品質管理では，設計図書に示された品質を満足する構造物を造るために作成された，品質管理計画書に基づく品質管理の記録を残す．構造物の出来形管理では，構造物の出来形が，設計図書に示された形状寸法の規格値を満足するように，施工の順序に従い，直接，構造物の形状寸法，基準高，延長方向の中心線からのずれ等を測定して記録する．また，地中埋設物等，施工後に確認できない箇所の出来形や数量等，および施工段階ごとの進行過程は，あらかじめ定めた撮影基準に則って，撮影記録を残す．出来形の管理において異常があった場合には，その原因を調査した結果およびそれに対する是正処置を記録する．原価管理では，工事が予定原価を超えることなく進むよう管理された結果を記録に残す．安全管理では，適正な工期，工法，費用の下に安全に施工が実施された記録を残す．

一般土木工事においては，共通仮設費等の間接工事費や一般管理費の算定は，直接工事費に率を乗じて算出される．その率は，橋梁の施工に用いられるプレキャスト製品を除いて，現場打ちコンクリートを用いた施工もプレキャスト製品を用いた施工も同率である．したがって，工事の価格は，事実上，直接工事費で決まる．プレキャスト製品を用いた施工では，プレキャスト製品の購入費とプレキャスト製品の据付工事費等が直接工事費に該当する．プレキャスト製品の購入費にはプレキャスト製品を製作する工場の間接経費が含まれるため，プレキャスト製品を用いるか現場打ちコンクリートを用いるかを単純に比較すれば，直接工事費は，プレキャスト製品を用いた方が高くなる．

プレキャスト製品を用いた施工が採用されるためには，工程管理，出来形管理，品質管理および安全管理の記録を基に，工期短縮効果や現場作業の省力化，品質管理の低減効果等を分析し，その利点を数値化する等の工夫が必要である．また，場所打ちコンクリートと比較してコストが高いと言われるプレキャスト製品を用いた施工が普及するためには，原価管理の記録に基づき，型枠の転用回数の増加による型枠費削減の可能性，および施工の作業が，単純化，自動化，機械化できる工法の開発の可能性等を，施工者も検討することが大切である．施工の記録は，施工者にとっては，発注者との契約に基づき施工を行い，所要の品質を満足する構造物であることを証明するものでもあるが，施工の記録を活用することで，今後の施工が改善され，施工者の技術力の向上につながる．施工者は，工事を終えた後も施工の記録を長く保存することが望ましい．

（2）について　施工者から発注者へ引き渡す記録内容は，あらかじめ両者間の契約段階で明確にし，施工計画に反映させておく．なお，施工に携わった技術者の役割と立場とを明確にするために，書類にはそれそれの業務を実施した者の会社，氏名等が明記されていることが望ましい．

8章　品質管理

8.1　一　　般

（1）　BFSコンクリートを用いたプレキャスト製品の製造者は，JIS Q 1001「適合性評価－日本工業規格への適合性の認証－一般認証指針」および JIS Q 1012「適合性評価－日本工業規格への適合性の認証－分野別認証指針（プレキャストコンクリート製品）」に従い品質管理を行う．

（2）　施工者は，設計図書に示されたコンクリート構造物を構築するために，施工の各段階において適切な品質管理を行うための品質管理計画を立てる．

（3）　品質管理の記録は，製造したプレキャスト製品の品質保証や施工した構造物の維持管理，ならびに，将来の製品の製造やそれを用いた施工における品質管理に活用できるように，あらかじめ方法と期間を定めて保存する．

【解　説】　（1）について　BFSコンクリートを用いたプレキャスト製品の製造者は，登録認証機関の認証に係わるJISに規定する設備を用いて製造を行う．また，製造工場は，品質管理のために，登録認証機関の認証に係わるJISに規定する検査設備を有し，登録認証機関の認証に係わるJISに規定される検査方法による検査を，製造工程の各段階で実施する．品質管理は，以下の項目が整備された社内規格に基づき実施する．

1)　プレキャスト製品の品質，検査および保管に関する事項．
2)　BFSコンクリートの製造に用いる材料（以下，使用材料と呼ぶ），鋼材および取付け部品類の品質，検査および貯蔵に関する事項．
3)　製造工程ごとの管理項目およびその管理方法，品質特性およびその検査方法と作業方法に関する事項．
4)　製造設備および検査設備の管理に関する事項．
5)　製造，検査または管理の一部を外部の者に行わせている場合における当該発注に関わる管理（以下，外注管理と呼ぶ）に関する事項．
6)　苦情処理に関する事項．

なお，製造工程の管理では，製造および検査が，製造工程ごとに社内規格に基づき適切に行われていること，製造工程が，作業記録，検査記録および管理図を用いる等必要な方法によって管理されていること，製造工程において発生した不適合品や製造工程で生じた不適合に対する処置および予防措置が行われていること，および作業の条件および環境が適切に維持されていることが求められる．

（2）について　施工者は，要求性能を満足するコンクリート構造物を構築するために，品質管理計画に基づいて品質管理を実施する．一般には，施工の当初は品質管理を頻繁に行い，品質の安定に伴い品質管理計画を柔軟に見直すことも合理的な施工を行う上では重要である．品質管理において，許容される管理限界を超える兆候が見られる場合は，その原因について調査し，対策を講じるとともに，品質管理計画を見直す必要がある．万一，異常が生じた場合は，作業担当者は，施工者側の責任技術者に直ちに報告する．施工者側の責任技術者は，施工を止め，不適当な範囲を明確にし，発注者側の責任技術者に速やかに報告し，適切な措置を講じる．

（3）について　品質管理の記録は，プレキャスト製品を用いて完成したコンクリート構造物が所要の品質が確保されていることを品質保証として証明するものである．また，品質管理の結果を基に，将来の製造や工事において品質の改善や不具合の防止等を図ることもできる貴重な資料である．そのため，製造者および施工者は，製造や工事を終えた後も，あらかじめ方法と期間を定めて，記録を保存する．

8.2　プレキャスト製品の品質管理

8.2.1　一　　般

プレキャスト製品の製造者は，製品の管理，使用材料，鋼材および取付け部品類の管理，製造工程の管理，設備の管理，外注管理，苦情処理等を社内規格に規定する．

【解　説】　プレキャスト製品の管理では，プレキャスト製品ごとに，種類，品質，形状，寸法，および寸法の許容差，配筋および配筋の許容差，製品の呼び方，プレキャスト製品に表示する種類または略号，購入者から要求があった場合に報告する事項を定める．

使用材料，鋼材および取付け部品類の管理では，これの製造者（または販売者）に要求する品質，受入れ検査の方法および貯蔵方法を定める．

製造工程の管理では，各製造工程で要求する管理項目およびその管理方法，品質特性およびその検査の方法ならびに作業の方法を定める．製造者の責任において実施されるかぶりの検査や最終検査は，検査頻度および判定基準にその根拠が必要である．製造工程は，鉄筋の加工組立の工程，PC 鋼材の配置および緊張の工程，シース設置の工程，型枠組立の工程，BFS コンクリートの製造の工程，打込みの工程，締固めの工程，脱型までの養生の工程，脱型の工程，プレストレス導入の工程，仕上げの工程，表示の工程，出荷までの養生の工程，プレキャスト製品の保管の工程，出荷の工程等に分類する．

設備の管理では，製造設備および検査設備に関して，点検箇所，点検項目，点検周期，点検方法，判定基準，点検後の処置，設備台帳等の管理方法を定める．管理方法を定める主要な製造設備には，使用材料の貯蔵設備，型枠，材料計量装置，ミキサ，鋼材の加工組立設備，緊張装置，打込み設備，成形機，養生設備，製品運搬設備および製品置場が挙げられる．検査設備には，骨材試験用器具，コンクリート試験用器具および機械，プレキャスト製品の性能試験設備等が挙げられる．検査設備は，校正をして用いるものを明確化し，校正が無効にならない対策等を示す．

外注管理では，型枠や組み立てた鋼材等の製造を委託するもの，製造工程の外注，試験の外注および設備の管理における点検，修理，校正等の外注について定める．外注品の受入れに当たっては，外注品受入れ検査規格等を具体に規定する．製造工程の外注では，外注先の選定基準，外注内容，外注手続きの方法，管理基準および試験結果の処置を定める．試験の外注では，外注先の選定基準，外注内容，外注手続きの方法および試験結果の処置を定める．設備の管理における点検，修理，校正等の外注では，外注先の選定基準，外注周期，外注内容，外注手続きの方法および事後の処置を定める．

苦情処理では，苦情処理に関する系統およびその系統を構成する各部署の職務分掌，苦情処理の方法，苦情原因の解析および再発防止のための措置方法および記録票の様式とその保管方法を定める．苦情処理は，JIS Q 10002「品質マネジメント－顧客満足－組織における苦情対応のための指針」を参考にするとよい．

8.2.2　設　　備

プレキャスト製品の製造者は，BFS コンクリートを用いたプレキャスト製品の品質を確保するのに必要な性能および精度を有する製造設備および検査設備が所定の機能を発揮するように定期的に点検する．

【解　説】 プレキャスト製品の製造者は，製造設備の性能を保持するための点検および修理に関する基準，検査設備の精度を保持するための点検および校正に関する基準を社内規格に定める．型枠は，所定の形状および寸法があり，繰返し使用することを想定し，管理規定を設け管理台帳に基づき点検する．材料計量装置は，それぞれの使用材料用の計量器の精度を確認する．JIS Q 1012 では，これ以外の製造設備の具体な管理方法に定めはなく，工場ごとに定めることになっている．これに対して，JIS Q 1011「適合性評価－日本工業規格への適合性の認証－分野別認証指針（レディーミクストコンクリート）」では，骨材の貯蔵設備，材料計量装置，計量印字記録装置，ミキサに関する管理方法が，**解説 表 8.2.1** のように示されている．

解説 表 8.2.1　JIS Q 1011 における製造設備の管理方法

製造設備	試験方法	頻度（時期）	判定基準
骨材の貯蔵設備	日常管理ができる範囲内に設置（高強度コンクリートを製造する場合は，上屋を設置）	毎　日	管理の限度以内
材料計量装置	分銅，電気式構成器等による静荷重検査（分銅以外の標準器を使用する場合は，その標準器は，国公立試験機関の検査を 1 回以上／2 年に受けたもの）	1 回以上／6 ヶ月	標準器の質量と計量器の指示値の差が使用公差内
計量印字記録装置	計量値と印字記録値の比較	1 回以上／12 ヶ月	工場ごとに取決めた公差以内
ミキサ	JIS A 1119「ミキサで練り混ぜたコンクリート中のモルタルの差及び粗骨材量の差の試験方法」	1 回以上／12 ヶ月	モルタルの単位容積質量差：0.8%，単位粗骨材量の差：5%

解説 表 8.2.2 に，検査設備のうち，コンクリートの試験用器具および機械に関して管理項目となっている設備名を JIS Q 1011 と JIS Q 1012 を比較して示す．試し練り試験器具やミキサの練混ぜ性能試験用器具は，JIS Q 1012 では，管理項目ではないが，BFS コンクリートの性能の目標値を定めるため，また，安定した品質の BFS コンクリートを製造するために，これらの試験器具は，管理規定を社内規格に定め，適切に管理する必要がある．

JIS Q 1012 では，プレキャスト製品の性能試験設備として，曲げ試験設備，せん断試験設備，圧縮試験設備，内圧試験設備，透水性試験設備，保水性試験設備，配筋測定設備，寸法測定器具について工場ごとに管理方法を定めることが示されている．配筋測定設備には，非破壊検査設備，破壊試料による測定設備または打設前配筋による測定設備が含まれる．プレキャスト製品の型式検査で行う試験は，外部に依頼することが許されているが，最終検査および受渡検査に係わる試験設備は，必ず保有することが義務づけられている．

解説 表8.2.2　コンクリートの試験用器具および機械の管理項目

<table>
<tr><th colspan="2">設　備</th><th rowspan="2">JIS Q 1011</th><th rowspan="2">JIS Q 1012</th></tr>
<tr><th>JIS Q 1011での表記</th><th>JIS Q 1012での表記</th></tr>
<tr><td>試し練り試験器具</td><td>—</td><td>○</td><td>—</td></tr>
<tr><td>圧縮強度試験機</td><td>供試体圧縮試験機</td><td>○</td><td>○</td></tr>
<tr><td>供試体用成形器具（高強度コンクリート製造している場合は，研磨機も管理）</td><td>供試体成形器具（コンクリートのコンシステンシーの程度によっては適切な供試体成形機を含む）</td><td>○</td><td>○</td></tr>
<tr><td>—</td><td>供試体コア抜取装置</td><td>—</td><td>○</td></tr>
<tr><td>空気量測定器具</td><td>空気量測定器具（AE コンクリートに適用）</td><td>○</td><td>○</td></tr>
<tr><td>塩化物含有量測定器具（装置）</td><td>塩化物イオン濃度試験器具</td><td>○</td><td>○</td></tr>
<tr><td>スランプ測定器具</td><td rowspan="2">コンクリートのコンシステンシー測定器具（スランプ測定器具，VC 等試験器具，スランプフロー試験器具等）</td><td>○</td><td rowspan="2">○</td></tr>
<tr><td>スランプフロー測定器具</td><td>○</td></tr>
<tr><td>容積測定装置・器具</td><td>—</td><td>○</td><td>—</td></tr>
<tr><td>ミキサの練混ぜ性能試験用器具</td><td>—</td><td>○</td><td>—</td></tr>
<tr><td>恒温養生水槽</td><td>供試体養生設備</td><td>○</td><td>○</td></tr>
</table>

8.2.3　鋼材および取付け部品類

鋼材および取付け部品類は，社内規格に定めた品質を満足するものを受け入れる．

【解　説】　プレキャスト製品の製造者は，JIS マーク品の鋼材を購入している場合は，入荷の都度，JIS マークを確認することで鋼材の品質を確認する．一方，JIS マーク品以外のものは，1ヶ月に1回以上の頻度または入荷の都度，自工場での検査，鋼材製造工場の試験成績表または第三者試験機関の試験成績表によって鋼材の品質を確認する．なお，鋼材は，種類および寸法別に倉庫内に保管し，直接地上に置かないことを社内規格に規定し，適確に実施する．

組み立てた鋼材（半組立筋を含む）を使用する場合には，その形状，寸法（線径，鉄筋の間隔等），鉄筋の本数，堅固さ，および，使用する鋼材の品質を社内規格に定める．組み立てた鋼材に使用されている鋼材の品質は，1ヶ月に1回以上の頻度，または，入荷の都度，組み立てた鋼材の製造工場の試験成績表で確認し，形状および寸法等は，入荷の都度，仕様書（配筋設計図または配筋設計図書に基づく限度見本）によって，配筋図どおりに組み立てられていることをプレキャスト製品の製造者が検査する．

内張り材，接着剤，シール材，着色材料，石材，スペーサ，セグメント接合用部材，吊上げ具，接合具，足掛け金物具，反射板等の安全標識は，その種類，品質，形状，寸法および材料を社内規格に定める．内張り材は耐久性を，接着剤は接着性を，また，シール材は水密性および耐久性を社内規格に定める．シール材に水道用ゴムを使用する場合には，JIS K 6353「水道用ゴム」に規定されるもの，または同等以上の品質のものを使用する．スペーサにプラスチック製のものを用いる場合には，JIS A 5390「鉄筋コンクリート製品用プラスチックスペーサ」に規定されるもの，または同等以上の品質のものを使用する．プレキャスト製品の製造者は，JIS マーク品を購入している場合は，入荷の都度，JIS マークを確認する．JIS マーク品でないものは，種類および形状を入荷の都度確認し，品質，寸法および材料については，1ヶ月に1回以上の頻度，または入荷の都度，自工場での検査，製造工場の試験成績表または第三者試験機関の試験成績表を確認する．受入れ頻度が上記の検査頻度の間隔より長い場合には，入荷の都度，受入れ検査を実施する．

8.2.4　鋼材の組立および加工

鋼材の組立，溶接金網および鉄筋格子は，プレキャスト製品の製造図に示される形状，寸法および堅固さを満足する品質が得られるように管理する．

【解　説】　鋼材の組立の工程に関しては，①鋼材の径，長さ，本数および間隔，②折曲げ形状，寸法および堅固さ，③溶接条件または結束の方法，④スペーサの取付け位置等を管理項目とし，組み立てた鋼材の形状および寸法が，配筋図どおりに製造されていることを確認する．プレキャスト製品の製造者は，検査を行うのに必要な試験（確認）方法，検査ロット（頻度），合否判定基準（許容される誤差範囲）および検査に合格しない検査ロットの措置方法を社内規格に定める．なお，溶接に関しては，限度見本等により，その限度を具体に規定する．

溶接金網および鉄筋格子の製作の工程に関しては，①寸法および堅固さ，②溶接条件，③スペーサの取付け位置等を管理項目とし，製作した溶接金網および鉄筋格子の形状および寸法が，製造図どおりに製造されていることを確認する．なお，溶接金網および鉄筋格子は，JIS G 3551「溶接金網及び鉄筋格子」に規格があり，この規格に従って，社内規格に品質管理の方法を定めるのがよい．

8.2.5　型枠の組立

社内規格に定めた手順と精度で，型枠が組み立てられていることを管理する．

【解　説】　型枠清掃の工程では，清掃方法を管理項目として，型枠から確実にコンクリートを除去できる作業手順と点検方法を社内規格に定める．剥離剤の塗布の工程では，適切な塗布状態とするための作業手順と点検方法を社内規格に定める．組み立てた鋼材および取付け部品類の配置工程では，組み立てた鋼材が，実用上支障のあるねじれがなく，かつ，必要なかぶりが確保できる配置が行え，取付け部品類が所定の位置に取り付けられる作業手順と点検方法を社内規格に定める．型枠の組立の工程では，プレキャスト製品の製造者が自らの責任において定めた組立精度内で型枠が組み立てられ，型枠の継目に隙間ができないようにするための作業手順と点検方法を社内規格に定め，毎回確認し記録に残す．

8.2.6　使用材料

BFS コンクリートの製造に用いる使用材料が，社内規格に定めた品質を満足するように管理する．

【解　説】　製造者は，あらかじめ使用材料の品質の変動が BFS コンクリートの品質に与える影響を調べ，使用材料の品質の許容できる範囲を決める．このようにして定めた使用材料の品質の許容できる範囲を，それぞれの使用材料の要求品質として社内規格に定める．そして，コンクリート用の練混ぜ水を除き，使用材料を供給する販売店または製造会社に要求する品質を明示し，受入れ検査時に要求したとおりの品質の使用材料が入荷されていることを確認する．

コンクリート用の練混ぜ水は，**解説 表 8.2.3** に基づき，品質検査を行う．なお，上水道水を用いる場合は，検査を行う必要はない．

解説 表 8.2.3　水の品質検査の例

使用材料	項　目	試験方法	頻度（時期）
上水道水以外の水	懸濁物質の量，溶解性蒸発残留物の量，塩化物イオン（Cl^-）量，セメントの凝結時間の差，モルタルの圧縮強さの比	自工場での試験，または第三者試験機関の試験成績表によって確認	1回以上／12ヶ月
上澄水	塩化物イオン（Cl^-）量，セメントの凝結時間の差，モルタルの圧縮強さの比	自工場での試験，または第三者試験機関の試験成績表によって確認	1回以上／12ヶ月
	原水の種類と品質	原水の種類が上水道水または上水道水以外の水であることを確認．原水が上水道水以外の水である場合，その品質を自工場での試験，または第三者試験機関の試験成績表によって更に確認	

解説 表 8.2.4　セメントおよび混和材の受入れ検査の例

使用材料	項　目	試験方法	頻度（時期）
セメント	種類 製造者名および出荷場所	納入伝票での確認	入荷の都度
	密度，比表面積，凝結，安定性，圧縮強さ，化学成分	製造者の試験成績表または第三者試験機関の試験成績表での確認	1回以上／月
	水和熱（普通ポルトランドセメント）		
	圧縮強さ	セメント製造者が発行する試験成績表によって品質を確認している場合，自工場での試験，または第三者試験機関の試験成績表によって更に確認	1回以上／6ヶ月，製造者または出荷場所の変更の都度
GGBS	銘柄（種類を含む） 製造者名および出荷場所	納入伝票での確認	入荷の都度
	密度，比表面積，活性度指数，フロー値比，酸化マグネシウム，三酸化硫黄，強熱減量，塩化物イオン	第三者試験機関の試験成績表または製造者の試験成績表によって確認	1回以上／月

解説 表 8.2.5　骨材の受入れ検査の例

使用材料	項　目	試験方法	頻度（時期）
細骨材	種類および外観	限度見本との目視での確認	入荷の都度
	製造者名，産地および種類	納入伝票での確認	
	JIS マーク（JIS 品のみ）		
	微粒分量（微粒分量が多い天然砂），塩化物量（塩化物量が多い天然砂）	自工場での試験，骨材製造者の試験成績表または第三者試験機関の試験成績表による確認	1 回以上／週
	絶乾密度，吸水率，粒度，粗粒率，微粒分量	自工場での試験，骨材製造者の試験成績表または第三者試験機関の試験成績表による確認	1 回以上／月
	隣接するふるいに留まる量，粒形判定実積率（砕砂のみ）		
	粘土塊量（天然砂のみ）		
	化学成分，単位容積質量，JSCE-C 507 による質量残存率 R_7，JSCE-C 508 による硫酸侵食深さ y_s（BFS のみ）		
	環境安全品質（BFS のみ）	骨材製造者の試験成績表または第三者試験機関の試験成績表による確認	
	固結防止剤の有無（BFS のみ）	骨材製造者の試験成績表による確認	
	アルカリシリカ反応性（BFS を除く）	自工場での試験，骨材製造者の試験成績表または第三者試験機関の試験成績表による確認	1 回以上／6 ヶ月
	安定性	自工場での試験，骨材製造者の試験成績表または第三者試験機関の試験成績表による確認	1 回以上／12 ヶ月
	塩化物量，有機不純物（天然砂のみ）		
粗骨材	種類および外観	限度見本との目視での確認	入荷の都度
	製造者名，産地および種類	納入伝票での確認	
	JIS マーク（JIS 品のみ）		
	絶乾密度，吸水率，粒度，微粒分量	自工場での試験，骨材製造者の試験成績表または第三者試験機関の試験成績表による確認	1 回以上／月
	粒形判定実積率（砕石のみ）		
	粗粒率，粘土塊量（天然砂利のみ）		
	アルカリシリカ反応性	自工場での試験，骨材製造者の試験成績表または第三者試験機関の試験成績表による確認	1 回以上／6 ヶ月
	すりへり減量，安定性	自工場での試験，骨材製造者の試験成績表または第三者試験機関の試験成績表による確認	1 回以上／12 ヶ月

解説 表 8.2.6　化学混和剤の受入れ検査の例

使用材料	項　目	試験方法	頻度（時期）
化学混和剤	銘柄（種類を含む）	納入伝票での確認	入荷の都度
	減水率，ブリーディング量の比，ブリーディング量の差，凝結時間の差分（始発・終結），圧縮強度比，長さ変化率，凍結融解に対する抵抗性（相対動弾性係数），スランプおよび空気量の経時変化量のうち，JIS A 6204「コンクリート用化学混和剤」に示される項目	第三者試験機関の試験成績表または製造者の試験成績表によって確認	1 回以上／6 ヶ月

結合材，骨材および化学混和剤の受入れ検査における試験方法と頻度（時期）を，それぞれ，**解説 表 8.2.4**，**解説 表 8.2.5** および **解説 表 8.2.6** に示す．受入れ頻度が上記の検査頻度の間隔より長い場合には，入荷の都度，受入れ検査を実施する．なお，この指針（案）では，BFS の JSCE-C 507 に基づく質量残存率 R_7 および JSCE-C 508 に基づく硫酸侵食深さ y_s は，BFS コンクリートに求める性能に応じて試験項目を選択し，1 ヶ月に 1 回以上の頻度で，自工場での試験，骨材製造者の試験成績表または第三者試験機関の試験成績表により確認する．

プレキャスト製品が JIS 認証を受けるためには，社内規格に定める結合材，骨材および化学混和剤の品質が，JIS A 5364「プレキャストコンクリート製品－材料及び製造方法の通則」で使用が認められている規格の範囲になければならない．BFS コンクリートの製造に用いる BFS 以外の細骨材および粗骨材は，JIS A 5005「コンクリート用砕石及び砕砂」，JIS A 5011-1「コンクリート用スラグ骨材－第 1 部：高炉スラグ骨材」，JIS A 5308 附属書 A「レディーミクストコンクリート用骨材」および JIS A 5021「コンクリート用再生骨材 H」を満足するものとする．

8.2.7　BFS コンクリートの配合

製造者は，社内規格に従い，配合の補正，修正，変更および見直しを実施する．

【解　説】　プレキャスト製品の製造者は，BFS コンクリートの配合設計に際しては，目標とする BFS コンクリートの性能を示し，それを満足する使用材料，配合，練混ぜ方法および養生方法等の仕様が決定するまでの根拠を示す．配合設計によって得られた配合を試し練りによって検証し，実機によって確認を行った配合表を，この指針（案）では，標準配合表とする．なお，試し練りの記録に基づき，配合計画書に記載する目標値を定める．また，実機試験の記録に基づき，配合計画書に記載する保証値と標準偏差を定める．標準配合表は，社内規格にあらかじめ定めた間隔で見直す．社内規格には，標準配合を変更する条件，時期と方法について明記する．また，夏期および冬期の修正標準配合を用意し，配合を修正する条件および時期を定める．標準配合および修正標準配合は，使用材料や製造方法に変更があった場合および BFS コンクリートの品質が統計的管理状態から外れる兆候が確認された場合には，変更する．

プレキャスト製品の製造者は，保証する BFS コンクリートの性能を示し，その目標値，保証値および標準偏差を試験する方法，試験を行う頻度（検査ロット）および合否判定基準を定め，検査に合格しない不適合品の措置について明確にする．なお，BFS コンクリートの性能を保証する材齢よりも早期にプレキャスト製品を出荷する場合は，出荷時における BFS コンクリートの目標品質と管理限界値を定める．

プレキャスト製品の製造者は，BFS および BFS 以外の細骨材の粗粒率および粗骨材の実積率（または粗粒率）をあらかじめ定めた間隔で検査し，その結果が規格値から外れた場合には，配合補正を行う．BFS および BFS 以外の細骨材および粗骨材は，それぞれ，表面水率を測定する間隔を定め，その測定結果に基づき，配合補正を行う．プレキャスト製品の製造者は，配合補正を行う手順を社内規格に定める．**解説 表 8.2.7** に，JIS Q 1011 と JIS Q 1012 に定められる骨材の表面水率および粒度の試験方法と頻度を示す．この指針（案）では，BFS コンクリートの製造に用いる骨材の表面水率の試験頻度は，JIS Q 1011 に定められる頻度以上で実施することを推奨する．

解説 表 8.2.7　骨材の表面水率および粒度の確認の例

項　目	試験方法	頻度（時期）	
		JIS Q 1011	JIS Q 1012
表面水率	BFS および細骨材： JIS A 1111「細骨材の表面水率試験方法」 JIS A 1125「骨材の含水率試験方法及び含水率に基づく表面水率の試験方法」 JIS A 1802「コンクリート生産工程管理用試験方法−遠心力による細骨材の表面水率試験方法」 上記規格に代わる連続測定が可能な簡易試験方法 ただし，再生細骨材 H の表面水率の測定方法は，JIS A 1111 または JIS A 1125 による．	BFS および細骨材：1 回以上／午前，1 回以上／午後（高強度コンクリートの場合は始業前，1 回以上／午前，1 回以上／午後）	BFS および細骨材：1 回以上／日
	粗骨材：JIS A 1803「コンクリート生産工程管理用試験方法−粗骨材の表面水率試験方法」またはこれに代わる合理的な試験方法	粗骨材：必用の都度（再生粗骨材 H は，1 回以上／使用日）	規定なし
粒　度	JIS A 1102「骨材のふるい分け試験方法」またはこれに代わる合理的な試験方法 JIS Q 1011：粗粒率，JIS Q 1012：過大・過小粒率	BFS および細骨材：1 回以上／週 粗骨材：1 回以上／週	BFS および細骨材：1 回以上／週 粗骨材：1 回以上／週
実積率	−	粗骨材：1 回以上／週	規定なし

注記：JIS Q 1012 では，各項目に対する試験方法は規格内に明示されていない．

8.2.8　計量，練混ぜおよびフレッシュコンクリート

（1）製造者は，BFS コンクリートの使用材料の計量および練混ぜを社内規格に従い実施し，その結果を記録に残す．

（2）製造者は，フレッシュコンクリートの品質を社内規格に従い確認し，その結果を記録に残す．

【解　説】　<u>（1）について</u>　セメント，GGBS，骨材および化学混和剤は，それぞれ別々の計量器によって

計量する．ただし，水はあらかじめ計量している化学混和剤と累加して計量できる．全ての材料の計量値が許容差内（水，セメントおよびGGBS：目標値±1%，骨材および化学混和剤：目標値±3%）であることをバッチごとに確認し，記録に残す．なお，これらの記録は，あらかじめ保存する期間を定めるとともに，プレキャスト製品の購入者からの求めに応じて提出する．また，計量器の計量精度をあらかじめ定めた間隔で任意の連続5バッチ以上について，各計量器別に確認する．計量器の計量精度の確認においては，計量前と使用材料放出後の操作盤計量表示値が，0であることを確認する．

（2）について　プレキャスト製品の製造者は，あらかじめ試験によって定めた材料の投入順序，練混ぜ時間および練混ぜ量に基づき，練混ぜを行う．練り混ぜたBFSコンクリートに所定のコンシステンシーおよび体積のあることを目視によって確認し，結果を記録に残す．また，製造工程における管理基準値を定め，定期的にスランプ（スランプフロー），空気量，圧縮強度，塩化物含有量，BFSコンクリートの練上がり温度等を試験し，適合性を確認する．プレキャスト製品の製造者は，試験項目，試験方法，頻度および管理基準値を社内規格に定める．

解説 表8.2.8　練混ぜ時におけるBFSコンクリートの品質確認の例

項　目	試験方法	頻度（時期）		
		JIS Q 1011	JIS Q 1012	指針（案）の推奨
練上がり温度	JIS A 1156「フレッシュコンクリートの温度測定方法」	―	―	1回以上／日
スランプ	目　視	全バッチ	―	全バッチ
	JIS A 1101「コンクリートのスランプ試験方法」	1回以上／午前 1回以上／午後	1回以上／日	1回以上／午前 1回以上／午後
スランプフロー	目　視	試験の都度	―	試験の都度
	JIS A 1150「コンクリートのスランプフロー試験方法」	1回以上／午前 1回以上／午後	1回以上／日	1回以上／午前 1回以上／午後
空気量	JIS A 1116「フレッシュコンクリートの単位容積質量試験方法及び空気量の質量による試験方法（質量方法）」 JIS A 1118「フレッシュコンクリートの空気量の容積による試験方法（容積方法）」 JIS A 1128「フレッシュコンクリートの空気量の圧力による試験方法–空気室圧力方法」	1回以上／午前 1回以上／午後	1回以上／日	1回以上／午前 1回以上／午後
塩化物含有量	JIS A 1144「フレッシュコンクリート中の水の塩化物イオン濃度試験方法」 ① 海砂および塩化物量の多い砂ならびに海砂利を使用している場合，再生骨材Hを使用 ② ①以外の骨材とJIS A 6204のIII種を使用 ③ ①以外の骨材を使用し，②以外の混和材料を使用	①：1回以上／日 ②：1回以上／週 ③：1回以上／月	塩化物量の多い細骨材：1 回以上／週 上記以外：1 回以上／月	①：1回以上／日 ②：1回以上／週 ③：1回以上／月

解説 表 8.2.8 に，JIS Q 1011 および JIS Q 1012 に定められるコンクリートの練混ぜ時における品質確認の内容を示す．この指針（案）では，BFS コンクリートの製造で管理するスランプ（スランプフロー），空気量および塩化物含有量の試験方法および頻度は，JIS Q 1011 に定められる試験方法に基づき，JIS Q 1011 に定められる頻度以上で実施すること，また，季節による影響を考慮できるよう，コンクリートの練上がり温度を測定することを推奨する．

8.2.9　打込みおよび締固め

（1）　製造者は，BFSコンクリートを打ち込むまでの手順が守られていることを確認する．
（2）　製造者は，使用する振動機に適した締固め方法が守られていることを確認する．

【解　説】　（1）について　プレキャスト製品の製造者は，BFS コンクリートの練混ぜから打込みまでの練置き許容時間を季節ごとに規定する．BFS コンクリートの工場内での運搬において，バケット等の運搬機内に先に使われた異なる配合のコンクリートが完全に排出された後に，これから打ち込む BFS コンクリートが投入されるように，BFS コンクリートが型枠に打ち込まれるまでの手順を社内規格に定める．BFS コンクリートの練混ぜから打込みまで，計画されていない水が BFS コンクリートに混ざらないよう，不慮の加水に対する防止対策を社内規格に定める．また，鋼材や取付け部品類が，プレキャスト製品の製造中に動かないよう，BFS コンクリートを打ち込む前に型枠に振動を与えない等の適切な打込みと締固めの順序を定める．

（2）について　プレキャスト製品の製造者は，プレキャスト製品ごとに型枠内の BFS コンクリートが確実に充填され，適切な外観を得ることのできる締固めの作業方法をあらかじめ試験により確認し，社内規格に定める．また，その根拠となった試験結果を技術資料に残す．なお，成形機の更新に合わせて，締固めに関する社内規格は見直す．

8.2.10　養生，脱型および保管

（1）　製造者は，脱型までの養生方法および養生期間が守られていることを確認する．
（2）　製造者は，脱型時期および脱型方法が守られていることを確認する．
（3）　製造者は，脱型後から出荷時までの養生方法および保管方法が守られていることを確認する．

【解　説】　（1）について　脱型までの養生は，脱型時に有害なひび割れ，剥離，変形等がなく，脱型後に所定の品質を害することのないような方法を定める．室温で養生を型枠内で行う場合は，打込みから脱型時までの室温またはコンクリート温度を記録する．常圧で蒸気養生を行う場合は，BFS コンクリートの使用材料，配合，練上がり温度，プレキャスト製品の形状や寸法に応じた，打込み後から蒸気をかけるまでの養生（前養生），昇温速度，最高温度とその保持時間，その後の降温時間等の条件を定める．前養生は，水結合材比や凝結時間を考慮して定める．昇温速度は，型枠内の BFS コンクリートの温度が均等に上昇することに配慮する．最高温度は，プレキャスト製品の部材厚と製品の重要度によって定める．降温時間は，プレキャスト製品にひび割れ等を生じさせない，ゆっくりとした速度を定める．また，プレキャスト製品を養生槽から取り出すことができる条件または時期を定める．

（2）について　脱型時期は，プレキャスト製品ごとの製造工程に応じて定める．プレキャスト RC 製品

は，安全にプレキャスト製品を吊上げ，運搬できる圧縮強度とその材齢を構造解析，試験または過去の実績等から求める．プレキャストPC製品の脱型は，JIS A 5373のI類の製品の場合，推奨仕様に定められたプレストレス導入時の圧縮強度が得られる時期とし，II類またはその他の製品の場合は，プレストレス導入時の圧縮強度を構造解析，試験または過去の実績等から定め，その圧縮強度に達する材齢以降に行う．脱型は，プレキャスト製品に有害な衝撃等を与えず，使用上有害なきず，ひび割れ，欠け，反り，ねじれ（板状製品の場合）等がないか確認し，結果を記録する．また，脱型後から次の養生場所まで適切にプレキャスト製品を運搬する方法を定める．なお，水路用RC製品の流水面は，実用上支障のない程度に滑らかにする．

劣化に対する抵抗性および物質の透過に対する抵抗性を向上させるために水中養生を行ったプレキャスト製品が，適切に水中養生が行えていることは，JSCE-G 581「四電極法によるコンクリートの電気抵抗率試験方法」に示される四電極法による電気抵抗率を調べることで確認することができる．解説 図8.2.1(a)は，蒸気養生後気中養生を行ったBFSコンクリートの電気抵抗率と，蒸気養生後水中養生を行った後，気中に置かれたBFSコンクリートの電気抵抗率を示したものである．電気抵抗率を測定した後に，BFSコンクリートの表面を濡れタオルで湿布し，24時間に電気抵抗率を測定すると，蒸気養生後気中養生を行ったものは，濡れタオルで湿布すると電気抵抗率が低下する．蒸気養生後気中養生を行ったものは，水中養生を行ったものに比べて，スケーリング量が多くなることからも明かなように，表層の組織が粗となる．表層が粗で，空隙が大きいために，乾燥状態では，蒸気養生後気中養生を行ったものの方がコンクリート内部からの水の逸散が速く，乾燥も速く進行して電気抵抗率が高くなる．解説 図8.2.1(b)に示されるように，乾燥によって空隙中の水が外部に逸散し，空隙水の連続性が低下すると，電気抵抗率は大きくなる．コンクリート中の空隙が水で飽和されている場合は，空隙構造が粗で物質の透過に対する抵抗性が低いコンクリートほど，一般に電気抵抗率は小さくなる．一方，乾燥状態に置かれた場合，空隙構造が粗なコンクリートの方が空隙水の逸散が速く，電気抵抗率が大きくなる．すなわち，水中養生を行うことで，表層を緻密としたBFSコンクリートでは，乾燥作用による電気抵抗率の変化の差が小さい．この原理を用いれば，BFSコンクリートを用いたプレキャスト製品に適切な水中養生が行えていることを確認することができる．

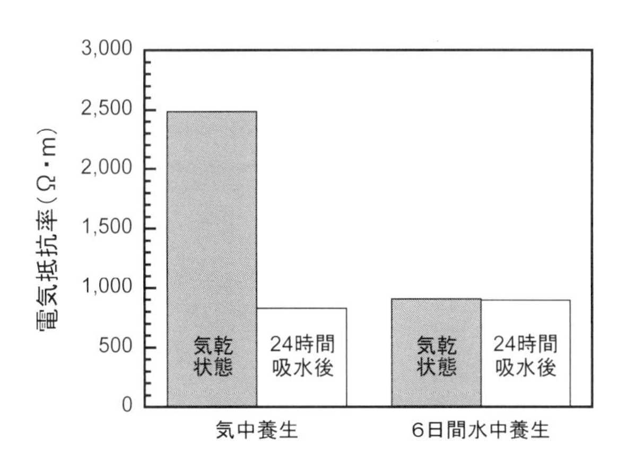

(a) 養生方法の違いが電気抵抗率に与える影響

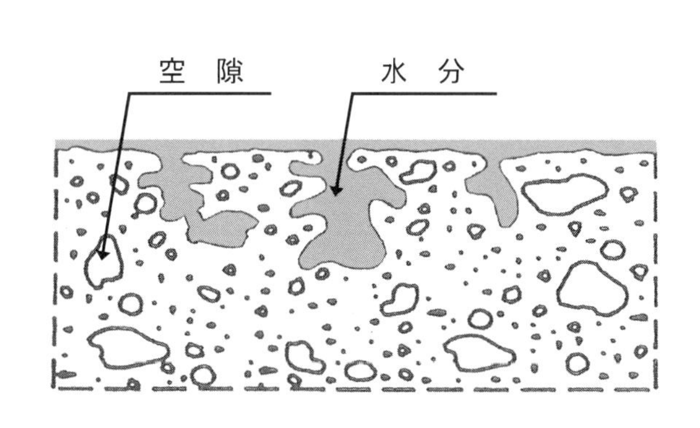

(b) コンクリートの表層における空隙と水分状態

解説 図8.2.1　四電極法によるコンクリートの電気抵抗率試験の例

（3）について　脱型後からプレキャスト製品を出荷するまでの養生方法と期間を定める．脱型後の養生は，外力等による有害なひび割れ，変形等が生じないように，かつ，所定の品質が得られるような方法を定める．水中養生を行う場合は，水温を記録する．養生マット等で湿潤養生を行う場合は，その手順を定める．水中養生あるいは湿潤養生後から出荷まで，プレキャスト製品を種類別に保管し，検査で不合格となったプレキャスト製品は，それ以外のものと区別して保管する．プレキャスト製品の保管は，プレキャスト製品の形状や配筋，表面仕上げ等，種別に応じて保管方法を定める．なお，保管方法を社内規格に定める際には，プレキャスト製品の支持位置，重心位置，積重ね方法，転倒防止措置，表裏確認用のマーク等に配慮する．また，製造者は，製品のきず，ひび割れ，欠け，反り，ねじれ（板状製品の場合）に対する補修基準を定める．補修基準は，補修の必要のない基準，補修により仕上げを行う基準，不合格とする基準，および補修に用いる材料と補修方法を定める．補修基準は，事前に購入者の承認を受け，補修の対策措置を講じた場合は，その原因や補修の位置，範囲，使用材料を記録する．

かぶりの確認は，プレキャスト製品の保管中に行う．配筋の測定は，鉄筋径，本数および最小かぶりについて行う．JIS A 5372 および JIS A 5373 には次の 3 つの方法が示されている．

1)　電磁誘導法，レーダー法等を用いた非破壊試験による測定方法

測定マニュアルに従い，鉄筋径，本数及び最小かぶりを測定する．

2)　破壊試料による測定方法

曲げ強度等の性能試験を終了した試料を用いて行う．その試料の BFS コンクリート部分をはつり取り，鉄筋を露出させた後，鉄筋径，本数および最小かぶりを測定する．

3)　打込み前の鉄筋による測定方法

BFS コンクリートの打込み前後の鉄筋の位置が，鉄筋の組立，型枠への鉄筋の固定，かぶりの確保等によって変化しないときは，BFS コンクリートの打込み前の鉄筋径，本数および最小かぶりを測定することで，完成品の鉄筋位置とみなす．

解説 表 8.2.9 に，JIS Q 1011 および JIS Q 1012 に定められるコンクリートの硬化後における品質確認の内容，および，この指針（案）で推奨する品質確認の例を示す．スケーリング量および電気抵抗率は，高い耐久性を有するプレキャスト製品を製造するために，この指針（案）で実施することを推奨する品質管理の項目である．コンクリートの劣化に対する抵抗性や物質の透過に対する抵抗性に関する試験は，一般に試験に要する時間が長い．そのため，これらの品質を日々の工程管理において確認する場合，促進試験や簡易試験の導入が有効となる．促進試験や簡易試験の導入に際しては，それらの試験結果と保証する品質の相関をあらかじめ確認しておくとともに，その運用方法を社内規格に定める．

解説 表 8.2.9　硬化後における BFS コンクリートの品質確認の例

項　目	試験方法	頻度（時期）		
		JIS Q 1011	JIS Q 1012	指針（案）の推奨
圧縮強度	JIS A 1108「コンクリートの圧縮強度試験方法」	1 回以上／日	1 回以上／日	1 回以上／日
スケーリング量	JSCE-K572「けい酸塩系表面含浸材の試験方法」6.10 項に規定されるスケーリングに対する抵抗性試験	—	—	1 回／月
電気抵抗率	JSCE-G 581「四電極法によるコンクリートの電気抵抗率試験方法」	—	—	1 回／日

なお，出荷時のプレキャスト製品の材齢が，BFS コンクリートの圧縮強度を保証する材齢に達していない場合は，出荷時の材齢において，保証する圧縮強度が得られる圧縮強度に達する見込みであることを，製造者が有する**解説 図 8.2.2** に示されるようなデータで確認する．この図の例であれば，材齢 28 日で 33N/mm^2 の圧縮強度のプレキャスト製品を材齢 7 日で出荷する場合には，出荷時に 15N/mm^2 の圧縮強度を確認し，プレキャスト製品を出荷することになる．

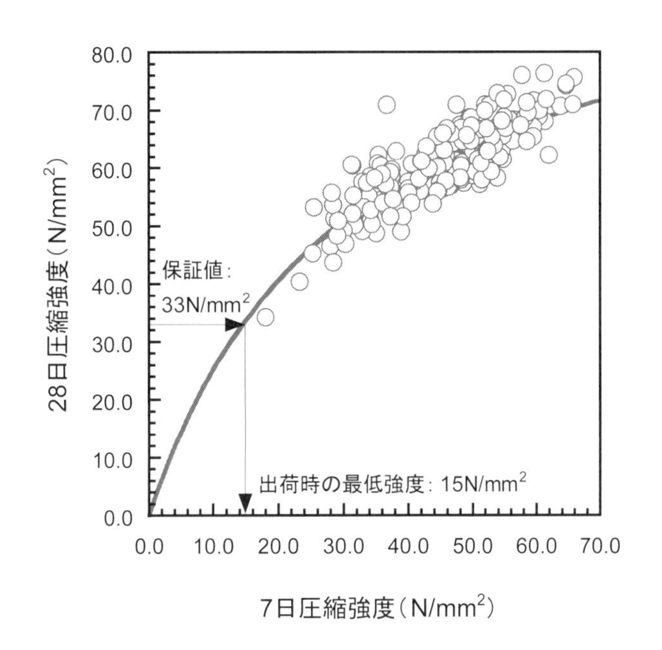

解説 図 8.2.2　圧縮強度を保証する材齢における圧縮強度と出荷時の圧縮強度の関係の例

8.2.11　最終検査および受渡検査

（1）　検査の方法は，検査項目ごとに試験方法に適したものを選択する．

（2）　プレキャスト製品の最終検査の方法は，製造者が定める．

（3）　プレキャスト製品の受渡検査の方法は，購入者と製造者とが協議の上，購入者が定める．

【解　説】　（1）について　プレキャスト製品の最終検査および受渡検査の方法は，検査項目ごとに，全数検査，抜取検査，無試験検査またはこれらの組合せの中から選択する．

全数検査は，以下の場合に選択するとよい．

1)　不良品を見逃すと安全性の低下のおそれがある場合．

2)　外観の目視検査，寸法の自動検査等のように，短時間で能率よく安定した精度で試験（測定）を実行できる場合等，検査費用に比べて得られる効果の大きい場合．

3)　過去の検査データが不足している場合等，特別な場合．

抜取検査は，以下の場合に選択するとよい．なお，抜取検査を選択する場合は，検査ロットの構成および抜取方式を定めなければならない．

1)　費用および時間の関係で，全数検査ができない場合．

2)　供給されるプレキャスト製品の品質がロットごとに変動するとき．または，ロット数が少なくて無試験検査に移行するには不十分な場合.

無試験検査は，プレキャスト製品の製造者の試験成績書を確認することによって抜取検査を省略できる以下の場合に選択するとよい.

1) 第三者機関による認証を取得し，品質保証表示のあるプレキャスト製品の場合.

2) 過去の検査データから製品の品質が安定していると判断できる場合.

検査対象とするロットは，同じプレキャスト製品について，使用材料，BFSコンクリートの配合および製造方法が同じで，実質的に同一条件で製造されたプレキャスト製品で構成する．検査ロットの大きさは，製造方法，製造数および製造期間を考慮して定める．検査項目は，プレキャスト製品の性能が合理的に保証できる項目を選択する.

（2）について　プレキャスト製品の最終検査は，外観，性能，形状および寸法について行う．最終検査では，そのプレキャスト製品の性能を合理的に保証できる測定項目を選定し，試験を実施する．I類の製品の合否の判定基準は，JIS A 5371，JIS A 5372およびJIS A 5372の附属書の推奨仕様に従う．II類およびその他の製品の性能試験方法に基づく測定項目および合否の判定基準は，プレキャスト製品の設計図書に従う．抜取検査の場合には，検査ロットの構成と抜取方式は，過去の検査データを考慮して製造者が定める．不合格となったロットの取扱いは，社内規格に定めた方法を購入者に提示し，事前に合意を得ておく．なお，外観の検査のように，社内規格に定められた検査基準に基づき検査を行う場合は，試験方法，頻度，判定基準，および合格しない場合の処置の方法を，事前に購入者に提示し，購入者の合意を得ておく必要がある.

（3）について　JIS A 5371，JIS A 5372 および JIS A 5373 に示されるプレキャスト製品の受渡検査は，外観，形状および寸法について行う．受渡検査における外観，形状および寸法の試験方法，合否の判定基準は，最終検査と同じとする．一般に，受渡検査での外観の検査は，全数検査で行うことが多い．抜取検査を選択する場合は，検査ロットの構成および抜取方式は，受渡検査では，受渡当事者間の協議によって，購入者が定める．なお，受渡検査は，受渡し当事者間の協議によって省略できる.

8.2.12　表示および出荷

（1）　検査に合格したプレキャスト製品には，必要事項，特性を示す記号および検査済みの表示をする.

（2）　プレキャスト製品の出荷では，有害な，きず，ひび割れ，欠け，反り，ねじれ等がプレキャスト製品に生じないための対策が講じられていることを確認する.

【解　説】　（1）について　検査に合格したプレキャスト製品には，JIS A 5361「プレキャストコンクリート製品－種類，製品の呼び方及び表示の通則」に規定する事項を表示する．II類に該当する製品については，「II類」の文字を表示する．また，BFSを使用していることを示す記号とBFSの含有量，および製品の特性を示す記号を，それぞれ，**解説 図**1.3.1および**解説 表**1.3.1に示される例を参考に，消えない方法によって表示する．JISマーク等の表示は，脱型後に行ってよいが，出荷までに不合格となった場合には，確実に消印し，検査に合格したプレキャスト製品から隔離し，保管する．表示を行う場所と時期は，社内規格に定める.

（2）について　プレキャスト製品の出荷にあたっては，BFS コンクリートの圧縮強度が，出荷時において所要の圧縮強度以上であることを製品同一養生を行った供試体で確認する．保管中に発生した不適合品は，出荷前に確実に取り除かれるようにする．施工現場への運搬車両に製品を積み込む際には，工事名を確認し，プレキャスト製品に，製品の特性を示す記号，製造年月日および受渡検査に合格したことが表示されていることを確認する．運搬中に，ひび割れや欠け等の損傷からプレキャスト製品を防ぐための防護対策を社内規格に定める．特に，橋桁，杭および矢板等のように部材長が長いプレキャスト製品の運搬に関しては，有害となる曲げモーメントを生じさせない吊り点や支持方法を定める．

8.3　施工における品質管理

8.3.1　一　　般

（1）　施工者は，設計図書に示される構造物の品質を確保するために，施工に先立ち品質管理計画を立て，発注者の承認を受ける．

（2）　品質管理は，品質管理責任者を定めて，発注者の承認を受ける．

【解　説】　（1）について　施工者は，品質管理計画書を作成し，これに従って品質管理を行う．品質管理計画書には，施工者およびプレキャスト製品の製造者が品質管理のために行う検査項目，試験（確認）方法，頻度（時期），判定基準，検査を行う場所および品質管理体制，報告事項と承認事項の区別，報告の時期，発注者側の責任技術者の承認の時期，および検査で不合格となった場合の措置を示す．

（2）について　品質管理は，当該工事の発注者の責任技術者の承認を受けた品質管理責任者の下で実施する．品質管理責任者は，土木学会認定技術者資格の1級土木技術者または1級土木施工管理技士と同等以上の技術力を有するものとする．品質管理で行う検査は，必要に応じて発注者の立会いを受ける．品質管理の結果は記録に残す．

8.3.2　受入れ検査

施工者は，プレキャスト製品に検査済みの表示があること，および運搬中に変状が生じていないことを確認する．

【解　説】　施工現場に搬入されたプレキャスト製品の全数に対して，受入れ検査を実施する．受入れ検査は，施工者の責任で行う．受入れ検査では，プレキャスト製品に検査済みの表示や製品の特性に基づく記号の表示があることを確認し，受渡検査に合格したプレキャスト製品が誤納なく入荷されていることを確認する．また，確認以外の検査項目および補修の基準は，受渡検査と同じとする．また，運搬中に，プレキャスト製品に使用上有害なきず，ひび割れ，欠け，反り，ねじれ（板状製品の場合）等が生じていないことを確認する．運搬中に変状が生じたことが認められる場合は，受渡検査と同じ補修基準に従って，補修を行う．ただし，補修基準は，事前に工事の発注者の承認を受け，補修の対策措置を講じた場合は，その原因や補修の位置，範囲，使用材料を記録する．

8.3.3　架設，組立および接合

プレキャスト製品の架設，組立および接合の品質管理は，施工計画書に記載される品質管理計画に基づ

き実施する.

【解　説】　プレキャスト製品の架設，組立，接合の施工の工程ごとに行う品質管理は，確認項目，確認方法，頻度（時期）を記載したQC工程表を作成して実施する．プレキャストRC製品を用いた施工におけるQC工程表の例を**解説　表8.3.1**に示す.

解説　表8.3.1　プレキャストRC製品を用いた施工におけるQC工程表の例

工　程		確認項目	確認方法	頻度（時期）
組　立	墨出し	墨出し精度	目　視	全　数
	高さライナー取付け	高さ精度	目　視	全　数
	敷モルタル施工	モルタルの高さ，軟度	目　視	全　数
	吊上げ	製品の破損，汚れ	目　視	全　数
	組　立	組立精度	基準墨に対し目視，計測※	全　数
接　合	接合部溶接	接合部の状態	目視，計測※	全　数
		クレータ・クラック	目　視	全　数
	鉄筋継手	鉄筋の状態	目　視	全　数
		継手の状態	目視，計測※	全　数

※計測は必要に応じて実施.

8.3.4　防水工のための準備

コンクリート工事の施工者は，コンクリートの表面が防水工に適した下地処理の行える状態になっていることを確認する.

【解　説】　コンクリート工事の施工者とは別の施工者が防水工を行う場合は，コンクリート工事の施工者は，コンクリート表面を防水工に適した下地処理が行える状態に管理し，防水工事の施工者に構造物を引き継ぐ．コンクリート工事の施工者が防水工を行う場合は，防水工に用いる材料の保管方法，コンクリート表面の下地処理，プライマーの施工，防水層の施工ごとに，検査（確認）項目，試験（確認）方法，合否判定基準，頻度（時期）を定め管理する.

防水工に用いる材料は，品質を損なわないように受入れ後の保管方法を定める．コンクリートの表面の下地処理では，防水工の品質に有害となる，ひび割れ，豆板，段差等の変状がないこと，レイタンスやコンクリート養生剤等が適切に除去されていることを管理する．プライマーの施工では，プライマーを塗布できる外気温度およびコンクリート温度であること，コンクリートの含水状態が適切であること，プライマーに塗りムラやピンホールがなく，コンクリートを十分にかつ一様に被膜していることを管理する．防水層の施工では，防水層を塗布できる外気温度およびコンクリート温度であること，プライマー層の養生が完了していること，プライマー層の表面にゴミ，粉塵等の阻害物がないこと，防水層の継ぎ目処理や重ね処理が，施工要領書や防水工の仕様書にしたがっていること等を管理する.

8.4　品質管理の記録

（1）　プレキャスト製品の品質管理の記録は，プレキャスト製品の品質確保および品質保証に役立てる．

（2）　施工の品質管理の記録は，構造物の維持管理および工事の改善に役立てる．

【解　説】　（1）について　プレキャスト製品の品質管理の記録は，組織内で情報を共有することで，問題発生時の原因解明の手がかり，同じ問題の再発防止，新たな問題発生の予防に活用できる．したがって，プレキャスト製品の製造者は，より良い品質のプレキャスト製品を製造するために，製造から出荷までに実施した品質管理の結果に基づき必要に応じて社内規格を見直す．また，品質管理の記録は，出荷後のプレキャスト製品の品質証明となる．このため，品質管理の結果は，構造物の施工者および発注者が実施する検査に用いられる場合がある．したがって，プレキャスト製品の製造者は，プレキャスト製品の品質保証に活用できるように，BFS コンクリートの強度，劣化に対する抵抗性や物質の透過に対する抵抗性，およびプレキャスト製品のかぶりや寸法の精度を容易に判読できる書式で記録するとともに，方法と期間を定めてその記録を保存する．

（2）について　施工の品質管理は，施工者の自主的な活動であるが，その記録は所定の品質を満足する構造物を設計書どおりに施工したことを証明するものである．また，構造物を引渡し後に何らかの変状が認められた場合には，品質管理の記録はその原因を究明する上で重要となる．このため，施工者は，施工の品質管理記録を作成し，工事を終えた後もなるべく長期間保存する．また，品質管理の記録は，完成後の構造物の維持管理における初期値となる．特に，施工のいずれかの段階で合格と判定されなかった場合の対策措置も含めた詳細な記録が適切に活用されれば，維持管理だけでなく，今後のコンクリート工事の計画および設計も改善できる．品質管理の記録の内容は構造物の維持管理および工事の改善に有用となるため，施工者から発注者へ引き渡す品質管理の記録の内容は，あらかじめ両者の間で契約段階で明確にし，品質管理計画に反映させる．

9章　検　　査

9.1　一　　般

発注者は，プレキャスト製品を用いたコンクリート構造物が，出来形および品質の規格を満足することを検査する．

【解　説】　検査では，納期等の契約履行も含まれるが，この指針（案）では，品質のことのみを取り扱う．構造物の性能は完成した構造物で直接検査することが理想である．しかし，現時点で完成した構造物で検査できる項目は，コンクリートの表面状態や部材の位置および形状寸法等，一部に限られている．したがって，発注者は，完成時の欠陥を未然に防ぐため，設計図書を基に，合理的かつ経済的で体系的な検査計画を立案し，それに基づいて施工者の立てた施工計画を施工前に確認し，施工管理を担当する者が当該工事の施工内容を把握し，適切な施工管理を行う能力があることを確認する必要がある．また，施工の各段階で適切なプロセス検査を実施することも重要である．ただし，発注者が工事の途中に行うプロセス検査の中には，プレキャスト製品の受入れ検査のように，施工者が品質管理の一環として行う受入れ検査の結果を発注者が確認することで，発注者の検査に代えることが合理的な場合がある．また，登録認証機関等の第三者製品認証制度を活用する等，合理的に構造物の品質を確保する方法を検討することが必要である．

発注者は，完成検査によってプレキャスト製品を用いた構造物が設計図書どおりに構築されていることを確認する．構造物が設計図書どおりに構築されていることは，施工者が行った品質管理の結果を表す各実測値が，発注機関の定める規格値を全て満足していることによって確認する．発注者が完成時に行う検査では，設計図書（追加，変更指示も含む）に示される全ての工事が完成していること，および設計図書により義務付けられた工事記録の写真，出来形管理に関する資料，工事関係図書等の資料の整備が全て完了していることを確認する．

検査の項目は，主に，工事実施状況の検査，出来形の検査，品質の検査および出来ばえの検査に分類される．工事実施状況の検査では，契約書等の履行が適切に実施されているか，施工体制が適切であったか，施工計画書や工事打合せ簿等が適切に提出されているか，また，その内容が現場状況を適切に反映し，施工されたか，施工管理，工程管理を適切に行っているか，安全管理上の措置が適切に行われているかを確認する．出来形の検査では，書面により出来形寸法が規格値を満足しているか否かを確認し，出来形寸法の検査箇所と検査内容を決め，実地において，検査箇所の出来形寸法を測定する．検査結果が規格値を満足していることを確認するとともに，出来形管理の精度を把握する．品質の検査では，書面により品質が規格値を満足していることを確認し，実地で構造物の観察を行い，品質を確認する．出来ばえの検査では，全体的な外観（仕上げ面，通り，すり付け，色，その他仕上げ状況等）の確認と，構造物を使用する上で有害となることが想定される角欠け，ひび割れ等がないことを確認する．

完成時の検査において，補修の必要があると認めた場合には，発注者は，施工者に対して，期限を定めて補修の指示を行う．総合評価方式や VE 提案方式等，性能規定発注方式等による工事の場合は，提案された事項が満足されていることを確認する．

9.2　プレキャスト製品の検査

9.2.1　一　　般

（1）　発注者は，プレキャスト製品が所定の規格を満足することを検査する．

（2）　納入されたプレキャスト製品には，使用する上で有害となることが想定される角欠け，ひび割れの無いことを確認する．

【解　説】　（1）について　発注者は，プレキャスト製品が，所定の外観，性能，形状および寸法に関する規格を満足していることを確認する．なお，ひび割れ，角欠け，気泡等の外観に関する標準は，JIS 等には示されていないので，必要に応じてあらかじめ検査基準を示す．発注者は，製品の製造者が社内規格に定める標準を製造要領書で事前に確認する必要がある．また，製造者の定める外観の標準を満たさない場合は受け入れない．ただし，製造者が定めた補修基準で対応できる場合は，補修によって対処する場合もある．その場合に備えて，発注者は，事前に，補修を行う基準，補修に用いる材料，補修の方法，補修の記録の仕方，ならびに，製造者が定めた補修基準を確認する．形状および寸法は，Ⅰ類の製品については，JIS A 5371，JIS A 5372，JIS A 5373 の附属書の推奨仕様に従って，Ⅱ類の製品およびその他の製品については，プレキャスト製品の設計図書に従って確認する．かぶりが検査項目に入っている場合は，電磁誘導法，レーダー法等を用いた非破壊試験によって確認するとよい．なお，プレキャスト製品の製造者に，**解説 写真 9.2.1** に示される IC タグの埋め込まれたスペーサの使用を求めれば，スペーサの有無を確認することにより，スペーサのサイズ以上のかぶりがあることが確認できる．また，この IC タグを活用すれば，現場で目視点検を行った結果やプレキャスト製品に関わる諸情報を記録に残すことができ，維持管理にも役立つ．

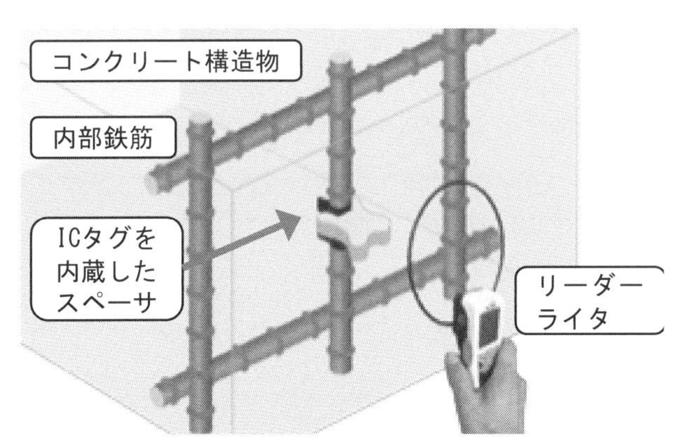

(a) IC タグの埋め込まれたスペーサ

(b) リーダライタでの計測

解説 写真 9.2.1　IC タグ付きスペーサによるかぶりの確認の例

プレキャスト製品に求める性能があることは，設計図書，性能試験または実績によって確認する．設計図書により性能を確認する場合は，設計方法（または解析方法）が発注者と製造者で合意されたものであることを確認する．性能試験により性能を確認する場合は，JIS A 5363 に従って試験された結果を確認する．実績により性能を確認する場合は，製造者の提出する BFS コンクリートの使用材料，配合，成形方法，養生等の条件，製品の形状，配筋等に関係する資料と，発注者が提示するプレキャスト製品の使用環境，維持管理の条件等の資料に基づき，類似の製品またはそれを用いて施工された構造物の性能を参考に，発注者と製造者で協議し確認する．なお，Ⅰ類の製品は，一般の環境で標準的な作用に対して性能が設定され，推奨仕様が定められているため，発注者は，製品名，種類および呼び名を指定することで，性能照査の確認を行ったとしてよい．繰返しの製造が始まった後は，プレキャスト製品の外観，性能，形状および寸法は，製造者が行った最終検査および施工者の行った受入れ検査で確認する．

（２）について　プレキャスト製品が製造工場から出荷された後に，運搬や架設等の施工の工程で，耐久性に影響を与える，使用する上で有害となることが想定される角欠けやひび割れを施工者がプレキャスト製品に与えていないことを確認する．プレキャスト製品の外観は，目視によって全て検査し，その記録を残す．また，あらかじめ定めた補修基準に従って補修が行われた箇所は，全て記録に残し，維持管理に役立てる．補修基準を超えた不具合は，発注者，設計者および製造者も含めて対応を協議する．

9.2.2　Ⅰ類の製品

Ⅰ類のプレキャスト製品には，JIS マークの表示，製造工場の検査済みの表示があること，および，製品の特性に基づく記号が表示されていることを確認する．

【解　説】　プレキャスト製品の JIS マークの表示は，JIS に規定された要求事項を満たしていることを示すものであり，企業間の取引や公共調達の際の容易な識別，信頼の指標として用いられている．JIS マークの表示は，信頼のおける製造者の下で製造された品質の確かなプレキャスト製品であることを示すものである．JIS 認証を受けたプレキャスト製品を製造する製造工場は，品質管理の体制が工業標準化法，日本工業規格への適合性の認証に関する省令（JIS マーク省令）に規定された基準に適合し，かつ当該製造工場で製造されたプレキャスト製品が JIS の要件を満足していることが，登録認証機関による厳格な評価によって確認されている．さらに，Ⅰ類のプレキャスト製品は，長年の実績に基づき定めた推奨仕様に基づいて製造されたものであり，その品質は，購入者の経験からも明らかなものである．したがって，Ⅰ類のプレキャスト製品は，品質保証としての JIS マークの表示，製造者が自らの責任において受渡検査を行ったことを示す検査済みの表示および製造要領書の確認時において工事の発注者が要求した製品の特性をもつプレキャスト製品であることを示す記号が表示されていることを確認することで，プレキャスト製品が所要の品質を満足していると見なす．Ⅰ類の製品の品質の検査では，構造物の構築に用いられたプレキャスト製品全てに，検査済みの表示および製品の特性に基づく記号が表示されていることを確認し，その結果は写真等で記録に残す．

JIS Q 1001「適合性評価−日本工業規格への適合性の認証−一般認証指針」では，JIS 認証取得者に対する定期の認証維持審査は，3 年以内に 1 度である．一般に，品質管理体制，技術資料に基づく品質管理基準の見直し等を含む社内規格の見直しは，JIS 等の変更がなくても，1 年に 1 度は必ず実施されるものである．また，製造設備の状況，品質管理の実施状況等の確認を行い，品質確保に向け是正を図るマネジメントレビューも，1 年に 1 度は必ず実施され，改善が図られる．このような状況と，土木構造物に用いられるプレキャスト製品の十分な信頼性を考慮に入れれば，3 年に 1 度の定期の認証維持審査だけでなく，同業他社に購入者も含めた第三者機関によるピアレビューが 1 年に 1 度程度の頻度で実施される体制が望まれる．

9.2.3　Ⅱ類の製品

（1）Ⅱ類のプレキャスト製品は，受渡当事者間の協議によって，定めた性能および仕様が守られていることを確認する．

（2）Ⅱ類のプレキャスト製品には，Ⅱ類の表示，JISマークの表示，製造工場の検査済みの表示があること，および，製品の特性に基づく記号が表示されていることを確認する．

【解　説】（1）について　プレキャスト製品が，プレキャスト製品の製造者の定めるⅡ類の製品規定および検査規定に従って製造され，その性能，形状および寸法等が，製造者の定める受渡当事者間の協議規定によって作成した製造要領書どおりであることを確認する．特に，性能は，製造要領書の確認時に確認した型式検査で得られた性能があることを確認する．Ⅱ類の製品規定および検査規定に従って製造されていることは，プレキャスト製品にⅡ種の表示があることで確認する．プレキャスト製品が製造要領書どおりの性能，形状および寸法等で製造されていることは，製造工場の検査済みの表示および製品の特性に基づく記号で確認するとともに，製造者の行う最終検査の結果で確認する．

最終検査の結果は，製造者から提出を求める．また，製造実績のあるⅡ類製品の場合は，型式検査および最終検査の結果および6ヶ月以上の製造実績をプレキャスト製品の製造者が登録認証機関に提出していることを確認する．一方，製造実績のないⅡ類製品の場合は，型式検査および最終検査の結果，製造間もない期間での製造実績および類似品の6ヶ月以上の製造実績をプレキャスト製品の製造者が登録認証機関に提出していることを確認する．なお，6ヶ月の製造実績においては，BFSコンクリートが統計的管理状態で製造されたことを製造者が登録認証機関に提出した資料で確認する．

（2）について　プレキャスト製品の表示および使用する上で有害となることが想定される角欠け，ひび割れに関しては，Ⅰ類の製品と同じ扱いとする．補修基準に従って補修が行われた箇所は，全て記録に残し，維持管理に役立て，補修基準を超えた不具合は，発注者，設計者および製造者も含めて対応を協議する．

9.2.4　その他の製品

（1）第三者機関による品質管理体制の確認が行われていない工場で製造されるプレキャスト製品を用いる場合は，当該工場の品質管理体制が整い，品質管理を行う能力があることを確認する．

（2）第三者機関による品質管理体制の確認が行われていない工場で製造されるプレキャスト製品を用いる場合は，当該プレキャスト製品について，受渡当事者間の協議によって定めた性能が確保され，仕様が守られていることを検査する．

【解　説】（1）について　登録認証機関の認証を受けずにプレキャスト製品を製造している工場では，第三者機関による品質管理体制の確認が行われていない．したがって，そのような工場から製品を購入する場合は，購入者（または発注者）の責任において，当該製品の製造工場の品質管理体制が整い，品質管理を行う能力があることを，プレキャスト製品の繰返しの製造が始まる前に確認する必要がある．

プレキャスト製品の製造工場の品質管理体制は，経営者の責任が示され，社内規格が整い，有資格者等の技術力が確保され，社員の教育・訓練が行われ，不適合の管理，環境保全，文書および品質記録の管理が行われている等で確認する．品質管理の内容は，社内規格に示されるプレキャスト製品の管理基準（設計基準を含む），使用材料の管理基準，製造工程の管理基準，設備の管理基準，外注管理基準で確認する．

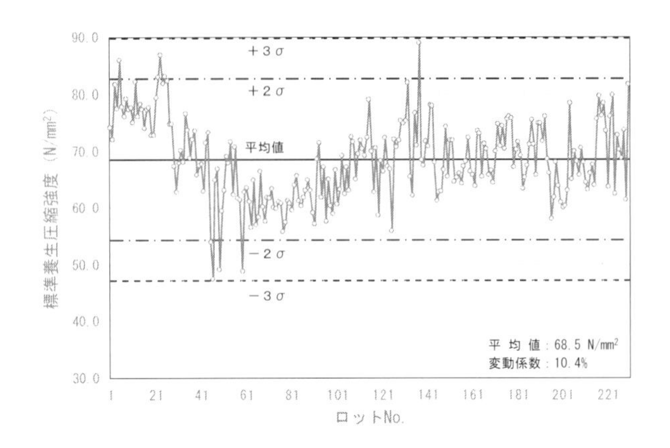

解説 図 9.2.1　標準水中養生の圧縮強度の例

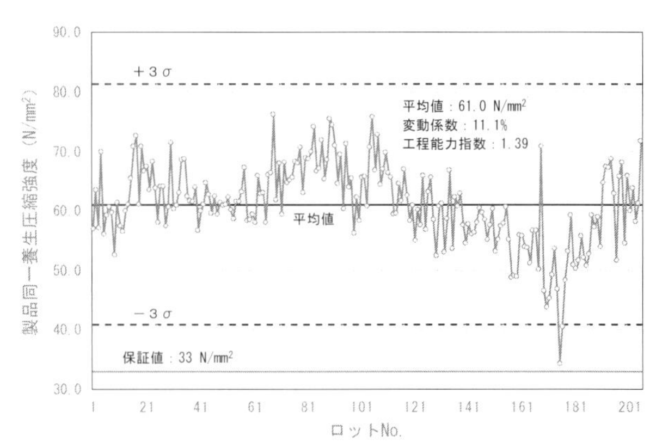

解説 図 9.2.2　製品同一養生の圧縮強度の例

品質管理体制が整った製造工場であれば，BFS コンクリートは統計的管理状態で製造されており，その製造工場の品質管理能力は圧縮強度等の管理図で判断できる．**解説 図 9.2.1** は，標準水中養生を行ったコンクリートの材齢 28 日での圧縮強度である．この管理図では，ロット 1 から 41 にかけて，連続的に圧縮強度が下がっており，その原因究明が約 2 ヶ月にわたりされないまま製造が続けられていたことになる．また，**解説 図 9.2.2** は，製品同一養生を行ったコンクリートの材齢 28 日での圧縮強度である．**解説 図 9.2.1** と**解説 図 9.2.2** でロットが同じものは，試料であるコンクリートが同じである．年間を通じた圧縮強度の平均値は，製品同一養生を行ったものの方が，標準水中養生を行ったものよりも，7.5N/mm² 小さくなっており，養生の工程等で改善すべき課題があることが分かる．標準養生と製品同一養生の 180 ロット前後の圧縮強度を比べると，標準水中養生のコンクリートに対して，製品同一養生のものの変動が大きくなっている．製造工程において生じた変動についても，その原因が究明されないままに，製造が行われていることが示されている．十分な品質管理が行われていれば，突き止められる原因が順次取り除かれ，系統的な誤差はなく，偶然的原因によってのみ変動が生じる統計的管理状態になっていなければならない．

受渡検査で行われる検査項目は，外観，形状および寸法が主である．したがって，製品の性能やかぶりが確保されていることは，必要に応じて発注者が，製造者の行う検査に立会い，確認をする必要がある．かぶりは，BFS コンクリートを打込む前に所定の位置にあることが確認されていても，打込み中または締固め中に鋼材が移動することによって変化する可能性がある．特に，型枠バイブレータ等の外部振動機を用いている製造工場では，BFS コンクリートの打込み前から，型枠バイブレータを作動させていないか等，製造の工程を確認することが重要である．その他，製造設備および検査設備の管理状態，使用材料の貯蔵状態，製品の養生状態，製品の保管状態も，直接，目視で確認するのがよい．

（2）について　繰返しの製造に入る前に，プロトタイプのプレキャスト製品を用いた型式検査により，求める性能が満足されていること，また，プレキャスト製品の製造要領書が適切であることを確認する．BFS コンクリートの計量は，全バッチの記録を確認し，骨材の表面水率に基づく使用材料の計量値の補正が行われ，許容差内で計量が行われていることを確認する．プレキャスト製品の製造者が行う使用材料の受入れ検査の記録，製造工程管理の記録，品質管理の記録，最終検査および受渡検査の記録は，全て提出を求め，受渡当事者間の協議によって定めた性能および仕様が守られていることを確認する．なお，プレキャスト製品の使用する上で有害となることが想定される角欠け，ひび割れに関しては，I 類の製品と同じ扱いとする．補修基準に従って補修が行われた箇所は，全て記録に残し，維持管理に役立てる．補修基準を超えた不具合は，発注者，設計者および製造者も含めて対応を協議する．

第三者機関による品質管理体制の確認が行われていない下で製造されるプレキャスト製品は，設計図どおりのかぶりが確保されていること，配合計画書どおりの配合と養生で製造が行われていることを，繰返しの製造が始まった後も，製造工場で直接確認するのがよい．

9.3　施工における検査

9.3.1　一　　般

発注者は，施工者に対して発注時に検査計画を示し，検査計画に基づき検査を実施する．

【解　説】　現状の技術のレベルでは，構造物の性能を直接検査することはできない．したがって，発注者は，プロセス検査を適切に組み合わせて，構造物が設計書どおりに構築される検査計画を立てる必要がある．すなわち，工事発注時において，コンクリートの製造，プレキャスト製品の受入れ，施工，コンクリート構造物の完成時の各段階における検査計画を立て，施工者に示す必要がある．なお，施工計画が変更になる場合には，それに合わせて検査計画も見直す必要がある．検査計画は，検査項目，検査方法，検査の時期や頻度，検査の合否判定基準等の検査の方法を決める行為である．検査の方法は，構造物の要求性能，工事の特殊性，環境条件，効率等を考慮して定める．

プレキャスト製品は，カタログおよび実物を確認し，最終検査および受入れ検査に行い，その性能を確認して購入することが可能である．しかし，プレキャスト製品を用いた構造物の施工の品質は，施工者の品質管理を行う能力に依存し，必ずしも良いものができるとは限らない．このため，安全で耐久性の高い構造物をプレキャスト製品を用いて構築するために，発注者による施工の工程の確認としての工事監理と，欠陥工事を見逃さないための最終確認としての検査が必要となる．

工事監理とは，施工者に発注した工事が，法令を遵守し，作業員，第三者の安全を確保し，品質が確保されながら進むことを確認する行為である．床版の防水層のように，構造物の耐久性に大きな影響を与える施工でありながら，舗装が行われると隠れる工程等では，施工の段階確認として，不可視部分の確認を適宜行うことが重要である．

検査では，法令を守り，安全対策が行えているか，出来形に不足がないか，品質に関する書類が整っているか，各書類の日付や内容に不整合がないか等を，書面で総合的に確認する．特に不可視部分は，写真等で記録に残っていることを確認する．現場では，構造物の出来形が規格値を確保できているか，施工者が計ったものと合っていることを確認する．検査結果に基づき，工事成績評定を行う．工事成績評定は，施工者が次の施工における改善を考える参考となるものである．設計書どおりに構造物を構築するためには，発注者と施工者の協力が必要で，お互いに技術力を高めることが必要である．

9.3.2　受入れ検査の確認

発注者は，構造物の施工に，所定のプレキャスト製品が用いられていることを確認する．

【解　説】　所定のプレキャスト製品が誤納なく入荷していることを，製造者および施工者がそれぞれの責任の下に実施した最終検査，受渡検査および受入れ検査の記録を用いて確認する．外観は，製造要領書で定めた補修基準が守られ，必要に応じて補修基準に従って補修した箇所のうち，構造物の維持管理において特に注意を要する箇所は，図面に記された位置が現地で一致していることを施工者とともに確認する．

9.3.3　接合部の検査

発注者は，接合部がそれぞれの工法に応じた施工要領に従って施工されていることを確認する．

【解　説】　プレストレスを用いた接合では，緊張前のプレキャスト製品の接合面から，レイタンス，ごみ，油等が完全に取り除かれていることを確認する．また，緊張には，正確にプレストレスを与えることができる形式と容量のジャッキが使用されていることを，施工者の行ったキャリブレーションの結果の記録および緊張力と伸び量の管理図で確認する．

機械式継手の検査では，それぞれの機械式継手工法の施工要領に従って施工が行われていることを確認する．なお，スリーブを用いた継手では，鉄筋の挿入長およびグラウトの注入量を検査する．ねじ式の継手では，鉄筋の挿入長さ，締付けの程度，さらに鉄筋とカップラーの間にグラウト等を注入する場合には，グラウト等の注入量を検査する．

9.3.4　出来形の検査

（1）　発注者は，構造物の出来形を確認する．

（2）　検査の結果，合格と判定されない場合には，修正，補修，やり直し等により適切に対処する．

【解　説】　（1）および（2）について　出来形の検査として，直接測定による検査と，撮影記録による検査を行う．出来形の検査は，施工計画の定まった時点で，測点，寸法計測位置，写真撮影位置および頻度を具体に定めた出来形検査計画表を作成し，これに基づいて実施する．また，測定箇所（位置）と測定方法は，各発注機関の工事施工管理基準によって定める．出来形検査が，計画どおり進行していることを確認するチェックシステムを確立しておく．

直接測定による検査では，各発注機関で工種ごとに定められた項目，規格値，測定基準，測定箇所標準図等に従って実施する．規格値は，設計値と出来形の差の限界値であり，概ね標準偏差の 3 倍を目安として定められている．測定箇所は，測定基準に基づき，地形や構造の変化点に留意して選定する．また，出来高数量の確認が主であるものは，展開図等に記載する．

撮影記録による検査では，施工完了後確認できない箇所の出来形，出来高数量，および，例えば，防水工のように舗装がされると隠れて見えなくなるが，構造物の耐久性上極めて重要な施工の段階ごとの進行過程を写真により確認する．また，撮影記録による検査では，状況写真，材料検収写真および出来形写真等を残す．状況写真では，工程写真（着工前，完成写真含む），施工状況の写真，図面と現地が不一致する箇所の写真，品質管理の状況を撮影する．材料検収写真では，材料検収の状況を撮影する．出来形写真では，出来形寸法とともに，背後の状況が確認できるように撮影する．写真撮影に当たっては，施工計画および現地の状況を十分理解した上で，知りたい情報が明確になる撮り方で行う．

出来形の検査の結果，規格値を外れた場合には，修正，補修，やり直し等の処置をとる．また，必要に応じて，原因を究明し，改善を図るよう施工者を指示する．

9.3.5　防水工の検査

発注者は，防水工が構造物に果たす役割を理解し，コンクリート構造物の性能に影響を与えない施工が行われていることを確認する．

【解　説】　発注者は，防水に用いる材料の役割や特性を理解した上で，施工の各段階で適切な方法によって設計図書どおりに防水工が構築されていることを確認する．防水工の検査では，防水工の一部を切り取ったり剥がしたりして試験を行うと，その部分が欠陥になる．防水工を直接試験して検査する場合は，構造物の耐久性に及ぼす影響が小さい個所を吟味して試験位置を指定する．

道路橋床版の上面コンクリートのように，防水層の健全性がコンクリート構造物の寿命に大きな影響を与える部材もある．コンクリート床版内に雨水が浸透すると，砥石に水を垂らして刃物を研ぐのと同じようにひび割れ面のコンクリートの磨耗が著しく促進され，骨材とモルタルに分離する砂利化現象が発生する．水張りの輪荷重走行疲労実験によると，RC 床版疲労耐久性は乾燥状態に比較して 300～50 分の 1 に低下するという実験結果もある．道路橋床版等の防水工の検査では，床版の耐荷力を確保し耐久性の向上を図る手法として，床版防水工設置の重要性であることを認識し，防水層としての性能を室内試験による試験成績とともに，施工の各段階における状況や出来形を検査することによって，床版防水が所定の要求性能を満足することを確認する必要がある．道路橋床版の防水工は，大きく，下地処理と防水層の施工からなる．

解説 写真 9.3.1　建研式引張試験の例

下地処理では，以下の項目に留意し検査する．

1) 床版面の凹凸は，目視または定規で測定し，施工面全面で施工要領書で定めた凹凸以下であること．
2) 床版の粗さは，CT メータまたはサンドパッチング法により，300m^2 を超えない範囲で 1 日 3 箇所測定し，きめ深さが 1mm 以下であること．
3) ひび割れは，目視またはクラックスケールで測定し，施工面全面で有害なひび割れがないこと．有害なひび割れがある場合には，適切に補修されていること．
4) レイタンスは，目視で確認し，施工面全面にないこと．
5) 段差は，目視で確認し，施工面全面で施工要領書に示す許容範囲内であること．

6)　障害物は，目視で確認し，施工面全面にないこと.

7)　床版コンクリートの脆弱性は，目視，点検ハンマで確認し，脆弱な部分がないこと.

8)　プライマーの付着強さは，**解説 写真** 9.3.1 に示される建研式引張試験により，プライマーを塗布した300m² を超えない範囲で 1 日 3 箇所以上で測定し，1.2N/mm² 以上であること.

シート系防水層の施工では，以下の項目に留意し検査する.

1)　シートの膨れ（ブリスタリング），シワ，キズは，目視で確認し，防水層全面にないこと.

2)　シートの重ね幅は，コンベックス等で測定し，施工要領書に定めた必要幅を満足すること.

3)　シート重ね部は，目視で確認し，浮きがないこと.

4)　シートの継ぎ目の位置は，目視で確認し，防水層全面で設計図書どおりであること.

5)　貼付けコンパウンドの温度は，1 日 3 回以上測定し，施工要領書に定める適正温度で施工されていること.

6)　貼付けコンパウンドの使用量は，空き缶の量等によって確認し，施工要領書に定める量が使用されていること.

7)　アスコン舗設時のシートのずれ，はがれは，目視で確認し，防水層全面にないこと.

8)　床版と防水層の一体化は，建研式引張試験等により，1 日 2 箇所以上で測定し，試験体温度に換算した引張接着強度以上であること.

塗膜系防水層の施工では，以下の項目に留意し検査する.

1)　膨れ（ブリスタリング），気泡（ピンホール），キズは，目視で確認し，防水層全面にないこと.

2)　塗膜系防水材の膜厚は，膜厚計により 1 日 3 箇所以上計測し，施工要領書に定める最低膜厚以上あること.

3)　塗膜系防水材の塗りむらは，所定量に対する塗布不足がないこと，コンクリート床版が直接見える部分がないこと，塗布膜が均一で，不溶解分やゴミ等の異物が残っていないこと.

4)　床版と防水層の一体化は，建研式引張試験等を用いて，1 日 2 箇所以上で測定し，試験体温度に換算した引張接着強度以上であること.

防水工においては，下地処理においても，防水層の施工においても，コンクリートの水分が高い場合には，プライマーや防水層のブリスタリングを防止する目的で，ガスバーナを用いて乾燥が行われる場合がある.下地処理の施工ではコンクリートの色が変化するまで，また，防水層の施工ではコンクリートの表面が 300°C まで熱せられると言われている．火害を受けた建物のコンクリート強度は，500°C 以下の受熱であればある程度まで回復するが，浮きや中性化，鋼材の残留変形は適切な補修や補強を行わないと安全性や耐久性に悪い影響を与えると言われており，コンクリートを加熱する行為は，コンクリート構造物の耐久性を確保する上からは，決して好ましい行為ではない．床版の架設後からコンクリート表面を適切に管理するよう監督すれば，少なくとも下地処理においてバーナを用いてコンクリートの表面が乾燥させられることは避けられる.検査を行う発注者は，防水工が構造物に果たす役割原理を理解するとともに，その工程でなされる行為に間違いがないことに留意して，施工者を監督しなければならない.

防水工では，火を使わない冷工法等も提案されている．新しい技術を導入し，コンクリート構造物の耐久性を高める努力をすることが発注者に課せられた責務である．なお，防水工に新しい材料，工法を適用する場合は，設計時（材料選定時）において，品質管理，出来形管理および検査（試験項目，試験方法，頻度，合格判定値）について，性能照査試験結果，施工性試験結果を踏まえて，その開発者等の関係者を交えて，あらかじめ協議し決めておくことが重要である.

9.4　検査の記録

プレキャスト製品を用いたコンクリート構造物の検査結果は，記録として整理し保存する．

【解　説】　コンクリート構造物の検査結果は，維持管理における構造物の初期状態の把握，点検計画の立案，変状の進行，原因分析等の資料として重要なものである．検査記録は，構造物の供用期間中，適切な方法で保存することが重要である．

工事の完成時に行う検査では，契約関係書類，完成通知書，施工計画書，工事打合せ簿（指示・協議・承諾・提出・報告），材料確認簿，段階確認簿，確認・立会願，工事履行報告書，出来形管理図表，品質管理図表，施工体制台帳（施工体制台帳確認一覧表）および施工体系図，品質証明書，工事写真，完成写真等の工事書類と，工事完成図書，工事の施工段階において作成した安全関係資料やマニフェスト等の資料が施工者より提出される．これらの記録の保存にあたっては，整理・活用が確実に行えるように，保管すべき内容を選定しなければならない．特に検査で合格と判定されなかった項目とその対策については，維持管理段階において，その対策箇所から再劣化が生じる可能性もあり，補修対策を検討する際の重要な基礎資料となる．特に，補修された箇所については，構造物の耐久性等への影響が懸念される初期欠陥となっていない場合でも，ひび割れ幅や長さ，豆板の深さ，発生位置について記録しておくと維持管理時に役に立つ．

規　準

モルタル小片試験体を用いた塩水中での凍結融解による高炉スラグ細骨材の品質評価試験方法（案）

（JSCE-C 507-2018）

Evaluation test method of the quality of granulated blast furnace slag sand by freezing and thawing in salt water using small mortar pieces

1．適用範囲　この規準は，モルタルまたはコンクリートの細骨材として用いられる高炉スラグ細骨材（以下，BFS という）の凍結融解作用に対する抵抗性を調べることで，BFS のセメントペーストとの界面における反応性を評価する試験方法について規定する．

2．引用規格　次に掲げる規格は，この規準に引用されることによって，この規準の規定の一部を構成する．これらの規格は，その最新版を適用する．

JSCE-B 101　コンクリート用練混ぜ水の品質規格（案）
JIS A 1109　細骨材の密度及び吸水率試験方法
JIS A 1158　試験に用いる骨材の縮分方法
JIS A 5011-1　コンクリート用スラグ骨材−第 1 部：高炉スラグ骨材
JIS K 8150　塩化ナトリウム（試薬）
JIS R 3503　化学分析用ガラス器具
JIS R 5201　セメントの物理試験方法
JIS R 5210　ポルトランドセメント
JIS Z 8801-1　試験用ふるい－第 1 部：金属製網ふるい

3．定義　この規準で対象とする BFS は JIS A 5011-1 の規格に適合するものとする．

4．試験用装置及び器具

4.1 試料の採取および調整に用いる装置，器具

a）**ふるい**　JIS Z 8801-1 に規定される公称目開きが 2.36mm，1.18mm 及び 600μm，300μm，150μm のものとする．

b）**はかり**　ひょう量が，量るものの質量以上で，目量が 0.1g 以下のものとする．

c）**乾燥機**　乾燥機は，排気口のあるもので，105±5℃に保持できるものとする．

4.2 供試体の作製に用いる装置，器具

a）**練混ぜ機**　JIS R 5201 に規定する機械練り用練混ぜ機とする．

b）**型枠**　JIS R 5201 に規定するモルタル供試体成形用型枠とする．

c）**モルタル用カッタ**　モルタル用カッタは，湿式のダイヤモンドカッタとする．

4.3 凍結融解試験に用いる装置，器具

a）**はかり**　ひょう量が，量るものの質量以上で，目量が 0.01g 以下のものとする．

b）**試験容器**　内容積 200～300mL の非金属製容器 (1) とする．

c）**試験装置**　試験体に所定の凍結融解サイクルを与えるのに必要な冷却および加熱装置，試験槽，制御装置ならびに温度測定装置からなるものとする．

注[1]　広口の共栓ポリエチレンびん，共栓ポリプロピレンびん又は共栓ポリスチレンびん等の使用が適当である．

5．水，セメントおよび試薬

a）**水**　モルタルの作製に使用する水は，JSCE-B 101 に規定する水とする．塩化ナトリウム溶液の作製に使用する水は，蒸留水またはイオン交換水とする．

b）**セメント**　セメントは，JIS R 5210 に適合し，かつ，製造会社の異なる普通ポルトランドセメント 3 銘柄を選び，これらを等量混合したものとする．

c）**塩化ナトリウム**　JIS K 8150 に規定するものとする．

6．BFS 試料の採取および調整

a）BFS 試料は，代表的な BFS を約 10kg 採取し，よく混合して，JIS A 1158 によって，約 2kg になるまで縮分する．

b）縮分した BFS を 105℃で 24 時間乾燥させた後，JIS Z 8801-1 に規定される公称目開きが 2.36mm，1.18mm 及び 600μm，300μm，150μm のふるいでふるい分け，**表 1** に示す粒度分布に調整する．

表 1　粒度調整した BFS 試料の粒度分布

ふるいの公称目開き		質量分率（%）
通過	残留	
4.75mm	2.36mm	0
2.36mm	1.18mm	5
1.18mm	600μm	35
600μm	300μm	40
300μm	150μm	20

c）BFS 試料の量が試験に必要量に満たない場合は，必要量になるまで，a）と b）の作業を繰り返す．

d）粒度調整した BFS 試料を JIS A 1109 に規定される方法で表面乾燥飽水状態にする．

7．試験方法

7.1　試験体の作製

7.1.1　モルタルの配合および成形

a）モルタルの配合は，質量比で水セメント比 0.5，BFS 試料セメント比 2.25 とする．

b）1 回に練り混ぜる各材料の量は，次を標準とする．

水　　300±1 g
セメント　　600±1 g
BFS 試料　1 350±1 g

c）モルタルの練混ぜは，JIS R 5201 の 11 強さ試験の方法による．

d）JIS R 5201 に規定される金属製型枠を用いて，40mm×40mm×160mm に成形する．モルタルは練混ぜ後，直ちに型枠の 1/2 の高さまで詰め，突き棒を用いてその先端が 5mm 入る程度に，供試体 1 体あたり約 15 回突く．ただし，モルタルが分離するおそれがある場合は，突き数を減らす．次にモルタルを型枠の上端より約 5mm 盛り上がるように詰め，一層目と同様に突き棒を用いて突き，最後に供試体をいためないように余盛部分を注意して削り取り，上面を平滑にする．

7.1.2　モルタルの養生

a）温度 20±2℃，相対湿度 80%以上の状態に 24±2 時間静置した後，脱型し，速やかに 20±2℃の水槽に入れ，完全に水中に浸す．水温の制御に循環装置を用いる場合は，目に見えるような流れを起こしてはならない．

b）モルタルは，練混ぜ開始時刻を起点として材齢 7 日まで 20±2℃の水槽で養生する．

7.1.3　試験体の作製

a）材齢 7 日まで養生を行った 40mm×40mm×160mm のモルタル硬化体から，ダイヤモンドカッタを用いて一辺が 10±2mm の立方体となる試験体を打設面の 10mm よりも深い位置から切り出す．その際，6 面とも切断面になるものを切り出す．切り出す試験体は，7.2.2 b）で必要な個数とする．

b）切断後の試験体は，材齢 14 日まで，20±2℃の水槽で養生する．

7.2　凍結融解試験

7.2.1　試験溶液の調製　あらかじめ凍結融解試験に必要な試験溶液の量を算出し，必要量の塩化ナトリウムに蒸留水またはイオン交換水を加えて 5mass%の塩化ナトリウム溶液を調製する．

7.2.2　試験操作

a）材齢 14 日まで水中養生を行った試験体の表面の余分な水分を吸水性の高い布を用いて拭き取り，試験容器に入れる試験体の合計の質量（m_0）を 0.01g まで量り，記録する．試験には，1 つの試験容器あたり 5 個から 7 個の試験体を使用する．

b）試験容器の内容積に合わせて 5 個から 7 個の試験体と，試験体の質量の 10±0.05 倍量の試験溶液を入れる．試験は，この試験容器 3 個について実施する．

c）試験容器から試験溶液がこぼれでないように蓋をし，試験装置に静置する．

d）試験装置の凍結融解サイクルは，**図 1** に示すように，16 時間の凍結工程と，8 時間の融解工程を 1 サイクルとして行う．凍結工程では試験装置内の気相の温度を-18±2℃で 12 時間以上保ち，融解工程では最高温度は 20±2℃を標準とし，5 時間以上この温度を保つ．温度上昇および温度下降速度は，10℃/時間から 15℃/時間の範囲とする．

e）7 サイクルの凍結融解を行った後に，試験容器を試験装置から取り出し，容器内から公称目開き 4.75mm のふるいに留まるモルタル塊状部のみを取り出し，表面の水分を拭き取って，質量（m_7）を 0.01g まで秤量し，記録する．

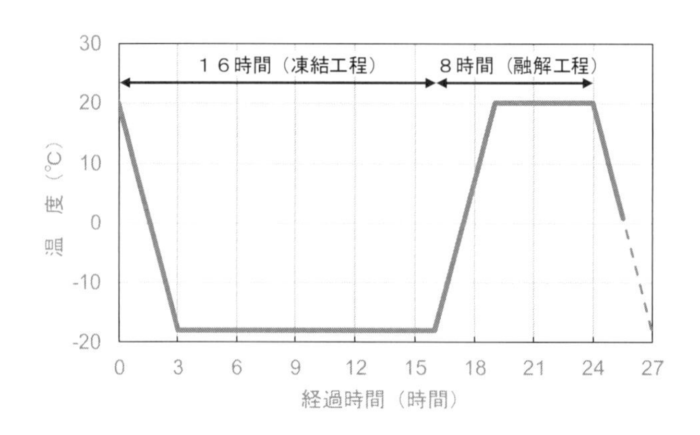

図１　凍結融解工程の温度サイクルの例

7.2.3 質量残存率の求め方　質量残存率 R_7 は，次式で計算し四捨五入によって小数点以下 1 けたに丸める．

$$R_7 = \frac{m_7}{m_0} \times 100$$

ここに，　R_7：材齢 14 日まで水中養生した試験体の凍結融解 7 サイクルでの質量残存率(%)
m_7：各試験容器内における凍結融解 7 サイクル時点で 4.75mm 以上の塊状として残存する試験体の質量（g）
m_0：各試験容器内における凍結融解作用を与える前の試験体の合計の質量（g）

8．報告　報告する事項は，次による．

8.1　必ず報告する事項

ａ）BFS の種類と製造会社名および事業所名（または工場名）
ｂ）粒度調整前の BFS の絶乾密度
ｃ）粒度調整前の BFS の吸水率
ｄ）粒度調整前の BFS の粗粒率
ｅ）BFS を採取した年月日
ｆ）モルタルを作製した年月日
ｇ）凍結融解作用を与える前の各試験容器ごとの試験体の合計の質量，凍結融解 7 サイクルでの試験体の質量および質量残存率

8.2　必要に応じて報告する事項

ａ）凍結融解工程における温度測定記録

表 2　報告書の例

報告年月日＿＿＿＿＿＿＿＿

製造会社名＿＿＿＿＿＿＿＿

試験実施者＿＿＿＿＿＿＿＿

質量残存率 R_7 の試験報告書

<table>
<tr><td colspan="2">高炉スラグ細骨材の種類（JIS A 5011-1）</td><td colspan="2">BFS5　・　BFS2.5　・　BFS1.2　・　BFS5-0.3</td></tr>
<tr><td colspan="2">BFS の採取年月日</td><td colspan="2">年　　月　　日</td></tr>
<tr><td colspan="2">モルタルの作製日</td><td colspan="2">年　　月　　日</td></tr>
<tr><td colspan="2">粒度調整前の BFS の絶乾密度</td><td>粒度調整前の BFS の吸水率</td><td>粒度調整前の BFS の粗粒率</td></tr>
<tr><td colspan="2">g/cm³</td><td>%</td><td></td></tr>
<tr><td>容　器</td><td>0 サイクル時の質量 m_0</td><td>7 サイクル時の質量 m_7</td><td>質量残存率 R_7</td></tr>
<tr><td>①</td><td>g</td><td>g</td><td>.　%</td></tr>
<tr><td>②</td><td>g</td><td>g</td><td>.　%</td></tr>
<tr><td>③</td><td>g</td><td>g</td><td>.　%</td></tr>
<tr><td colspan="2">質量残存率 R_7 の平均値</td><td colspan="2">.　%</td></tr>
<tr><td colspan="4">試験装置内の気相の温度測定記録：
試験装置内の気相の温度(°C)
経過時間(日)
実測温度
設定温度</td></tr>
</table>

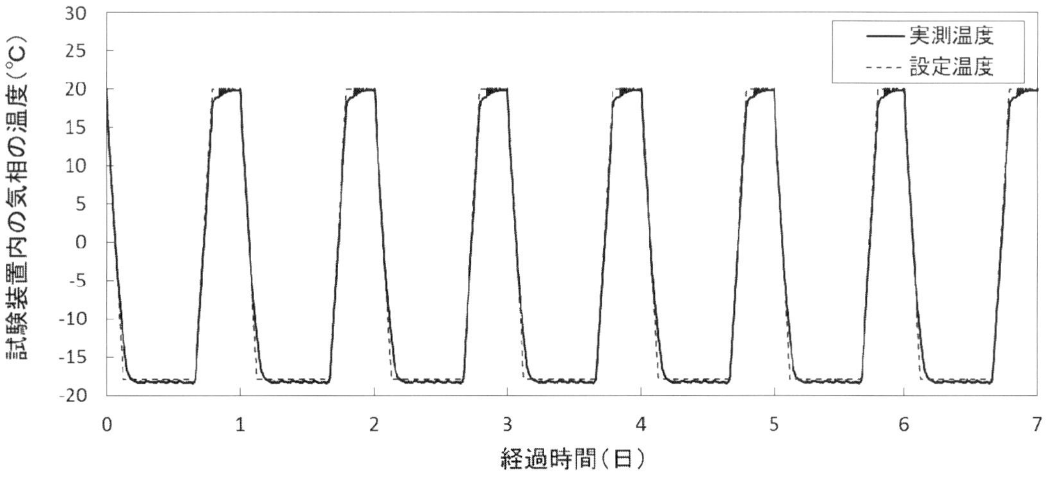

モルタル小片試験体を用いた塩水中での凍結融解による高炉スラグ細骨材の品質評価試験方法（案）－解説－

（JSCE-C 507-2018）

Commentary of evaluation test method of the quality of granulated blast furnace slag sand by freezing and thawing in salt water using small mortar pieces

この解説は，本体に規定・記述した事項，ならびにこれらに関連した事項を説明するものであり，規準の一部ではない．この解説に示した実験データは，土木学会コンクリート委員会高炉スラグ細骨材を用いたコンクリートに関する研究小委員会（354 委員会）の成果報告書に示されている．

1．制定の趣旨

高炉スラグ細骨材（以下 BFS と呼ぶ）を適切に使用することで，耐凍害性および遮塩性に優れるコンクリートを製造することが可能である．BFS を用いることで耐凍害性や遮塩性が向上するのは，**解説 図 1** に示されるように，BFS とセメントペーストによる反応層が形成され，組織が緻密となるためである．BFS の原料となる高炉水砕スラグは，溶融した高炉スラグを急冷させることで製造されるが，急冷する速度が速いものほどセメントペーストとの反応性が高くなる．したがって，粒径の異なる BFS を製造している工場では，所定の粒径の BFS を製造するために溶融した高炉スラグの冷却速度を変えるので，同じ工場で製造された BFS であっても，粒径によってその反応性は異なる．なお，一般に，速い冷却速度で製造された径の小さい BFS は軟質の BFS と呼ばれ，軟質よりもゆっくりとした冷却速度で製造された径の大きな BFS は硬質の BFS と呼ばれる．

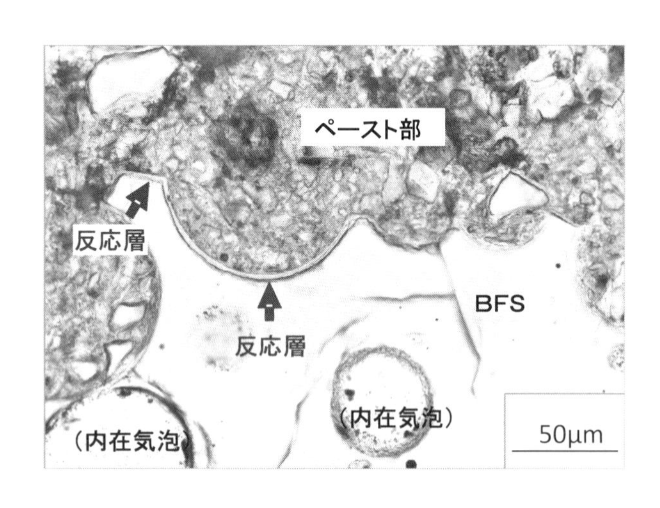

解説 図 1　BFS とセメントペーストとの反応

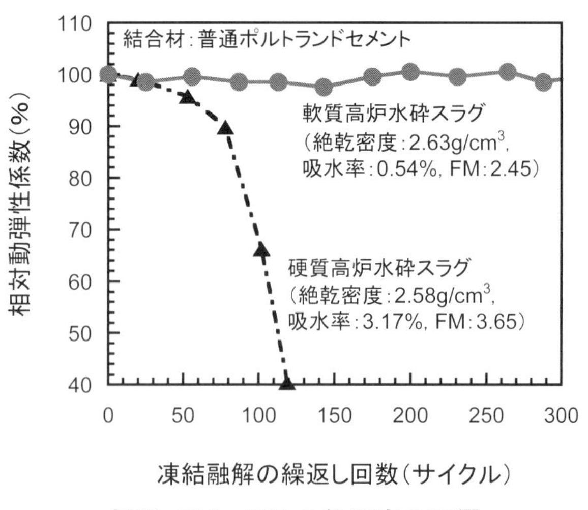

解説 図 2　BFS の軟質度の影響

解説 図 2 は，同じ工場で製造された硬質の BFS と軟質の BFS を用いて，AE 剤を用いずに製造したコンクリートの耐凍害性を調べた結果である．硬質の BFS よりも絶乾密度が高く，吸水率の低い軟質の BFS を用いれば，AE 剤を用いなくても 300 サイクルまで相対動弾性係数が 100%を保つコンクリートを製造することが可能である．このように，JIS A 5011-1 の規格を満たすものであっても，軟質の BFS を用いた場合の方が反応性が高く，高い凍結融解抵抗性をもつコンクリートを製造することが可能であるが，BFS の軟質度（または硬質度）に厳密な定義はなく，それを判定する試験方法もない．そこで，耐凍害性が求められるコンクリートを製造する際に用いる BFS について，凍結融解作用に対する抵抗性を調べることで，BFS のセメントペーストとの界面における反応性を評価することを目的に，本試験を制定した．

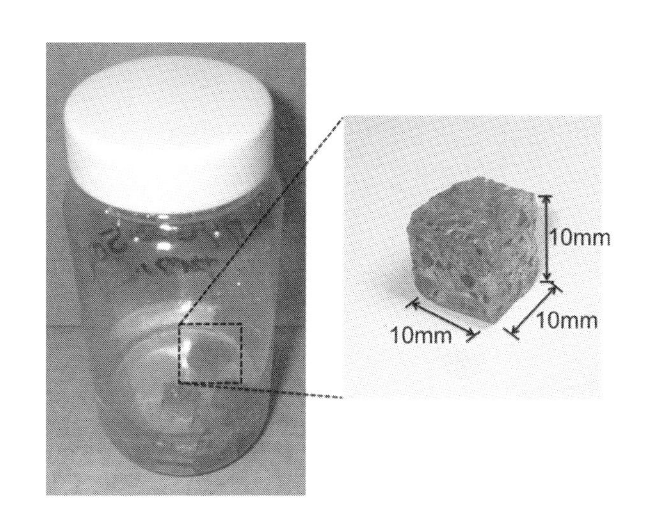

解説 図 3　モルタル小片と試験に使用する容器

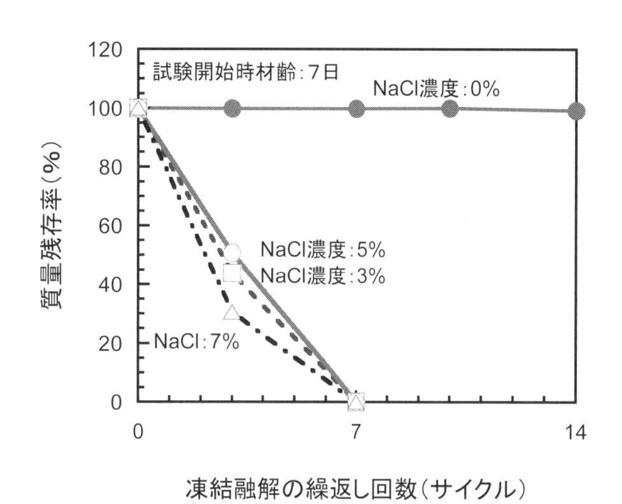

解説 図 4　塩化ナトリウム溶液濃度が砕砂を用いた試験体の質量残存率に与える影響

2．試験方法に関する解説

2.1 試験に用いる溶液

本試験方法（案）は，**解説 図 3** に示すモルタル小片を試験体に用い，塩化ナトリウムを含む溶液に入れて凍結融解サイクルを与え，7 サイクル後の質量残存率で BFS の水和反応性を確認するものである．塩化ナトリウム溶液を試験溶液として用いるのは，**解説 図 4** に示すように，砕砂を用いた試験体では塩化ナトリウム溶液の濃度が 0 %の場合は，凍結融解作用を与えても試験体の質量残存率が 100%であるのに対して，塩化ナトリウム溶液の濃度が 3%以上の場合は，いずれも 7 サイクルまでで大きく崩壊するためである．

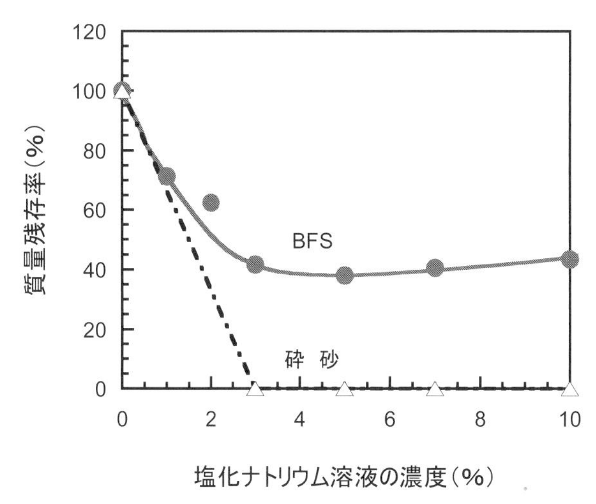

解説 図 5　塩化ナトリウム溶液の濃度が質量残存率に与える影響

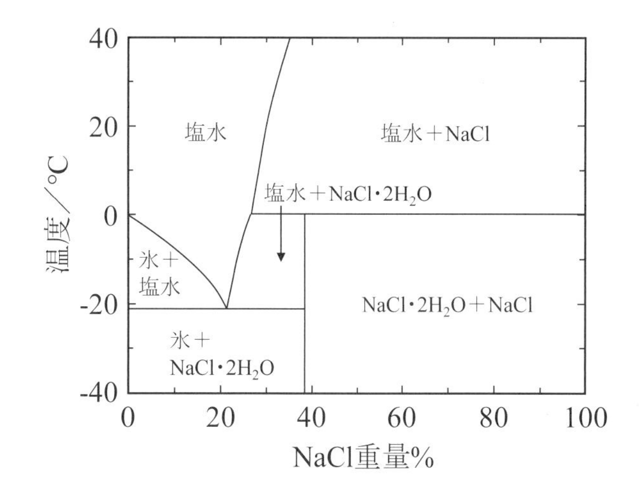

解説 図 6　H_2O-NaCl 系の相平衡図

2.2 溶液の塩化ナトリウム濃度

解説 図5は，塩化ナトリウム溶液の濃度が試験体の質量残存率に与える影響を示したものである．塩化ナトリウム溶液の濃度が 3 %までは濃度が高くなるにつれ質量残存率も小さくなっている．また，細骨材にBFSを用いた場合は，塩化ナトリウム溶液の濃度が3 %から7 %の間では，塩化ナトリウム溶液の濃度が質量残存率に与える影響は小さいが，塩化ナトリウム溶液の濃度が10 %になると，質量残存率がやや大きくなる．

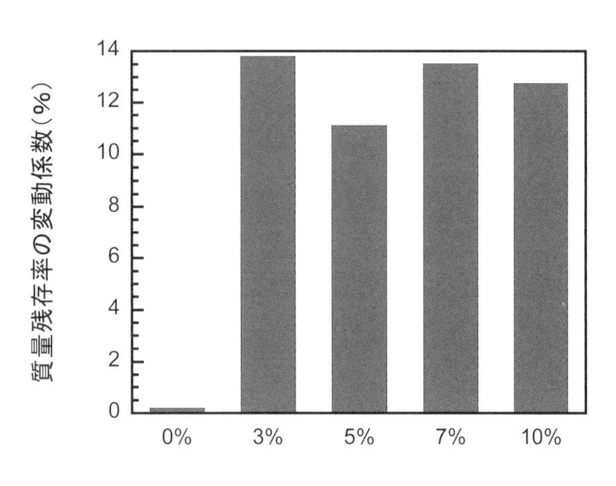

解説 図7　塩化ナトリウム溶液の濃度が質量残存率のばらつきに与える影響

解説 図6は，水と塩化ナトリウムの混合物の相平衡図を示したものである．温度が 0°C～-20°C の範囲で，塩化ナトリウム溶液の濃度が 20%以下の範囲においては，塩化ナトリウム溶液の中の純水だけが氷となり，塩水は凍らずに氷と分離し，氷と凍らない塩水の両方が存在する．この図より，塩化ナトリウム溶液の濃度が高くなるほど，純水の凍る温度が低くなり，塩化ナトリウム溶液の濃度が高いほど，凍結融解作用による劣化が必ずしも促進されないことが分かる．すなわち，**解説 図5**に示すように，塩化ナトリウム溶液の濃度が 7%～10%を超えるあたりから，凍結融解作用によるモルタルの劣化は，塩化ナトリウム溶液の濃度が高いほど，緩まることが推察される．

解説 図7は，本試験方法に基づき，BFS1.2 を用いて 5 回連続して試験を実施した結果のばらつきを，変動係数で示したものである．塩化ナトリウム溶液の濃度が 3 %から 10%の間では，いずれの塩化ナトリウム溶液の濃度で行った試験結果も，変動係数は 12 %前後で，塩化ナトリウム溶液の濃度による試験誤差の差は小さい．したがって，スケーリング試験を示した JSCE-K 572，RILEM CDF 法および ASTM C 672 では，塩化ナトリウム溶液の濃度は 3%と決められているが，本試験方法では試験に用いる塩化ナトリウム溶液の濃度は，その濃度に変動があったとしても実験結果に与える影響が，より小さいと考えられる 5%とした．

2.3 凍結融解作用の試験時の温度

解説 図8は，塩化ナトリウム溶液の濃度を 3%の条件で，冷却温度が質量残存率に与える影響を調べた結果である．この図に示されるように，-7°C 以上を除くと，-15°C 程度までは最低温度が低いほど凍結融解作用によって質量残存率が下がっているが，最低温度が-15°C～-30°C の範囲ではほぼ同等の結果が得られている．**解説 図9**は，-50°C まで水および塩水を冷却し，凝固した後に加熱昇温を行い，熱機械分析（TMA）で試料の変位量を測定した結果である．純水を凝固させた試料の融点は 0°C で確認されるが，塩水を凝固させた試料では，凝固点降下の影響で融点が-18°C と 0°C 付近の 2 箇所で認められ，それぞれの融点付近では大きな体積変化を伴っている．したがって，試験結果に与える最低温度の影響を小さくするためには，凍結融解作用を与える際の最低温度は少なくとも-15°C 以下とし，-18°C とするのがより好ましいといえる．凍結融解試験の凍結時の最低温度は，JIS A 1148「コンクリートの凍結融解試験方法」および ASTM C672「Standard Test Method for Scaling Resistance of Concrete Surfaces Exposed to Deicing Chemicals」では，-18°C が，JSCE-K 572「けい酸塩系表面含浸材の試験方法（案）」および RILEM CDF「Test method for the freeze-thaw resistance of concrete - tests with sodium chloride solution」では，-20°C が規定されている．凍結融解作用によって生じる内部破壊を評価することを目的とする試験規格では，-18°C が，スケーリングを評価することを目的とする試験規格では，-20°C が規定されている．本試験法では，これらの規格と，**解説 図 8** および**解説 図 9** の結果を考慮し，凍結時の最低温度を-18°C とした．なお，融解時の最高温度については，JSCE-K 572 および RILEM CDF では試験槽内温度 20°C が，ASTM C672 では 23°C が規定されている．JIS A 1148 では，コンクリート供試体の中心温度は 5°C としている．本試験での試験体のサイズは小さいことから，5°C 以上の環境を確保すれば評価ができると考えられるため，多くの試験方法で標準的な 20°C とした．

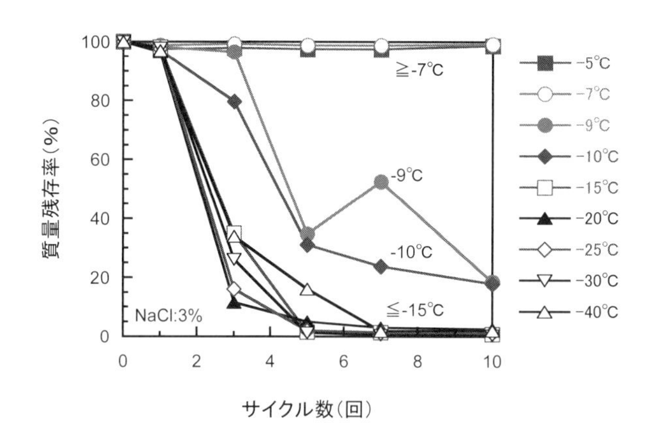

解説 図 8　凍結融解の最低温度と質量残存率の関係（塩化ナトリウム溶液濃度：3%）

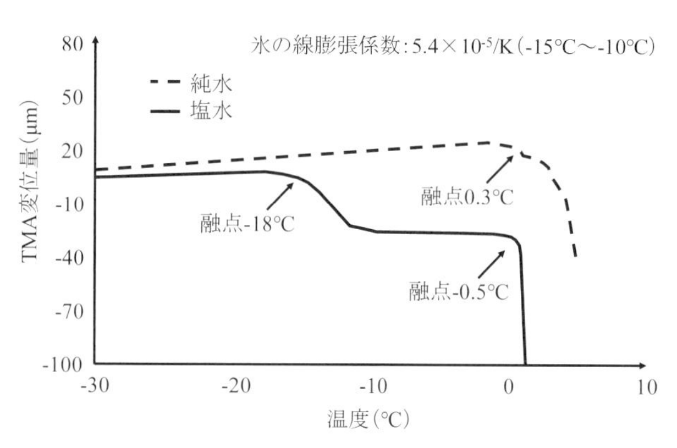

解説 図 9　氷の融点と体積変化の関係

2.4 凍結融解作用のサイクル

凍結融解作用のサイクルは，実用上の作業性等に配慮して，1 サイクル/日とした．また，凍結工程時間および融解工程時間は，ASTM C672 が凍結工程時間を 16〜18 時間とし，融解工程時間を 6〜8 時間としていることに準じた．昇温速度および降温速度は，RILEM CDF の条件（10 °C/時間）と，市販されている試験装置の能力等を参考に，10°C/時間〜15 °C/時間とした．

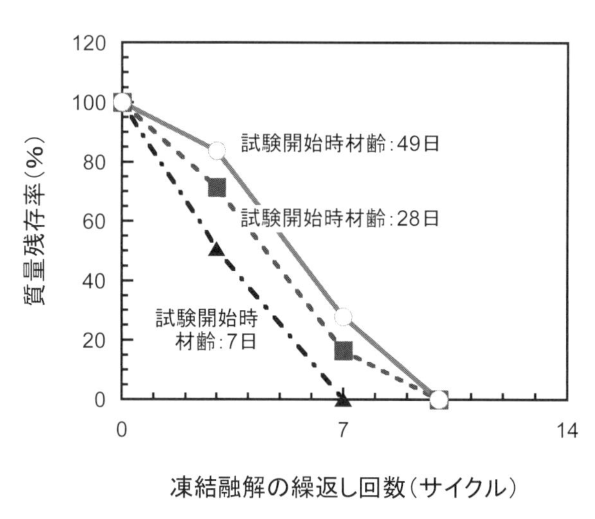

解説 図 10　砕砂を用いた試験体の質量残存率に試験開始時材齢が与える影響

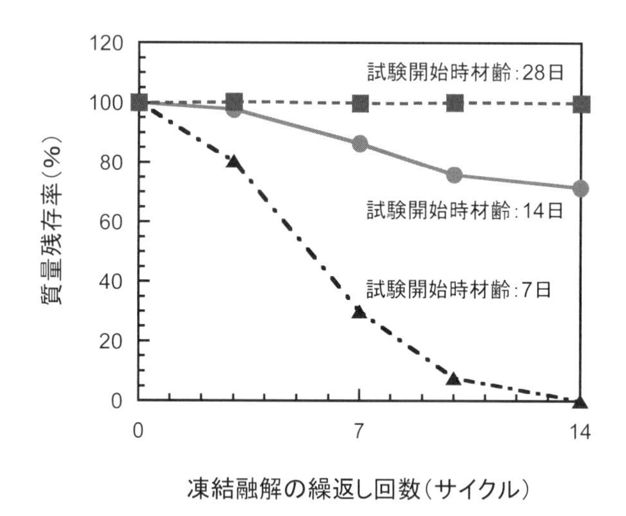

解説 図 11　BFS を用いた試験体の質量残存率に試験開始時材齢が与える影響

2.5 試験開始時材齢

解説 図 10 および**解説 図 11** は，それぞれ，5%の塩化ナトリウム溶液の濃度下で砕砂を用いた試験体と

BFSを用いた試験体の質量残存率に与える試験体の試験開始時材齢の影響を示したものである．砕砂を用いた試験体では，試験開始時材齢に係らず7サイクルの凍結融解作用を与えることでほぼ全壊となっている．これに対して，BFSを用いた試験体では，試験開始時材齢が遅くなるにつれ，BFSの水和等の反応によって質量残存率が高くなる．BFSの水和反応性を確認する試験開始時材齢を14日としたのは，砕砂を用いた場合と明らかに有意な差が表れ，かつ，養生期間の影響が確認できる材齢としたためである．

2.6 モルタルの養生温度

解説 図12は，5°C，20°Cおよび35°Cの水中で14日間養生を行った試験体の質量残存率を調べた結果である．水温が高いほどBFSの水和反応が進むため質量残存率が高くなる．水中養生時の水温が質量残存率に与える影響は無視できないことから，型枠中から水中養生にかけて，20±2°Cで管理することとした．

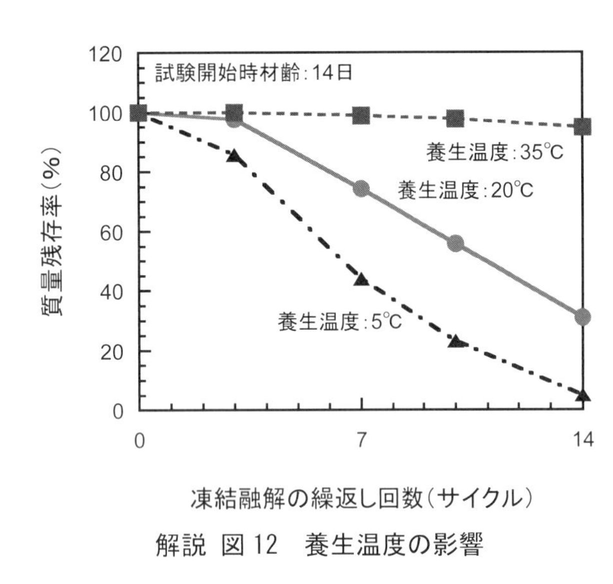

解説 図12　養生温度の影響

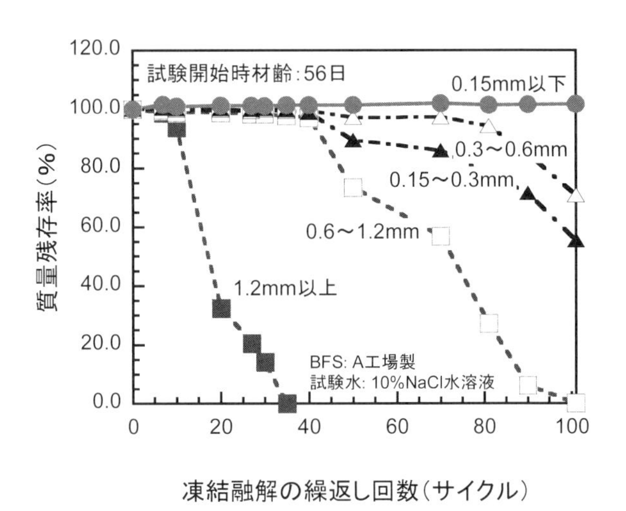

解説 図13　BFSの粒径が質量残存率に与える影響

2.7 BFSの粒度

塩水環境下でBFSを用いたコンクリートの凍結融解作用に対する抵抗性が向上するのは，BFSが水和反応を生じるためである．この試験によって得られる結果は，**解説 図13**に示されるように，同じ製鉄所で同じ製造日のBFSであっても，細かい粒径のBFSを用いたものほど質量残存率が高く，粒径の影響を強く受ける．本試験方法は，セメントペーストとBFSとの界面における反応性を評価する試験方法であることから，試験体に用いるBFSの粒度を，JIS A 1146（モルタルバー法）で用いられる細骨材と同じ粒度とした．したがって，粒度の異なるBFSの反応性を直接評価するものではない．なお，JIS A 5011-1に規定されるBFSは，購入時に粗粒率を購入者と製造者の協議によって定めることができる．

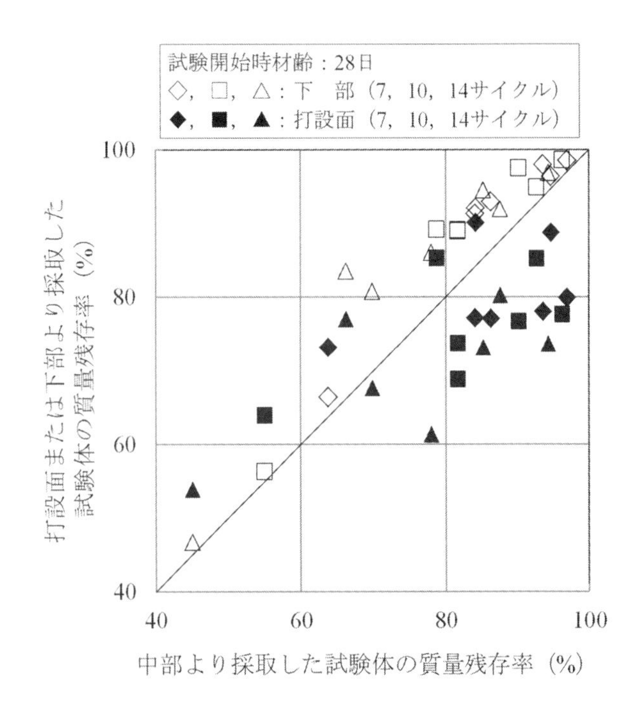

解説 図14　試験体の切出し位置の影響

2.8 試験体の切り出し位置

解説 図14は，40mm×40mm×160 mmモルタルの打設面，中部，下部からそれぞれ試験体を切り出し，本試験に供したときの質量残存率について，中部から採取した試験体の結果を基準として打設面，下部の結果との関係を調べたものである．◆，■，▲は打設面から切り出した試験体と中部から切り出した試験体の質量残存率を，◇，□，△は下部から切り出した試験体と中部から切り出した試験体の質量残存率を示しており，菱形が7サイクル，正方形が10サイクル，三角形が14サイクルの結果である．質量残存率は中部と下部はほぼ同じであるが，打設面から採取した試験体の質量残存率は，中部より採取した試験体に比べて小さい傾向がある．ブリーディング等の影響によって，打設面から採取された試験体の質量残存率は小さくなる傾向があることを考慮し，試験体は打設面よりも10mm下の位置から採取することとした．

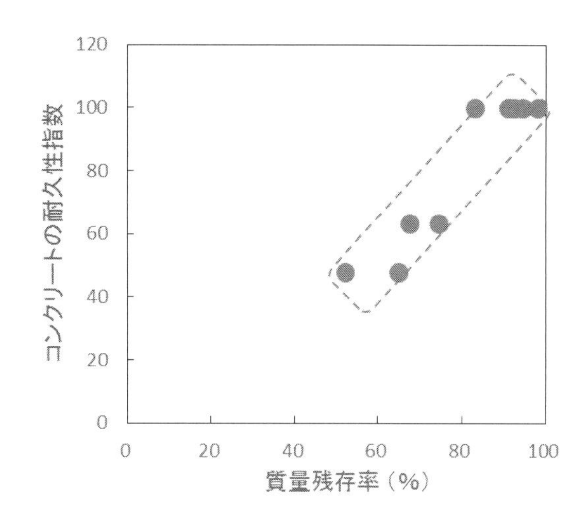

解説 図15 質量残存率 R_7 とコンクリートの耐久性指数との関係

2.9 質量残存率の求め方

塩水を用いた凍結融解作用を受ける試験体では，表面が剥がれるように崩れる．凍結融解試験を開始する前の寸法が10mm角の場合，一辺が5mmになると，体積はおおよそ12.5%となる．本試験方法では，元の体積の1割程度をもって試験体が破壊に至ったと判断することとし，公称目開き4.75mmのふるいに留まるものの質量をもって，質量残存率とした．また，試験に用いる試験体の個数は，試験のばらつきおよび試験容器の内容積の大きさを考慮し，5個から7個を用いることとした．

2.10 試験体の質量残存率とコンクリートの耐久性指数の関係

解説 図15は，試験体の質量残存率 R_7 とAE剤を添加していないBFSコンクリートをJIS A 1148（A法）に準じて，10% 塩化ナトリウム溶液で試験を行い求めた耐久性指数との関係を示したものである．BFSコンクリートの耐久性指数と質量残存率 R_7 には高い相関が認められる．

モルタル円柱供試体を用いた硫酸浸せきによる高炉スラグ細骨材の品質評価試験方法（案）（JSCE-C 508-2018）

Evaluation test method of the quality of granulated blast furnace slag sand by sulfuric acid immersion using mortar cylinder

１．適用範囲　この規準は，モルタルまたはコンクリートの細骨材として用いられる高炉スラグ細骨材（以下，BFS という）の硫酸による侵食に対する抵抗性を調べることで，BFS の硫酸との反応性に由来する品質を評価する試験方法について規定する．

２．引用規格　次に掲げる規格は，この規準に引用されることによって，この規準の規定の一部を構成する．これらの規格は，その最新版を適用する．

JSCE-B 101　コンクリート用練混ぜ水の品質規格（案）
JSCE-F 506　モルタルまたはセメントペーストの圧縮強度試験用円柱供試体の作り方
JIS A 1109　細骨材の密度及び吸水率試験方法
JIS A 1146　骨材のアルカリシリカ反応性試験方法（モルタルバー法）
JIS A 1158　試験に用いる骨材の縮分方法
JIS A 5011-1　コンクリート用スラグ骨材-第 1 部：高炉スラグ骨材
JIS A 6204　コンクリート用化学混和剤
JIS B 7507　ノギス
JIS B 7516　金属製直尺
JIS K 8001　試薬試験方法通則
JIS K 8951　硫酸（試薬）
JIS R 5201　セメントの物理試験方法
JIS R 5210　ポルトランドセメント

３．定義

ａ）**BFS**　この規準で対象とする BFS は JIS A 5011-1 の規格に適合するものとする．

ｂ）**0 打フロー**　JIS R 5201 に規定するフロー試験において，フローコーンを引き上げた直後で，落下運動を与える前のモルタルのフロー．

４．試験用装置及び器具　試験用装置および器具は，次による．

ａ）**練混ぜ機**　JIS R 5201 に規定する機械練り用練混ぜ機とする．

ｂ）**フローコーン及び突き棒**　JIS R 5201 に規定するフローコーン及び突き棒とする．

ｃ）**型枠**　JSCE-F 506 に規定される型枠とする．

ｄ）**切断機**　供試体を切断できるコンクリートカッタ等の装置とする．

注記　切断機は，乾式でも，湿式でも良い．

e）**噴霧器**　フェノールフタレイン溶液をモルタルの断面に均一に噴霧できるものとする．

f）**ノギス（直尺）**　JIS B 7507 に規定するノギス又は JIS B 7516 に規定する金属製直尺で 0.5mm まで読み取れるものとする．

g）**容器**　内容積 2L 以上で，蓋付きのポリプロピレン樹脂容器とする．

5．水，セメント，高性能減水剤および試薬

a）**水**　モルタルの作製に使用する水は，JSCE-B 101 に適合する水とする．

b）**セメント**　セメントは，JIS R 5210 に適合し，かつ，製造会社の異なる普通ポルトランドセメント 3 銘柄を選び，これらを等量混合したものとする．

c）**高性能減水剤**　高性能減水剤は，JIS A 6204 に適合するものとする．

d）**硫酸**　硫酸は，JIS K 8951 に規定するものを標準とする．

e）**指示薬**　硫酸による侵食の深さの測定に用いる指示薬には，JIS K 8001 の指示薬に規定するフェノールフタレイン溶液又はこれと同等の性能をもつ試薬を用いる．JIS K 8001 の指示薬に規定するフェノールフタレイン溶液は，95%エタノール 90mL にフェノールフタレインの粉末 1g を溶かし，水を加えて 100mL としたものである．

6．BFS 試料の採取および調整

a）BFS 試料は，代表的な BFS を約 10kg 採取し，よく混合して，JIS A 1158 によって，約 2kg になるまで縮分する．

b）BFS 試料は，JIS A 1109 に規定される方法で表面乾燥飽水状態にする．

7．試験方法

7.1　供試体の作製

7.1.1　モルタルの配合および成形

a）モルタルの配合は，質量比で水セメント比 0.3，BFS 試料セメント比 1.7 とする．

b）1 回に練り混ぜる各材料の量は，次を標準とする．

水	240±1 g
セメント	800±1 g
BFS 試料	1 360±1 g
高性能減水剤	モルタルの 0 打フローが 150～200mm 程度となる量

c）モルタルの練混ぜは，JIS R 5201 の強さ試験の方法による．

d）JSCE-F 506 に規定される型枠を用いて，直径 50mm×高さ 100mm の円柱に成形する．モルタルは練混ぜ後，ほぼ等しい 2 層に分けて型枠に詰め，その各層を突き棒で約 5 回突く．突き棒によってできた穴が残る場合には，突き終わった後，型枠側面を木槌で軽く叩いて突き穴がなくなるようにする．ただし，モルタルが分離するおそれがある場合は，突き数を減らす．次にモルタルを型枠の上端より約 5mm 盛り上がるように詰め，最後に供試体をいためないように余盛部分を注意して削り取り，上面を平滑にする．

7.1.2　供試体の養生

a）温度 20±2℃，相対湿度 80%以上の状態に 24±2 時間静置した後，脱型し，速やかに 20±2℃の水槽に入れ，完全に水中に浸す．水温の制御に循環装置を用いる場合は，目に見えるような流れを起こしてはならない．

b）練混ぜ開始時刻を起点として，材齢 28 日まで養生する．

7.2　希硫酸への浸せき方法

a）供試体の表面の余分な水分を吸水性の高い布を用いて拭き取る．

b）試験には，3 本の供試体を用いる．希硫酸に浸せきする前に，供試体の高さの中央で最大と思われる直径と，その直交する方向の直径を 0.5mm の単位で測定し，その平均を四捨五入によって小数点以下 1 けたに丸め，試験開始前の供試体の直径 D とする．

c）供試体は，1 つの容器に 1 本を立てて入れ，あらかじめ 5mass%に調整した希硫酸を，試験開始時の供試体の体積の 5 倍以上になるように分取し，容器に入れる．

d）希硫酸に供試体が完全に浸されることを確認した後，容器から希硫酸がこぼれ出ないように蓋をし，20±2℃の状態で静置する．

注記　蓋を開ける際は，試験室の換気を行う．

e）希硫酸は，7 日毎に全量を入れ替える．希硫酸を交換する度に供試体の上下を逆にして立てる．

f）56 日間，希硫酸に浸せきした後に，容器から供試体取り出し，残存している供試体の高さの中央で切断機を用いて供試体を切断する．

7.3　硫酸による侵食の深さの測定方法

7.3.1　測定面の呈色　測定面は, 切断面とし, 切断面が濡れている場合は, 自然乾燥させるか, ドライヤを用いる等して乾燥させる．乾燥後に，測定面にフェノールフタレイン溶液を均一に噴霧する．

7.3.2　呈色面の測定　呈色した部分が安定した後，赤紫色に呈色した部分で，最大と思われる直径と，その直交する方向の直径を 0.5mm の単位で測定し，その平均を四捨五入によって小数点以下 1 けたに丸め，呈色面の直径$\bar{D}$とする．

7.3.3　硫酸による侵食の深さの求め方　硫酸による侵食の深さy_sは，次式で計算し四捨五入によって小数点以下 1 けたに丸める．

$$y_s = \frac{D-\bar{D}}{2}$$

ここに，　y_s：　硫酸による侵食の深さ（mm）

D：　試験開始前の供試体の直径（mm）

$\bar{D}$：　呈色面の直径（mm）

8．報告　報告する事項は，次による．

8.1　必ず報告する事項

a）BFS の種類と製造会社名および事業所名（または工場名）

b）BFS の絶乾密度

c）BFS の吸水率

d）BFS の粗粒率

e）BFS を採取した年月日

f）モルタル供試体を作製した年月日

g）硫酸浸せき試験を開始した年月日

h）硫酸浸せき試験を終了した年月日

i）試験開始前の供試体の直径 D

j）呈色面の直径 $\overline{D}$

k）硫酸による侵食の深さ y_s

8.2　必要に応じて報告する事項

a）測定面の呈色の状況の写真

b）BFS の粒度分布

表 1　報告書の例

報告年月日＿＿＿＿＿＿＿＿

製造会社名＿＿＿＿＿＿＿＿

試験実施者＿＿＿＿＿＿＿＿

硫酸による侵食の深さ y_s の試験報告書

<table>
<tr><td colspan="2">高炉スラグ細骨材の種類（JIS A 5011-1）</td><td colspan="2">BFS5 ・ BFS2.5 ・ BFS1.2 ・ BFS5-0.3</td></tr>
<tr><td colspan="2">BFS の採取年月日</td><td colspan="2">年　月　日</td></tr>
<tr><td colspan="2">モルタルの作製日</td><td colspan="2">年　月　日</td></tr>
<tr><td colspan="2">硫酸浸せき試験を開始した年月日</td><td colspan="2">年　月　日</td></tr>
<tr><td colspan="2">硫酸浸せき試験を終了した年月日</td><td colspan="2">年　月　日</td></tr>
<tr><td colspan="2">BFS の絶乾密度</td><td>BFS の吸水率</td><td>BFS の粗粒率</td></tr>
<tr><td colspan="2">g/cm^3</td><td>%</td><td></td></tr>
<tr><td>供試体</td><td>試験開始前の供試体の直径 D</td><td>呈色面の直径 $\overline{D}$</td><td>硫酸による侵食の深さ y_s</td></tr>
<tr><td>①</td><td>.　mm</td><td>.　mm</td><td>.　mm</td></tr>
<tr><td>②</td><td>.　mm</td><td>.　mm</td><td>.　mm</td></tr>
<tr><td>③</td><td>.　mm</td><td>.　mm</td><td>.　mm</td></tr>
<tr><td colspan="2">硫酸による侵食の深さ y_s の平均値</td><td colspan="2">.　mm</td></tr>
<tr><td colspan="4">測定面の呈色の状況：</td></tr>
</table>

モルタル円柱供試体を用いた硫酸浸せきによる高炉スラグ細骨材の品質評価試験方法（案）-解説-（JSCE-C 508-2018）

Commentary of evaluation test method of the quality of granulated blast furnace slag sand by sulfuric acid immersion using mortar cylinder

この解説は，本体に規定・記述した事項，ならびにこれらに関連した事項を説明するものであり，規準の一部ではない．この解説に示した実験データは，土木学会コンクリート委員会高炉スラグ細骨材を用いたコンクリートに関する研究小委員会（354 委員会）の成果報告書に示されている．

1．制定の趣旨

高炉スラグ細骨材（以下 BFS と呼ぶ）を適切に使用することで，硫酸による劣化抵抗性に優れるコンクリートを製造できる．BFS を用いることで硫酸による劣化抵抗性が向上するのは，**解説 図 1** に示されるように，硫酸との反応によって表層部に緻密な二水石こうを主成分とする層が形成されるためである．砂の種類に係わらず硫酸との反応によってコンクリートの表層部に二水石こうの層は形成されるが，砕砂や砂等を用いたモルタルでは，二水石こうの組織は粗となる．これに対して，BFS は，非晶質なため硫酸と反応し，コンクリートの表層部に形成される二水石こうが緻密となる．川砂を用いたモルタルと BFS を用いたモルタルの表層部に形成される二水石こうの細孔径分布を調べたものが，**解説 図 2** で，その差は明らかである．

(a) 川砂を用いたモルタルに生じる二水石こうの層

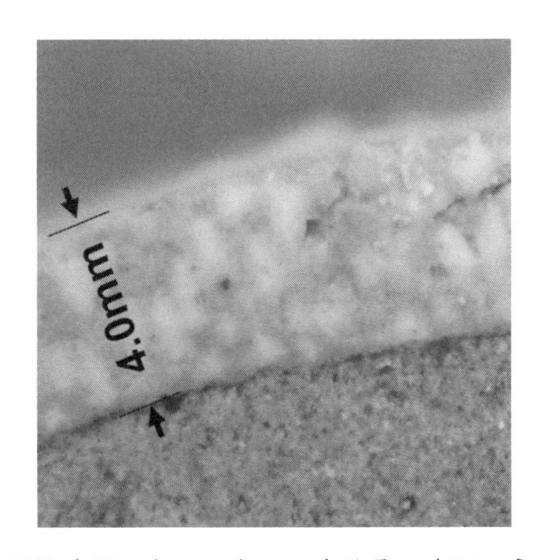

(b) BFS を用いたモルタルに生じる二水石こうの層

解説 図 1　硫酸との反応によって生じる表層部の違い

BFS によって形成される表層部の緻密さは BFS の非晶質の程度に依存し，二水石こうの層が緻密なほど，モルタルやコンクリートへの硫酸の侵入を抑制する効果が高くなる．BFS の非晶質の程度は，原料となる高炉スラグの化学成分や製造時の冷却方法等によって決まることから，高炉スラグが発生する製鉄所ごとに鉄鉱石等の原料が大幅に変わらない限り，おおよその非晶質の程度が定まる．ただし，同じ製鉄所で製造された BFS であっても，非晶質の程度は異なり，試料を粉砕して分析する化学分析法や，急冷および徐冷高炉スラグ細骨材のガラス含有量試験方法（透明度法や偏光法）では，コンクリート材料として求められるBFSの非晶質の程度を判定することは難しい．そこで，硫酸に対する抵抗性が求められるコンクリートを製造する際に用いるBFSについて，硫酸による侵食に対する抵抗性を調べることで，BFSの硫酸との反応性に由来する品質を評価することを目的に，本試験を制定した．

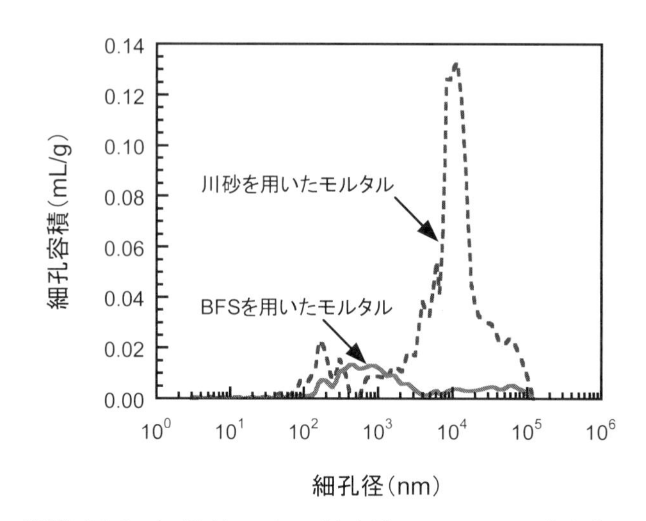

解説 図2　細骨材の違いが硫酸によって形成される石こうの細孔径分布に与える影響

2．試験方法に関する解説

2.1 ポルトランドセメントの硫酸による劣化

解説 図3は，質量パーセント濃度で5%の希硫酸に56日間浸せきした後のセメントペーストの切断面に，フェノールフタレイン溶液を噴霧したものである．なお，希硫酸に浸せきする前の供試体断面の直径は50mmである．水セメント比が60%のセメントペーストの呈色していない表層部が，硫酸と反応して二水石こうとなっている部分である．水セメント比が30%のセメントペーストにも，硫酸と接触する表層部には，二水石こうが形成されるが，硫酸との反応が早いため，表層部の二水石こうが直ちに剥落してほとんど残らない．

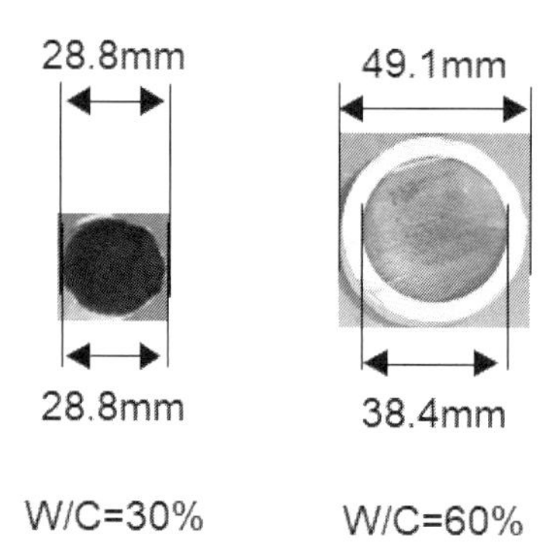

解説 図3　硫酸とセメントペーストの反応

解説 図4は，硫酸によるセメントペーストの劣化のサイクルを示したものである．解説 図4(a)は，セメントペーストを希硫酸に浸せきした直後の状態である．解説 図4 (b)は，セメント中のカルシウム成分と硫酸が反応し，セメントペーストと硫酸が接する面に二水石こうの膜が生成された状態である．解説 図4 (c)は，希硫酸のpHとセメントペースト内部のpHの勾配によって，アルミニウム成分が二水石こうとセメントペースト表面との間に集積した結果，エトリンガイトが生成された状態である．解説 図4 (d)は，セメントペースト表面のエトリンガイトが硫酸の侵入によりpHが下がり，パテ状の二水石こうに変化する反応が生じた状態である．解説 図4 (e)は，エトリンガイトと硫酸との反応で生じるパテ状の二水石こうの量が多くなり，表面の硬い二水石こうの膜が剥がれ落ちる状態である．さらに，解説 図4 (f)に示すように，剥がれ落ちずに残ったエトリンガイトも，硫酸と直接接することで，全て，パテ状の二水石こうに変化し，セメントペー

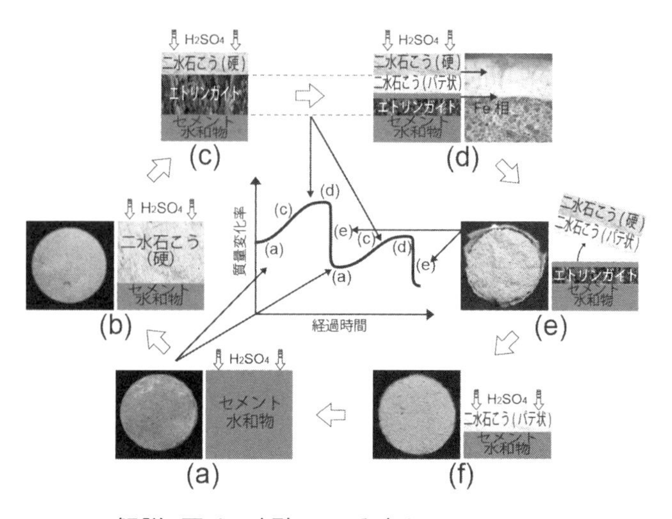

解説 図4　硫酸による劣化のサイクル

スト表面から消失することで，セメントペーストの新たな健全部が硫酸に接し，次の劣化のサイクルが始まる．このサイクルを繰り返すことで質量の増加と減少を繰り返しながら，硫酸によるセメントペーストの劣化が進行する．

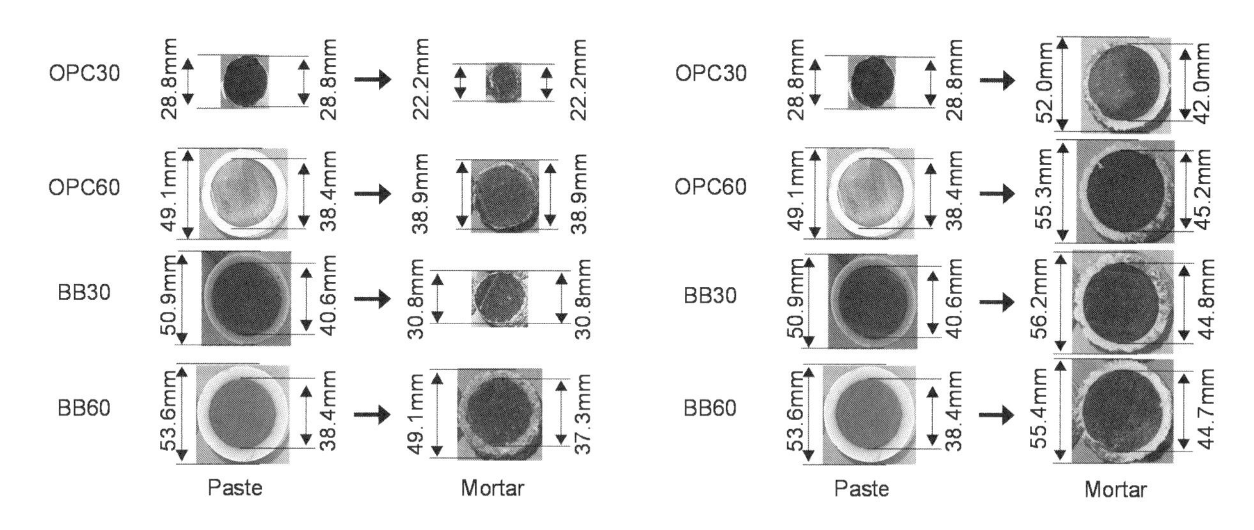

解説 図5　セメントペーストと川砂を用いたモルタルの硫酸浸せき試験結果

解説 図6　セメントペーストとBFSを用いたモルタルの硫酸浸せき試験結果

2.2 BFSの効果

解説 図5および**解説 図6**は，セメントペーストと同じ水結合材比のモルタルを，川砂およびBFSを用いて作製し，質量パーセント濃度で5%の希硫酸に56日間浸せきした後，切断面にフェノールフタレイン溶液を噴霧した結果を比較して示したものである．図の左側には，セメントペーストの試験結果を，図の右側には，モルタルの試験結果を示している．OPC30およびOPC60は，それぞれ，普通ポルトランドセメントを用いた水セメント比が30%および60%の配合を意味し，BB30およびBB60は，それぞれ，高炉セメントを用いた水セメント比が30%および60%の配合を意味する．

セメントペーストで二水石こうの膜が残っていたものでも，川砂を用いたモルタルの場合には二水石こうの膜が消失しているものが多い．これに対して，セメントペーストで二水石こうの膜が全く消失したOPC30であっても，BFSを用いたモルタルの場合には二水石こうの膜が形成され，硫酸による侵食の深さが小さくなっている．二水石こうの膜が残っていたそれ以外のセメントペーストにおいても，BFSを用いることで，耐硫酸性がさらに向上する．

2.3 モルタルの水セメント比

解説 図7は，川砂を用いたモルタルを質量パーセント濃度で5%の希硫酸に56日間浸せきした後，切断面にフェノールフタレイン溶液を噴霧したものである．一方，**解説 図8**は，BFSを用いたモルタルの結果である．希硫酸に浸せき前の供試体の直径は50mmである．川砂を用いたモルタルでは，水セメント比の小さいものほど硫酸による侵食が大きくなるのに対し，BFSを用いたモルタルは，水セメント比の影響が小さい．BFSの硫酸に対する抵抗性を評価する本試験方法においては，結晶質な砂を用いたモルタルとの差が大きい，小さな水セメント比である30%を試験条件として定めた．

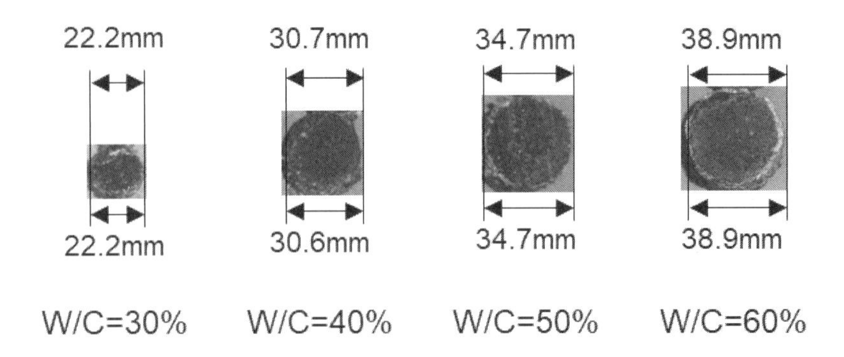

解説 図7　水セメント比が硫酸劣化に与える影響（川砂を用いた場合）

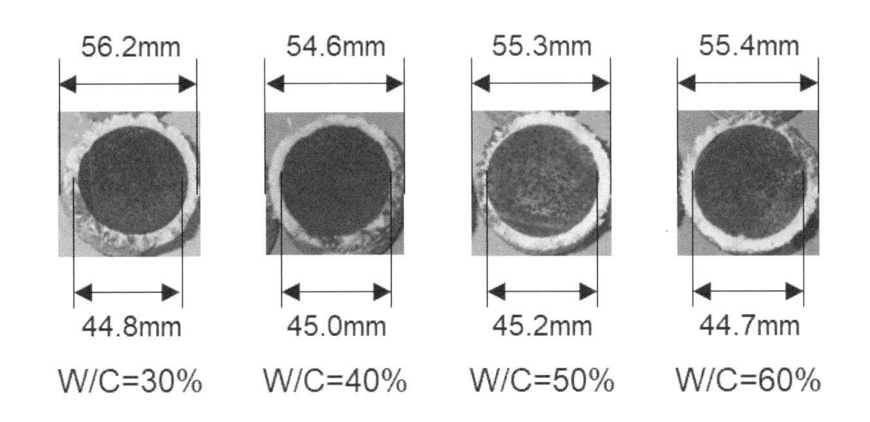

解説 図8　水セメント比が硫酸劣化に与える影響（BFS を用いた場合）

2.4 呈色面の直径の測定

希硫酸によるモルタルの劣化の程度を表す方法には，切断面にフェノールフタレイン溶液を噴霧し，その呈色面の直径を測ることの他に，質量変化による方法も一つの方法である．解説 図 9 は，質量パーセント濃度で 5%の希硫酸に浸せきした，水セメント比が 60%のセメントペースト，川砂を用いたモルタルおよび BFS を用いたモルタルの質量変化を示したものである．

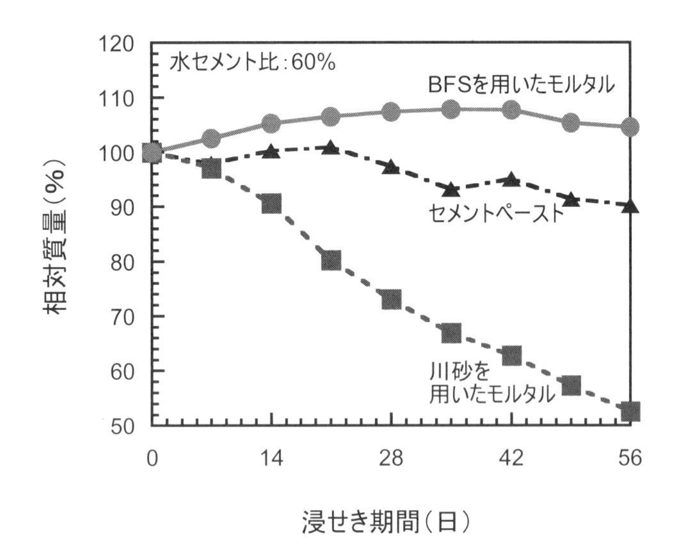

解説 図9　硫酸との反応による質量変化（セメントペーストとモルタルの違い）

セメントペーストは，二水石こうが形成されるときは，質量が増加し，パテ状の二水石こうに変化することで，硬い二水石こうが剥がれるときは，質量が減少する．これに対して，川砂を用いたモルタルは，単調に質量が減少し，BFS を用いたモルタルは，硫酸に対する抵抗性が高いために質量変化も小さい．しかし，質量変化による評価は，硫酸による侵食のサイクルにおいて，二水石こうが形成されているときと，それが剥がれ落ちるときの影響を受ける．したがって，二水石こうの影響を受けにくく，実際の劣化の程度を適切に評価していると思われる呈色面の直径を用いて，BFS の非晶質の程度を判定することとした．

2.5 溶液の硫酸濃度

セメントペースト，モルタルおよびコンクリートの硫酸による劣化は，溶液である希硫酸の濃度が高いほど大きくなり，測定結果を早く得ることができる．しかし，実験での希硫酸の取扱い易さを考慮し，毒物及び劇物取締法の医薬用外劇物の適用外であり，かつ，多くの試験実績のある質量パーセント濃度で 5%の希硫酸を用いることとした．

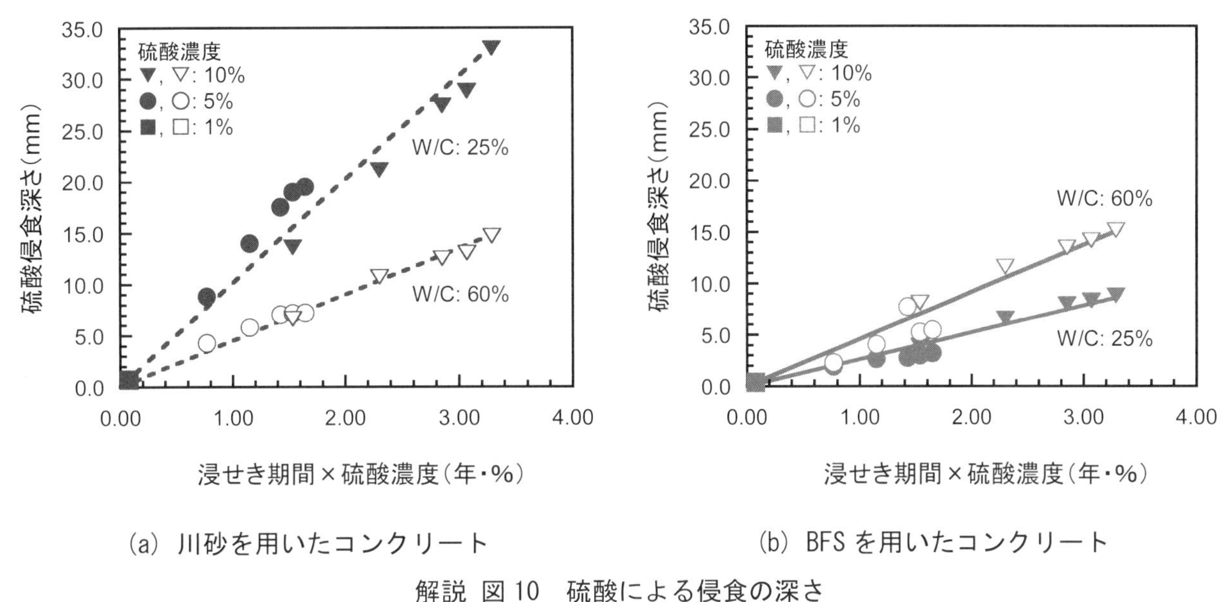

(a) 川砂を用いたコンクリート　(b) BFS を用いたコンクリート

解説 図 10　硫酸による侵食の深さ

2.6 硫酸による侵食の深さ

解説 図 10 は，細骨材に川砂および BFS を用いたコンクリートの硫酸による侵食の深さと，浸せき期間と硫酸濃度の積との関係を示したものである．これらの図には，1%の硫酸に 28 日間，5%および 10%の硫酸に 56 日間，84 日間，104 日間，112 日間，120 日間浸せきさせた結果が示されている．川砂を用いたコンクリートにおいても，BFS を用いたコンクリートにおいても，硫酸による侵食の深さと，浸せき期間と硫酸濃度の積との間には線形関係が成り立っている．なお，川砂を用いた場合の図中に示す直線の傾きは，水セメント比が 25%および 60%のコンクリートで，それぞれ，10.1mm/(年・%)および 4.5mm/(年・%)となり，水セメント比の小さいものの方が，傾きが大きく，硫酸に対する抵抗性が小さい．これに対して，BFS を用いた場合には，水セメント比が 25%および 60%のコンクリートで，それぞれ，2.6mm/(年・%)および 4.6mm/(年・%)となり，水セメント比が小さいものほど，傾きが小さく，硫酸に対する抵抗性が大きい．

付　録

付録Ⅰ　BFS コンクリートの標準仕様

1. 標準仕様

1.1 標準仕様の BFS コンクリートの目標値

使用材料および配合が同じであっても，試験室で作製される BFS コンクリートの品質と実機で製造される BFS コンクリートの品質は，同じと限らない．この指針（案）では，実機での製造は，試験室で得られた性能を目標に製造することとしている．そのため，実機での製造を開始する前に，試験室で目標となる BFS コンクリートの品質をあらかじめ定める必要がある．この指針（案）では，各プレキャスト製品工場が，試験室で目標値を試験によって定める負担を考慮し，**表 1** の養生方法と**表 2** の配合の条件を満足し製造される BFS コンクリートについては，**表 3** に示す目標値を配合計画書やミルシート等に記載して良いこととした．

表 1　標準仕様における養生

蒸気養生の前置き時間	最高温度	蒸気養生後の養生方法	湿潤（水中）養生期間
2 時間以上	40℃以下	水中（湿潤）養生	7 日以上

表 2　標準仕様における配合

空気量	単位水量	水結合材比	GGBS 混合率	BFS 混合率	化学混和剤※
4.5±1.5 %	160 kg/m³ 以下	35 %以下	20 %以上	100 %	増粘剤一液型高性能 AE 減水剤

※　増粘剤一液型高性能減水剤と AE 剤の併用および（高性能）AE 減水剤と増粘剤の併用も可

表 3　標準仕様の BFS コンクリートの目標値

乾燥収縮ひずみ	見掛けの拡散係数	中性化速度係数	耐久性指数	スケーリング量
400×10^{-6}	0.2 cm²/年	0.1 mm/$\sqrt{年}$	95	100 g/m²

1.2 標準仕様の養生

図 1 は，養生方法が，コンクリートの塩化物イオンの見掛けの拡散係数に与える影響を示したものである．蒸気養生の最高温度は，65°C である．蒸気養生を行うことで塩化物イオンの見掛けの拡散係数は大きくなる．また，65°C の蒸気養生後に水中養生を行っても，水中養生によって得られる効果は小さい．

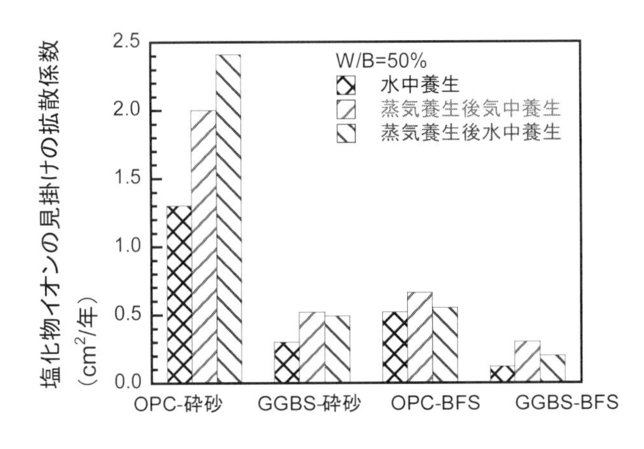

図 1　養生方法がコンクリートの塩化物イオンの見掛けの拡散係数に与える影響

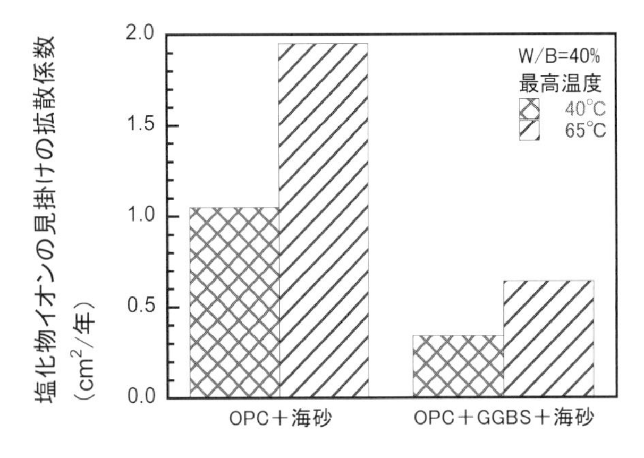

図 2　蒸気養生の最高温度がコンクリートの塩化物イオンの見掛けの拡散係数に与える影響

図 2 は，蒸気養生の最高温度の影響を示したものである．いずれのセメントを用いた場合でも，蒸気養生の最高温度が高いほど，塩化物イオンの見掛けの拡散係数は大きくなる．**図 2** に示す塩化物イオンの見掛けの拡散係数を求めた塩化物イオンのプロファイルを**図 3** および**図 4** に示す．高い温度で蒸気養生を行うと，塩化物イオンの見掛けの拡散係数だけでなく表面の塩化物イオン濃度も大きくなる．したがって，BFS コンクリートを用いたプレキャスト製品の製造では，蒸気養生の最高温度は 40°C を超えないことを標準とした．

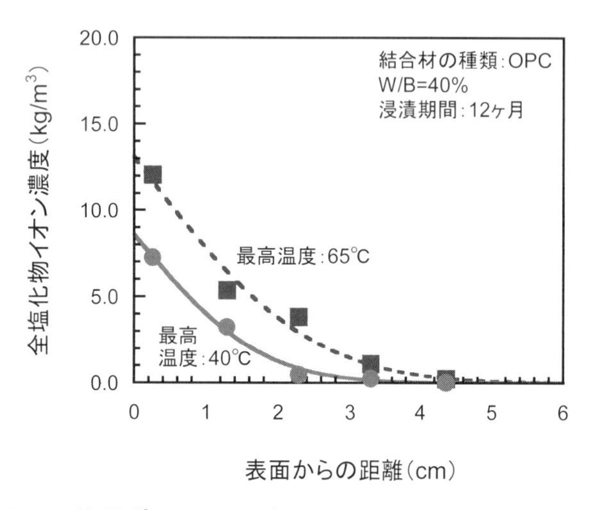

図 3　普通ポルトランドセメントのみを用いたコンクリートの全塩化物イオン濃度の分布

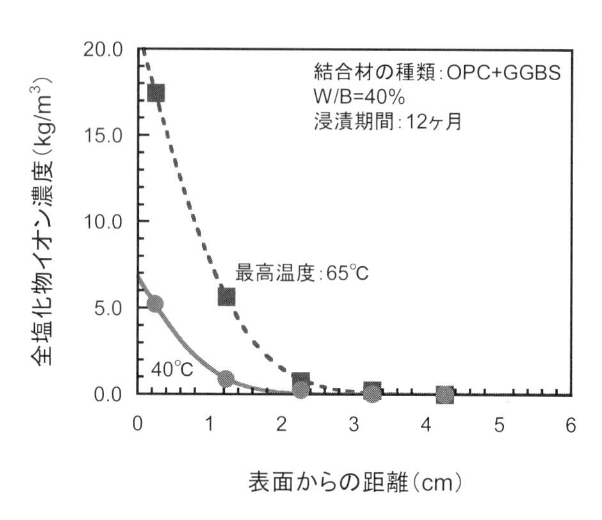

図 4　普通ポルトランドセメントと GGBS を用いたコンクリートの全塩化物イオン濃度の分布

1.3　標準仕様の配合

1.3.1　結 合 材

図 5 は，GGBS が塩化物イオンの見掛けの拡散係数に与える影響を示したものである．GGBS の混合割合が増えるにつれ，ほぼ直線的に塩化物イオンの見掛けの拡散係数は小さくなる．

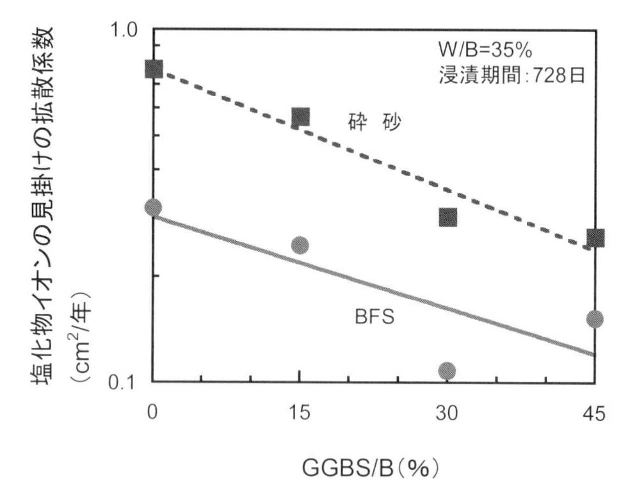

図 5　GGBS が塩化物イオンの見掛けの拡散係数に与える影響

図 6 は，GGBS の混合割合が砕砂コンクリートの凍結融解抵抗性に与える影響を示したものである．いずれの供試体も，蒸気養生後水中養生を行い，材齢 14 日より凍結融解抵抗性試験を実施している．また，いずれのコンクリートにも AE 剤は用いていない．GGBS の混合割合が大きくなるにつれて，砕砂コンクリートの凍結融解抵抗性は大きくなり，結合材の 60 %に GGBS を用いれば，砕砂コンクリートであっても，AE 剤を用いることなく耐久性指数が 90 以上となる．**図 7** は，早強ポルトランドセメントを用いた BFS コンクリートの凍結融解抵抗性に GGBS の与える影響を示したものである．普通ポルトランドセメントおよび高炉セメントに比べて，早強ポルトランドセメントを用いた場合には，所要の凍結融解抵抗性を得るために，長い水中養生期間が必要となる．しかし，早強ポルトランドセメントを用いた BFS コンクリートにも，GGBS を混合することで，所定の水中養生期間で，高い凍結融解抵抗性が得られる．

したがって，BFS コンクリートには GGBS を用いることを標準とし，その量は少なくとも質量比で結合材の 20 %以上は混合することとした．

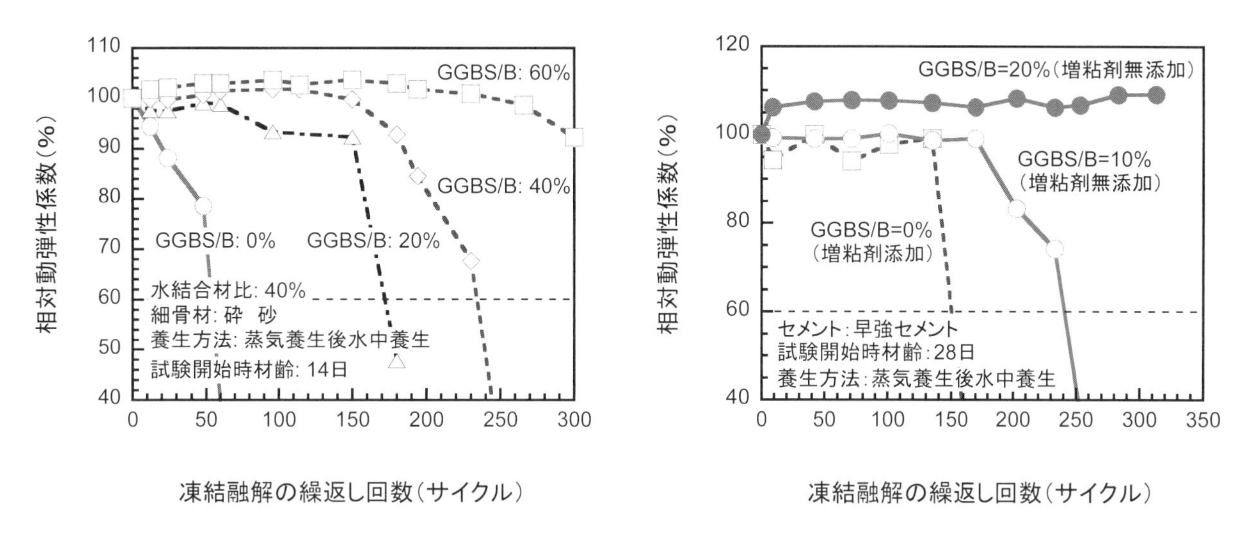

図 6　GGBS が砕砂コンクリートの凍結融解抵抗性に与える影響　図 7　GGBS が BFS コンクリートの凍結融解抵抗性に与える影響

1.3.2　水結合材比

図 8 は，プレテンション方式でプレストレスを導入する材齢 18 時間での圧縮強度とセメント水比との関係を示したものである．早強ポルトランドセメントを用い，50°C の最高温度で蒸気養生を行えば，プレストレスを導入するのに必要な圧縮強度である 35 N/mm^2 は，水セメント比を 40 %とすることで得られる．しかし，この標準仕様では，蒸気養生の最高温度は 40°C とし，結合材の 20 %以上 GGBS を用いることを標準としているため，プレキャスト PC 製品の一般的な水結合材比と同じ 35 %を標準の水結合材比とした．

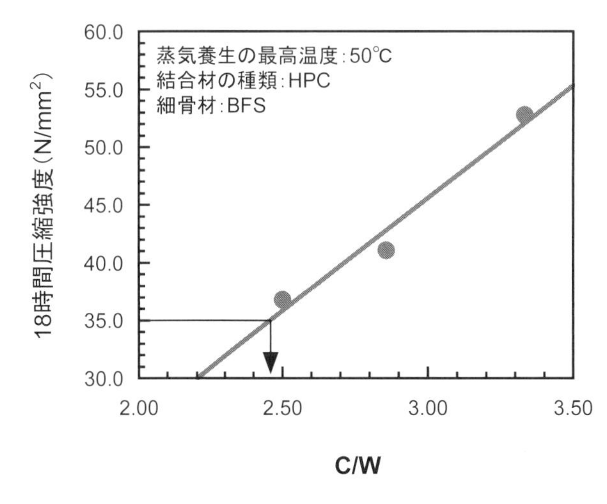

図 8　18 時間圧縮強度と C/W の関係

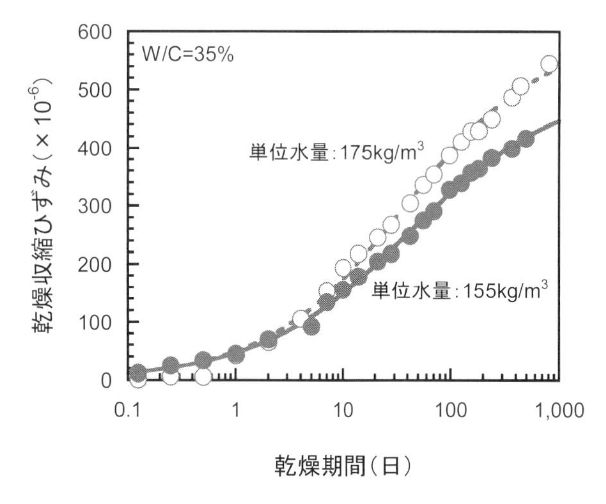

図 9　単位水量が乾燥収縮ひずみに与える影響

1.3.3　単位水量

図 9 は，単位水量が BFS コンクリートの乾燥収縮ひずみに与える影響を示したものである．水結合材比が 35 %と小さい BFS コンクリートでも，単位水量を 20 kg/m^3 下げることで，乾燥収縮ひずみは 100×10^{-6} 以上小

さくなる．したがって，単位水量は，160 kg/m³以下とすることを標準とした．

1.3.4　BFS 使用量

図 10 は，BFS の使用量と BFS コンクリートの乾燥収縮ひずみの最終値の関係を示したものである．BFS の使用量が増えるにつれ，乾燥収縮ひずみは直線的に減少する．

図 11 は，凍結融解抵抗性に与える BFS の使用量の影響を示したものである．BFS の使用量が増えるにつれ，BFS コンクリートの凍結融解抵抗性は向上し，細骨材の 3 分の 2 に BFS を用いれば，AE 剤を用いることなく，耐久性指数は 100 となる．

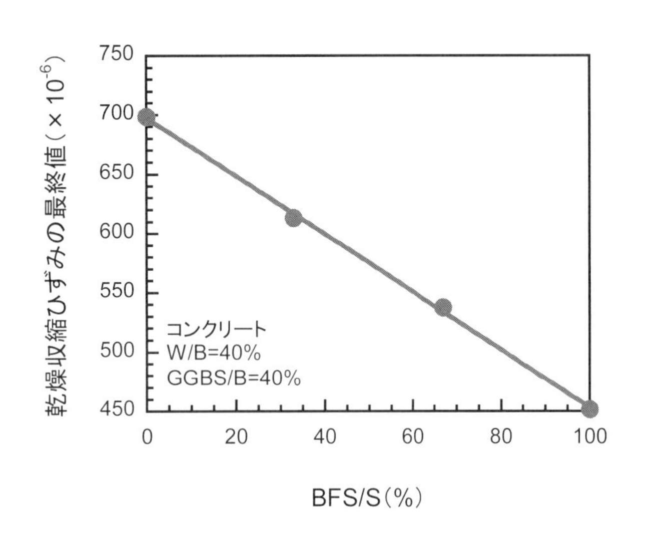

図 10　BFS 使用量と乾燥収縮ひずみの最終値の関係

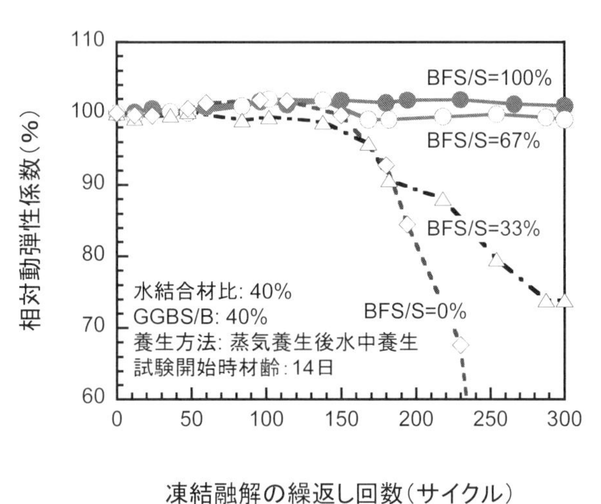

図 11　BFS 使用量と凍結融解抵抗性の関係

丸鋼を埋設した**図 12** に示すモルタル供試体および**図 13** に示すあらかじめひび割れを入れたコンクリート供試体を用いて，BFS の使用量が鋼材の腐食に対する抵抗性を調べた．**図 12** に示すモルタル供試体は，試験開始時にはひび割れがないのに対し，**図 13** に示す供試体には，試験開始時に幅が 0.1 mm のひび割れをあらかじめ入れている．いずれの供試体も，40℃の定温槽内で 10 %の塩水に底面から 10 mm まで 1 カ月間浸漬させ，その後 3 カ月間乾燥状態に置く工程を 1 サイクルとして，鋼材の腐食を促進させた．3 サイクル，5 サイクルおよび 10 サイクルが完了した時点で供試体から丸鋼を取り出し，丸鋼表面の腐食面積率と腐食量を求めた．

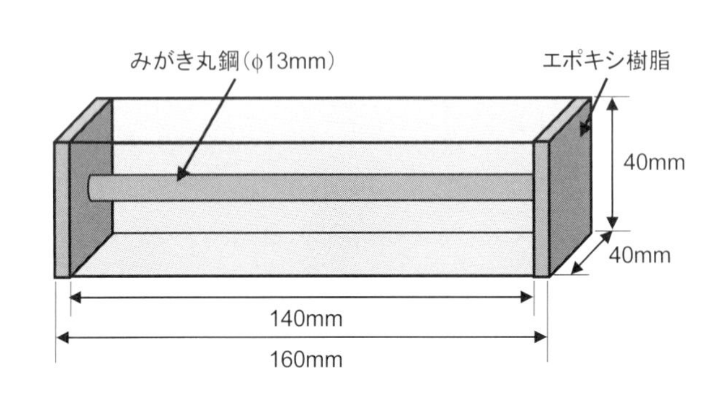

図 12　モルタル供試体

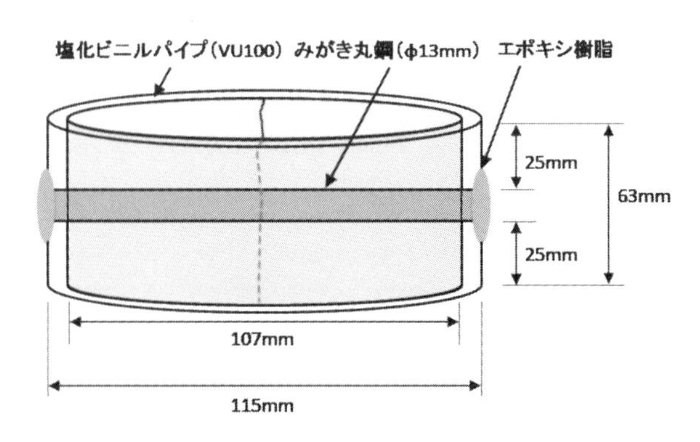

図 13　ひび割れを入れたコンクリート供試体

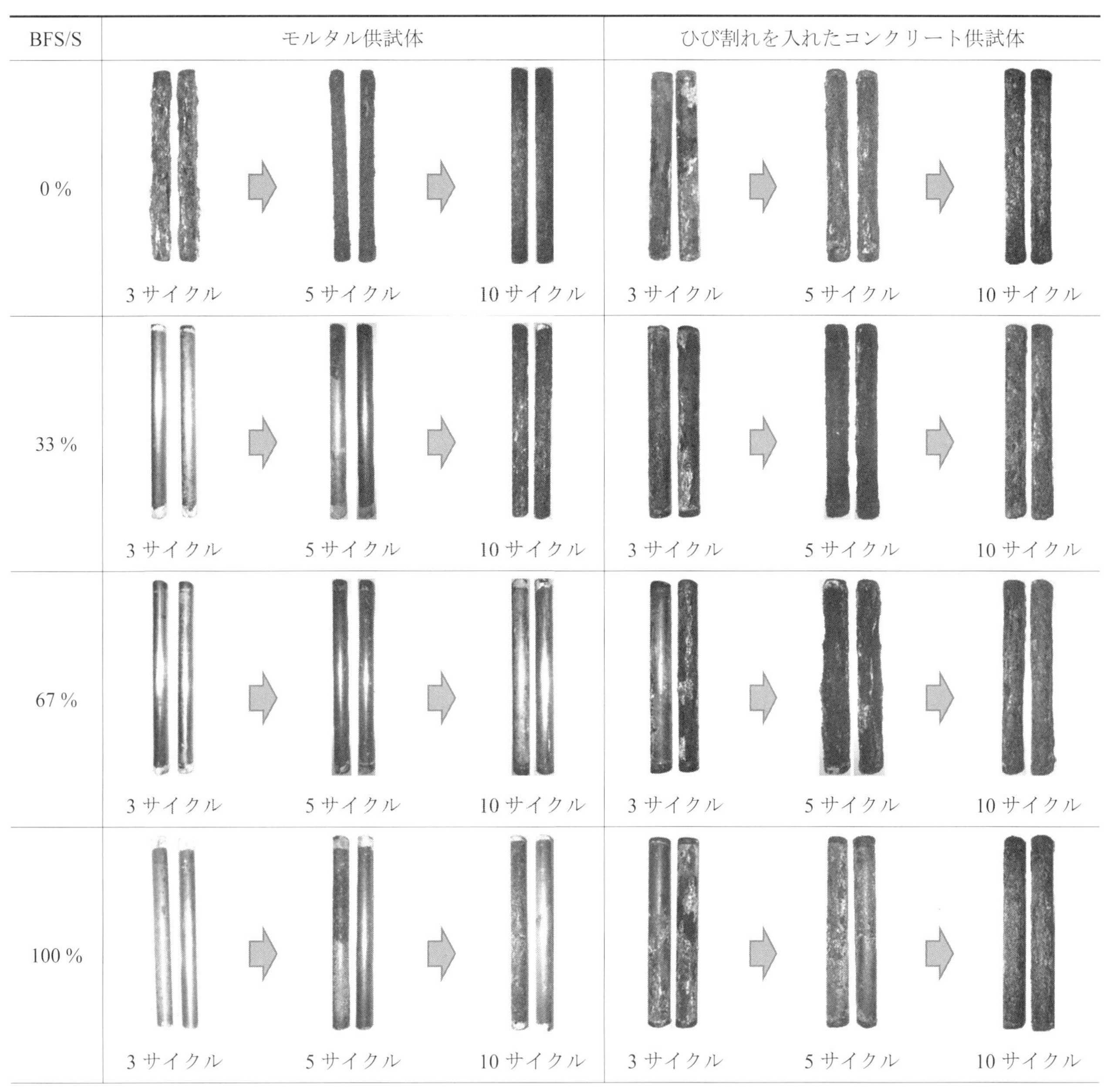

写真 1　水セメント比が 65 %の供試体内の丸鋼

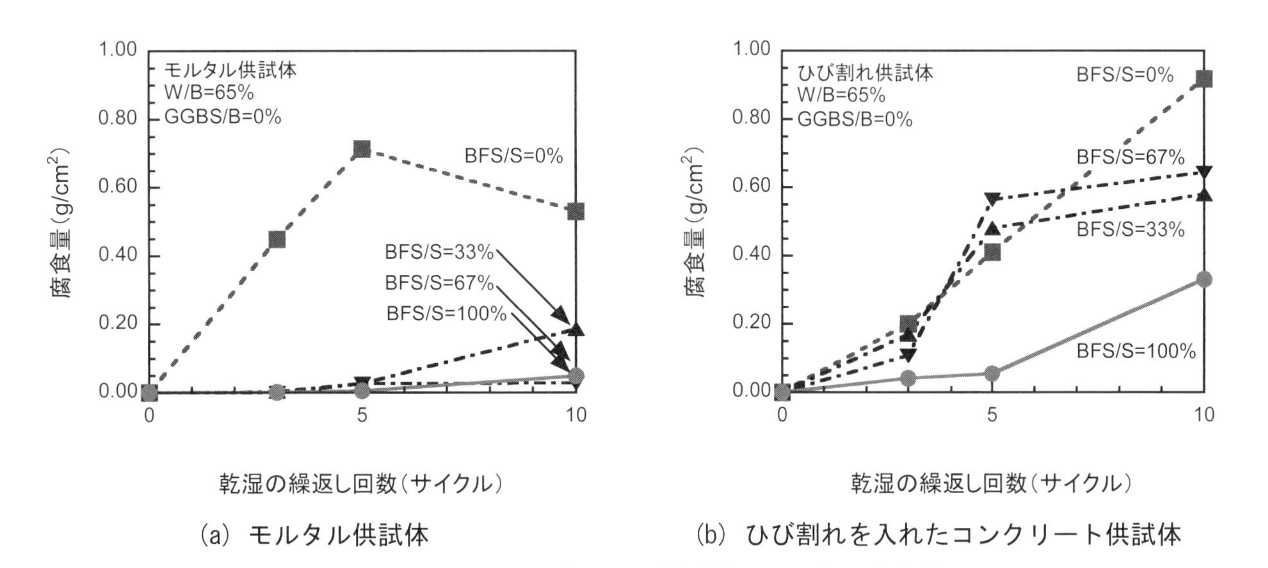

(a)　モルタル供試体　　(b)　ひび割れを入れたコンクリート供試体

図 14　水セメント比が 65 %の供試体内の丸鋼の腐食量

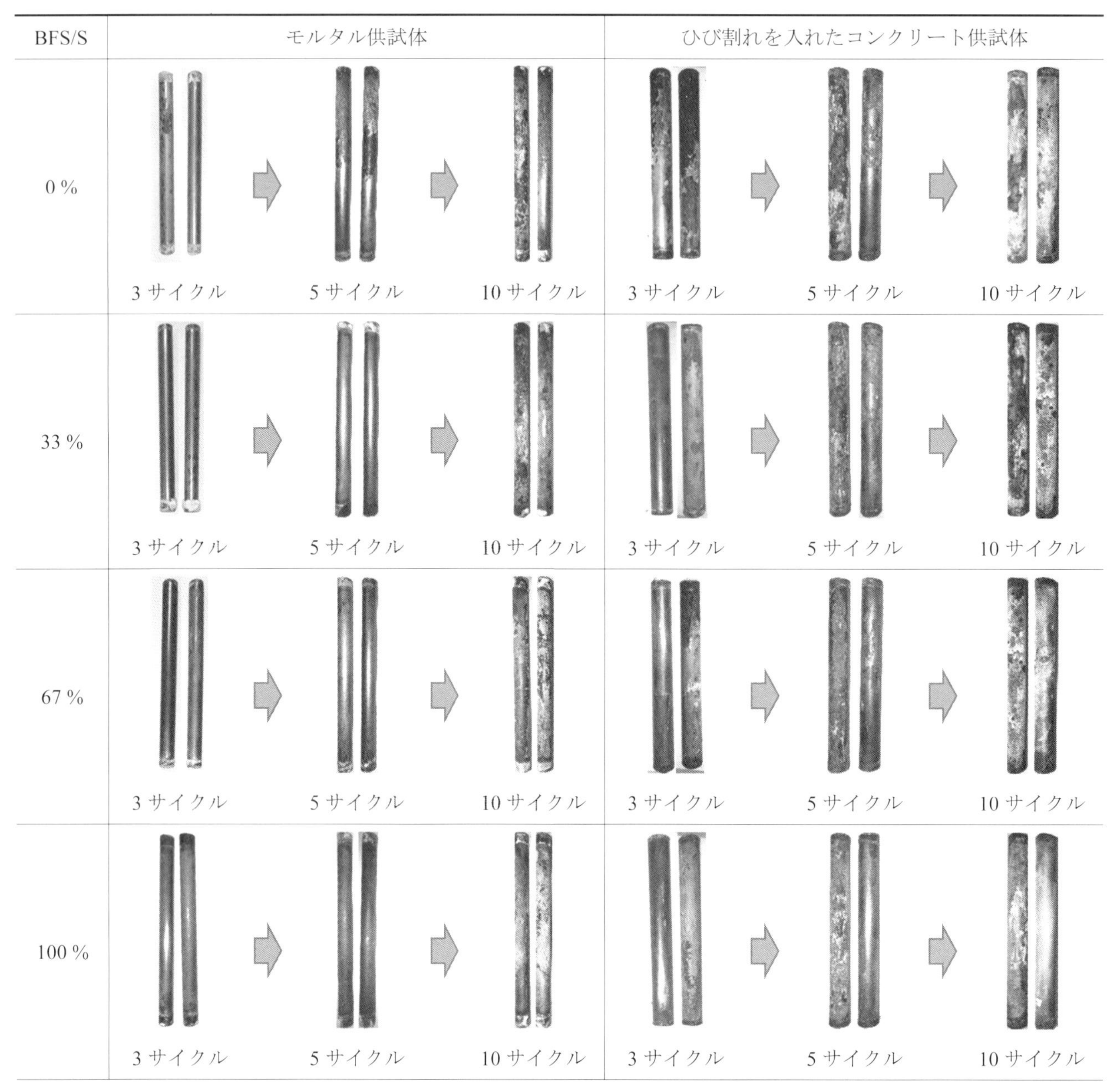

写真 2　水セメント比が 35 %の供試体内の丸鋼

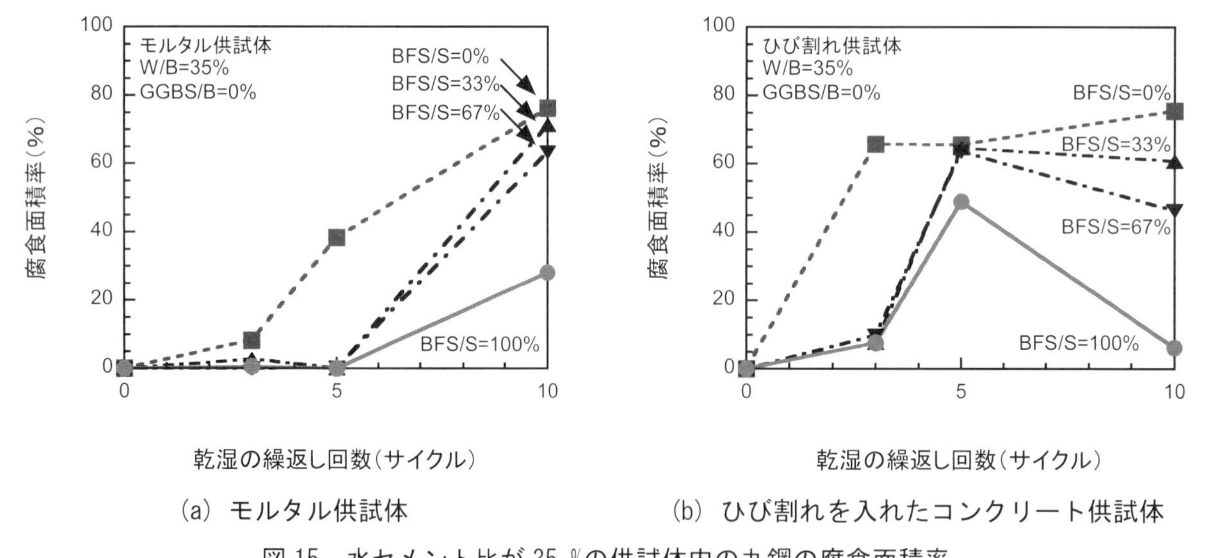

(a)　モルタル供試体　　(b)　ひび割れを入れたコンクリート供試体

図 15　水セメント比が 35 %の供試体内の丸鋼の腐食面積率

写真 1 に，水セメント比が 65 %の供試体中の丸鋼の腐食状況を示す．BFS を用いていないものは，3 サイクルで丸鋼の全面に錆が生じていたのに対し，BFS を用いたものでは，発錆が抑制されている．**写真 1** に示した丸鋼をクエン酸二アンモニウム水溶液により錆を取り除いて求めた腐食量の変化を**図 14** に示す．細骨材の全量に BFS を用いれば，あらかじめひび割れの入ったものであっても，丸鋼の腐食量が少ないことが分かる．**写真 2** に，水セメント比が 35 %の供試体中の丸鋼の腐食状況を示す．水セメント比が 35 %の場合には，10 サイクル後も錆が生じていない部分が存在している．**図 15** に**写真 2** に示した丸鋼の腐食面積率の測定結果で示す．BFS の使用量を 100 %としたものは，丸鋼の腐食面積率が小さくなっている．これらのことより， BFS は細骨材の 100 %用いることを標準とした．

1.3.5　増 粘 剤

図 16 は，増粘剤の使用が BFS コンクリートの耐久性指数に与える影響を示したものである．凍結融解試験の試験開始時材齢は 7 日である．増粘剤を用いていない場合は，GGBS の混合割合に関係なく，耐久性指数は 20 程度である．しかし，増粘剤を用いれば，GGBS の混合割合にも関係なく，耐久性指数が 100 の BFS コンクリートを，AE 剤を用いることなく製造することが可能となる．

したがって，この標準仕様では，増粘剤または増粘効果をもつ高性能 AE 減水剤を使用することを標準とした．

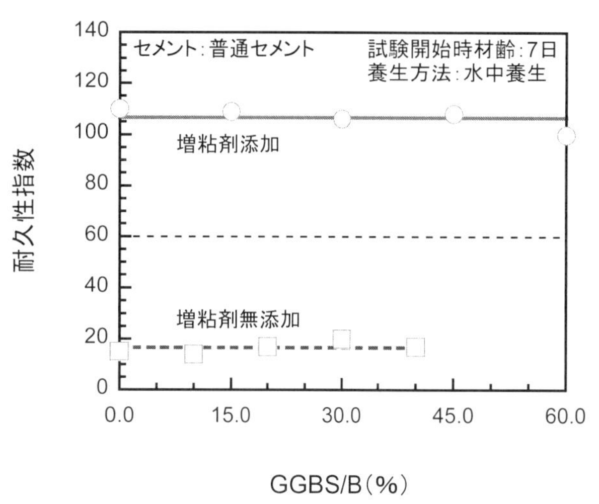

図 16　増粘剤の使用が耐久性指数に与える影響

2．試験室と実機で製造されたBFSコンクリートの品質

2.1　配合および製造仕様

全国 6 工場のプレキャスト製品工場で用いられている BFS の品質，粗骨材の品質および BFS コンクリートの配合および製造仕様を，それぞれ，**表 4**，**表 5**，**表 6** および**表 7** に示す．G 工場および T 工場の蒸気養生の最高温度は，それぞれ，50°C および 45°C で，標準仕様を外れている．Y 工場は，高炉スラグ微粉末 6000 を用いることで蒸気養生を行っていない．G 工場と Y 工場では，N 製造所の同じ BFS5 が用いられ，T 工場では，0.3 mm 以下の粒径の取り除かれた BFS5-0.3 が用いられている．

表 4　BFS の品質

工 場 名		G 工場	Y 工場	K 工場	T 工場	D 工場	L 工場
BFS メーカー		N 製造所	N 製造所	K 製造所	N 製造所	J 製造所	J 製造所
粒度による区分		BFS5	BFS5	BFS2.5	BFS5-0.3	BFS5	BFS1.2
粗 粒 率		2.72	2.85	2.31	3.18	2.56	2.18
表乾密度（g/cm^3）		2.79	2.80	2.71	2.72	2.74	2.77
絶乾密度（g/cm^3）		2.75	2.76	2.69	2.67	2.72	2.76
吸 水 率（%）		1.36	1.38	0.71	2.01	0.64	0.41
単位容積質量（kg/L）		1.78	1.79	1.53	1.52	1.53	1.62
微粒分量（%）		3.6	2.2	2.9	0.5	2.8	4.1
化学成分（%）	酸化カルシウム	44.0	44.8	42.8	42.7	42.8	43.9
	全 硫 黄	0.8	0.8	0.6	1.0	0.88	0.65
	三酸化硫黄	0.1 未満	0.1 未満	0.01	0.1	0.01 未満	0.03
	全　鉄	0.39	0.28	0.8	0.3	0.47	0.28
粒度調整した BFS 試料による質量残存率 R_7（%）	平 均 値	74.0	72.4	29.7	66.8	47.9	55.0
	標準偏差	1.8	1.9	5.3	3.3	2.8	2.6
粒度調整前の BFS 試料による質量残存率 R_7（%）	平 均 値	10.6	21.4	41.3	7.0	11.9	84.3
	標準偏差	3.7	8.5	4.0	5.3	1.7	6.5
硫酸による侵食深さ y_s（mm）	平 均 値	2.4	2.7	2.2	2.6	2.3	2.9
	標準偏差	0.1	0.2	0.1	0.1	0.1	0.1
硫酸侵食速度（mm/(年・%)）		3.1	3.5	2.8	3.4	3.0	3.8

表 5　粗骨材の品質

工 場 名	G 工場	Y 工場	K 工場	T 工場	D 工場	L 工場
岩　種	結晶片岩	角閃岩	硬質砂岩	硬質砂岩	流紋岩	硬質砂岩
最大寸法（mm）	20	20	20	20	20	20
粗 粒 率	6.58	6.57	6.79	6.64	6.64	6.68
絶乾密度（g/cm^3）	2.73	2.74	2.68	2.58	2.54	2.62
吸 水 率（%）	0.68	0.80	0.59	1.58	1.46	1.01
安定性試験における損失質量分率（%）	7.7	1.5	5.3	4.2	6.6	0.5

表 6　BFS コンクリートの配合表

<table>
<tr><th rowspan="2">工場名</th><th rowspan="2">結合材の種類※1</th><th rowspan="2">W/B
(%)</th><th rowspan="2">スランプまたは
スランプフロー
(cm)</th><th rowspan="2">空気量
(%)</th><th rowspan="2">s/a
(%)</th><th colspan="5">単位量（kg/m^3）</th><th rowspan="2">混和剤</th></tr>
<tr><th>W</th><th>C</th><th>GGBS</th><th>BFS</th><th>G</th></tr>
<tr><td>G 工場</td><td>BB</td><td>35</td><td>45</td><td rowspan="5">4.5</td><td>43.0</td><td>160</td><td>457</td><td>0</td><td>772</td><td>1 005</td><td rowspan="2">※2</td></tr>
<tr><td>Y 工場</td><td>OPC +GGBS6000</td><td rowspan="2">30</td><td rowspan="3">18</td><td>44.0</td><td>155</td><td>207</td><td>310</td><td>759</td><td>969</td></tr>
<tr><td>K 工場</td><td rowspan="2">OPC +GGBS4000</td><td>41.6</td><td>160</td><td>294</td><td>240</td><td>698</td><td>976</td><td>※3</td></tr>
<tr><td>T 工場</td><td rowspan="3">35</td><td rowspan="3">45.0</td><td>170</td><td>243</td><td>243</td><td>766</td><td>887</td><td rowspan="2">※2</td></tr>
<tr><td>D 工場</td><td>BB</td><td rowspan="2">15</td><td>160</td><td>457</td><td>0</td><td>795</td><td>913</td></tr>
<tr><td>L 工場</td><td>OPC +GGBS4000</td><td>2.0</td><td>155</td><td>266</td><td>177</td><td>842</td><td>984</td><td>※4</td></tr>
</table>

※1：BB:高炉セメント B 種，OPC：普通ポルトランドセメント，GGBS4000：高炉スラグ微粉末 4000，GGBS6000：高炉スラグ微粉末 6000，※2：増粘剤一液型高性能減水剤＋AE 剤，※3：分離低減効果を高めた高性能減水剤＋AE 剤，※4：増粘剤一液型高性能減水剤

表 7　BFS コンクリートの製造仕様

<table>
<tr><th rowspan="2">工場名</th><th colspan="4">蒸気養生</th><th colspan="2">脱型後の養生</th><th rowspan="2">性能を保証する材齢（日）</th></tr>
<tr><th>前置き時間（hr）</th><th>温度上昇速度（°C/hr）</th><th>最高温度（°C）</th><th>最高温度保持時間（hr）</th><th>養生方法</th><th>水中養生期間（日）</th></tr>
<tr><td>G 工場</td><td>4</td><td>20</td><td>50</td><td>2</td><td rowspan="5">水中養生後気中養生</td><td rowspan="5">7</td><td>28</td></tr>
<tr><td>Y 工場</td><td colspan="4">蒸気養生を行わない</td><td rowspan="2">14</td></tr>
<tr><td>K 工場</td><td>1</td><td>20</td><td>40</td><td>3</td></tr>
<tr><td>T 工場</td><td>1</td><td>20</td><td>45</td><td>1</td><td rowspan="2">28</td></tr>
<tr><td>L 工場</td><td>2</td><td>20</td><td>40</td><td>5</td></tr>
</table>

L 工場の砕砂コンクリートの配合および製造仕様を，それぞれ，表 8 および表 9 に示す．砕砂コンクリートにおいても，GGBS が結合材の 33 %用いられている．なお，砕砂コンクリートには AE 剤は用いられておらず，養生は蒸気養生のみで水中養生は行われていない．

表 8　L 工場の砕砂コンクリートの配合表

結合材の種類	W/B (%)	スランプ (cm)	空気量 (%)	s/a (%)	単位量 (kg/m³)					混和剤
					W	C	GGBS	S	G	
OPC +GGBS4000	34.3	21	2.0	45.0	173	337	166	807	896	高性能減水剤

表 9　L 工場の砕砂コンクリートの製造仕様

蒸気養生				脱型後の養生		出荷材齢（日）
前置き時間 (hr)	温度上昇速度 (°C /hr)	最高温度 (°C)	最高温度保持時間 (hr)	養生方法	水中養生期間（日）	
2	20	60	2	気中養生のみ	0	14

2.2　圧縮強度

G 工場，Y 工場，K 工場および T 工場において，試験室および実機で製造された BFS コンクリートの圧縮強度の比較を，それぞれ，図 17，図 18，図 19 および図 20 に示す．蒸気養生の最高温度が高い G 工場の BFS コンクリートにおいて，試験室で製造されたものの圧縮強度に比べて，実機で製造されたものの圧縮強度が低い．

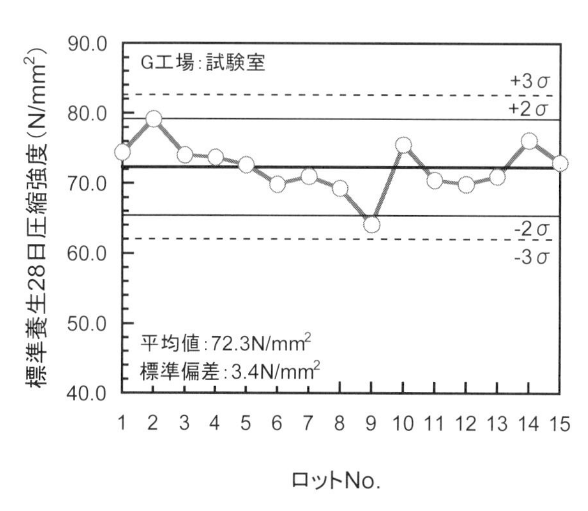

(a) 試験室で製造された BFS コンクリート

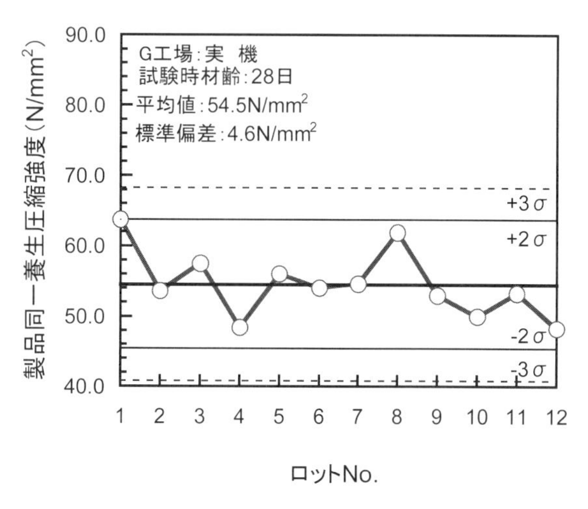

(b) 実機で製造された BFS コンクリート

図 17　G 工場における BFS コンクリートの圧縮強度（BFS5 使用，実機：最高温度 50°C）

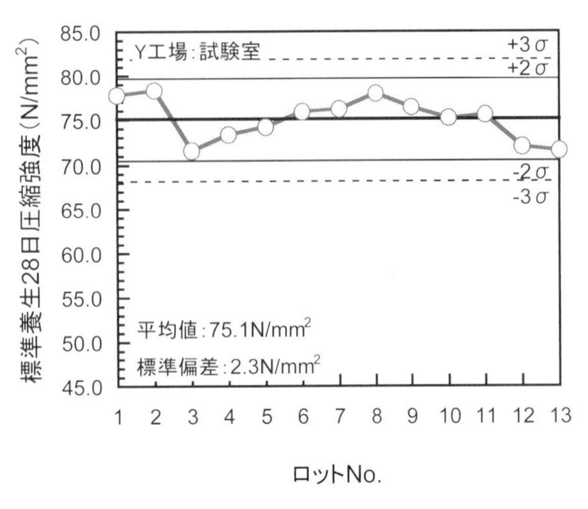

(a) 試験室で製造されたBFSコンクリート

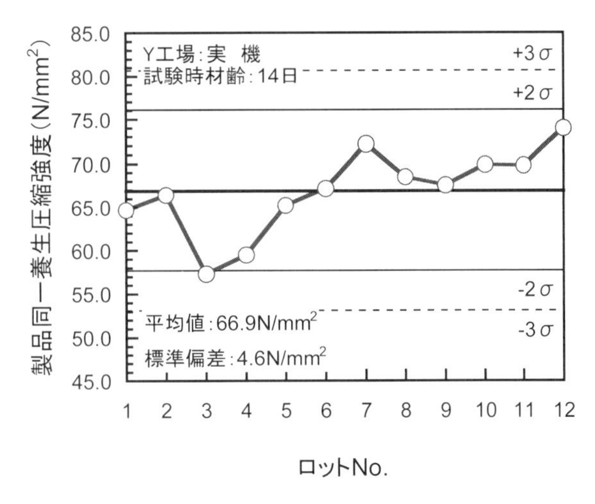

(b) 実機で製造されたBFSコンクリート

図18　Y工場におけるBFSコンクリートの圧縮強度（BFS5使用，実機：蒸気養生なし）

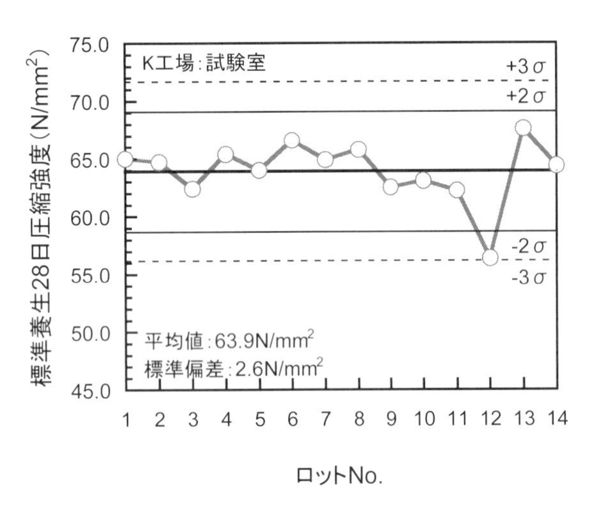

(a) 試験室で製造されたBFSコンクリート

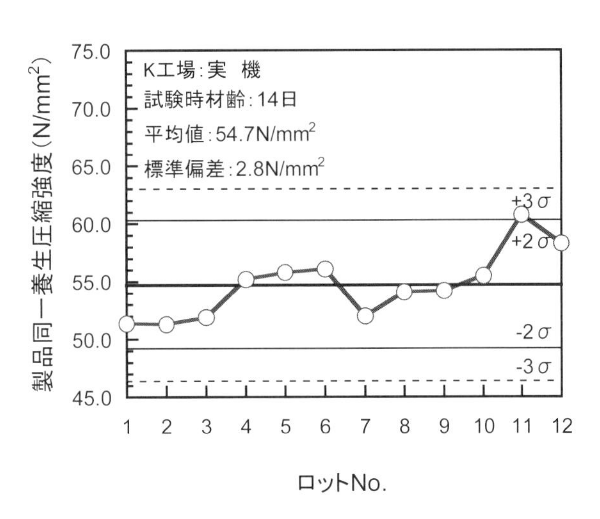

(b) 実機で製造されたBFSコンクリート

図19　K工場におけるBFSコンクリートの圧縮強度（BFS2.5使用，実機：最高温度40℃）

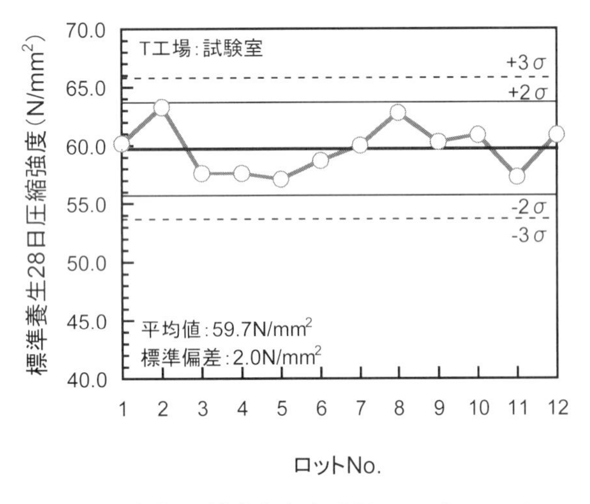

(a) 試験室で製造されたBFSコンクリート

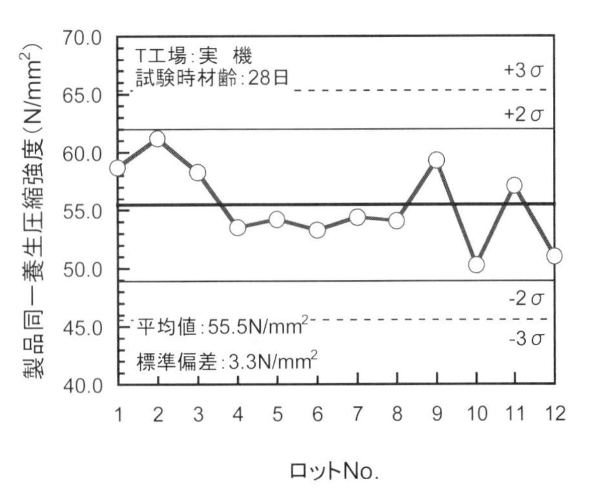

(b) 実機で製造されたBFSコンクリート

図20　T工場におけるBFSコンクリートの圧縮強度（BFS5-0.3使用，実機：最高温度45℃）

L 工場の実機で製造された BFS コンクリートおよび砕砂コンクリートを用いて，水中養生を行った場合と蒸気養生を行った場合の圧縮強度の比較を**図 21** および**図 22** に示す．水中養生を行ったものに比べて，蒸気養生を行ったものは，その圧縮強度が低くなっている．

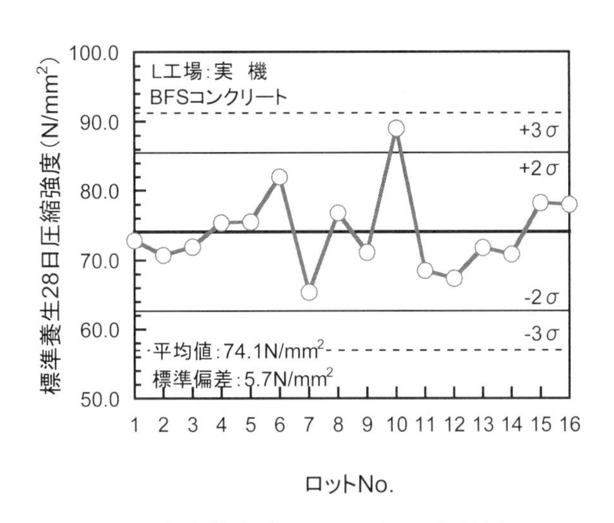

(a) 水中養生を 28 日間行った結果

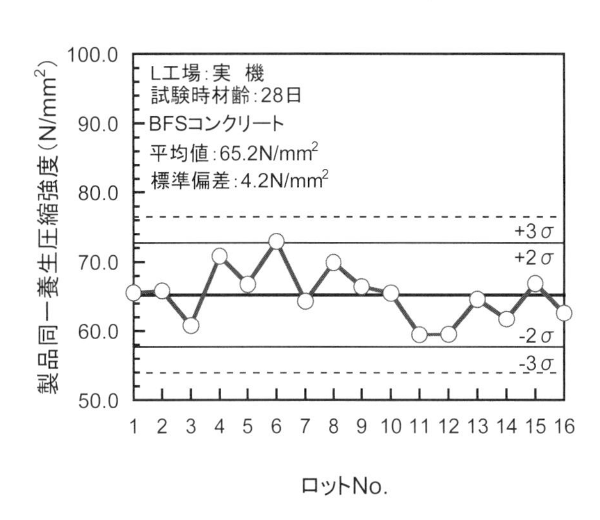

(b) 40℃で蒸気養生を行った後水中養生 1 週間

図 21　L 工場の実機で製造された BFS コンクリートの圧縮強度（BFS1.2 使用）

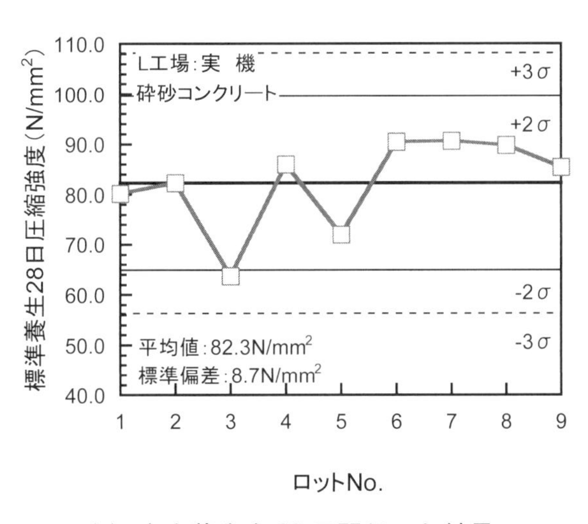

(a) 水中養生を 28 日間行った結果

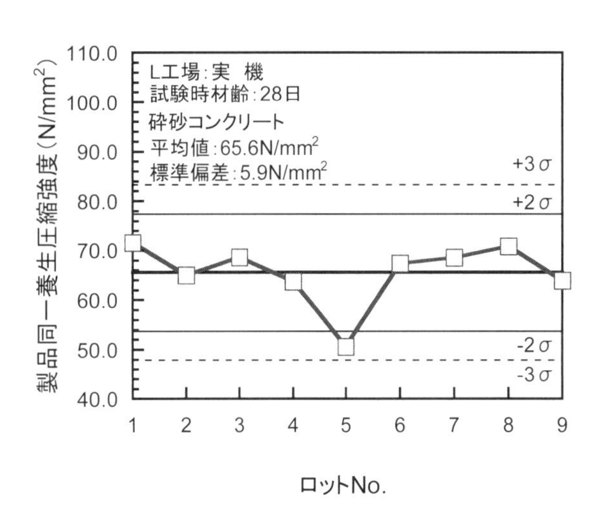

(b) 最高温度 60℃で蒸気養生を行った後気中養生

図 22　L 工場の実機で製造された砕砂コンクリートの圧縮強度

2.3　ヤング係数

図 23 は，試験室と実機で製造された BFS コンクリートのヤング係数を比較したものである．試験室で製造された BFS コンクリートのヤング係数は，BFS5-0.3 を用いている T 工場で製造されたものが，他の工場に比べて小さい．

図 24 は，工場ごとに，試験室と実機で製造された BFS コンクリートのヤング係数の比較を行ったものである．いずれの工場も，実機で製造された BFS コンクリートのヤング係数は，試験室で製造されたものよりも小さく，また，ばらつきも大きい．とくに，50℃の高温で養生を行う G 工場で，試験室と実機の差が大きくなっている．

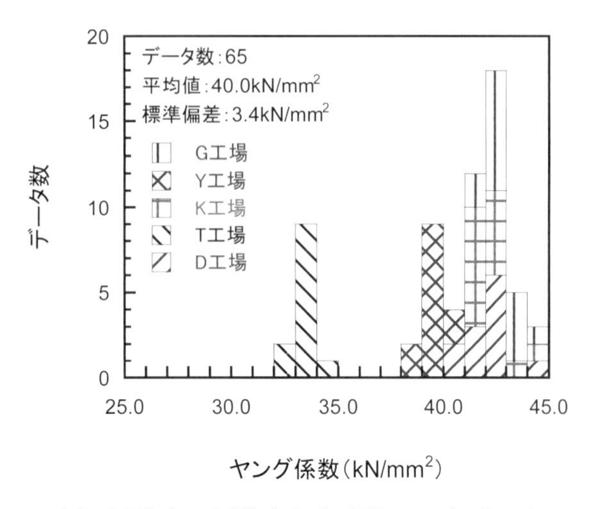

(a) 試験室で製造されたBFSコンクリート

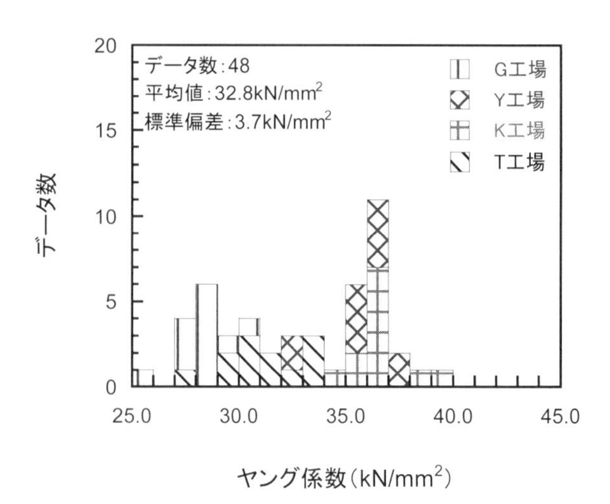

(b) 実機で製造されたBFSコンクリート

図23　試験室と実機で製造されたBFSコンクリートのヤング係数の比較

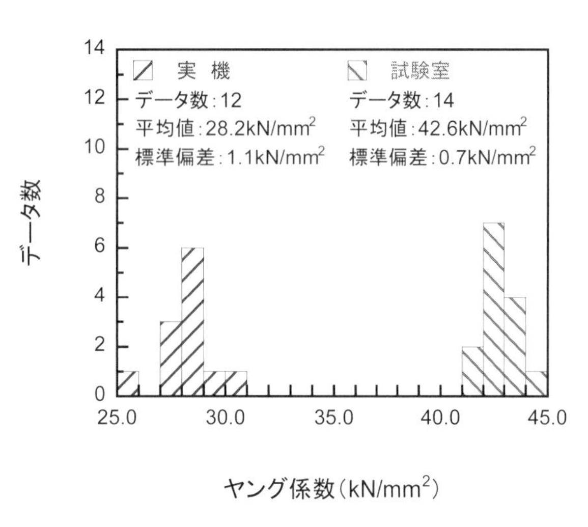

(a) G工場（BFS5使用，実機：最高温度50℃）

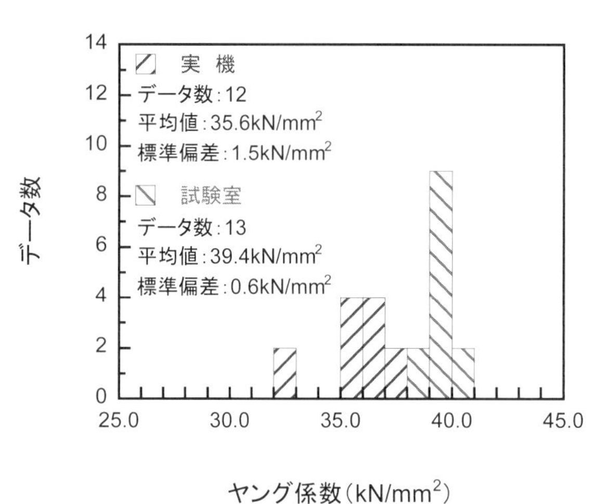

(b) Y工場（BFS5使用，実機：蒸気養生なし）

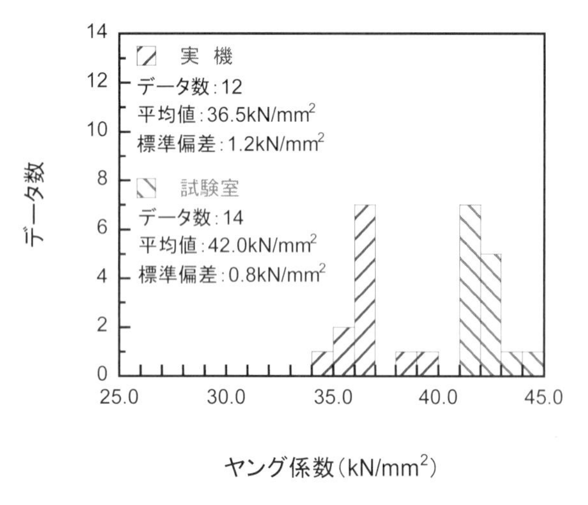

(c) K工場（BFS2.5使用，実機：最高温度40℃）

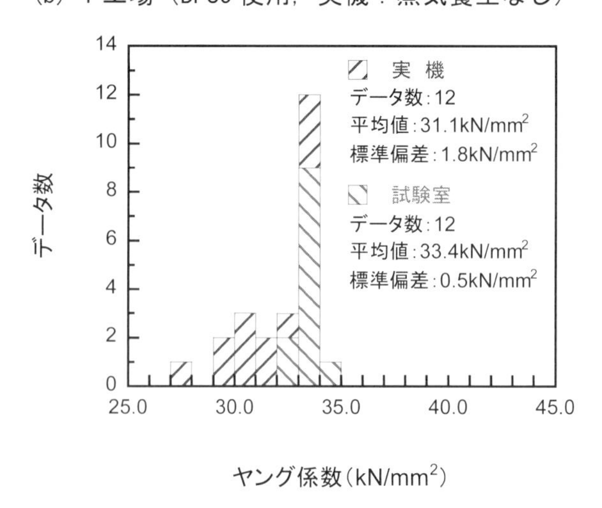

(d) T工場（BFS5-0.3使用，実機：最高温度45℃）

図24　試験室と実機で製造されたBFSコンクリートのヤング係数の工場ごとの比較

2.4　乾燥収縮ひずみ

図25は，試験室と実機で製造されたBFSコンクリートの乾燥期間182日における乾燥収縮ひずみを示し

たものである．BFS5-0.3を用いているT工場の乾燥収縮ひずみが他の工場に比べて大きいが，全工場の平均値は，403×10⁻⁶と小さい．なお，図26は，工場ごとに試験室と実機の比較を行ったものである．

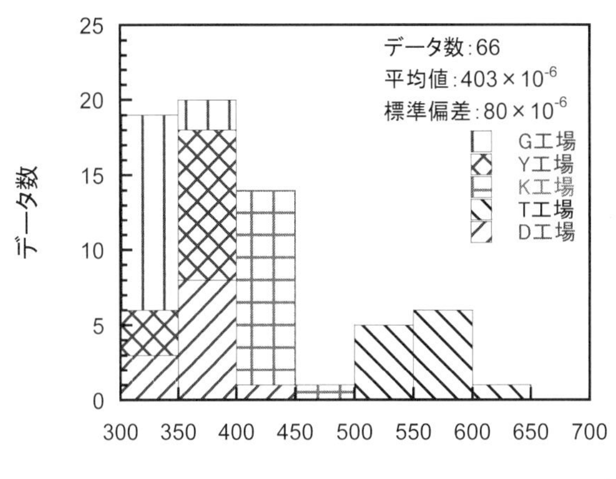

(a) 試験室で製造されたBFSコンクリート

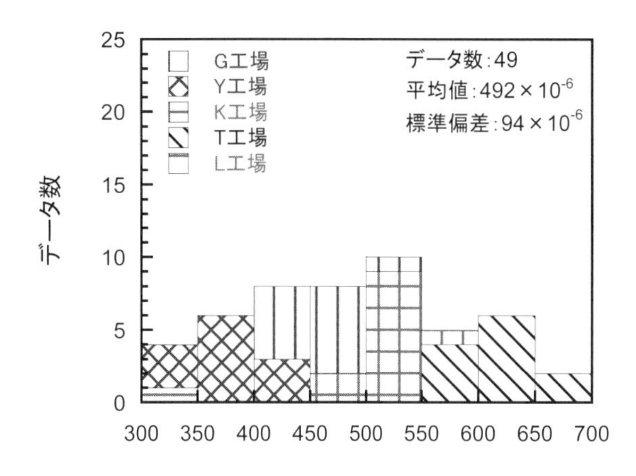

(b) 実機で製造されたBFSコンクリート

図25　試験室と実機で製造されたBFSコンクリートの乾燥収縮ひずみの比較

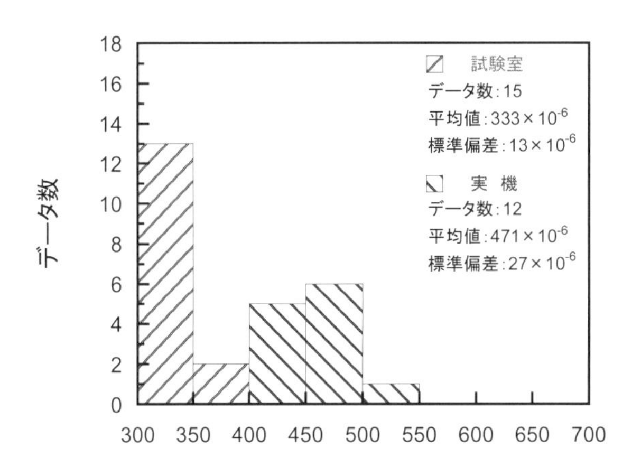

(a) G工場（BFS5使用，実機：最高温度50℃）

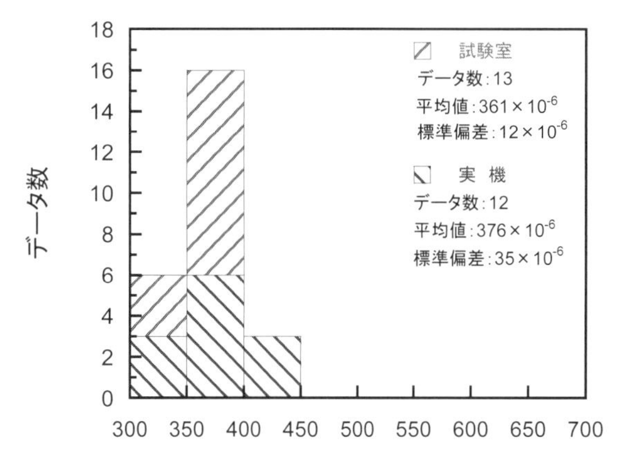

(b) Y工場（BFS5使用，実機：蒸気養生なし）

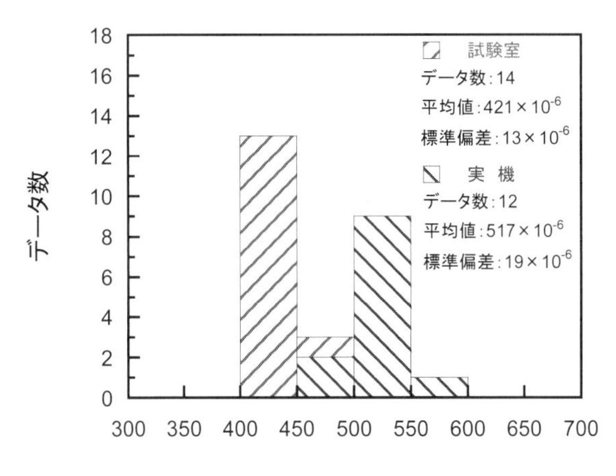

(c) K工場（BFS2.5使用，実機：最高温度40℃）

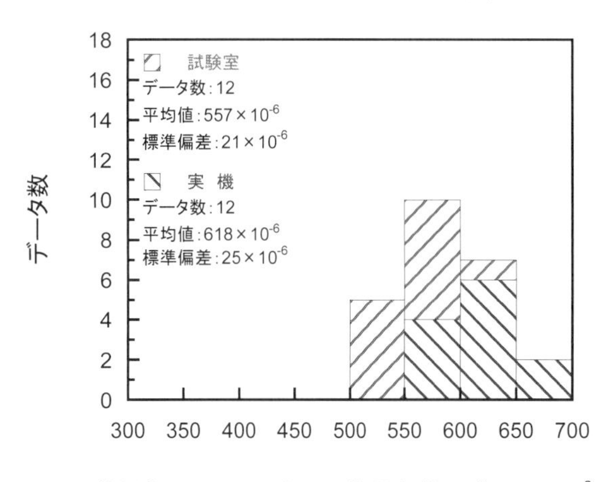

(d) T工場（BFS5-0.3使用，実機：最高温度45℃）

図26　試験室と実機で製造されたBFSコンクリートの乾燥収縮ひずみの工場ごとの比較

2.5　中性化速度係数

図 27 は，試験室と実機で製造された BFS コンクリートの中性化速度係数の比較を行ったものである.

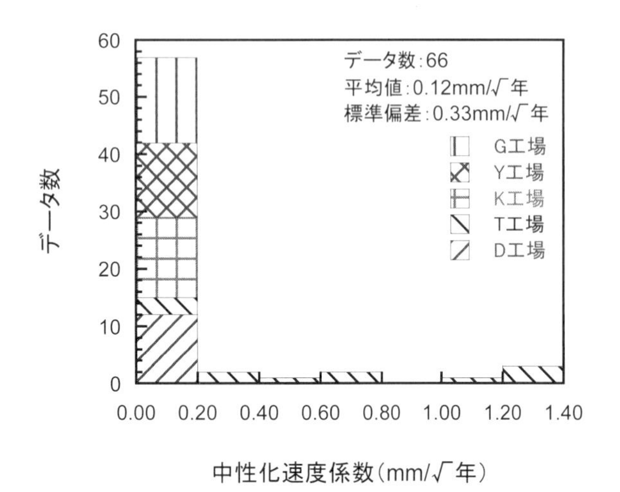

(a) 試験室で製造された BFS コンクリート

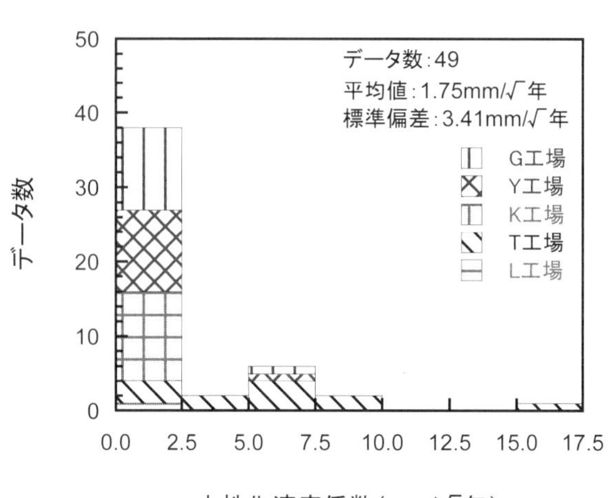

(b) 実機で製造された BFS コンクリート

図 27　試験室と実機で製造された BFS コンクリートの中性化速度係数の比較

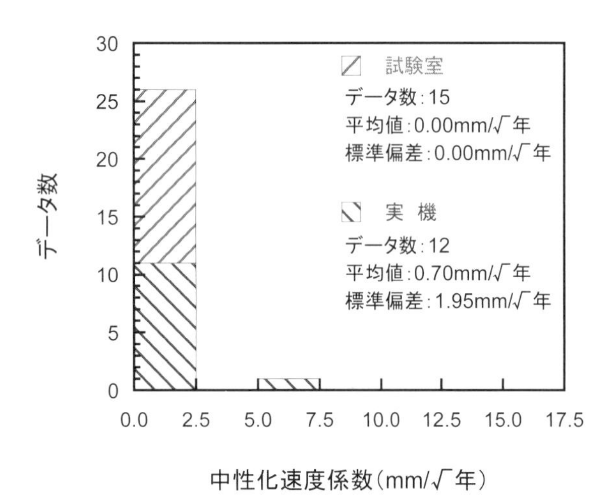

(a) G 工場（BFS5 使用，実機：最高温度 50℃）

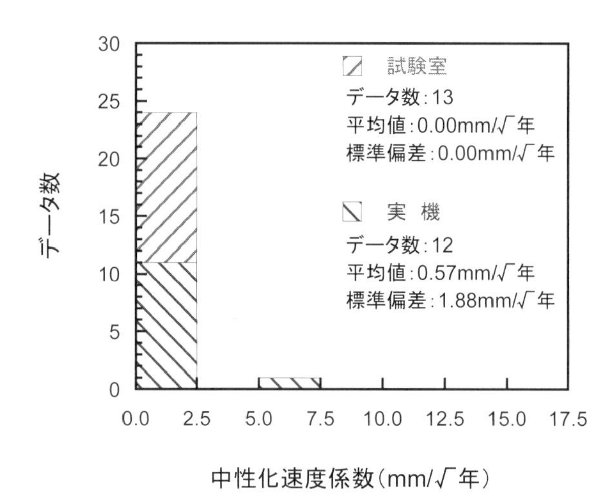

(b) Y 工場（BFS5 使用，実機：蒸気養生なし）

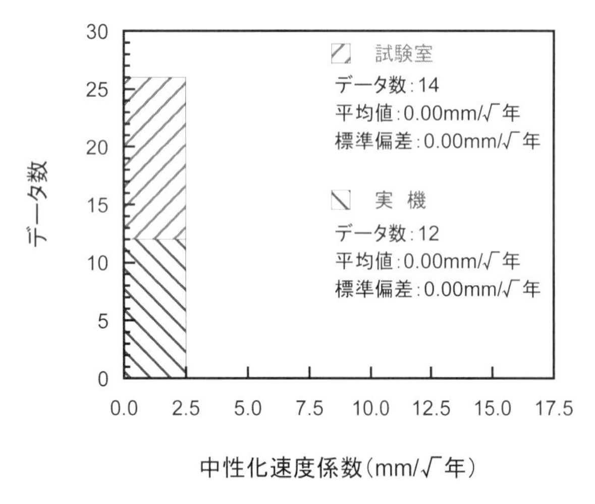

(c) K 工場（BFS2.5 使用，実機：最高温度 40℃）

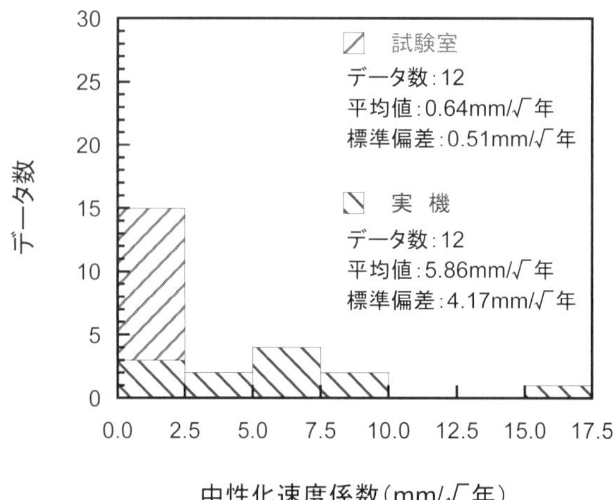

(d) T 工場（BFS5-0.3 使用，実機：最高温度 45℃）

図 28　試験室と実機で製造された BFS コンクリートの中性化速度係数の工場ごとの比較

図 28 は，工場ごとに試験室と実機で製造された BFS コンクリートの中性化速度係数の比較を行ったものである．K 工場で製造されたものは，実機で製造されたものも中性化は生じていない．G 工場および Y 工場は，試験室で製造されたものは中性化が生じていないが，実機で製造されたものの 1 ロットがわずかに中性化を生じている．BFS5-0.3 を用いている T 工場は，試験室で製造されたものも中性化が生じている．

2.6 塩化物イオンの見掛けの拡散係数

図 29 および図 30 は，それぞれ，試験室と実機で製造された BFS コンクリートの塩化物イオンの見掛けの拡散係数および表面塩化物イオン濃度の比較を行ったものである．塩化物イオンの見掛けの拡散係数および表面塩化物イオン濃度のいずれも，試験室で製造されたものに比べ，実機で製造されたものの方が若干大きくなっているが，その差は小さい．

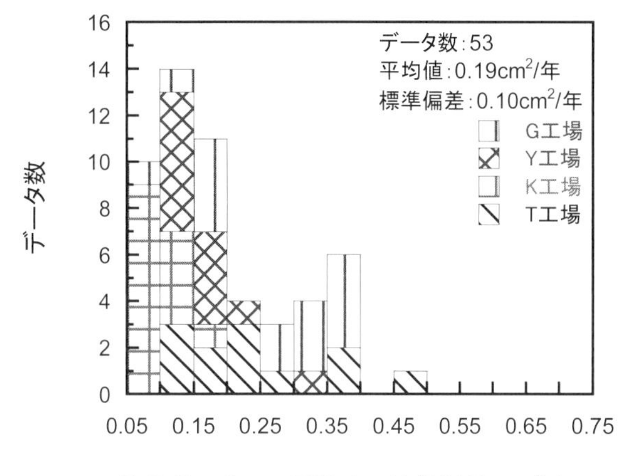

(a) 試験室で製造された BFS コンクリート

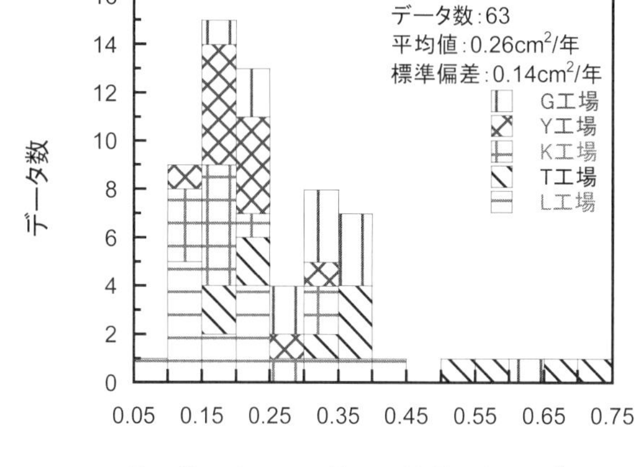

(b) 実機で製造された BFS コンクリート

図 29 試験室と実機で製造された BFS コンクリートの塩化物イオンの見掛けの拡散係数の比較

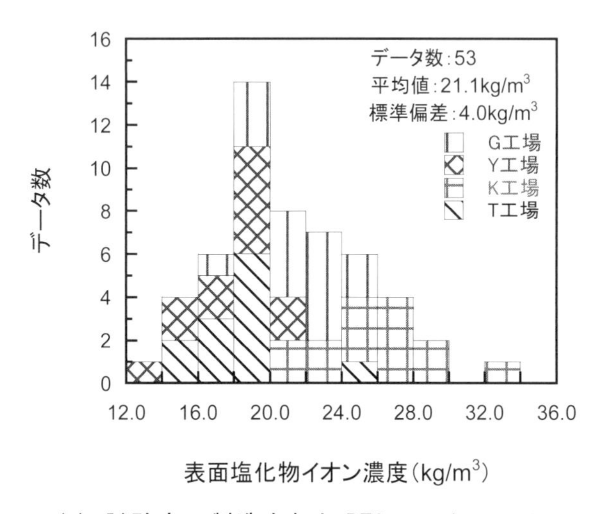

(a) 試験室で製造された BFS コンクリート

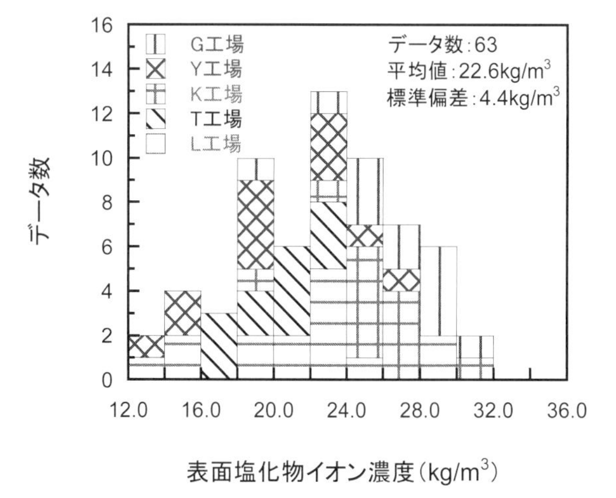

(b) 実機で製造された BFS コンクリート

図 30 試験室と実機で製造された BFS コンクリートの表面塩化物イオン濃度の比較

図 31 は，工場ごとに試験室と実機で製造された BFS コンクリートの塩化物イオンの見掛けの拡散係数の比較を行ったものである．いずれの工場も，実機で製造されたものの方が，試験室で製造されて物に比べて，塩化物イオンの見掛けの拡散係数が大きくなる傾向がある．

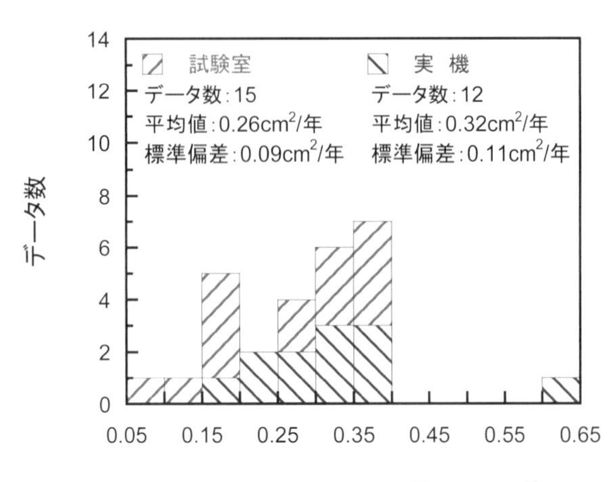

(a) G 工場（BFS5 使用，実機：最高温度 50℃）

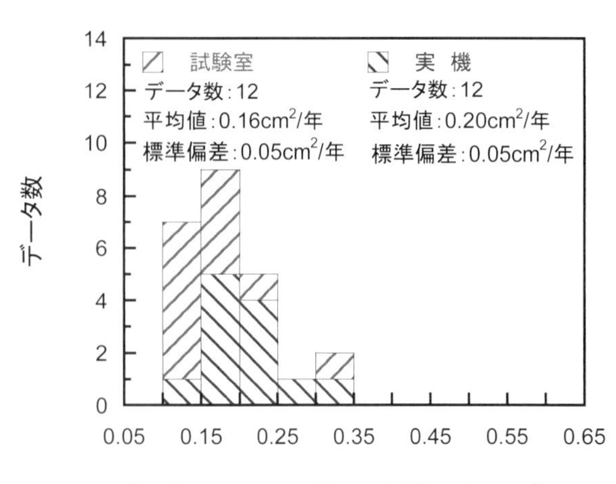

(b) Y 工場（BFS5 使用，実機：蒸気養生なし）

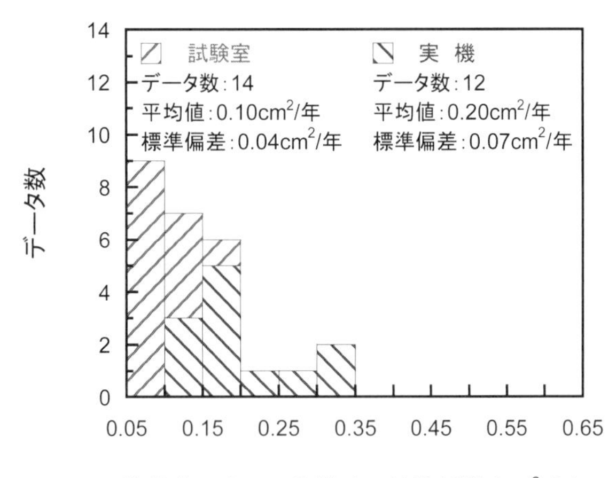

(c) K 工場（BFS2.5 使用，実機：最高温度 40℃）

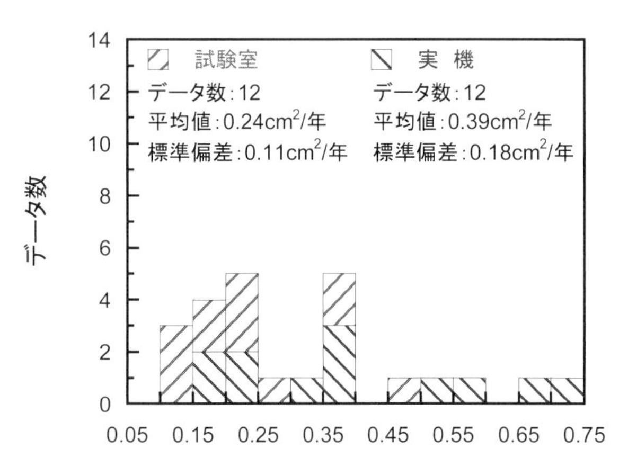

(d) T 工場（BFS5-0.3 使用，実機：最高温度 45℃）

図 31　試験室と実機で製造された BFS コンクリートの塩化物イオンの見掛けの拡散係数の工場ごとの比較

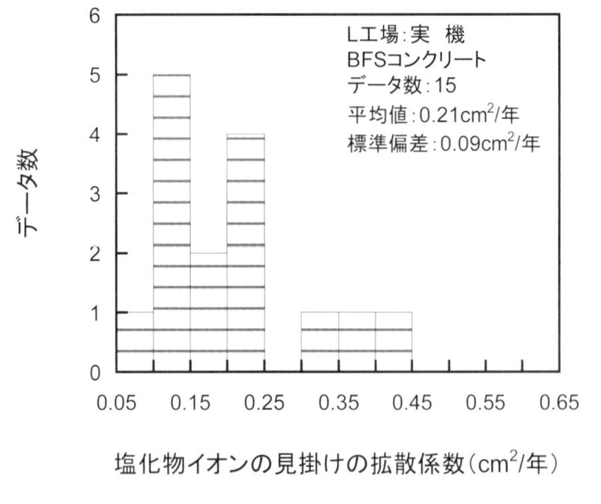

(a) BFS コンクリート

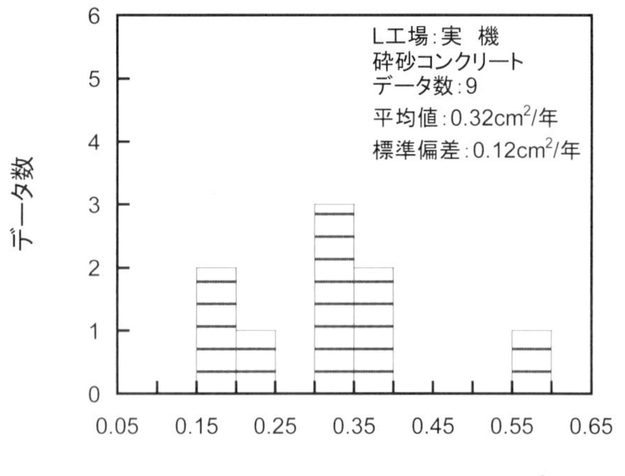

(b) 砕砂コンクリート

図 32　L 工場の実機で製造されたコンクリートの塩化物イオンの見掛けの拡散係数の比較

図 32 は，L 工場の実機で製造された BFS コンクリートと砕砂コンクリートの塩化物イオンの見掛けの拡散係数を比較したものである．L 工場の砕砂コンクリートには，GGBS が用いられているため，塩化物の見

掛けの拡散係数は，比較的小さい．しかし，BFS コンクリートは，GGBS を用いた砕砂コンクリートよりも，さらに塩化物イオンの見掛けの拡散係数が小さくなっている．

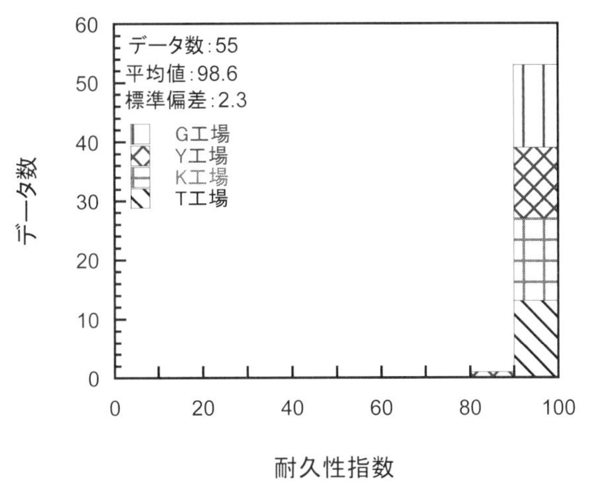

(a) 試験室で製造されたBFSコンクリート

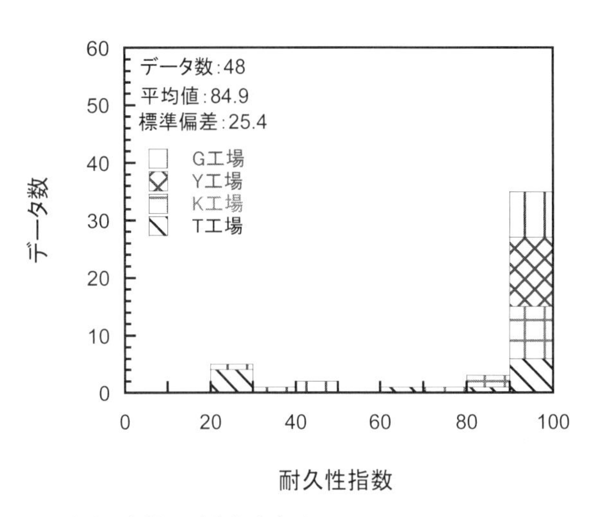

(b) 実機で製造されたBFSコンクリート

図33　試験室と実機で製造されたBFSコンクリートの耐久性指数の比較

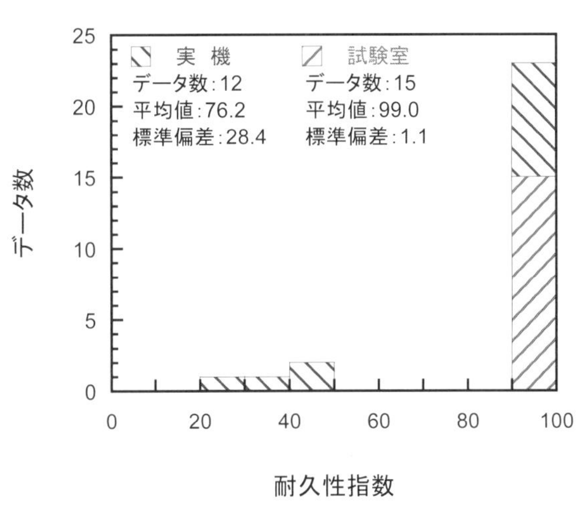

(a) G工場（BFS5使用，実機：最高温度50℃）

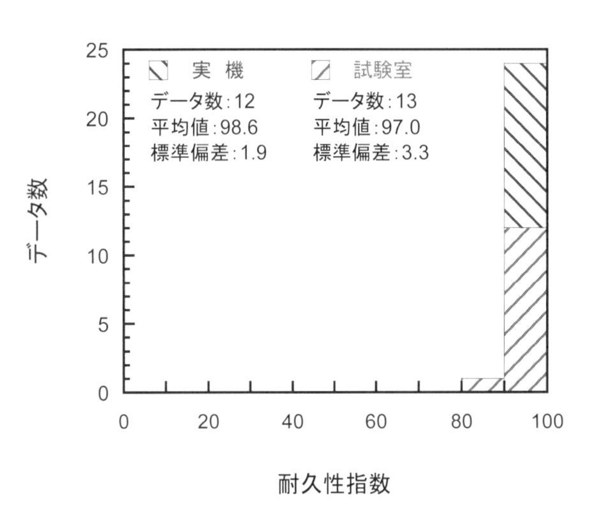

(b) Y工場（BFS5使用，実機：蒸気養生なし）

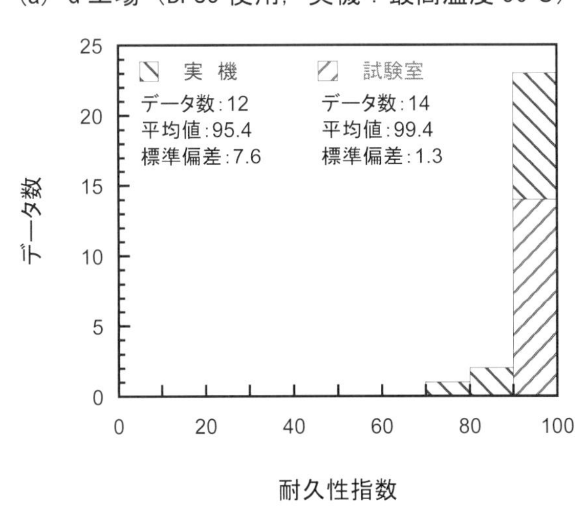

(c) K工場（BFS2.5使用，実機：最高温度40℃）

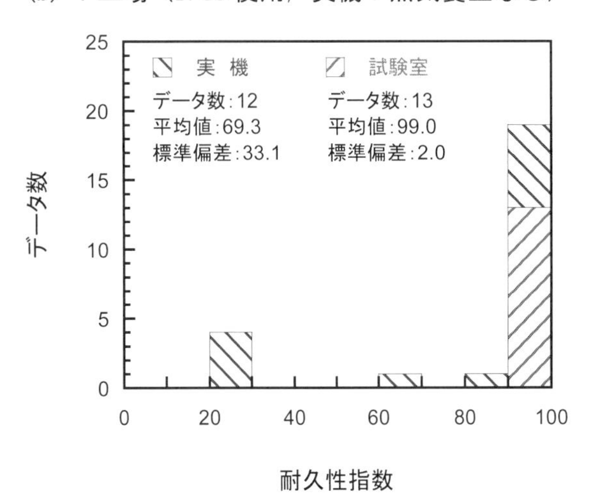

(d) T工場（BFS5-0.3使用，実機：最高温度45℃）

図34　試験室と実機で製造されたBFSコンクリートの耐久性指数の工場ごとの比較

2.7　耐久性指数

図 33 は，試験室と実機で製造された BFS コンクリートの耐久性指数の比較を行ったものである．試験室で製造されたものは，Y 工場の一部を除き耐久性指数が 95 以上で，全工場の平均が 98.6 であった．

図 34 は，工場ごとに試験室と実機で製造された BFS コンクリートの耐久性指数の比較を行ったものである．いずれの工場の BFS コンクリートも，試験室で製造されたものは高い耐久性指数が得られているが，BFS5-0.3 を用いている T 工場および蒸気養生の最高温度が 50°C と最も高い G 工場において，実機で製造がされたもののうち，60 を下回る耐久性指数の BFS コンクリートが製造されている．

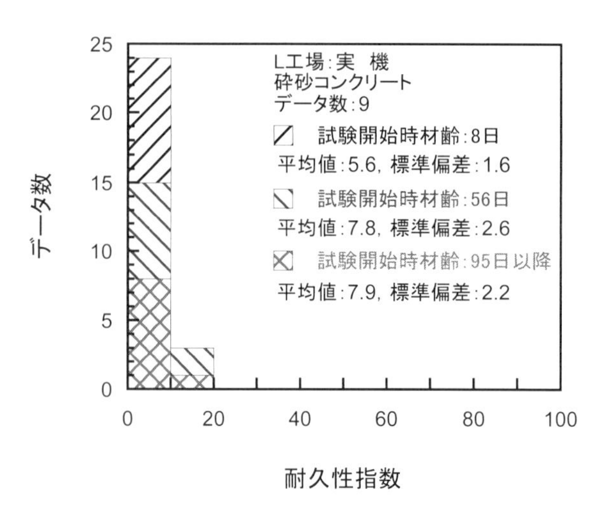

図 35　L 工場の実機で製造された砕砂コンクリートの耐久性指数

これに対して，**図 35** は，L 工場の実機で製造された砕砂コンクリートの耐久性指数を示したのである．AE 剤を用いていない砕砂コンクリートは，材齢 95 日まで養生を行った後に試験を開始しても，耐久性指数は 20 以下と低い．

2.8　スケーリング量

図 36 は，試験室と実機で製造された BFS コンクリートのスケーリング量の比較を行ったものである．いずれの工場においても，試験室で製造されたものに比べて，実機で製造されたもののスケーリング量が大きくなっている．

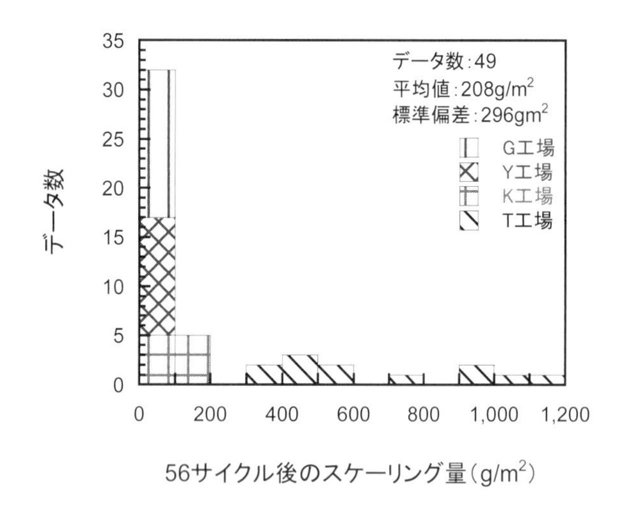

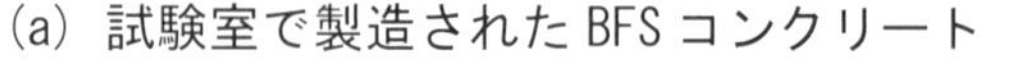

(a) 試験室で製造された BFS コンクリート

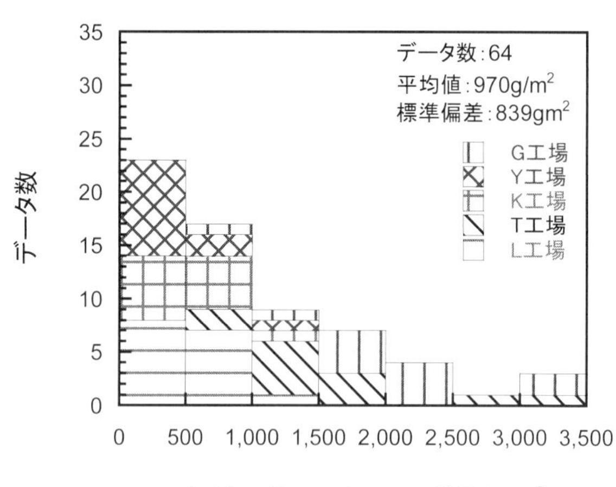

(b) 実機で製造された BFS コンクリート

図 36　試験室と実機で製造された BFS コンクリートのスケーリング量の比較

図 37 は，工場ごとに試験室と実機で製造された BFS コンクリートのスケーリング量の比較を行ったものである．蒸気養生の最高温度が 50°C と高い G 工場の実機で製造がされたものは，スケーリング量が 3 000 g/m^2 を超えるものも多くある．また，BFS5-0.3 を用い，単位水量が 170 kg/m^3 と多い配合の T 工場の BFS コンクリートは，試験室で製造したものも，スケーリング量が他の工場と比べて多くなっている．試験室で製造されたものの全データの平均は 208 g/m^2 であるが，T 工場を除くと平均値は 62 g/m^2 と少ない．

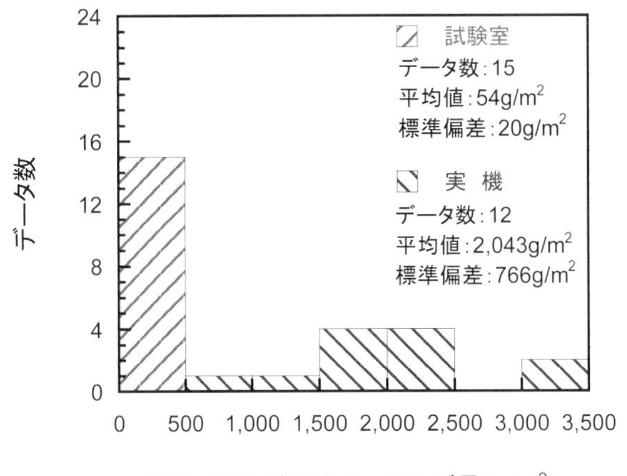

(a) G工場（BFS5使用，実機：最高温度50℃）

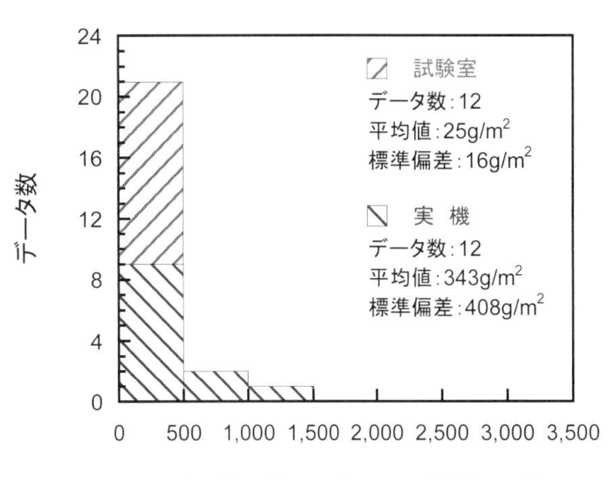

(b) Y工場（BFS5使用，実機：蒸気養生なし）

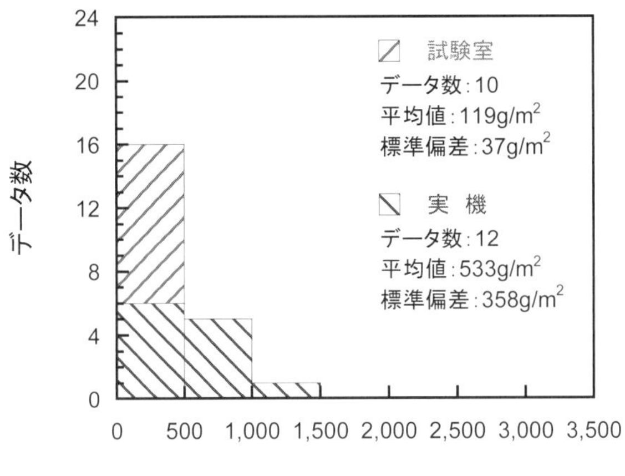

(c) K工場（BFS2.5使用，実機：最高温度40℃）

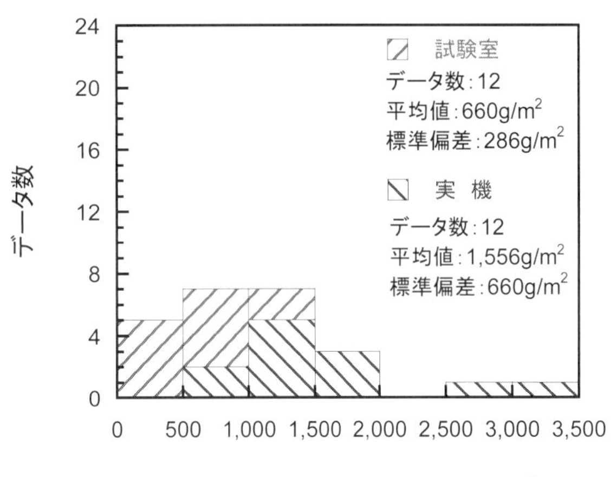

(d) T工場（BFS5-0.3使用，実機：最高温度45℃）

図37　試験室と実機で製造されたBFSコンクリートのスケーリング量の工場ごとの比較

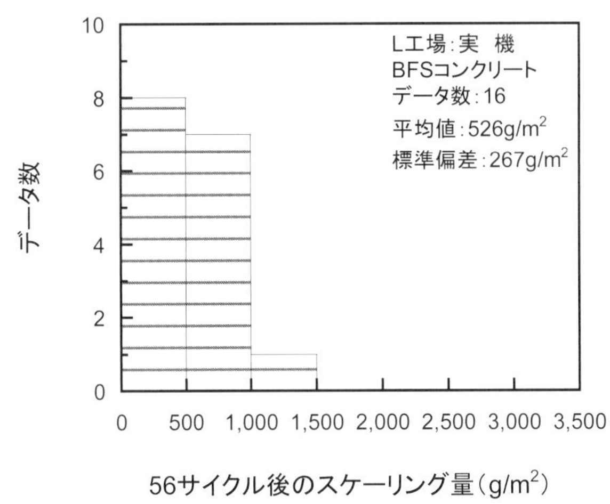

(a) BFSコンクリート

(b) 砕砂コンクリート

図38　L工場の実機で製造されたコンクリートのスケーリング量の比較

図38は，L工場の実機で製造されたBFSコンクリートと砕砂コンクリートのスケーリング量を比較したものである．BFSコンクリート比べて，砕砂コンクリートのスケーリングは著しく多く，200 000 g/m^{2}を超え

るスケーリングを生じているものがある．なお，100×100×100 mm の供試体の質量は 2 500 g で，250 000 g/m^2 のスケーリング量が生じることは，供試体がなくなっていることを意味する．

写真 3 に，スケーリング量が 100 g/m^2，500 g/m^2，1 000 g/m^2 および 2 000 g/m^2 である BFS コンクリートの表面を示す．500 g/m^2 でも，表面のごく一部のペーストが剥落する程度で，1 000 g/m^2 で表面のほぼ全体のペーストが剥落した状態ある．G 工場，T 工場および K 工場の試験室で製造されたものは，(a) に示される 100 g/m^2 と同程度かそれ以下である．また，T 工場のものも，試験室で製造されたものは，(b) に示される 500 g/m^2 と同程度で，軽微なものである．

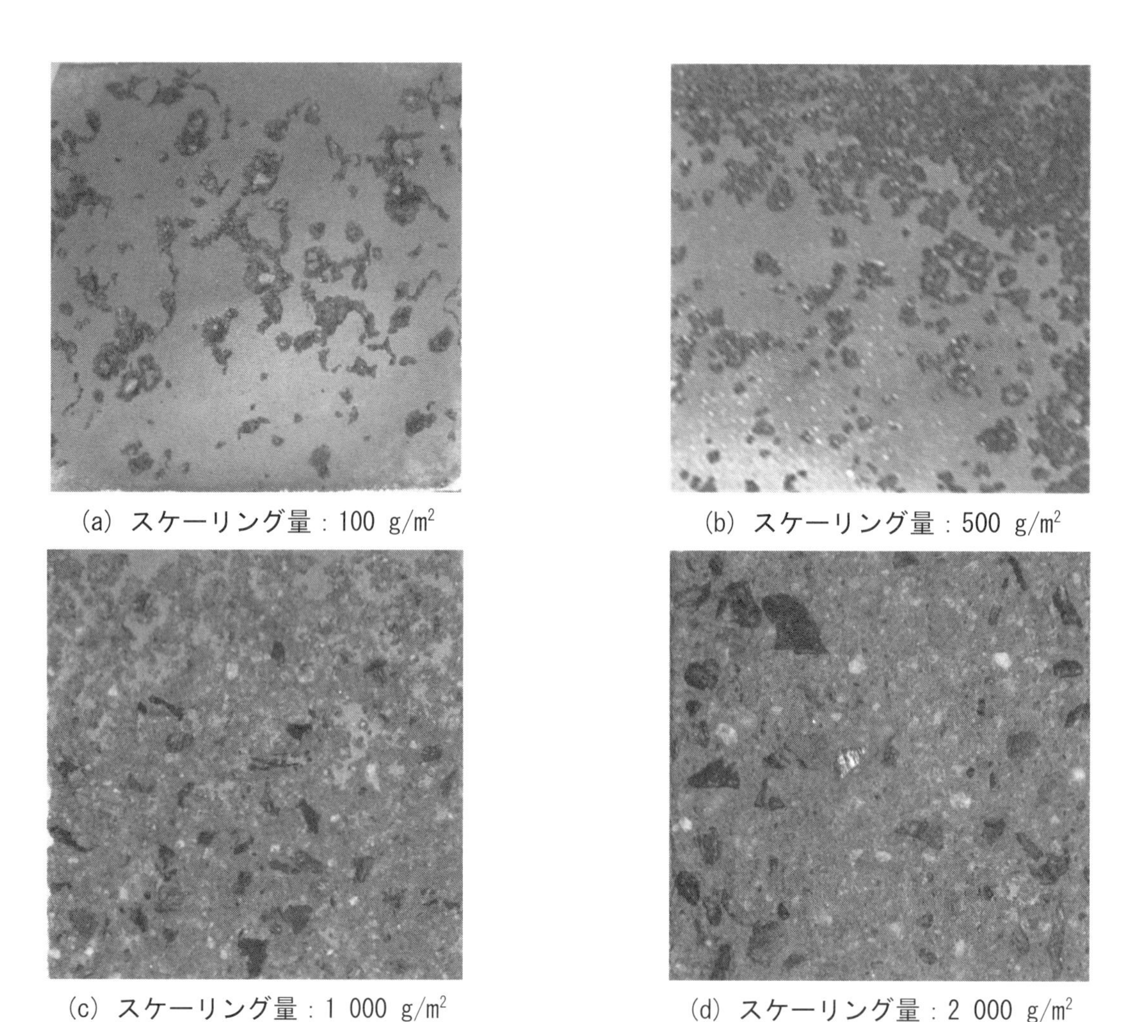

(a) スケーリング量：100 g/m^2　(b) スケーリング量：500 g/m^2
(c) スケーリング量：1 000 g/m^2　(d) スケーリング量：2 000 g/m^2

写真 3　スケーリングを受けたコンクリートの表面

2.9　保証値および標準偏差

標準仕様の配合に基づく BFS コンクリートの品質は，使用材料に違いがあっても，試験室で試験を行った結果に大きな差はない．しかし，実機によって製造された試験結果は，品質管理や製造の方法によって工場ごとに異なる．したがって，この指針（案）では，標準仕様に従って製造がされた BFS コンクリートであっても，保証値および標準偏差の目安は示さないこととした．

付録Ⅱ　プレキャストPC床版を用いた道路橋床版の型式検査および保証値を用いた設計の例

1．プレキャストPC床版の型式検査

1.1　規格化するプレキャストPC床版

1.1.1　プレキャストPC床版に求める性能

高速道路の工事で，**図1**に示す片側2車線の鋼非合成鈑桁橋を建設する．この鋼非合成鈑桁橋の床版には，プレキャストPC床版を用いる．対象橋梁は，下記の条件下で供用されるものとする．

- 設計耐用期間　：100年
- 活荷重　　　　：自動車荷重（B活荷重）．
- 繰返し荷重　　：水の影響を受けながら，基本軸重が157 kNの荷重が，1年間に3 450回，繰り返し載荷される．
- 塩害環境　　　：北海道，東北，北陸，沖縄等，飛来塩分が多い地域の汀線付近（コンクリート表面の塩化物イオン濃度9.0 kg/m^3）
- 凍結融解　　　：1年間当たり125回の凍結融解が作用

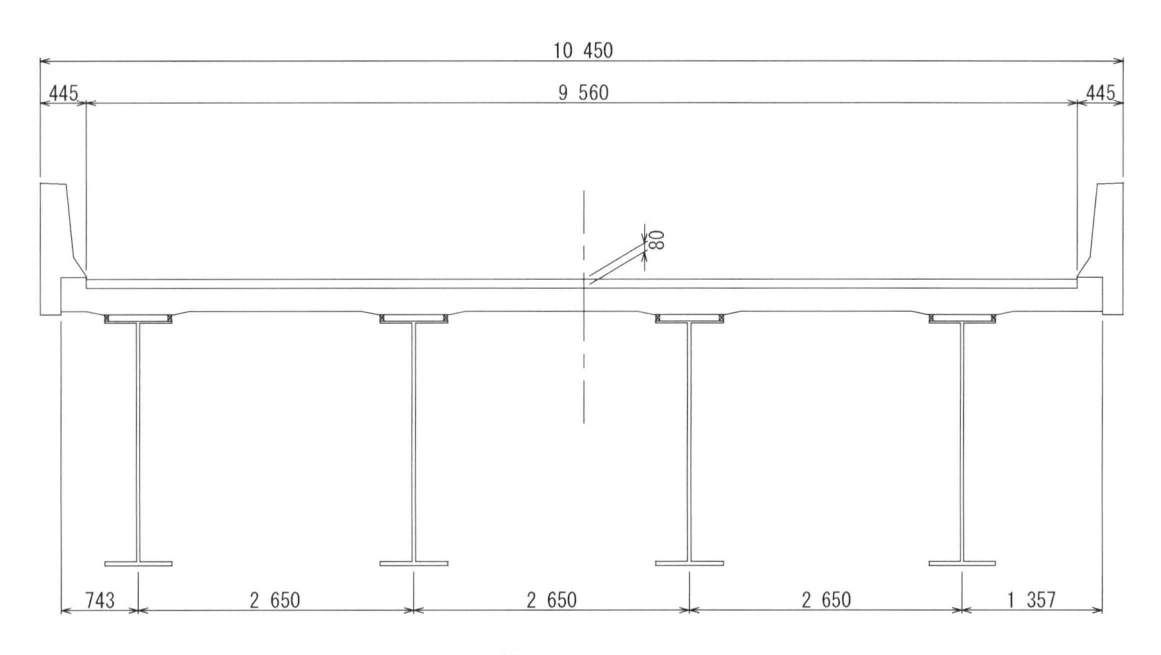

図1　横断図（単位：mm）

表1に，接合部を含む一体化した床版に求める性能，照査項目，照査指標および照査方法を示す．この設計例は，この指針（案）に従って型式検査を行う．特に接合部については，力の伝達に関して接合部のない一体ものと見なすことができ，輪荷重による変形性状が車両の走行に支障のないことを試験により確認する．

プレキャストPC床版の製造に用いるBFSコンクリートは，その圧縮強度が統計的管理状態に入っていることを確認しているとする．また，プレキャストPC床版は，社内規格に規格される製造方法に従って製造することを前提とする．

1.1.2　プロトタイプの形状および寸法

プレキャストPC床版の平面図および側面図を，それぞれ，**図2**および**図3**に示す．また，プレキャストPC床版のPC鋼材配置図を**図4**に示す．プレキャストPC床版には，橋軸直角方向1方向にのみプレストレスを導入し，橋軸方向は，RC構造とする．床版の厚さは，主桁上の支点部が250 mmで，中間部が220 mmである．

表１　照査項目および照査指標

性　能	照査項目	照査指標	照査方法
耐久性	鋼材腐食	ひび割れ幅	設計応答値／設計限界値≤1.0
		中性化深さ	
		塩化物イオン濃度	
	凍　害	相対動弾性係数	凍結融解試験に基づく保証値≥最小限界値
		スケーリング深さ	設計応答値／設計限界値≤1.0
使用性	応力およびひび割れ	材料の応力度	橋軸直角方向：設計応答値／設計限界値≤1.0
		曲げひび割れ耐力	橋軸方向：設計応答値／保証値≤1.0
	乗り心地	接合部における段差，折れ曲がり	輪荷重の載荷後に接合面で段差や折れ曲がりが生じないことを輪荷重走行試験により確認
安全性	断面破壊	曲げモーメント	設計応答値／保証値≤1.0
	接合部の一体性	曲げ耐力	一体ものと見なせる曲げ耐力を曲げ載荷試験により確認
	疲労破壊	押抜きせん断疲労破壊耐力	輪荷重の載荷によって押抜きせん断疲労破壊せず，貫通ひび割れが生じないことを輪荷重走行試験により確認

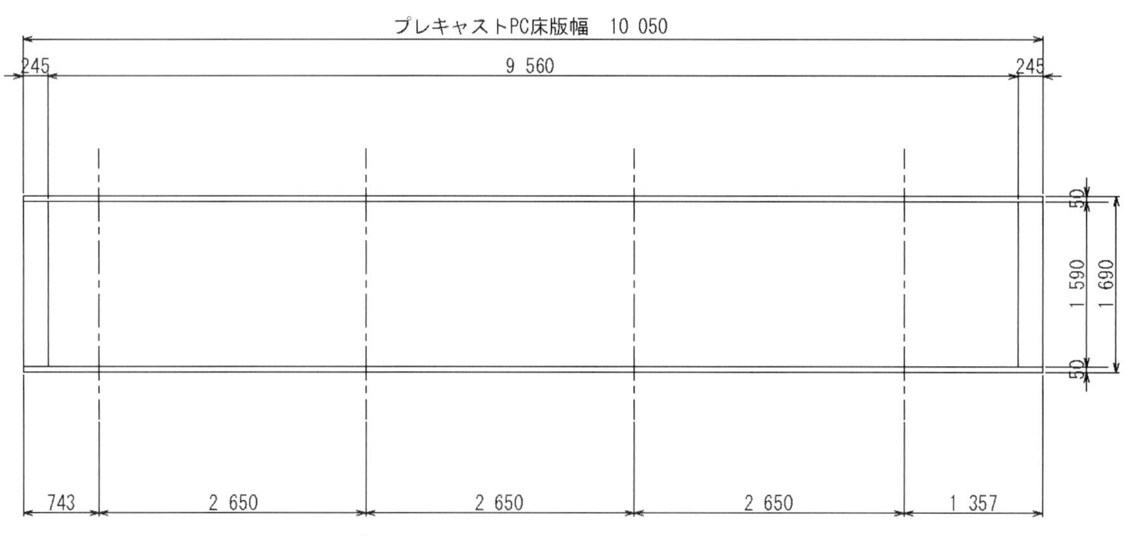

図2　プレキャストPC床版の平面図（単位：mm）

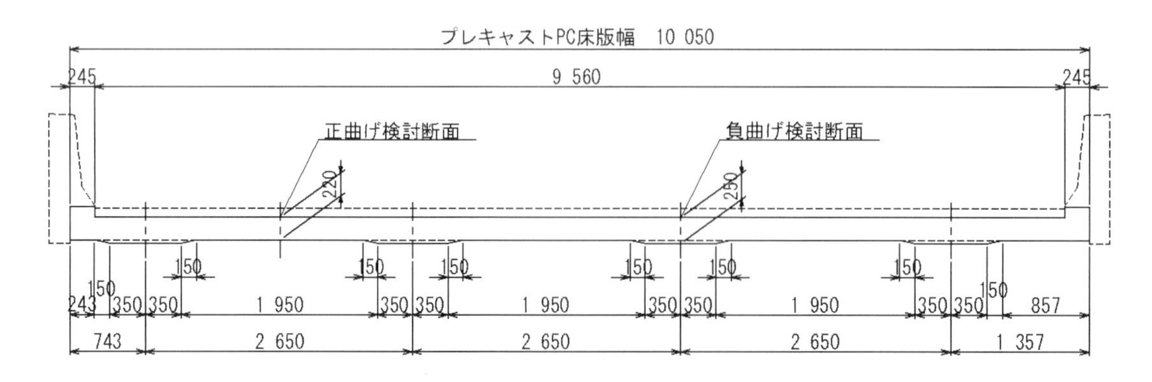

図3　プレキャストPC床版の側面図（単位：mm）

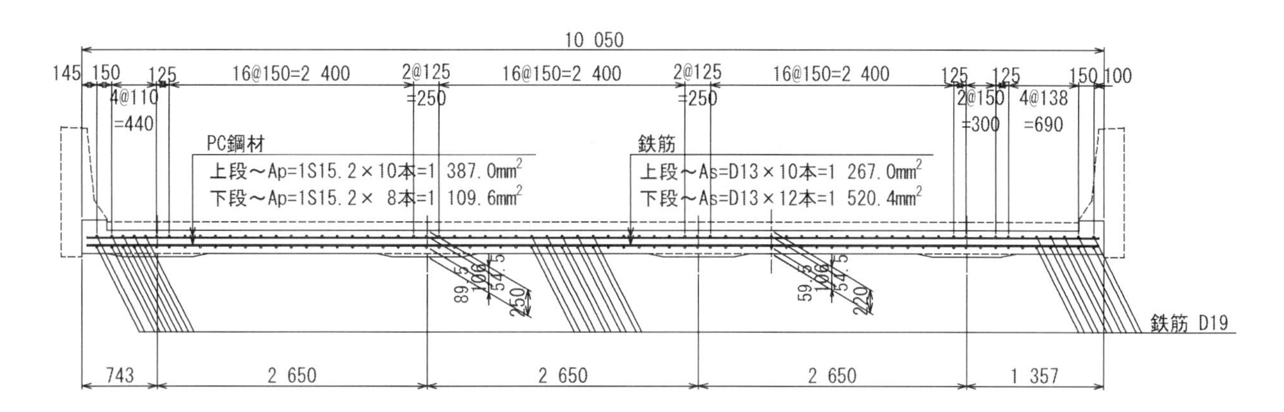

図4　プレキャストPC床版のPC鋼材配置図（単位：mm）

JIS A 5373 附属書B（規定）橋りょう類推奨仕様 B-4「道路橋用プレキャスト床版」に示される，鉄筋の応力度により曲げ内半径が決まるループ継ぎ手では，構造計算上必用な版厚より床版の厚さが厚くなり，厚さが 220mm の床版を製造することが難しくなるため，プレキャスト PC 床版同士の接合は，橋軸方向で機械式定着を併用した重ね継手により行う．接合部の構造詳細を図 5 に示す．

プレキャストPC床版の断面図および鋼材配置図を，それぞれ，図6および図7に示す．

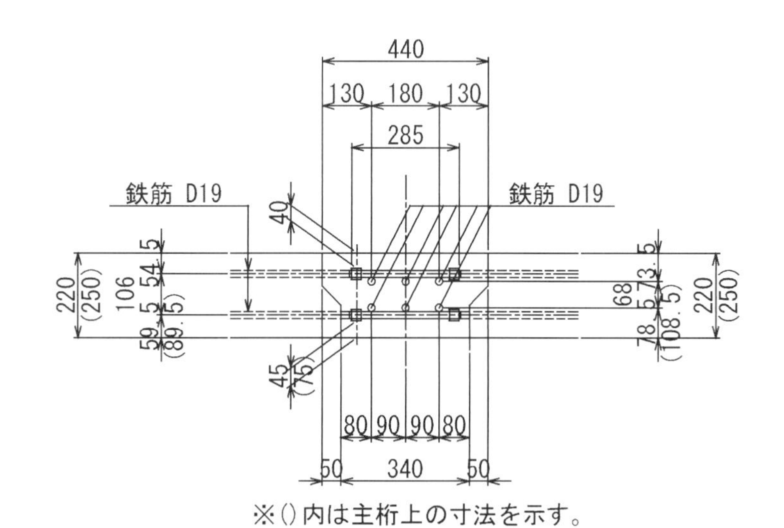

図5　接合部詳細図（単位：mm）

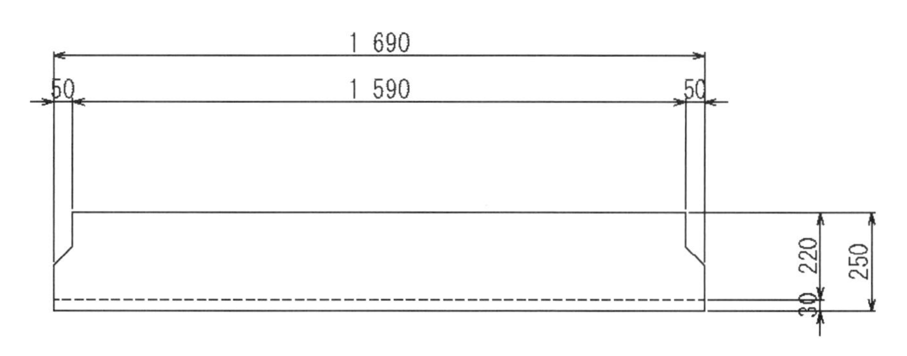

図6　プレキャストPC床版の断面図（単位：mm）

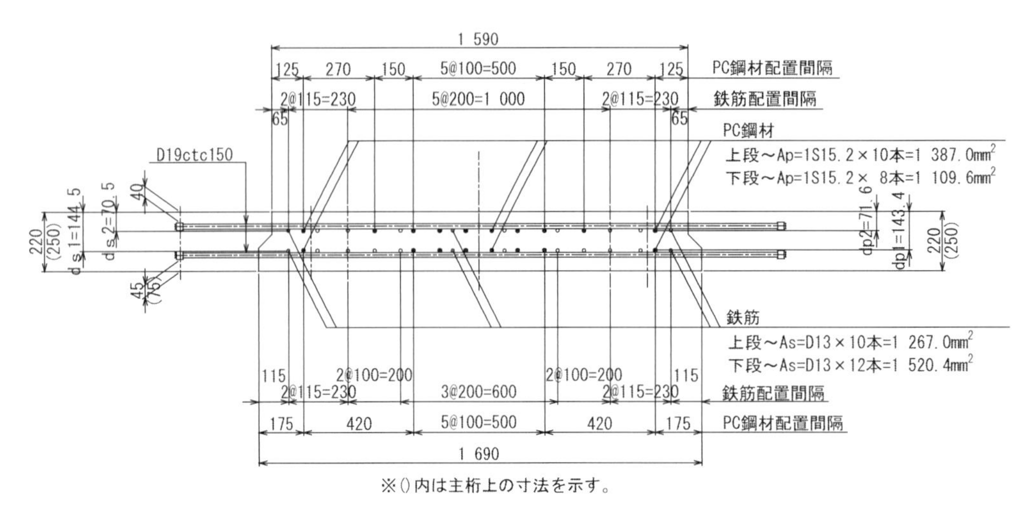

図7　プレキャストPC床版の鋼材配置図（単位：mm）

1.1.3　使用材料

プレキャストPC床版の製造には，**表2**および**表3**に示すBFSコンクリートと，**表4**および**表5**に示す鉄筋およびPC鋼材を用いる．BFSコンクリートの圧縮強度の平均値は，式（1）より60.0 N/mm²で，その他の物性値の平均値は，保証値である．

$$f'_c=50.0\ \mathrm{N/mm^2}+1.33\times3\times2.50\ \mathrm{N/mm^2}=60.0\ \mathrm{N/mm^2} \qquad (1)$$

表2　BFSコンクリートの圧縮強度およびヤング係数

圧縮強度			ヤング係数
保証値	標準偏差	工程能力指数	保証値
50.0 N/mm²	2.50 N/mm²	1.33	33.0 kN/mm²

表3　BFSコンクリートの保証値

乾燥収縮ひずみ	クリープ係数※	拡散係数	中性化速度係数	耐久性指数	スケーリング量
400×10^{-6}	2.5	0.16 cm²/年	0.1 mm/$\sqrt{年}$	100	120 g/m²

※　載荷期間100年におけるクリープ係数

表4　鉄筋（SD345）の物性値

降伏値		ヤング係数
試験値（ミルシートより）	規格値	規格値
395 N/mm²	345 N/mm²	200 kN/mm²

表5　PC鋼より線（SWPR7BL 1S15.2）の物性値

0.2%永久伸びに対する荷重		ヤング係数	公称断面積
試験値（ミルシートより）	規格値	規格値	
258 kN	222 kN	200 kN/mm²	138.7 mm²

1.2　耐久性の型式検査

1.2.1　耐久性に関する照査の前提

橋軸直角方向は，使用性に関する照査においてひび割れの発生を許さないPC構造とする．橋軸方向は，プレキャスト PC 床版の曲げひび割れ耐力の保証値が，B 活荷重によって発生する設計曲げモーメントよりも大きく，ひび割れが発生しないことを前提に耐久性に関する照査を行う．

1.2.2　中性化と水の浸透に伴う鋼材腐食に対する照査

中性化と水の浸透に伴う鋼材腐食に対する照査は，鋼材腐食深さが設計耐用期間中に鋼材腐食深さの限界値に達しないことを確認することによって行うのが原則であるが，BFS コンクリートの中性化深さが設計耐用期間中に鋼材腐食発生限界深さに達しないことを確認することで，鋼材腐食に対する照査とみなす．中性化に伴う鋼材腐食に対する照査は，中性化深さの設計値 y_d の鋼材腐食発生限界深さ $y_{\lim}$ に対する比に構造物係数 γ_i を乗じた値が，1.0 以下であることを確かめることにより行う．

鋼材腐食発生限界深さ $y_{\lim}$ は，式（2）より求める．

$$y_{\lim}=c_d-c_k=15.0\ \text{mm} \tag{2}$$

ここに，c_d：耐久性に関する照査に用いるかぶりの設計値（mm）で，式（3）より求める．

c_k：中性化残り（mm）であり，塩化物イオンの影響が無視できない環境であるため 25 mm とする．

$$c_d=c-\Delta c_e=40.0\ \text{mm} \tag{3}$$

c：かぶり（mm）であり，設計図における床版下面側の値から 45 mm である．

Δc_e：かぶりの許容差で 5 mm である．

中性化深さの設計値 y_d は，式（4）より求める．

$$y_d=\gamma_{cb}\cdot\alpha_d\sqrt{t}=0.184\ \text{mm} \tag{4}$$

ここに，γ_{cb}：中性化深さの設計値 y_d のばらつきを考慮した安全係数．ここでは，1.15 とする．

t：中性化に対する耐用期間（年）．ここでは，設計耐用期間の 100 年とする．

α_d：中性化速度係数の設計値（mm/$\sqrt{年}$）で，式（5）より求める．

$$\alpha_d=\alpha_k\cdot\beta_e\cdot\gamma_c=0.0160\ \text{mm}/\sqrt{年} \tag{5}$$

α_k：中性化速度係数の特性値（mm/$\sqrt{年}$）で，BFS コンクリートの中性化速度係数の保証値を用いて式（6）より求める．

$$\alpha_k=\sqrt{\frac{CO_{2.atm}}{CO_{2.chm}}}\cdot\alpha_g=0.01\ \text{mm}/\sqrt{年} \tag{6}$$

β_e　：環境作用の程度を表す係数．ここでは，一般の値である 1.6 とする．

γ_c　：BFS コンクリートの材料係数．ここでは，一般の値である 1.0 とする．

α_g　：中性化速度係数の保証値（mm/$\sqrt{年}$）．**表 3** より 0.1 mm/$\sqrt{年}$．

$CO_{2.atm}$　：大気中の二酸化炭素濃度（%）．ここでは，0.05 %とする．

$CO_{2.chm}$　：促進中性化試験を行う装置内の二酸化炭素濃度（%）．ここでは，5 %である．

供用開始から 100 年後における中性化深さの設計値と，耐久設計で設定する鋼材腐食発生限界深さの比は式（7）より 1.0 以下となり，要求性能を満足する．

$$\gamma_i \cdot \frac{y_d}{y_{lim}} = 1.0 \times \frac{0.184}{15.0} = 0.0123 \leq 1.0 \tag{7}$$

ここに，　γ_i　：構造物係数．ここでは 1.0 とする．

1.2.3　塩化物イオンの侵入に伴う鋼材腐食に対する照査

塩化物イオンの侵入に伴う鋼材腐食に対する照査では，鋼材位置における塩化物イオン濃度の設計値 C_d の鋼材腐食発生限界濃度 C_{lim} に対する比に構造物係数 γ_i を乗じた値が，1.0 以下であることを確かめる．

鋼材腐食発生限界濃度 C_{lim} は，式（8）より求める．

$$C_{lim} = -2.2(W/C) + 2.6 = 1.83 \ \mathrm{kg/m^3} \tag{8}$$

ここに，　W/C：水セメント比（=35 %）

鋼材位置における塩化物イオン濃度の設計値 C_d は，式（9）より求める．

$$C_d = \gamma_{cl} \cdot C_0 \left\{ 1 - \mathrm{erf}\left(\frac{0.1 \cdot c_d}{2\sqrt{D_d \cdot t}} \right) \right\} + C_i = 1.36 \ \mathrm{kg/m^3} \tag{9}$$

ここに，　C_d　：鋼材位置における塩化物イオン濃度の設計値（kg/m^3）

C_0　：BFS コンクリート表面における塩化物イオン濃度（kg/m^3）．この設計の床版が適用される構造物の置かれる環境から 9.0 kg/m^3 とする．

C_i　：初期塩化物イオン濃度（kg/m^3）．ここでは，0.03 kg/m^3 を用いる．

γ_{cl}　：鋼材位置における塩化物イオン濃度の設計値 C_d のばらつきを考慮した安全係数．ここでは，一般の値である 1.3 とする．

c_d　：耐久性に関する照査に用いるかぶりの設計値（mm）で，式（10）より求める．

$$c_d = c - \Delta c_e = 40 \ \mathrm{mm} \tag{10}$$

c　：かぶり（mm）であり，設計図における床版下面側の値から 45 mm である．

Δc_e ：かぶりの許容差で5 mmである．
t ：塩化物イオンの侵入に対する耐用期間（年）は，設計耐用期間の100 年とする．

塩化物イオンに対する設計拡散係数D_dは，式（11）より求める．

$$D_d=\gamma_c \cdot D_k+\lambda \cdot \left(\frac{w}{l}\right) \cdot D_0=0.0320\,\mathrm{cm^2/年} \tag{11}$$

ここに，D_d ：塩化物イオンに対する設計拡散係数（$\mathrm{cm^2/年}$）
γ_c ：BFSコンクリートの材料係数．ここでは，床版下面が対象であり，一般の値である1.0とする．
D_k ：BFSコンクリートの塩化物イオンに対する拡散係数の特性値（$\mathrm{cm^2/年}$）であり，式（12）より求める．

$$D_k=\rho_e \cdot D_{ap}=0.0320\,\mathrm{cm^2/年} \tag{12}$$

D_{ap} ：BFSコンクリートの塩化物イオンの見掛けの拡散係数の保証値（$\mathrm{cm^2/年}$）．**表3**より0.16 $\mathrm{cm^2/年}$．
ρ_e ：塩化物イオンの見掛けの拡散係数が試験させる浸せき条件と，実際に構造物が構築される大気中の実環境条件との差を考慮する係数．ここでは，0.2 とする．
λ ：ひび割れの存在が拡散係数に及ぼす影響を表す係数．
D_0 ：BFSコンクリート中の塩化物イオンの移動に及ぼすひび割れの影響を表す定数（$\mathrm{cm^2/年}$）で，曲げひび割れを許す場合にのみ考慮する．ここでは，橋軸直角方向および橋軸方向ともひび割れが生じないことから，これを考慮しない．
w/l ：ひび割れ幅とひび割れ間隔の比

供用開始から100 年後における鋼材位置における塩化物イオン濃度の設計値と，耐久設計で設定する鋼材腐食発生限界濃度の比は，式（13）より1.0以下となり，要求性能を満足する．

$$\gamma_i \cdot \frac{C_d}{C_{lim}}=1.0\times\frac{1.36}{1.83}=0.743\leq 1.0 \tag{13}$$

ここに，γ_i ：構造物係数．ここでは1.0とする．

1.2.4　凍結融解に対する照査

1) 内部損傷に対する照査

この設計で使用するBFSコンクリートの凍結融解試験における相対動弾性係数の保証値は,**表3**より100％となっていることから，内部損傷に対する照査を省略する．

2) 表面損傷に対する照査

表面損傷（スケーリング）に対する照査では，構造物表面のBFSコンクリートのスケーリング深さの設計値d_dに構造物係数γ_iを乗じた値と，限界値d_{lim}との比が1.0以下であることを確認する．

BFSコンクリートのスケーリング深さの設計値d_dは，式（14）より求める．

$$d_d=\gamma_c \cdot d_k=11.0\ \text{mm} \tag{14}$$

ここに，　d_k　：　BFSコンクリートのスケーリング深さの特性値（mm）で，式（15）より求める．

γ_c　：　BFSコンクリートの材料係数．床版下面を対象とするため，1.0とする．

$$d_k=\frac{S_n}{\rho_c}\times\frac{N}{n}=11.0\ \text{mm} \tag{15}$$

ここに，　S_n　：　凍結融解56サイクル後の累積のスケーリング量（g/m^2）．**表3**より120 g/m^2.

ρ_c　：　BFSコンクリートの単位容積質量（kg/m^3）．ここでは，2 440 kg/m^3とする．

N　：　構造物が繰返し受ける凍結融解のサイクル数で，12 500サイクルとする．

n　：　試験体に与えた凍結融解のサイクル数で，56回である．

BFSコンクリートのスケーリング深さの限界値d_{lim}は，式（16）より求める．

$$d_{lim}=c_d-\phi=21.0\ \text{mm} \tag{16}$$

ここに，　ϕ　：　かぶりに最も近い鋼材の径（mm）で，19 mmである．

c_d　：　かぶりの設計値（mm）．式（10）より40 mm.

供用開始から100年後における構造物表面のスケーリング深さの設計値に対するスケーリングの限界値の比は，式（17）より1.0以下となる．

$$\gamma_i\cdot\frac{d_d}{d_{lim}}=1.0\times\frac{11.0}{21.0}=0.524\leq1.0 \tag{17}$$

ここに，　γ_i　：　構造物係数．ここでは，一般の値である1.0とする．

1.3　接合部の型式検査

1.3.1　接合部の形状および寸法

JIS A 5373附属書B（規定）橋りょう類推奨仕様 B-4「道路橋用プレキャスト床版」には，プレキャストPC床版の接合部の推奨仕様として，**図8**に示すループ継手が示されている．ここでは，**図9**に示す，新たに開発した機械式定着を併用した重ね継手の型式検査を行う．

接合部の型式検査では，次の性能を確認する．

・接合部が，接合部のない一体ものと見なせる曲げ耐力を有すること．
・接合部とプレキャスト PC 床版を組み合わせた構造が，輪荷重の繰返し作用に対して，所要の安全性と使用性を有すること．

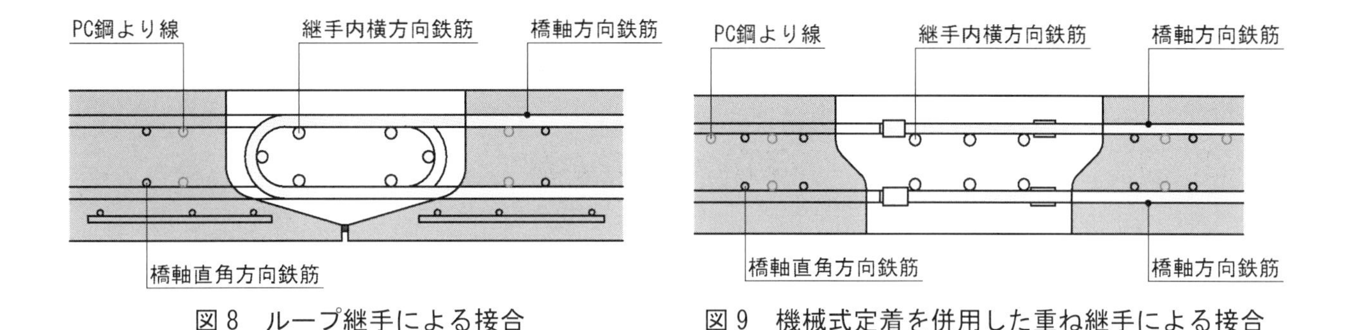

図 8　ループ継手による接合　　図 9　機械式定着を併用した重ね継手による接合

1.3.2　終局曲げ耐力

図 10 および **図 11** に，終局曲げ耐力を確認する性能試験に用いる，接合部を有する試験体およびその断面の寸法および配筋を示す．なお，プレキャスト PC 床版のプロトタイプの版厚は 220 mm であるが，終局曲げ耐力の確認では，試験体の版厚は，鉄筋の配置間隔と鉄筋径は変えず，180 mm で実施する．

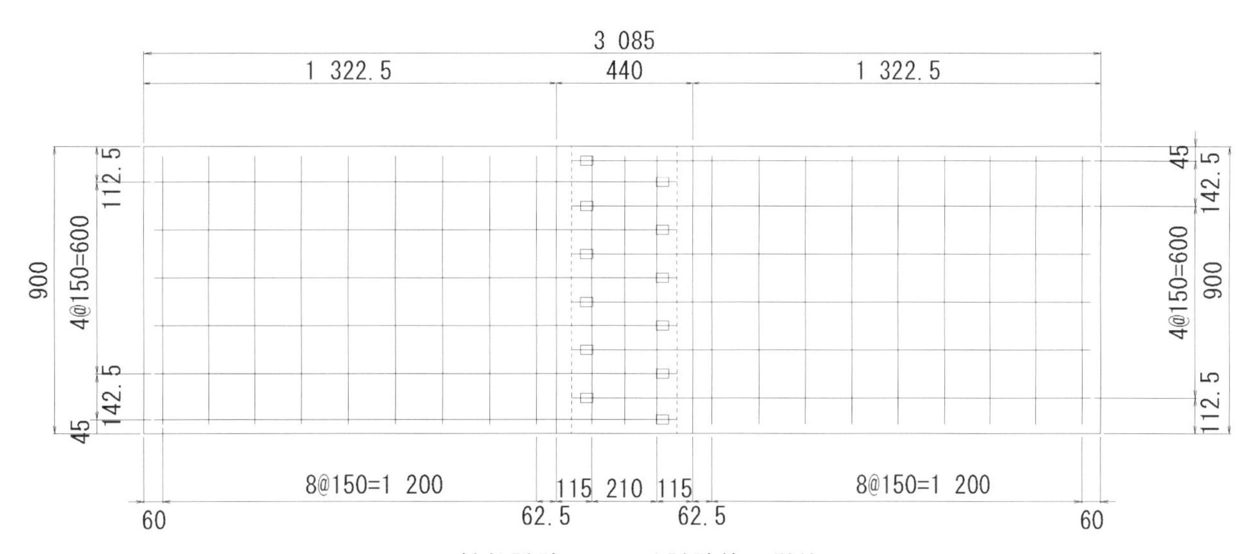

図 10　性能試験に用いる試験体（単位：mm）

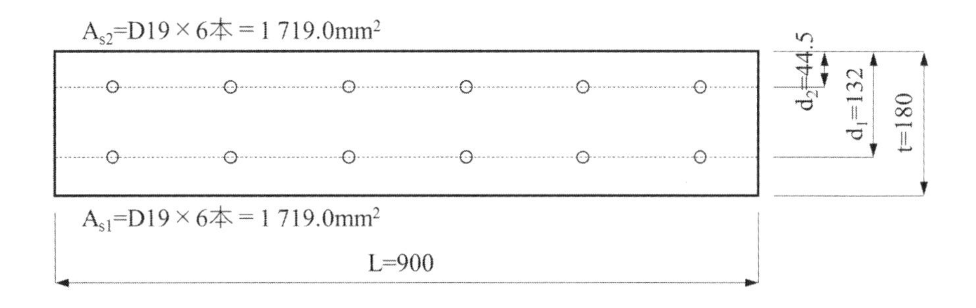

図 11　試験体の断面および配筋（単位：mm）

BFS コンクリートの圧縮強度の特性値は，平均値である 60.0 N/mm² を用い，鉄筋の降伏値の特性値は，ミルシートに記載される 395 N/mm^2 を用いる．構造計算に用いる材料係数 γ_m および部材係数 γ_b は，1.0 とする．

1) 応力度の分布

図 12 に示す等価応力ブロックに用いる k_1，ε'_{cu} および β は，式（18），式（19），式（20）より求める．

$$k_1=1-0.003f'_{ck}=0.820 \tag{18}$$

$$\varepsilon'_{cu}=\frac{155-f'_{ck}}{30\,000}=0.00317 \tag{19}$$

$$\beta=0.52+80\varepsilon'_{cu}=0.774 \tag{20}$$

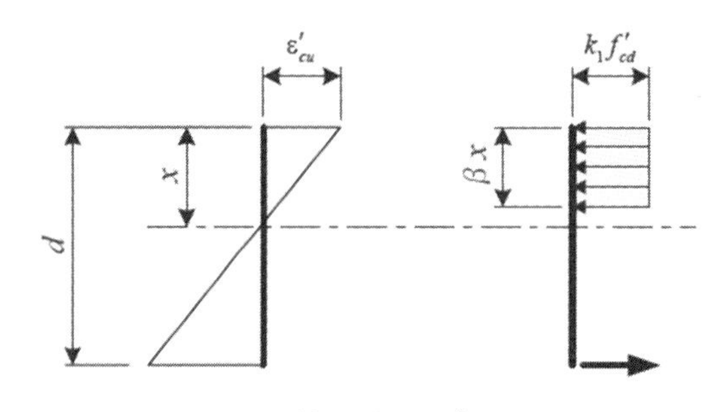

図 12　等価応力ブロック

2) 終局状態における中立軸 x

A_{s1}，A_{s2} ともに引張りであるが，A_{s1} のみ降伏しているとする．

$$x=\frac{b-c+\sqrt{(b-c)^2+4acd_2}}{2a}=32.1\text{ mm} \tag{21}$$

ここに，
- a　：　$L\cdot\beta\cdot k_1\cdot f'_{cd}$
- b　：　$A_{s1}\cdot f_{yd}$
- c　：　$A_{s2}\cdot E_s\cdot\varepsilon'_{cu}$
- f'_{cd}　：　BFS コンクリートの圧縮強度の設計値（$=f'_{ck}/\gamma_c=60.0$ N/mm^2）
- f_{yd}　：　鉄筋の降伏値の設計値（$=f_{yk}/\gamma_s=395$ N/mm^2）
- E_s　：　鉄筋のヤング係数の設計値（=200 kN/mm^2）

3) 鉄筋の降伏

A_{s1}，A_{s2} の曲げ破壊時のひずみを ε_{s1} および ε_{s2} とする．

$$\varepsilon_{s1}=\frac{d_1-x}{x}\cdot\varepsilon'_{cu}=0.00987>\frac{f_{yd}}{E_s}=0.00198 \tag{22}$$

$$\varepsilon_{s2}=\frac{d_2\text{-}x}{x}\cdot\varepsilon'_{cu}=0.00122<\frac{f_{yd}}{E_s}=0.00198 \tag{23}$$

式（22）および式（23）より，仮定どおり，A_{s1}は降伏しているが，A_{s2}は降伏していない．

4) 設計終局曲げ耐力

式（24）より，版厚が180 mmの一体ものの試験体の終局曲げ耐力は，94.7 kN・mとなる．

$$M_u=A_{s1}\cdot f_{yd}\cdot(d_1\text{-}\beta/2\cdot x)+A_{s2}\cdot E_s\cdot\frac{d_2\text{-}x}{x}\cdot\varepsilon'_{cu}\cdot(d_2\text{-}\beta/2\cdot x)=94.7\ \text{kN}\cdot\text{m} \tag{24}$$

5) 性能試験による終局曲げ耐力

曲げ試験は，**図13**に示す載荷方法により行う．試験体は，中央部に接合部を有するものと，一体打ちの2体を用いる．静的曲げ破壊試験は，左右対称の4点曲げで，載荷のアーム長aは900 mmとする．このとき，試験体中央部における曲げモーメントは，式（25）となる．なお，自重による曲げモーメントは無視する．

$$M=\frac{1}{2}\cdot F\cdot a \tag{25}$$

ここに，　M：曲げモーメント（kN・m）
　　　　　F：載荷荷重（kN）
　　　　　a：載荷のアーム長（m）

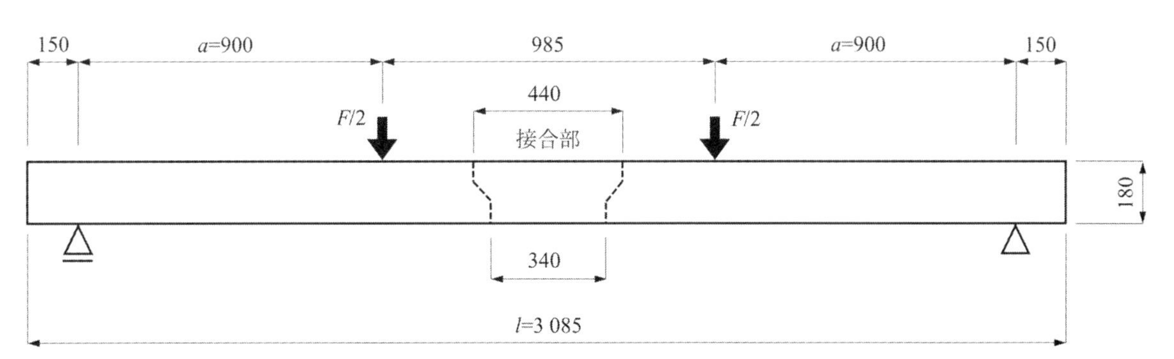

図13　静的曲げ破壊試験の方法（単位：mm）

接合部の性能試験の状況を**写真1**に，試験体の載荷荷重と支間中央のたわみとの関係を**図14**にそれぞれ示す．

曲げ試験における一体打ちの試験体および接合部を有する試験体の最大荷重は，それぞれ，236 kNおよび242 kNで，静的曲げ破壊試験によって得られる曲げ耐力は，それぞれ，106 kN・mおよび109 kN・mとなる．

6) 試験値と構造計算値の比較

終局曲げ耐力M_uを性能試験によって求めた結果と，材料係数γ_mおよび部材係数γ_bを全て1.0として計算した結果を**表6**に示す．接合部のある試験体の曲げ耐力は，接合部のない一体打ちの試験体の曲げ耐力と同等であった．また，接合部のある試験体は，接合部のない一体打ちの試験体と同様に，引張鉄筋が降伏した後に，接合目地以外の支間中央部において，上縁のコンクリートが圧壊して破壊に至っており，破壊形態についても，同様であった．したがって，この機械式定着を併用した重ね継手による接合部は，構造的に接合部のない一体打ちと同様に扱うことができる．また，接合部のある試験体および一体打ちの試験体の曲げ耐力ともに，試験値の方が計算値よりも大きく，この計算方法および設計値を用いた計算結果は安全側の値となる．したがって，この PC 床版の性能の保証値を算定する際に用いる部材係数は，曲げひび割れ耐力 M_{cr} の計算には 1.0 を，終局曲げ耐力 M_u の計算には 1.2 を用いる．

写真 1　接合部の曲げ試験の状況

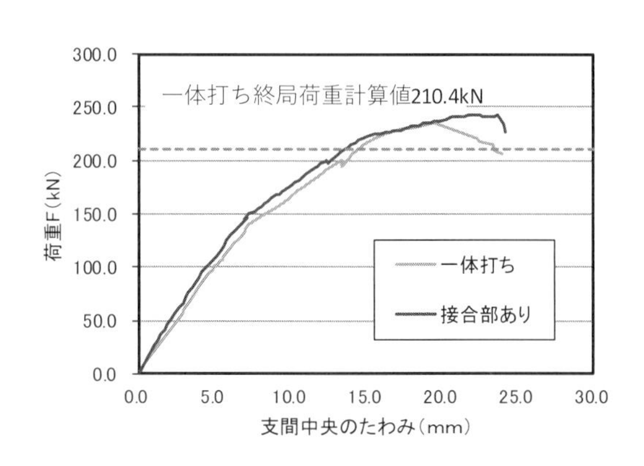

図 14　荷重とたわみの関係

表 6　性能試験結果と構造計算結果の比較

試験値		計算値
一体打ち	接合部あり	
106 kN･m	109 kN･m	94.7 kN･m

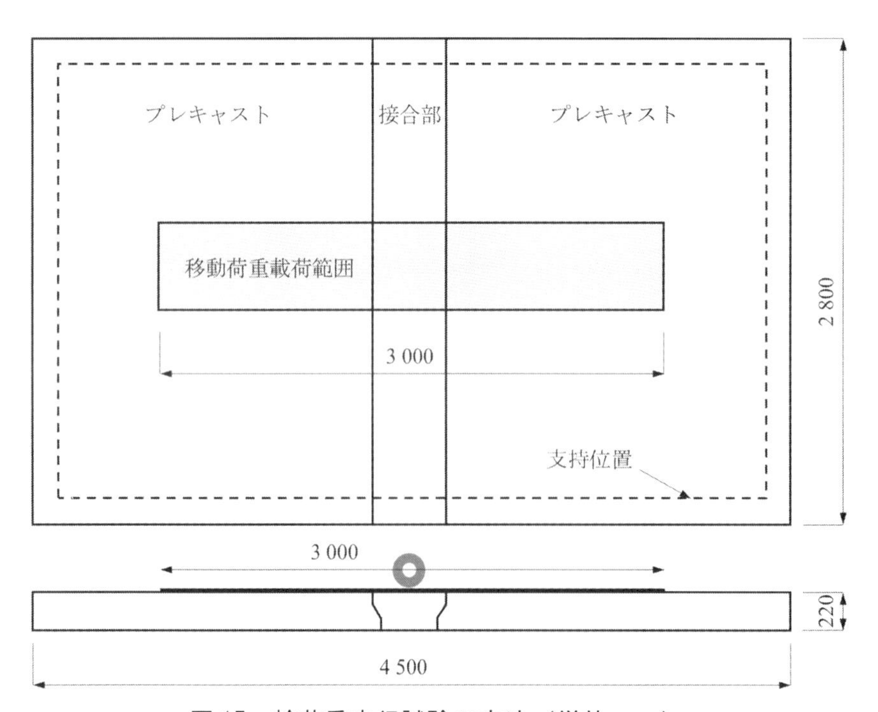

図 15　輪荷重走行試験の方法（単位：mm）

1.3.3　輪荷重に対する疲労安全性および使用性

押抜きせん断疲労破壊に対する安全性の確認は，高速道路で100年の供用期間に想定される大型車の軸重と繰返し回数に相当する載荷によって，破壊することなく耐荷能力を保持し，かつ，ひび割れが生じても貫通ひび割れとならないことによって行う．なお，大型車の軸重の繰返しに伴う道路橋床版の破壊形態は，押抜きせん断疲労破壊が，曲げ疲労破壊に卓越するため，曲げ疲労に対する検討は省略する．

使用性の確認は，輪荷重を載荷後に，接合部の目地で段差や折れ曲がりが生じないことによって行う．

図15に，輪荷重走行試験の方法を示す．試験体は，4辺で支持し，輪荷重走行方向の2辺はピンおよびピンローラ線支承とした．輪荷重走行直角方向の2辺は，試験体の限られた長さでも，できる限り連続床版の挙動となる弾性支持の線支承とした．

1) 試験体の形状および寸法

図16に，輪荷重走行試験に用いる試験体の形状および寸法を示す．輪荷重走行試験に用いる試験体は，床版支間3.00 mの連続床版として設計したもので，試験体の構造は，輪荷重走行方向がRC構造，輪荷重走行直角方向がPC構造である．試験体は，このプレキャストPC床版2枚を，橋軸方向中央で現場打ちコンクリートにより，**図9**に示す機械式定着を併用した重ね継手を用いて接合している．

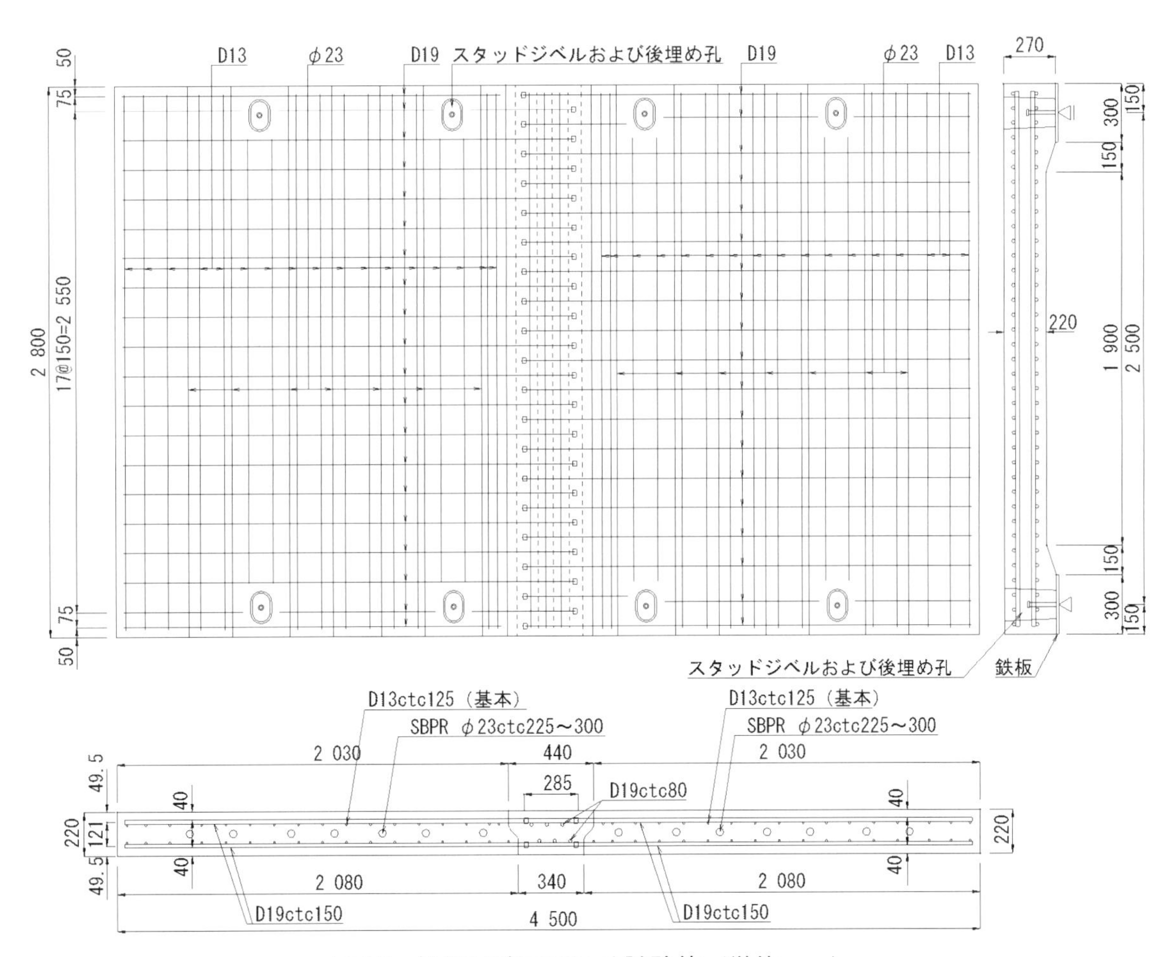

図16　性能試験に用いる試験体（単位：mm）

2) 荷重および繰返し回数の設定

高速道路で実測された1年あたりの軸重の等価繰返し回数は，長尾らによる研究（プレキャストPC床版継手の疲労耐久性照査試験，第 26 回プレストレストコンクリートの発展に関するシンポジウム論文集，pp.189-192，2017）に基づき，基本軸重を 157 kN に対して 3 450 回とする．すなわち，100 年間に高速道路の床版が 157 kN の基本軸重の繰返し荷重を受ける回数は，3.45×10^5 回となる．実際の高速道路の床版は水の影響を受けていることを考慮し，気中の条件で行うプレキャスト PC 床版のプロトタイプの性能試験では，157 kN の基本軸重に対して，3.45×10^5 回のさらに 100 倍である 3.45×10^7 回まで破壊しないことを確認する．

なお，性能試験での輪荷重の基本荷重は 250 kN とする．157 kN の輪荷重によって試験体が破壊に至る回数を N_{157} とすれば，3.45×10^7 回の繰返しによって試験体が受ける疲労損傷度は，$3.45\times10^7/N_{157}$ となる．輪荷重による疲労損傷がマイナー則に従うとすれば，250 kN の輪荷重によって，157 kN の輪荷重を 3.45×10^7 回の繰返した場合と同等の損傷度を受ける繰返し回数は，式（26）によって与えられる．

$$N_{eq}=3.45\times10^7\times\frac{N_{250}}{N_{157}} \tag{26}$$

ここに，　N_{eq} ：250 kN の輪荷重によって，157 kN の輪荷重を 3.45×10^7 回の繰返した場合と同等の損傷度を受ける繰返し回数

N_{250} ：250 kN の輪荷重によって床版が破壊に至るまでの回数

N_{157} ：157 kN の輪荷重によって床版が破壊に至るまでの回数

疲労寿命予測式に，式（27）に示す長尾らの S-N 曲線（プレキャスト PC 床版継手の疲労耐久性照査試験，第 26 回プレストレストコンクリートの発展に関するシンポジウム論文集，pp.189-192，2017）を用いる．

$$\log(S)=-0.07835\log N+\log1.52 \tag{27}$$

ここに，　S ：試験体の押し抜きせん断耐力に対する載荷荷重の比

N ：輪荷重の繰返し回数（回）

式（26）と式（27）によって N_{eq} を求めると，式（28）より 9.10×10^4 回となる．

$$N_{eq}=3.45\times10^7\cdot\left(\frac{157}{250}\right)^{\frac{1}{0.07835}}=9.10\times10^4 \tag{28}$$

このことから，性能試験では，載荷の第 1 ステップを 100 年相当の載荷段階とし，250 kN の基本荷重を 1.00×10^5 回載荷する．さらに，第 2 ステップでは，100 年相当の載荷以降の余剰耐力や安全性を確認する目的で，荷重を 400 kN に上げ，9.00×10^5 回載荷する．

3) 輪荷重走行試験による疲労破壊に対する安全性の確認

輪荷重走行試験の状況を**写真 2** に，走行回数と試験体中央位置のたわみとの関係を**図 17** にそれぞれ示す．また，**図 18(a)** および **(b)** に第 1 ステップ終了後および第 2 ステップ終了後の試験体下面におけるひび割れ状況を示す．100 年相当の載荷である第 1 ステップ終了時の試験体中央のたわみは，1 mm 程度であった．

写真2　輪荷重走行試験の状況

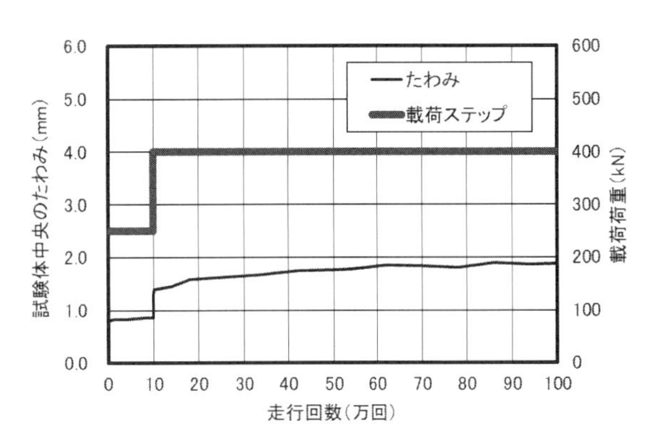

図17　走行回数とたわみとの関係

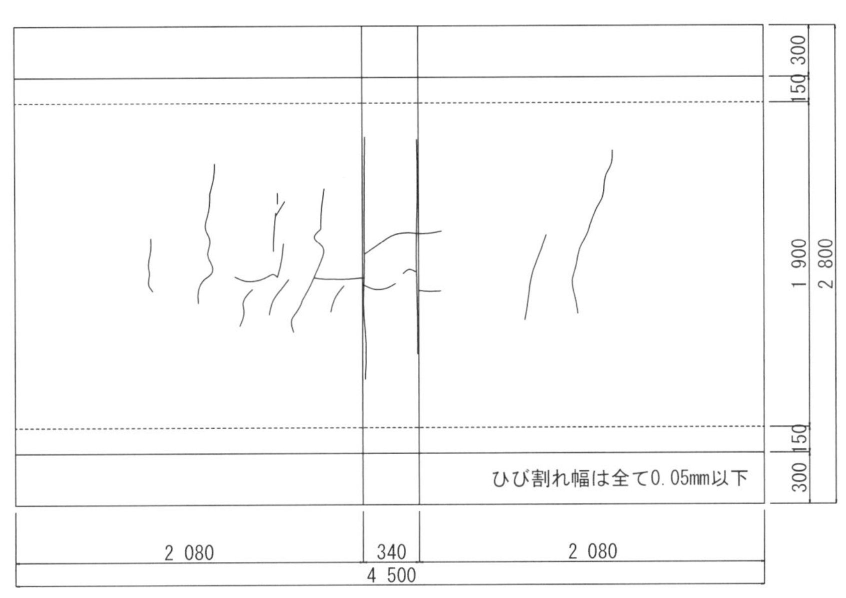

(a)　第1ステップ終了後（1.00×10^5回載荷）

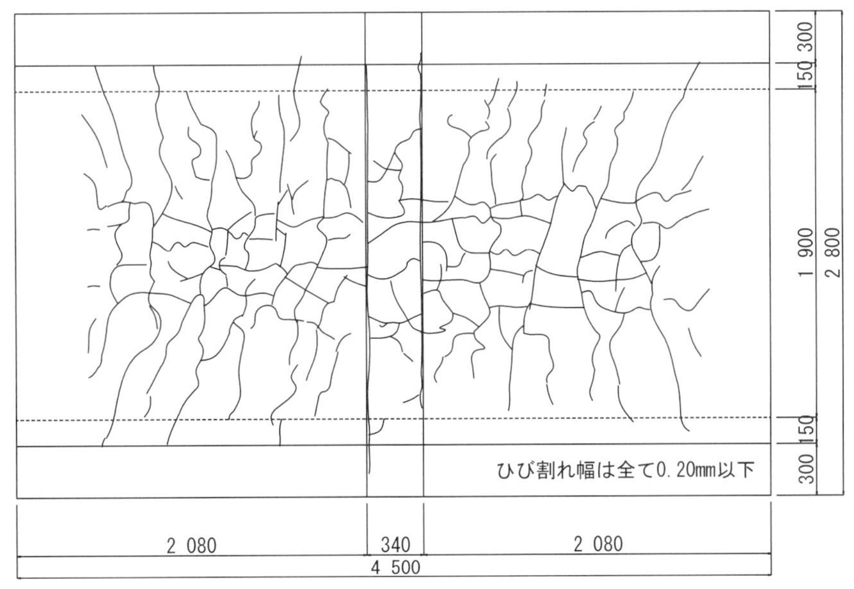

(b)　第2ステップ終了後（1.00×10^6回載荷）

図18　各ステップ載荷後の試験体下面のひび割れ状況（単位：mm）

試験体下面に発生したひび割れは，橋軸直角方向のものがほとんどで，その幅は全て 0.05mm 以下であった．試験体上面に水を溜めた結果，下面への滲水はなく，貫通ひび割れは発生していない．

荷重を 400 kN として 9.00×10^5 回載荷した第 2 ステップ終了時においても，試験体中央のたわみは，2 mm 程度であった．試験体下面のひび割れは，幅が全て 0.20 mm 以下であり，貫通ひび割れもない．以上より，機械式定着を併用した重ね継手による接合部およびそれを有するプレキャスト PC 床版は，高速道路での 100 年間の供用に対して，安全な疲労耐力を有することが確認できる．

4) 輪荷重走行試験による疲労に対する使用性の確認

図 19 に，250 kN の輪荷重を 10 万回載荷した後および 400 kN の輪荷重を 8 万回，40 万回および 90 万回載荷した後における輪荷重走行方向のたわみ分布を示す．250 kN の輪荷重を 10 万回載荷した後では，接合部での折れ曲がりや接合目地部での段差がない．400 kN の輪荷重を 40 万回載荷した後でも，接合部での顕著な折れ曲がりはない．高速道路での 100 年間の供用に対して，十分な使用性が確保されることを確認できる．

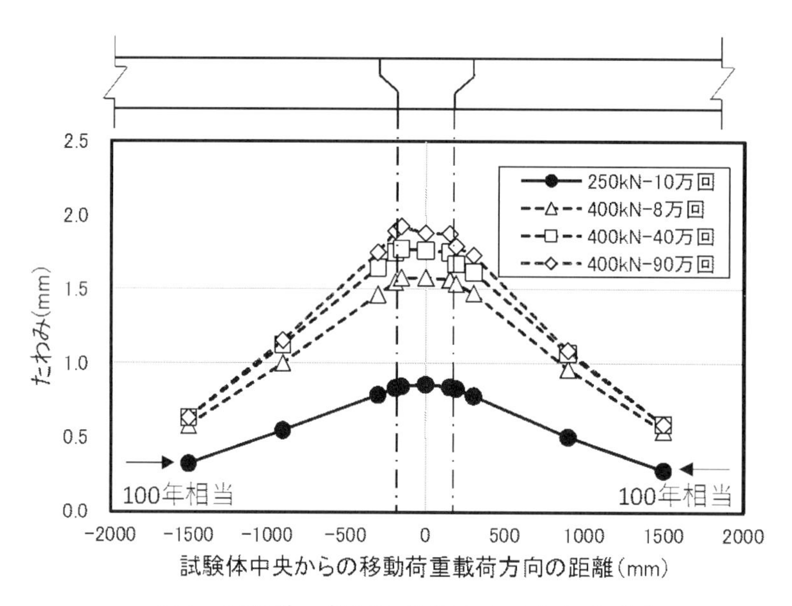

図 19　試験体の輪荷重載荷方向のたわみ分布

1.4　保 証 値

1.4.1　安全係数および設計値

保証値を求めるのに用いる安全係数を表 7 に示す．

表 7　安全係数

安全係数		使用性	安全性
部材係数 γ_b		1.0	1.2
材料係数 γ_m	BFS コンクリート γ_c	1.0	1.3
	鉄筋 γ_s および PC 鋼材 γ_p	1.0	1.05

製造直後における性能 $R_d(0)$の計算に用いる BFS コンクリートの圧縮強度の特性値 f'_{ck} は，60.0 N/mm^2 で，鉄筋の降伏値の特性値 f_{yk} は 395 N/mm^2 である．BFS コンクリートのヤング係数 E_c は，33.0 kN/mm^2 で，等価

応力ブロックに用いるk_1，ε'_{cu}およびβは，それぞれ，0.820，0.00317および0.774である．

床版厚が220 mmおよび250 mmの断面におけるBFSコンクリートの曲げ強度の特性値f_{bck}は，式（29）から式（32）より，それぞれ，3.49 N/mm^{2}および3.32 N/mm^{2}となる．

$$f_{bck}=k_{0b}k_{1b}f_{tk}=3.49\ \mathrm{N/mm^2} \tag{29}$$

$$k_{0b}=1+\frac{1}{0.85+4.5(t/l_{ch})}=1.23 \tag{30}$$

$$k_{1b}=\frac{0.55}{\sqrt[4]{t}}=0.803 \tag{31}$$

ここに，　t　：床版厚（m）

l_{ch}　：特性長（m）（$=G_F E_c/f_{tk}^2$=0.281 m）

f_{tk}　：引張強度（N/mm^2）（$=0.23f'_{ck}{}^{2/3}$=3.53 N/mm^2）

$$G_F=10(d_{max})^{1/3}\cdot f'_{ck}{}^{1/3}=106\ \mathrm{N/m} \tag{32}$$

d_{max}　：粗骨材の最大寸法（mm）（=20 mm）

供用開始100年後の性能の保証値$R_d(100)$の計算に用いるBFSコンクリートの圧縮強度の特性値は保証値を用い，鉄筋およびPC鋼材の降伏値の特性値には規格値を用いる．使用性および安全性の設計に用いるBFSコンクリートの圧縮強度の設計値f'_{cd}は，式（34）より，それぞれ，50.0 N/mm^{2}および38.5 N/mm^{2}となる．

$$f'_{ck}=50.0\ \mathrm{N/mm^2} \tag{33}$$

$$f'_{cd}=f'_{ck}/\gamma_c=38.5\ \mathrm{N/mm^2} \tag{34}$$

等価応力ブロックに用いるk_1，ε'_{cu}およびβは，それぞれ，0.850，0.00350および0.800となる．

$$k_1=1-0.003f'_{ck}=0.850 \tag{35}$$

$$\varepsilon'_{cu}=\frac{155-f'_{ck}}{30\,000}=0.00350 \tag{36}$$

$$\beta=0.52+80\varepsilon'_{cu}=0.800 \tag{37}$$

床版厚が220 mmおよび250 mmの断面におけるBFSコンクリートの曲げ強度の特性値f_{bck}は，式（29）から式（32）より，それぞれ，3.18 N/mm^{2}および3.01 N/mm^{2}となる．また，BFSコンクリートのヤング係数は，式（38）に BFS コンクリートの圧縮強度の特性値 f'_{ck} である 50 N/mm² を代入し，33.0 kN/mm² となる．

$$E_c=\left(3.1+\frac{f'_{ck}-40}{50}\right)\times10^4=33.0\ \mathrm{kN/mm^2} \tag{38}$$

安全性に関する照査に用いる鉄筋の降伏値の設計値 f_{yd} は，式（40）より 329 N/mm² である．

$$f_{yk}=345\ \mathrm{N/mm^2} \tag{39}$$

$$f_{yd}=f_{yk}/\gamma_s=329\ \mathrm{N/mm^2} \tag{40}$$

また，安全性に関する照査に用いる PC 鋼材の降伏値の設計値 f_{pyd} は，式（42）より 1 520 N/mm² である．

$$f_{pyk}=222\mathrm{kN}/138.7\mathrm{mm^2}=1\ 600\ \mathrm{N/mm^2} \tag{41}$$

$$f_{pyd}=f_{pyk}/\gamma_s=1\ 600\ \mathrm{N/mm^2}/1.05=1\ 520\ \mathrm{N/mm^2} \tag{42}$$

1.4.2　橋軸直角方向の曲げひび割れ耐力

図 7 に示すプレキャスト PC 床版の鋼材配置図の断面から曲げひび割れ耐力の保証値を計算する．

1) **図 7** の断面の正曲げひび割れ発生前の中立軸 x

$$x=\frac{\frac{1}{2}(L_1+L_2)\cdot t^2\cdot\frac{2L_2+L_1}{3(L_1+L_2)}+(n-1)\cdot(A_{p1}\cdot d_{p1}+A_{p2}\cdot d_{p2}+A_{s1}\cdot d_{s1}+A_{s2}\cdot d_{s2})}{\frac{1}{2}(L_1+L_2)\cdot t+(n-1)\cdot(A_{p1}+A_{p2}+A_{s1}+A_{s2})}=111\ \mathrm{mm} \tag{43}$$

ここに，　n　：鉄筋と BFS コンクリートのヤング係数比（=200 kN/mm²/33.0 kN/mm²=6.06）

2) **図 7** の正曲げの断面係数 Z

$$\begin{aligned}I=&\frac{1}{2}(L_1+L_2)\cdot t\cdot\left(x-\frac{2L_2+L_1}{3(L_1+L_2)}\cdot t\right)^2+(n-1)\cdot(A_{p1}\cdot d_{p1}^2+A_{p2}\cdot d_{p2}^2+A_{s1}\cdot d_{s1}^2+A_{s2}\cdot d_{s1}^2)\\&+\frac{t^3\cdot\left(L_1^2+4L_1L_2+L_2^2\right)}{36(L_1+L_2)}-\left\{\frac{1}{2}\cdot(L_1+L_2)\cdot t+(n-1)\cdot\left(A_{p1}+A_{p2}+A_{s1}+A_{s2}\right)\right\}\times x^2=1\ 480\times10^6\ \mathrm{mm^4}\end{aligned} \tag{44}$$

$$Z=\frac{I}{t-x}=13.6\times10^6\ \mathrm{mm^3} \tag{45}$$

3) プレストレス

PC 床版および接合部を含む鉄筋および PC 鋼材の面積の単位長さ（1 m）当たりの平均値は，**図 20** に示すとおりで，プレストレス導入直後のPC鋼材引張応力度σ_{pt}は1 200 N/mm^{2}である．プレストレス導入直後のBFSコンクリートの上縁および下縁の応力度は，式(46)および式(47)より求める．

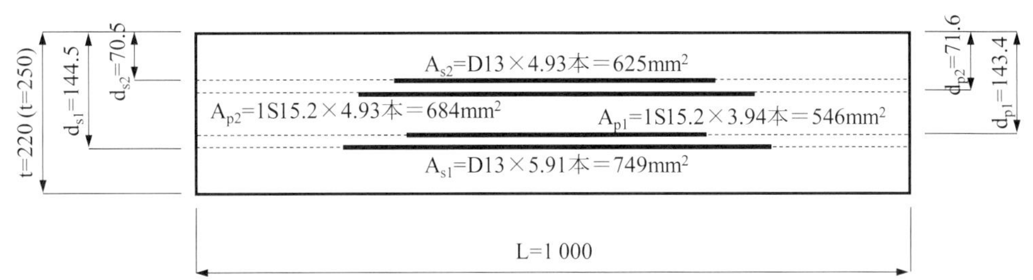

版厚のt=220mmは主桁支間中央部の値，t=250は主桁上の値を示す．

図20　PC床版の橋軸直角方向の断面および配筋（単位：mm）

$$\sigma_{ctu}=\frac{\Sigma P_t}{A}+\frac{\Sigma P_t \cdot e_p}{W_u} \tag{46}$$

$$\sigma_{ctl}=\frac{\Sigma P_t}{A}+\frac{\Sigma P_t \cdot e_p}{W_l} \tag{47}$$

ここに，
- σ_{ctu} ：床版上縁に関するプレストレス導入直後のBFSコンクリート応力度（N/mm^2）
- σ_{ctl} ：床版下縁に関するプレストレス導入直後のBFSコンクリート応力度（N/mm^2）
- P_t ：プレストレス導入直後のPC鋼材1本当りの引張力（N）．（$=\sigma_{pt}\cdot A_p$）
- ΣP_t ：プレストレス導入直後の単位幅当りのPC鋼材引張力（N）．（$=P_t\cdot N_p$）
- W_u ：床版上縁に関する断面係数（mm^3）
- W_l ：床版下縁に関する断面係数（mm^3）
- A_p ：PC鋼材の断面積（mm^2）．**表5**より 138.7 mm^2.
- N_p ：PC鋼材本数（本）．**図20**参照（上段4.93本，下段3.94本）
- A ：PC鋼材および鉄筋換算断面の断面積（mm^2）
- e_p ：PC鋼材図心位置（mm）

BFSコンクリートのクリープおよび乾燥収縮によるPC鋼材引張応力度の減少量は式（48）より求める．

$$\Delta\sigma_{p\phi}=\frac{n_p\cdot\phi(\sigma'_{cpt}+\sigma'_{cdp})+E_p\cdot\varepsilon'_{cs}}{1+n_p\cdot\dfrac{\sigma'_{cpt}}{\sigma_{pt}}\cdot(1+\dfrac{\phi}{2})} \tag{48}$$

ここに，
- $\Delta\sigma_{p\phi}$ ：BFSコンクリートのクリープおよび乾燥収縮によるPC鋼材の引張応力度の減少量（N/mm^2）．鉄筋拘束による断面力はこの値により求める．
- ϕ ：BFSコンクリートの載荷期間100年でのクリープ係数．**表3**より2.50.
- ε'_{cs} ：BFSコンクリートの乾燥収縮ひずみ．**表3**より400×10^{-6}.

n_p　：PC 鋼材の BFS コンクリートに対するヤング係数比（$=E_p/E_c=6.06$）
E_p　：PC 鋼材のヤング係数（N/mm^2）
E_c　：BFS コンクリートのヤング係数（N/mm^2）
σ_{pt}　：プレストレス導入直後の PC 鋼材の引張応力度（N/mm^2）
σ'_{cpt}　：プレストレス導入直後のプレストレスによる PC 鋼材図心位置の BFS コンクリートの圧縮応力度（N/mm^2）
σ'_{cdp}　：永続作用による PC 鋼材図心位置の BFS コンクリート応力度（N/mm^2）

PC 鋼材のリラクセーションによる PC 鋼材引張応力度の減少量 $\Delta\sigma_{p\gamma}$（N/mm^2）は，式（49）より求める．

$$\Delta\sigma_{p\gamma}=\sigma_{pt}\cdot\gamma \tag{49}$$

ここに，　γ　：PC 鋼材の見掛けのリラクセーション率．ここでは，0.015 とする．

有効プレストレスによる PC 鋼材の引張応力度は，式（50）より求める．有効係数 η は，有効プレストレスとプレストレス導入直後の PC 鋼材の引張応力度の比より求める．有効プレストレスによる BFS コンクリートの縁応力度は，プレストレス導入直後の BFS コンクリートの縁応力度に有効係数 η を乗じて求める．

$$\sigma_{pe}=\sigma_{pt}-\Delta\sigma_{p\phi}-\Delta\sigma_{p\gamma} \tag{50}$$

$$\eta=\sigma_{pe}/\sigma_{pt} \tag{51}$$

$$\sigma_{ceu}=\sigma_{ctu}\cdot\eta \tag{52}$$

$$\sigma_{cel}=\sigma_{ctl}\cdot\eta \tag{53}$$

ここに，　σ_{ceu}　：床版上縁に関する有効プレストレスによる BFS コンクリート応力度（N/mm^2）
σ_{cel}　：床版下縁に関する有効プレストレスによる BFS コンクリート応力度（N/mm^2）
σ_{ctu}　：床版上縁に関するプレストレス導入直後の BFS コンクリート応力度（N/mm^2）
σ_{ctl}　：床版下縁に関するプレストレス導入直後の BFS コンクリート応力度（N/mm^2）

4) 曲げひび割れ耐力 M_{cr}

床版厚が 220 mm および 250 mm の断面における製造直後における BFS コンクリートの曲げ強度の特性値 f_{bck} は，それぞれ，3.49 N/mm^2 および 3.32 N/mm^2 である．床版厚が 220 mm および 250 mm の断面においては，それぞれ，正および負にたわむため，曲げひび割れ耐力 M_{cr} は，式（54）および式（55）で求められる．

$$M_{cr}=(\sigma_0+f_{bck})\times Z=(5.11+3.49)\times 13.6\times 10^6=117\ \mathrm{kN\cdot m} \tag{54}$$

$$M_{cr}=(\sigma_0+f_{bck})\times Z=(8.39+3.32)\times 17.4\times 10^6=204\ \mathrm{kN\cdot m} \tag{55}$$

ここに，　σ_0 ：初期プレストレスト力による応力（N/mm²）

床版厚が220 mmおよび250 mmの断面における供用開始100年後のBFSコンクリートの曲げ強度の特性値f_{bck}は，それぞれ，3.18 N/mm²および3.01 N/mm²である．床版厚が220 mmおよび250 mmの断面においては，それぞれ，正および負にたわむため，曲げひび割れ耐力M_{cr}は，式（56）および式（57）で求められる．

$$M_{cr}=(\sigma_e+f_{bck})\times Z/\gamma_b=(4.33+3.18)\times 13.6\times 10^6/1.0=102\ \mathrm{kN\cdot m} \tag{56}$$

$$M_{cr}=(\sigma_e+f_{bck})\times Z/\gamma_b=(7.17+3.01)\times 17.5\times 10^6/1.0=178\ \mathrm{kN\cdot m} \tag{57}$$

ここに，　σ_e ：有効プレストレスト力による応力（N/mm²）

1.4.3　橋軸直角方向の終局曲げ耐力

PC鋼材のひずみ領域を，**図21**に示すように3分類する．終局曲げ耐力の保証値の計算課程は，床版支間中央断面の正方向の曲げモーメントの場合のみを示し，それ以外は結果のみを示す．

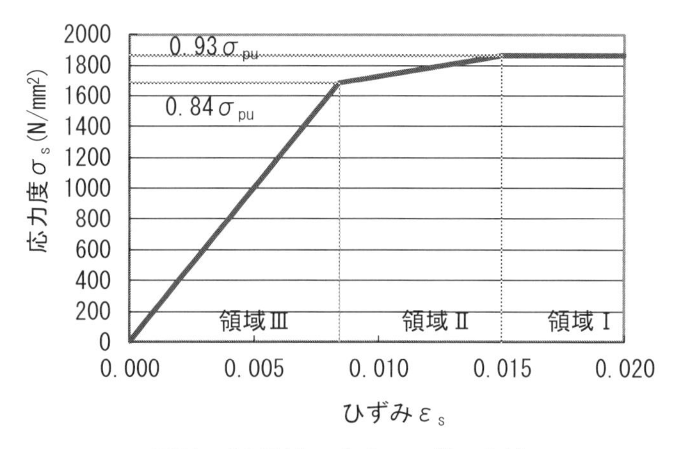

図21　PC鋼材の応力-ひずみ曲線

1) 製造直後における終局曲げ耐力$R_d(0)$

PC鋼材のひずみε_pは，**図21**からひずみ領域Ⅰでは0.0150となる．また，ひずみ領域ⅡとⅢの境界では，式（58）から0.00840となる．A_{p1}がひずみ領域Ⅰにあるものと仮定して式（59）から中立軸xを求める．

$$\varepsilon'_p=\frac{f'_{pyd}}{E_p}=0.00840 \tag{58}$$

$$x=\frac{\varepsilon'_{cu}}{0.0150-\varepsilon_{pe}+\varepsilon'_{cu}}\cdot d_{p1}=37.2\ \mathrm{mm} \tag{59}$$

ここに，　f'_{pyd} ：$0.84\sigma_{pu}$（=1 680 N/mm²）

E_p　：　PC 鋼材のヤング係数の設計値（=200 kN/mm^2）
ε_{pe}　：　σ_{pe}/E_p（=0.00600）
σ_{pe}　：　プレストレス導入直後の PC 鋼材応力度（=1 200 N/mm^2）

A_{p2}，A_{s1}，A_{s2} のひずみを ε_{p2}，ε_{s1}，ε_{s2} とし，PC 鋼材のひずみの領域および鉄筋の降伏を確認する．

$$\varepsilon_{p2}=\frac{d_{p2}-x}{x}\cdot\varepsilon'_{cu}+\varepsilon_{pe}=0.00893>0.00840 \tag{60}$$

$$\varepsilon_{s1}=\frac{d_{s1}-x}{x}\cdot\varepsilon'_{cu}=0.00919>\frac{f_{yd}}{E_s}=0.00198 \tag{61}$$

$$\varepsilon_{s2}=\frac{d_{s2}-x}{x}\cdot\varepsilon'_{cu}=0.00284>\frac{f_{yd}}{E_s}=0.00198 \tag{62}$$

式（60）より，A_{p2} のひずみ領域はⅡにある．また，式（61）および式（62）より，$A_{s1,}$ A_{s2} は降伏している．

BFS コンクリートの圧縮合力 C と引張鋼材の合力 T は，式（63）および式（64）によって求めると，$C<T$ となり，A_{p1} のひずみ領域はⅡあるいはⅢにある．

$$C=L\cdot\beta\cdot k_1\cdot f'_{cd}\cdot x=1.41\times10^6\ \mathrm{N} \tag{63}$$

$$T=f_{pyd1}\cdot A_{p1}+f_{pyd2}\cdot A_{p2}+f_{yd1}\cdot A_{s1}+f_{yd2}\cdot A_{s2}=2.71\times10^6\ \mathrm{N} \tag{64}$$

A_{p1} がひずみ領域ⅡとⅢの境界にあるものと仮定して，中立軸 x を式（59）から算定すると 81.4 mm となる．この時，A_{p2} のひずみ領域はⅢにある．また，A_{s1} のひずみ ε_{s1} は式（61）から算定すると降伏している．A_{s2} は中立軸よりも圧縮側に存在する．BFS コンクリートの圧縮合力 C と引張鋼材の合力 T を式（63）および式（64）から算定すると，$C>T$ となり，A_{p1} のひずみ領域はⅡにある．

A_{p2} がひずみ領域ⅡとⅢの境界にあるものと仮定して，中立軸 x を式（59）から算定すると 40.7 mm となる．この時，A_{s2} のひずみ ε_{s2} は式（62）から算定すると降伏している．BFS コンクリートの圧縮合力 C と引張鋼材の合力 T を式（63）および式（64）から算定すると，$C<T$ となり，A_{p2} のひずみ領域はⅢにある．

A_{s2} のひずみ ε_{s2} が降伏ひずみの 0.00198 であると仮定して，中立軸 x を式（59）から算定すると 43.4 mm となる．BFS コンクリートの圧縮合力 C と引張鋼材の合力 T を式（63）および式（64）から算定すると，$C<T$ となり，A_{s2} は降伏していない．

A_{p1} のひずみ領域はⅡに，A_{p2} のひずみ領域はⅢにあり，A_{s1} は降伏し，A_{s2} は降伏していないとして，式（65）から中立軸 x を算定する．A_{p1}，A_{p2}，A_{s1}，A_{s2} のひずみは，式（66）から式（69）で確認する．

$$x=\frac{b+\sqrt{b^2+4ac}}{2a}=54.0\ \mathrm{mm} \tag{65}$$

ここに，　a　：　$L \cdot \beta \cdot k_1 \cdot f'_{cd}$

b　：　$((-\varepsilon'_{cu}+\varepsilon_{pe}-\varepsilon'_{p}) \cdot D+f'_{pyd}) \cdot A_{p1}+(-\varepsilon'_{cu}+\varepsilon_{pe}) \cdot E_p \cdot A_{p2}-\varepsilon'_{cu} \cdot E_s \cdot A_{s2}$

c　：　$d_{p1} \cdot \varepsilon'_{cu} \cdot D \cdot A_{p1}+d_{p2} \cdot \varepsilon'_{cu} \cdot E_p \cdot A_{p2}+f_{yd} \cdot A_{s1}+d_{s2} \cdot \varepsilon'_{cu} \cdot E_s \cdot A_{s2}$

D　：　$(f_{pyd}-f'_{pyd})/(0.015-\varepsilon'_{p})$

f'_{cd}　：　BFS コンクリートの圧縮強度の設計値（$=f'_{ck}/\gamma_c=60.0\ \mathrm{N/mm^2}$）

f_{pyd}　：　$0.93\sigma_{pu}$（$=1\,860\ \mathrm{N/mm^2}$）

f_{yd}　：　鉄筋の降伏値の設計値（$=f_{yk}/\gamma_s=395\ \mathrm{N/mm^2}$）

E_s　：　鉄筋のヤング係数の設計値（$=200\ \mathrm{kN/mm^2}$）

$$\varepsilon_{p1}=\frac{d_{p1}-x}{x} \cdot \varepsilon'_{cu}+\varepsilon_{pe}=0.0112>0.00840\ \text{（領域Ⅱ）} \tag{66}$$

$$\varepsilon_{p2}=\frac{d_{p2}-x}{x} \cdot \varepsilon'_{cu}+\varepsilon_{pe}=0.00703<0.00840\ \text{（領域Ⅲ）} \tag{67}$$

$$\varepsilon_{s1}=\frac{d_{s1}-x}{x} \cdot \varepsilon'_{cu}=0.00534>\frac{f_{yd}}{E_s}=0.00198 \tag{68}$$

$$\varepsilon_{s2}=\frac{d_{s2}-x}{x} \cdot \varepsilon'_{cu}=0.000969<\frac{f_{yd}}{E_s}=0.00198 \tag{69}$$

正にたわむ場合の終局曲げ耐力 M_u は，部材係数 γ_b を 1.0 とし，式（70）から式（74）より求める．

$$M_u=M_{p1u}+M_{p2u}+M_{s1u}+M_{s2u}=209\ \mathrm{kN \cdot m} \tag{70}$$

$$M_{p1u}=\left(\left(\varepsilon_{p1}-\varepsilon'_{p}\right) \cdot D+f'_{pyd}\right) \cdot A_{p1} \cdot \left(d_{p1}-\frac{\beta}{2} \cdot x\right)=117\ \mathrm{kN \cdot m} \tag{71}$$

$$M_{p2u}=\varepsilon_{p2} \cdot E_p \cdot A_{p2} \cdot \left(d_{p2}-\frac{\beta}{2} \cdot x\right)=48.9\ \mathrm{kN \cdot m} \tag{72}$$

$$M_{s1u}=f_{yd} \cdot A_{s1} \cdot \left(d_{s1}-\frac{\beta}{2} \cdot x\right)=36.8\ \mathrm{kN \cdot m} \tag{73}$$

$$M_{s2u}=\varepsilon_{s2} \cdot E_s \cdot A_{s2} \cdot \left(d_{s2}-\frac{\beta}{2} \cdot x\right)=6.01\ \mathrm{kN \cdot m} \tag{74}$$

負にたわむ場合の終局曲げ耐力 M_u は，式（75）より 322 kN・m となる．

$$M_u=M_{p1u}+M_{p2u}+M_{s1u}+M_{s2u}=322\ \text{kN·m} \tag{75}$$

2) 供用開始 100 年後における終局曲げ耐力 $R_d(100)$

PC 鋼材のひずみ ε_p は，**図 21** からひずみ領域 I では 0.0150 となる．また，ひずみ領域 II と III の境界では式（58）から 0.00750 となる．A_{p1} がひずみ領域 I にあるものと仮定して式（76）から中立軸 x を算定する．

$$x=\frac{\varepsilon'_{cu}}{0.0150-\varepsilon_{pe}+\varepsilon'_{cu}}\cdot d_{p1}=37.4\ \text{mm} \tag{76}$$

ここに，　ε_{pe} ： σ_{pe}/E_p（=0.00510）

　　　　　σ_{pe} ： 有効プレストレスの PC 鋼材応力度（=1 020 N/mm²）

PC 鋼材 A_{p2} のひずみ ε_{p2} のひずみの領域，および鉄筋 A_{s1}，A_{s2} のひずみ ε_{s1} および ε_{s2} の降伏を確認する．

$$\varepsilon_{p2}=\frac{d_{p2}-x}{x}\cdot\varepsilon'_{cu}+\varepsilon_{pe}=0.00830>0.00750 \tag{77}$$

$$\varepsilon_{s1}=\frac{d_{s1}-x}{x}\cdot\varepsilon'_{cu}=0.0101>\frac{f_{yd}}{E_s}=0.00165 \tag{78}$$

$$\varepsilon_{s2}=\frac{d_{s2}-x}{x}\cdot\varepsilon'_{cu}=0.00310>\frac{f_{yd}}{E_s}=0.00165 \tag{79}$$

式（77）より，A_{p2} のひずみ領域は II にある．また，式（78）および式（79）より，A_{s1}, A_{s2} は降伏している．

BFS コンクリートの圧縮合力 C と引張鋼材の合力 T は，式（80）および式（81）によって求めると，$C<T$ となり，A_{p1} のひずみ領域は II あるいは III にある．

$$C=L\cdot\beta\cdot k_1\cdot f'_{cd}\cdot x=0.98\times10^6\ \text{N} \tag{80}$$

$$T=f_{pyd1}\cdot A_{p1}+f_{pyd2}\cdot A_{p2}+f_{yd1}\cdot A_{s1}+f_{yd2}\cdot A_{s2}=2.40\times10^6\ \text{N} \tag{81}$$

A_{p1} がひずみ領域 II と III の境界にあるものと仮定して，中立軸 x を式（76）から算定すると 91.8 mm となる．この時，A_{p2} のひずみ領域は III にある．また，A_{s1} のひずみ ε_{s1} は式（78）から算定すると降伏している．A_{s2} は中立軸よりも圧縮側に存在する．BFS コンクリートの圧縮合力 C と引張鋼材の合力 T を式（80）および式（81）から算定すると，$C>T$ となり，A_{p1} のひずみ領域は II にある．

A_{p2} がひずみ領域 II と III の境界にあるものと仮定して，中立軸 x を式（76）から算定すると 46.0 mm となる．この時，A_{s2} のひずみ ε_{s2} は式（79）から算定すると降伏している．BFS コンクリートの圧縮合力 C と引張鋼材の合力 T を式（80）および式（81）から算定すると，$C<T$ となり，A_{p2} のひずみ領域は III にある．

A_{s2}のひずみε_{s2}が降伏ひずみの0.00165であると仮定して，中立軸xを式（76）から算定すると47.9 mmとなる．BFSコンクリートの圧縮合力Cと引張鋼材の合力Tを式（80）および式（81）から算定すると，$C<T$となり，A_{s2}は降伏していない．

A_{p1}のひずみ領域はⅡに，A_{p2}のひずみ領域はⅢにあり，A_{s1}は降伏し，A_{s2}は降伏していないとして，式（82）から中立軸xを算定する．A_{p1}，A_{p2}，A_{s1}，A_{s2}のひずみは，式（83）から式（86）によって確認する．

$$x=\frac{b+\sqrt{b^2+4ac}}{2a}=63.3\ \text{mm} \tag{82}$$

ここに，
- a ：$L\cdot\beta\cdot k_1\cdot f'_{cd}$
- b ：$((-\varepsilon'_{cu}+\varepsilon_{pe}-\varepsilon'_p)\cdot D+f'_{pyd})\cdot A_{p1}+(-\varepsilon'_{cu}+\varepsilon_{pe})\cdot E_p\cdot A_{p2}-\varepsilon'_{cu}\cdot E_s\cdot A_{s2}$
- c ：$d_{p1}\cdot\varepsilon'_{cu}\cdot D\cdot A_{p1}+d_{p2}\cdot\varepsilon'_{cu}\cdot E_p\cdot A_{p2}+f_{yd}\cdot A_{s1}+d_{s2}\cdot\varepsilon'_{cu}\cdot E_s\cdot A_{s2}$
- D ：$(f_{pyd}-f'_{pyd})/(0.015-\varepsilon'_p)$
- f'_{cd} ：BFSコンクリートの圧縮強度の設計値（$=f'_{ck}/\gamma_c=38.5\ \text{N/mm}^2$）
- f_{pyd} ：$0.93\sigma_{pu}/\gamma_s$（$=0.93\times1\,880/1.05=1\,660\ \text{N/mm}^2$）
- f'_{pyd} ：$0.84\sigma_{pu}/\gamma_s$（$=0.84\times1\,880/1.05=1\,500\ \text{N/mm}^2$）
- f_{yd} ：鉄筋の降伏値の設計値（$=f_{yk}/\gamma_s=329\ \text{N/mm}^2$）
- E_s ：鉄筋のヤング係数の設計値（$=200\ \text{kN/mm}^2$）

$$\varepsilon_{p1}=\frac{d_{p1}-x}{x}\cdot\varepsilon'_{cu}+\varepsilon_{pe}=0.00951>0.00750\ \text{（領域Ⅱ）} \tag{83}$$

$$\varepsilon_{p2}=\frac{d_{p2}-x}{x}\cdot\varepsilon'_{cu}+\varepsilon_{pe}=0.00556<0.00750\ \text{（領域Ⅲ）} \tag{84}$$

$$\varepsilon_{s1}=\frac{d_{s1}-x}{x}\cdot\varepsilon'_{cu}=0.00452>\frac{f_{yd}}{E_s}=0.00165 \tag{85}$$

$$\varepsilon_{s2}=\frac{d_{s2}-x}{x}\cdot\varepsilon'_{cu}=0.000398<\frac{f_{yd}}{E_s}=0.00165 \tag{86}$$

橋軸方向に対し，正にたわむ場合の終局曲げ耐力M_uは，式（87）から式（91）によって与えられ，負にたわむ場合の終局曲げ耐力M_uは，式（92）より与えられる．

$$M_u=M_{p1u}+M_{p2u}+M_{s1u}+M_{s2u}=166\ \text{kN·m} \tag{87}$$

$$M_{p1u}=\left((\varepsilon_{p1}-\varepsilon'_p)\cdot D+f'_{pyd}\right)\cdot A_{p1}\cdot\left(d_{p1}-\frac{\beta}{2}\cdot x\right)=99.1\ \text{kN·m} \tag{88}$$

$$M_{p2u}=\varepsilon_{p2}\cdot E_p\cdot A_{p2}\cdot\left(d_{p2}-\frac{\beta}{2}\cdot x\right)=35.2\ \text{kN}\cdot\text{m} \tag{89}$$

$$M_{s1u}=f_{yd}\cdot A_{s1}\cdot\left(d_{s1}-\frac{\beta}{2}\cdot x\right)=29.4\ \text{kN}\cdot\text{m} \tag{90}$$

$$M_{s2u}=\varepsilon_{s2}\cdot E_s\cdot A_{s2}\cdot\left(d_{s2}-\frac{\beta}{2}\cdot x\right)=2.26\ \text{kN}\cdot\text{m} \tag{91}$$

$$M_u=M_{p1u}+M_{p2u}+M_{s1u}+M_{s2u}=258\ \text{kN}\cdot\text{m} \tag{92}$$

式（87）および式（92）で求められる終局曲げ耐力 M_u を部材係数 γ_b で除し，設計終局曲げ耐力 M_{ud} を求め，保証値 $R_d(100)$とする．正および負の曲げ耐力の保証値は，138 kN･m および 215 kN･m となる．

$$M_{ud}=M_u/\gamma_b=163\ \text{kN}\cdot\text{m}/1.2=138\ \text{kN}\cdot\text{m} \tag{93}$$

$$M_{ud}=M_u/\gamma_b=253\ \text{kN}\cdot\text{m}/1.2=215\ \text{kN}\cdot\text{m} \tag{94}$$

1.4.4　橋軸方向の曲げひび割れ耐力

図 22 に PC 床版の橋軸方向の単位長さ（1 m）当たりの断面および配筋を示す．

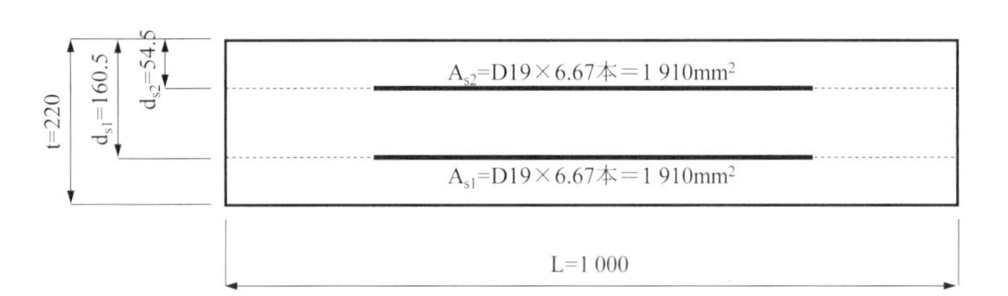

図22　PC床版の橋軸方向の断面および配筋（単位：mm）

図 22 の断面に正曲げのひび割れが発生する前の中立軸 x および正曲げ方向の断面係数 Z は，それぞれ，式（95）および式（97）より求める．

$$x=\frac{L\cdot t\cdot\frac{t}{2}+(n-1)\cdot A_{s1}\cdot d_{s1}+(n-1)\cdot A_{s2}\cdot d_{s2}}{L\cdot t+(n-1)\cdot(A_{s1}+A_{s2})}=110\ \text{mm} \tag{95}$$

ここに，　n　：　鉄筋と BFS コンクリートのヤング係数比（=200 kN/mm²/33.0 kN/mm²=6.06）

$$I=L_1\cdot t\cdot\left(\frac{t}{2}\right)^2+(n-1)\cdot(A_{s1}\cdot d_{s1}^2+A_{s2}\cdot d_{s1}^2)+\frac{L_1\cdot t^3}{12}-\{L_1\cdot t+(n-1)\cdot(A_{s1}+A_{s2})\}\times x^2=933\times10^6\ \text{mm}^4 \tag{96}$$

$$Z=\frac{I}{t\text{-}x}=8.48\times10^{6}\ \text{mm}^{3} \tag{97}$$

橋軸方向においては，床版厚が220 mmの断面において照査を行うため，式（29）から式（32）より求められる製造直後におけるBFSコンクリートの曲げ強度の特性値f_{bck}は，正にたわむ場合も負にたわむ場合も3.49 N/mm^{2}である．橋軸方向に正にたわむ場合および負にたわむ場合の曲げひび割れ耐力M_{cr}は，それぞれ，式（98）および式（99）によって求められる．

$$M_{cr}=f_{bck}\times Z=3.49\times8.48\times10^{6}=29.6\ \text{kN}\cdot\text{m} \tag{98}$$

$$M_{cr}=f_{bck}\times Z=3.49\times8.64\times10^{6}=30.2\ \text{kN}\cdot\text{m} \tag{99}$$

供用開始100年後のBFSコンクリートの曲げ強度の特性値f_{bck}は3.18 N/mm^{2}で，正にたわむ場合および負にたわむ場合の設計曲げひび割れ耐力M_{cr}は，それぞれ，式（100）および式（101）によって求められる．

$$M_{cr}=f_{bck}\times Z/\gamma_b=3.18\times8.52\times10^{6}/1.0=27.1\ \text{kN}\cdot\text{m} \tag{100}$$

$$M_{cr}=f_{bck}\times Z/\gamma_b=3.18\times8.73\times10^{6}/1.0=27.8\ \text{kN}\cdot\text{m} \tag{101}$$

1.4.5　橋軸方向の終局曲げ耐力

1) 製造直後における終局曲げ耐力$R_d(0)$

A_{s1}，A_{s2}ともに引張りであるが，A_{s1}のみ降伏していると仮定し中立軸xを算定する．k_1，ε'_{cu}およびβは，式（18），式（19），式（20）から求める．

$$x=\frac{b\text{-}c+\sqrt{(b\text{-}c)^2+4a\cdot c\cdot d_{s2}}}{2a}=36.0\ \text{mm} \tag{102}$$

ここに，
a　：$L\cdot\beta\cdot k_1\cdot f'_{cd}$
b　：$A_{s1}\cdot f_{yd}$
c　：$A_{s2}\cdot E_s\cdot\varepsilon'_{cu}$
f'_{cd}　：BFSコンクリートの圧縮強度の設計値（$=f'_{ck}/\gamma_c=60.0$ N/mm^2）
f_{yd}　：鉄筋の降伏値の設計値（$=f_{yk}/\gamma_s=395$ N/mm^2）
E_s　：鉄筋のヤング係数の設計値（=200 kN/mm^2）

A_{s1}，A_{s2}の曲げ破壊時のひずみをε_{s1}およびε_{s2}とし，鉄筋の降伏を確認する．

$$\varepsilon_{s1}=\frac{d_{s1}\text{-}x}{x}\cdot\varepsilon'_{cu}=0.0110>\frac{f_{yd}}{E_s}=0.00198 \tag{103}$$

$$\varepsilon_{s2}=\frac{d_{s2}-x}{x}\cdot\varepsilon'_{cu}=0.00163<\frac{f_{yd}}{E_s}=0.00198 \tag{104}$$

式（103）および式（104）より，仮定どおり，A_{s1}は降伏しているが，A_{s2}は降伏していない．

製造直後における終局曲げ耐力M_uは，部材係数γ_bが1.0とし，橋軸方向の正にたわむ場合は式（105）より，また，負にたわむ場合は式（106）より与えられる．

$$M_u=A_{s1}\cdot f_{yd}\cdot(d_{s1}-\beta/2\cdot x)+A_{s2}\cdot E_s\cdot\frac{d_{s2}-x}{x}\cdot\varepsilon'_{cu}\cdot(d_{s2}-\beta/2\cdot x)=136\ \mathrm{kN\cdot m} \tag{105}$$

$$M_u=A_{s2}\cdot f_{yd}\cdot(d_{s2}-\beta/2\cdot x)+A_{s1}\cdot E_s\cdot\frac{d_{s1}-x}{x}\cdot\varepsilon'_{cu}\cdot(d_{s1}-\beta/2\cdot x)=144\ \mathrm{kN\cdot m} \tag{106}$$

2) 供用開始100年後における終局曲げ耐力$R_d(100)$

A_{s1}，A_{s2}ともに引張りであるが，A_{s1}のみ降伏していると仮定し中立軸xを算定する．

$$x=\frac{b-c+\sqrt{(b-c)^2+4a\cdot c\cdot d_{s2}}}{2a}=40.9\ \mathrm{mm} \tag{107}$$

ここに，　a　：　$L\cdot\beta\cdot k_1\cdot f'_{cd}$

b　：　$A_{s1}\cdot f_{yd}$

c　：　$A_{s2}\cdot E_s\cdot\varepsilon'_{cu}$

f'_{cd}　：　BFSコンクリートの圧縮強度の設計値（$=f'_{ck}/\gamma_c=38.5\ \mathrm{N/mm^2}$）

f_{yd}　：　鉄筋の降伏値の設計値（$=f_{yk}/\gamma_s=329\ \mathrm{N/mm^2}$）

E_s　：　鉄筋のヤング係数の設計値（$=200\ \mathrm{kN/mm^2}$）

A_{s1}，A_{s2}の曲げ破壊時のひずみをε_{s1}およびε_{s2}とし，鉄筋の降伏を確認する．

$$\varepsilon_{s1}=\frac{d_{s1}-x}{x}\cdot\varepsilon'_{cu}=0.0103>\frac{f_{yd}}{E_s}=0.00165 \tag{108}$$

$$\varepsilon_{s2}=\frac{d_{s2}-x}{x}\cdot\varepsilon'_{cu}=0.00116<\frac{f_{yd}}{E_s}=0.00165 \tag{109}$$

式（108）および式（109）より，仮定どおり，A_{s1}は降伏しているが，A_{s2}は降伏していない．

供用開始100年後における終局曲げ耐力M_uは，橋軸方向の正にたわむ場合は式（110）で，また，負にたわむ場合は式（111）によって与えられる．

$$M_u=A_{s1}\cdot f_{yd}\cdot(d_{s1}-\beta/2\cdot x)+A_{s2}\cdot E_s\cdot\frac{d_{s2}-x}{x}\cdot\varepsilon'_{cu}\cdot(d_{s2}-\beta/2\cdot x)=108\ \mathrm{kN\cdot m} \tag{110}$$

$$M_u=A_{s2}\cdot f_{yd}\cdot(d_{s2}-\beta/2\cdot x)+A_{s1}\cdot E_s\cdot\frac{d_{s1}-x}{x}\cdot\varepsilon'_{cu}\cdot(d_{s1}-\beta/2\cdot x)=114\ \mathrm{kN\cdot m} \tag{111}$$

式（110）および式（111）で求められる終局曲げ耐力 M_u を部材係数 γ_b で除し，設計終局曲げ耐力 M_{ud} を求め，これを終局曲げ耐力の保証値 $R_d(100)$ とする．正にたわむ場合の終局曲げ耐力の保証値は，90.0 kN･m で，負にたわむ場合の終局曲げ耐力の保証値は，95.0 kN･m となる．

$$M_{ud}=M_u/\gamma_b=108\ \mathrm{kN\cdot m}/1.2=90.0\ \mathrm{kN\cdot m} \tag{112}$$

$$M_{ud}=M_u/\gamma_b=114\ \mathrm{kN\cdot m}/1.2=95.0\ \mathrm{kN\cdot m} \tag{113}$$

1.4.6　保証値の表示

プロトタイプの型式検査の結果に基づき，プレキャストPC床版の性能の保証値を**表 8** のとおり記載する．橋軸直角方向のひび割れ耐力はPC床版1枚当たりの耐力を示し，その他は，単位長さ（1 m）当たりの耐力を示す．最終検査では，プレキャストPC床版の製品を用いて曲げ試験を行い，117 kN･m の正曲げモーメントを与えてひび割れが発生しないことを確認することで，保証値を満足していると判定する．

表8　プレキャストPC床版の性能に関する保証値

断　面	耐　力	プロトタイプの性能試験結果	プロトタイプの構造計算値 $R_d(0)$	保証値 $R_d(100)$	規格値
橋軸直角方向	正の曲げひび割れ耐力（kN･m）	―	117	102	―
	負の曲げひび割れ耐力（kN･m）	―	-204	-178	―
	正の終局曲げ耐力（kN･m/m）	―	209	138	―
	負の終局曲げ耐力（kN･m/m）	―	-322	-215	―
橋軸方向	正の曲げひび割れ耐力（kN･m/m）	―	29.6	27.1	―
	負の曲げひび割れ耐力（kN･m/m）	―	-30.2	-27.8	―
	正の終局曲げ耐力（kN･m/m）	―	136	90.0	―
	負の終局曲げ耐力（kN･m/m）	―	-144	-95.0	―

1.5　応 答 値

1.5.1　安全係数

使用性に関する照査では，構造物係数 γ_i，構造解析係数 γ_a および作用係数 γ_f は，全て 1.0 とする．安全性に関する照査では，構造物係数 γ_i および構造解析係数 γ_a は，1.0 とし，作用係数 γ_f は，死荷重に対しては 1.1，活荷重に対しては，1.2 とする．

1.5.2　照査の条件

橋軸直角方向の活荷重を除いた作用による曲げモーメントは，設計の対象橋梁では検討位置に横桁がないことから，骨組解析モデルにより曲げモーメントを算出する．なお，プレキャスト PC 床版およびその接合部は，性能試験により接合部のない一体打ちの床版と同等として計算できることが確認されていることから，曲げモーメントの算出にあたっても一体化した単位長さ（1 m）当たりの床版として扱う．

活荷重による曲げモーメントは「平成 29 年 道路橋示方書Ⅱ 鋼橋・鋼部材編 11.2.3 床版の設計曲げモーメント」により算出する．橋軸方向については，死荷重による曲げモーメントは無視し，活荷重による曲げモーメントのみ算出する．押抜きせん断破壊に対する安全性に関する照査は，式（114）で求められる床版の最小全厚 d_0 が 160 mm を超えるため省略する．

$$d_0=(30L+110)\times0.9=171\ \text{mm}\leq t=220\text{mm} \tag{114}$$

ここに，　d_0 ：1 方向のみにプレストレスを導入する場合の床版の車道部の最小全厚（mm）

　　　　　L ：活荷重として載荷する T 荷重に対する床版の支間．ここでは，2.65 m である．

1) 検討断面

橋軸直角方向の設計における検討断面は，片持床版（No.2, No.16）ならびに中間床版の支点（No.15）と支間中央（No.9）とする．この設計の検討断面位置を図 23 に示す．

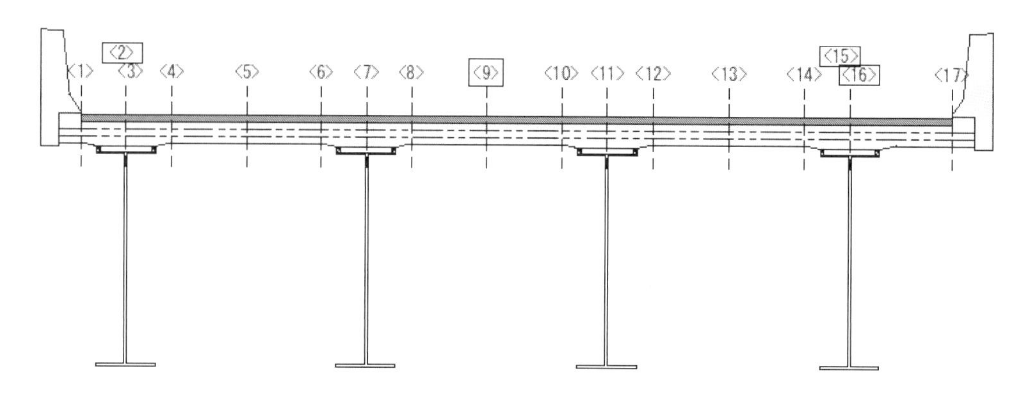

図 23　検討断面位置図

2) 荷　重

設計で考慮する橋軸直角方向の荷重と単位重量を表 9 に示す．また，考慮する荷重の大きさ，載荷位置および載荷方法を図 24 に示す．

表 9　構造計算で考慮する荷重と単位重量の特性値

種　類	単位重量
床版自重（床版および接合部）	24.5 kN/m^3
橋面荷重（アスファルト舗装）	22.5 kN/m^3
橋面荷重（壁高欄）	24.5 kN/m^3
橋面荷重（遮音壁）	1.45 kN/m
活荷重（T 荷重）	100 kN

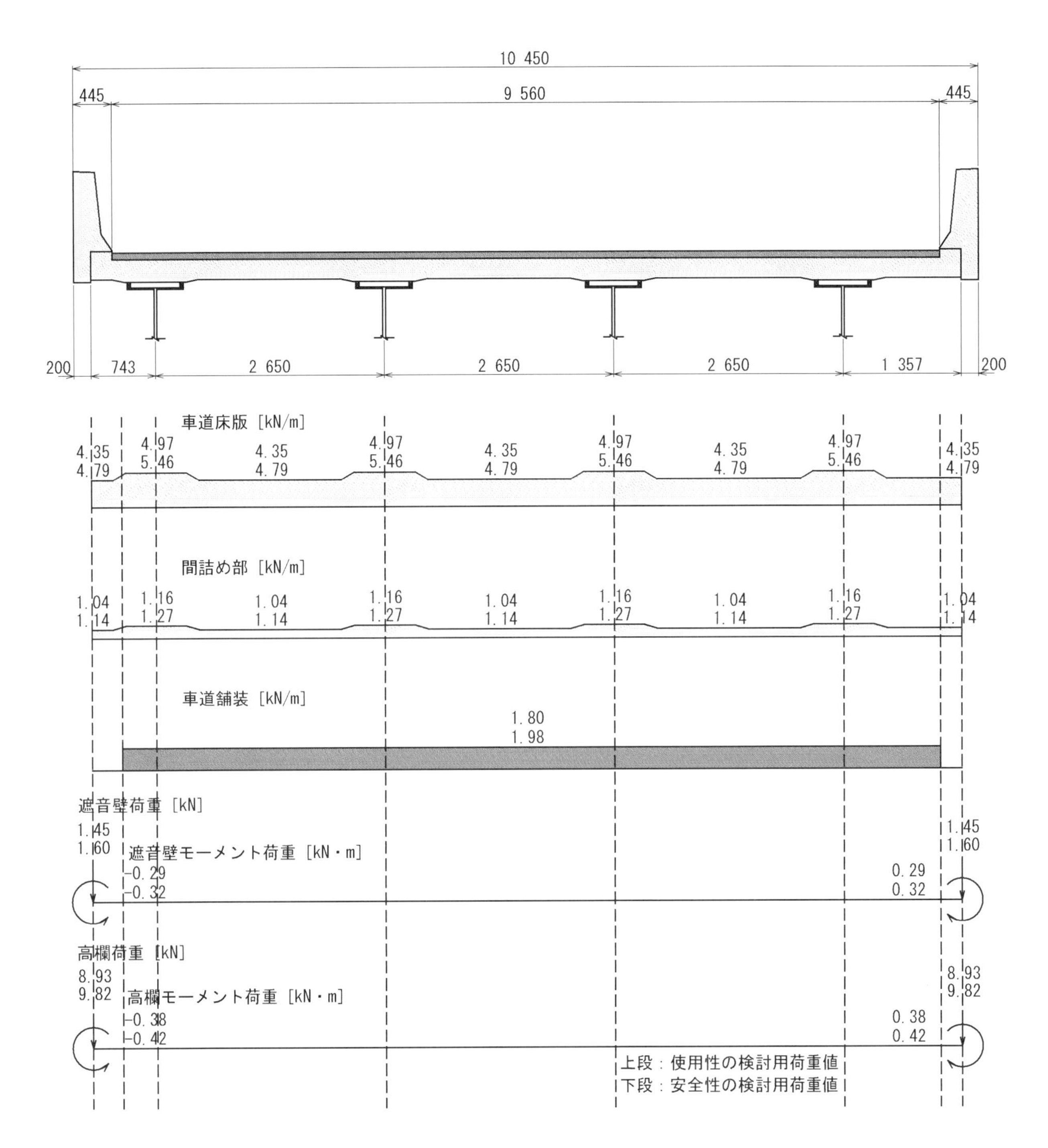

図24　設計荷重の載荷図（寸法の単位：mm）

1.5.3　設計応答値

1) 橋軸直角方向

橋軸直角方向の床版の設計曲げモーメントは，死荷重については骨組解析により算出する．活荷重については，床版支間の方向と支間長に応じて，以下のように算出する．なお，ここでは床版のみに着目し，鋼桁および床版取付け部材に関する応答値の算出，ならびにその応答値に対する照査は省略する．

式（115）より求められる使用性および安全性の検討に用いる連続床版（No.9）の支間曲げモーメントの応答値 M_L は，それぞれ，31.4 kN·m/m および 37.6 kN·m/m となる．

$$M_L=\gamma_a \cdot (0.12L+0.07) \cdot \gamma_f \cdot P \times 0.8 \times \alpha \tag{115}$$

ここに，　M_L：橋軸直角方向の連続床版の支間曲げモーメント（kN・m/m）
　　　　　γ_a：構造解析係数．使用性および安全性の検討ともに 1.0 とする．
　　　　　γ_f：作用係数．使用性の検討では 1.0 とし，安全性の検討では 1.2 とする．
　　　　　L：活荷重として載荷する T 荷重に対する床版の支間．ここでは，2.65 m である．
　　　　　P：活荷重として載荷する T 荷重の片側荷重．表 9 より，100 kN である．
　　　　　α：床版の支間方向が車両進行方向に直角な場合の単純版および連続床版の支間方向曲げモーメントの割増係数で，式（116）より求める．ただし，床版の支間に応じて算出式が異なる．ここでは，$2.50\ \mathrm{m} < L \leq 4.00\ \mathrm{m}$ による．

$$\alpha=1.0+(L-2.5)/12=1.01 \tag{116}$$

式（117）より求められる使用性および安全性の検討に用いる連続床版（No.15）の支点曲げモーメントの応答値 M_Lは，それぞれ，-31.4 kN·m/m および-37.6 kN·m/m となる．

$$M_L=-\gamma_a \cdot (0.12L+0.07) \cdot \gamma_f \cdot P \times 0.8 \times \alpha \tag{117}$$

ここに，　M_L：橋軸直角方向の連続床版の支点曲げモーメント（kN・m/m）

式（118）より求められる使用性および安全性の検討に用いる片持床版（No.16）の支点曲げモーメントの応答値 M_Lは，それぞれ，-62.9 kN·m/m および-75.5 kN·m/m となる．

$$M_L=\gamma_a \cdot \frac{-\gamma_f \cdot P \cdot L}{1.3L+0.25} \tag{118}$$

ここに，　M_L：橋軸直角方向の片持床版の支点曲げモーメント（kN・m/m）
　　　　　L：活荷重として載荷する T 荷重に対する床版の支間．ここでは，0.862 m である．

式（119）より求められる使用性および安全性の検討に用いる片持床版（No.2）の支点曲げモーメントの応答値 M_Lは，それぞれ，-43.3 kN·m/m および-52.0 kN·m/m となる．

$$M_L=\gamma_a \cdot \frac{-\gamma_f \cdot P \cdot L}{1.3L+0.25} \tag{119}$$

ここに，　L：活荷重として載荷する T 荷重に対する床版の支間．ここでは，0.248 m である．

使用性および安全性の検討に用いる橋軸直角方向の設計曲げモーメントを，それぞれ，**表 10** および**表 11** に示す．

表 10　使用性の検討に用いる橋軸直角方向の設計曲げモーメント（kN･m/m）

断面位置		断面 2	断面 9	断面 15	断面 16
床版自重（車道床版）		-1.26	1.09	-4.07	-4.07
接合部荷重（間詰め部）		-0.30	0.26	-0.96	-0.96
橋面荷重（車道舗装，遮音壁，高欄）		-8.61	2.86	-15.9	-15.9
活荷重	（最　大）	0.00	31.4	0.00	0.00
	（最　小）	-43.3	0.00	-31.4	-62.9

表 11　安全性の検討に用いる橋軸直角方向の設計曲げモーメント（kN･m/m）

断面位置		断面 2	断面 9	断面 15	断面 16
床版自重（車道床版）		-1.38	1.20	-4.47	-4.47
接合部荷重（間詰め部）		-0.33	0.29	-1.06	-1.06
橋面荷重（車道舗装，遮音壁，高欄）		-9.47	3.14	-17.5	-17.5
活荷重	（最　大）	0.00	37.7	0.00	0.00
	（最　小）	-52.0	0.00	-37.7	-75.5

2) 橋軸方向

式（120）より求められる使用性および安全性の検討に用いる連続床版（No.9）中間部の活荷重による曲げモーメントの応答値 M_L は，それぞれ，24.4 kN·m/m および 29.3 kN·m/m となる．

$$M_L = \gamma_a \cdot (0.10L + 0.04) \cdot \gamma_f \cdot P \times 0.8 \qquad (120)$$

ここに，
M_L ： 橋軸方向の連続床版中間部の曲げモーメント（kN･m/m）
γ_a ： 構造解析係数．使用性および安全性の検討ともに 1.0 とする．
γ_f ： 作用係数．使用性の検討では 1.0 とし，安全性の検討では 1.2 とする．
L ： 活荷重として載荷する T 荷重に対する床版の支間．ここでは，2.65 m である．

式（121）より求められる使用性および安全性の検討に用いる片持床版（No.16）支点部の曲げモーメントの応答値 M_L は，それぞれ，25.9 kN·m/m および 31.1 kN·m/m となる．

$$M_L = \gamma_a \cdot (0.15L + 0.13) \cdot \gamma_f \cdot P \qquad (121)$$

ここに，
M_L ： 橋軸方向の片持床版支点部の曲げモーメント（kN･m/m）
L ： 活荷重として載荷する T 荷重に対する床版の支間．ここでは，0.862 m である．

使用性および安全性の検討に用いる橋軸方向の片持床版および中間床版の設計曲げモーメントの計算結果を表 12 に示す．

表 12　橋軸方向の設計曲げモーメント

断面位置	片持床版	中間床版
使用性の検討に用いる活荷重による設計曲げモーメント M_L	25.9 kN･m/m	24.4 kN･m/m
安全性の検討に用いる活荷重による設計曲げモーメント M_L	31.1 kN･m/m	29.3 kN･m/m

1.5.4　使用性に関する照査

使用性の照査では, BFS コンクリート, 鉄筋および PC 鋼材の応力度が**表 13** に示す制限値以内にあること, 橋軸方向の曲げモーメントが曲げひび割れ耐力の保証値以下であることを確認する.

表 13　BFS コンクリート，鉄筋および PC 鋼材の応力度の照査に用いる制限値

項　目	制限値（N/mm^2）
BFS コンクリートの圧縮応力度	20.0
BFS コンクリートの引張応力度（永続作用）	0.0
床版厚 250mm の位置における BFS コンクリートの引張応力度（永続+変動作用）	-3.01
床版厚 220mm の位置における BFS コンクリートの引張応力度（永続+変動作用）	-3.18
鉄筋の引張応力度	140
PC 鋼材応力度	1 320

1) 橋軸直角方向の合成応力度

プレキャスト PC 床版と接合部を一体ものとして算出した応答値に対する PC 床版の橋軸直角方向の曲げ応力度の照査では，**表 14** に示す作用の組合せにより合成応力度を求める．永続作用である導入直後のプレストレスおよび有効プレストレスにより各断面に作用する縁応力度を，**表 15** および**表 16** に示す．

表 17 に示す合成応力度の照査結果より，全ての設計断面において合成応力度が制限値以下となっている．また，PC 鋼材の応力度も，**表 18** に示すように制限値以下となっている．

表 14　合成応力度の計算に用いる作用の組合せ

荷重ケース		永続作用					変動作用	
		床版自重	接合部荷重	橋面荷重	導入直後のプレストレス	有効プレストレス	活荷重 Max	活荷重 Min
プレストレス導入直後		○	−	−	○	−	−	−
永続作用	死荷重時	○	○	○	−	○	−	−
永続作用＋変動作用	設計荷重 Max 時	○	○	○	−	○	○	−
永続作用＋変動作用	設計荷重 Min 時	○	○	○	−	○	−	○

表15　プレストレス導入直後のプレストレスによるBFSコンクリートの縁応力度

項　目	記号	単位	断面2	断面9	断面15	断面16
プレストレス導入直後のプレストレス	σ_{pt}	N/mm^2	1 200	1 200	1 200	1 200
PC鋼材本数	N_p	本	8.87	8.87	8.87	8.87
プレストレス導入直後の全引張力	ΣP_t	kN	1 480	1 480	1 480	1 480
PC鋼材図心位置	e_p	m	0.0207	0.00650	0.0207	0.0207
PC鋼材および鉄筋換算断面の断面積	A	m^2	0.263	0.233	0.263	0.263
PC鋼材および鉄筋換算断面の床版上縁に関する断面係数	W_u	m^3	0.0107	0.00824	0.0107	0.0107
PC鋼材および鉄筋換算断面の床版下縁に関する断面係数	W_l	m^3	-0.0105	-0.00821	-0.0105	-0.0105
床版上縁のBFSコンクリートの応力度	σ_{ctu}	N/mm^2	8.48	7.53	8.48	8.48
床版下縁のBFSコンクリートの応力度	σ_{ctl}	N/mm^2	2.70	5.20	2.70	2.70

表16　有効プレストレスによるBFSコンクリートの縁応力度

項　目	記号	単位	断面2	断面9	断面15	断面16
プレストレス導入直後のプレストレスによるPC鋼材図心位置のBFSコンクリートの圧縮応力度	σ'_{cpt}	N/mm^2	6.09	6.44	6.09	6.09
永続作用によるPC鋼材図心位置のBFSコンクリートの応力度	σ'_{cdp}	N/mm^2	-0.16	0.03	-0.33	-0.33
PC鋼材の引張応力度の減少量（クリープ，乾燥収縮）	$\Delta\sigma_{p\phi}$	N/mm^2	159	166	156	156
PC鋼材の引張応力度の減少量（リラクセーション）	$\Delta\sigma_{pr}$	N/mm^2	18.0	18.1	18.0	18.0
有効プレストレス	σ_{pe}	N/mm^2	1 020	1 020	1 030	1 030
有効係数	η	−	0.853	0.848	0.855	0.855
床版上縁のBFSコンクリートの応力度	σ_{ceu}	N/mm^2	7.23	6.38	7.25	7.25
床版下縁のBFSコンクリートの応力度	σ_{cel}	N/mm^2	2.30	4.41	2.31	2.31

表17　合成応力度の照査結果（N/mm^2）

<table>
<tr><th colspan="2" rowspan="2">荷重ケース</th><th colspan="2">断面2</th><th colspan="2">断面9</th><th colspan="2">断面15</th><th colspan="2">断面16</th></tr>
<tr><th>上　縁</th><th>下　縁</th><th>上　縁</th><th>下　縁</th><th>上　縁</th><th>下　縁</th><th>上　縁</th><th>下　縁</th></tr>
<tr><td colspan="2">プレストレス導入直後</td><td>8.36</td><td>2.82</td><td>7.66</td><td>5.07</td><td>8.10</td><td>3.09</td><td>8.10</td><td>3.09</td></tr>
<tr><td rowspan="2">永続作用</td><td>死荷重時</td><td>5.17</td><td>2.72</td><td>5.94</td><td>2.90</td><td>4.20</td><td>3.75</td><td>4.20</td><td>3.76</td></tr>
<tr><td>制 限 値</td><td colspan="8">$0.0 \leq \sigma_c \leq 20.0$</td></tr>
<tr><td rowspan="3">永続作用
＋
変動作用</td><td>設計荷重Max時</td><td>5.17</td><td>2.72</td><td>9.76</td><td>-0.93</td><td>4.20</td><td>3.75</td><td>4.20</td><td>3.76</td></tr>
<tr><td>設計荷重Min時</td><td>1.11</td><td>6.84</td><td>5.94</td><td>2.90</td><td>1.25</td><td>6.74</td><td>-1.70</td><td>9.74</td></tr>
<tr><td>制 限 値</td><td colspan="2">$-3.01 \leq \sigma_c \leq 20.0$</td><td colspan="2">$-3.18 \leq \sigma_c \leq 20.0$</td><td colspan="4">$-3.01 \leq \sigma_c \leq 20.0$</td></tr>
</table>

表 18　PC 鋼材応力度の照査結果

照査項目		断面 2	断面 9	断面 15	断面 16
有効プレストレス	σ_{pe} (N/mm^2)	1 020	1 020	1 030	1 030
PC 鋼材応力度の制限値	σ_{pea} (N/mm^2)	1 320			

2) 橋軸方向の曲げモーメントおよび応力度

表 19 に橋軸方向の設計曲げモーメントと曲げひび割れ耐力の保証値との比較より，橋軸方向にはひび割れが生じないことを示す．

表 19　橋軸方向の曲げモーメント

断面位置	片持床版	中間床版
活荷重による設計曲げモーメント M_L	25.9 kN･m/m	24.4 kN･m/m
曲げひび割れ耐力に対する保証値 M_{cr}	27.1 kN･m/m	
$\gamma_i \cdot M_L/M_{cr} \leq 1.0$	0.956	0.900

プレキャスト PC 床版と接合部を一体ものとして計算した橋軸方向の BFS コンクリートの圧縮応力度および鉄筋の応力度は，**表 20** に示すように制限値以下となっている．

表 20　橋軸方向の応力度の照査結果

断面位置		片持床版	中間床版
BFS コンクリートの圧縮応力度	σ_c (N/mm^2)	4.91	4.62
BFS コンクリートの圧縮応力度の制限値	σ_{ca} (N/mm^2)	20.0	
鉄筋の応力度	σ_s (N/mm^2)	102	95.8
鉄筋の応力度の制限値	σ_{sa} (N/mm^2)	140	

1.5.5　安全性に関する照査

断面破壊の照査は，設計曲げモーメントが設計曲げ耐力より小さいことを式（122）より確認することで行う．橋軸直角方向と橋軸方向の照査結果を**表 21** および**表 22** に示す．

$$\gamma_i \cdot \frac{M_d}{M_{ud}} \leq 1.0 \tag{122}$$

ここに，　γ_i ：構造物係数．ここでは，一般の値である 1.0 とする．

M_d ：作用係数を考慮した設計曲げモーメント（kN･m/m）

M_{ud} ：設計断面曲げ耐力（kN･m/m）であり，**表 8** に示す保証値を用いる．

表 21　橋軸直角方向の断面破壊に対する照査結果

照　査	断面 2	断面 9	断面 15	断面 16
応答値 M_d（kN・m/m）	-63.2	42.2	-60.6	-98.5
保証値 M_{ud}（kN・m/m）	-215	138	-215	
$\gamma_i \cdot M_d/M_{ud} \leq 1.0$	0.294	0.306	0.282	0.458

表 22　橋軸方向の断面破壊に対する照査結果

照　査	片持床版	中間床版
応答値 M_d（kN・m/m）	31.1	29.3
保証値 M_{ud}（kN・m/m）	90.0	
$\gamma_i \cdot M_d/M_{ud} \leq 1.0$	0.346	0.326

1.6　プレキャストPC床版に保証する性能

耐久性に関する照査結果を**表 23**に示す．また，橋軸直角方向および橋軸方向の使用性に関する照査結果を**表 24**および**表 25**に示す．さらに，曲げに対する安全性に関する照査結果を**表 26**に示す．

表 23　耐久性に関する照査結果

指　標		照査式	照査結果
鋼材腐食の前提となるひび割れ幅		ひび割れは生じない	
中性化と水の浸透に伴う鋼材腐食		$\gamma_i \cdot y_d/y_{lim}$	0.0123
塩化物イオンの侵入に伴う鋼材腐食		$\gamma_i \cdot C_d/C_{lim}$	0.743
凍結融解	内部損傷	相対動弾性係数が 100%であることから満足する	
	表面損傷	$\gamma_i \cdot d_d/d_{lim}$	0.524

表 24　橋軸直角方向の応力度の照査

対　象			永続作用	永続作用＋変動作用
BFSコンクリート	片持床版（断面 16）	上　縁 σ_{ceu}	4.20 N/mm^2	-1.70 N/mm^2
		下　縁 σ_{cel}	3.76 N/mm^2	9.74 N/mm^2
		制限値 σ_{ca}	0.0 N/mm^2 $\leq \sigma_c \leq$ 20.0 N/mm^2	-3.01 N/mm^2 $\leq \sigma_c \leq$ 20.0 N/mm^2
	中間床版（断面 9）	上　縁 σ_{ceu}	5.94 N/mm^2	9.76 N/mm^2
		下　縁 σ_{cel}	2.90 N/mm^2	-0.93 N/mm^2
		制限値 σ_{ca}	0.0 N/mm^2 $\leq \sigma_c \leq$ 20.0 N/mm^2	-3.18 N/mm^2 $\leq \sigma_c \leq$ 20.0 N/mm^2
PC鋼材		応力度 σ_{pe}	1 030 N/mm^2	
		制限値 σ_{pea}	1 320 N/mm^2	

表 25　橋軸方向の曲げひび割れモーメントおよび応力度の照査

断面位置	片持床版	中間床版
活荷重による設計曲げモーメント M_L	25.9 kN・m/m	24.4 kN・m/m
曲げひび割れ耐力に対する保証値 M_{cr}	27.1 kN・m/m	
$\gamma_i \cdot M_L/M_{cr} \leq 1.0$	0.955	0.900
BFS コンクリートの圧縮応力度 σ_c	4.91 N/mm^2	4.62 N/mm^2
BFS コンクリートの圧縮応力度の制限値 σ_{ca}	20.0 N/mm^2	
鉄筋の応力度 σ_s	102 N/mm^2	95.8 N/mm^2
鉄筋の応力度の制限値 σ_{sa}	140 N/mm^2	

表 26　曲げ破壊に対する性能

照査方向	橋軸直角方向		橋軸方向	
位　置	中間床版	主桁上	片持床版	中間床版
応答値 M_d（kN・m/m）	42.2	-98.5	31.1	29.3
保証値 M_{ud}（kN・m/m）	138	-215	90.0	
$\gamma_i \cdot M_d/M_{ud} \leq 1.0$	0.306	0.458	0.346	0.326

以上の型式検査の結果より，このプレキャスト PC 床版に，北海道，東北，北陸，沖縄等，飛来塩分が多い地域の汀線付近（コンクリート表面の塩化物イオン濃度が 9.0 kg/m^3 で設計される地域）で，年間当たり 125 回の凍結融解を受けても，B 活荷重の自動車荷重に対して 100 年間を供用できる性能を保証する．

2．保証値を用いた設計

2.1　設計条件

型式検査を行ったプレキャストPC床版を，東北地方の海岸沿いに建設する鋼3径間連続非合成鈑桁橋に適用する．設計条件は以下に示すとおりで，活荷重の条件および環境条件は，プレキャストPC床版の型式検査を行った条件内である．この橋の横断面図を図25に示す．この橋は，型式検査を行ったプレキャストPC床版よりも，片側の幅員が500 mm長くなっている．

- 対象橋梁　：高速道路の橋梁
- 設計耐用期間：100年
- 上部構造　：鋼3径間連続非合成鈑桁橋（4主桁）
- 橋　　長　：134.500 m
- 支 間 長　：3@44.500 m
- 幅　　員　：10.950 m（車道10.060 m）
- 床版厚さ　：中央部　220 mm，支点部　250 mm
- 平面線形　：$R = 800$ m
- 活 荷 重　：自動車荷重（B活荷重）
- 死 荷 重　：図26に示すとおり．
- 塩害環境　：飛来塩分が多い地域の汀線付近（コンクリート表面の塩化物イオン濃度9.0 kg/m^3）
- 凍結融解　：1年間当たり100回の凍結融解を受ける．

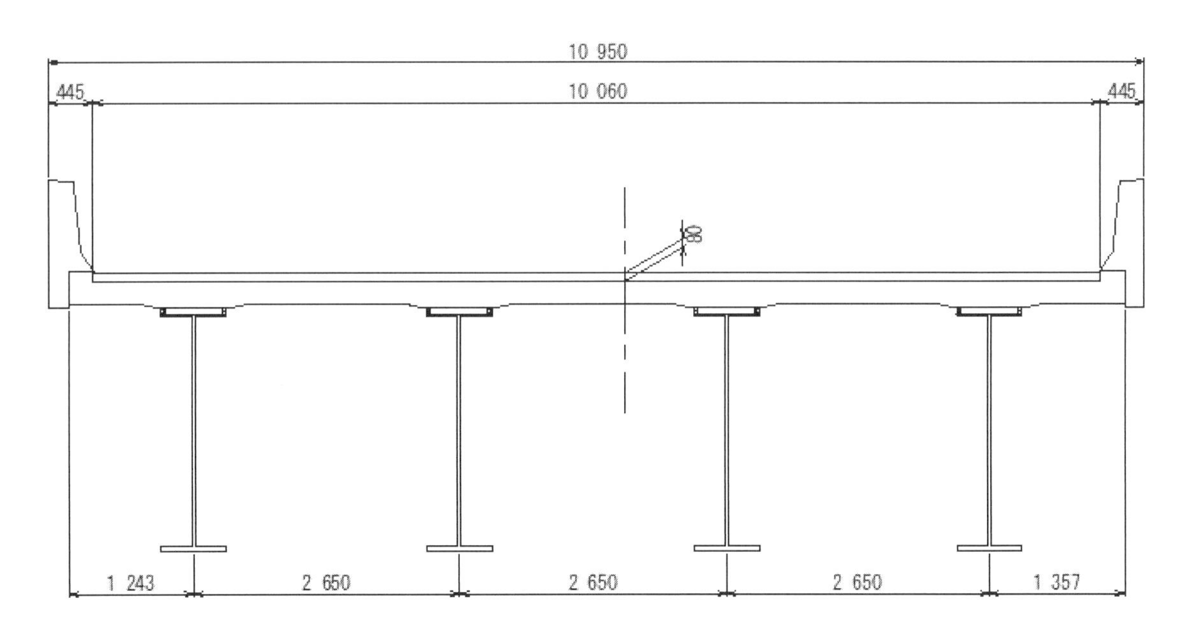

図25　横断面図（単位：mm）

2.2　耐久性に関する照査

設計条件は，型式検査の条件内であり，耐久性に関する照査は省略する．

2.3　使用性に関する照査

設計で考慮する荷重の大きさ，載荷位置および載荷方法を図26に示す．橋軸方向の使用性に関する照査は，型式検査と同じ条件のため省略する．

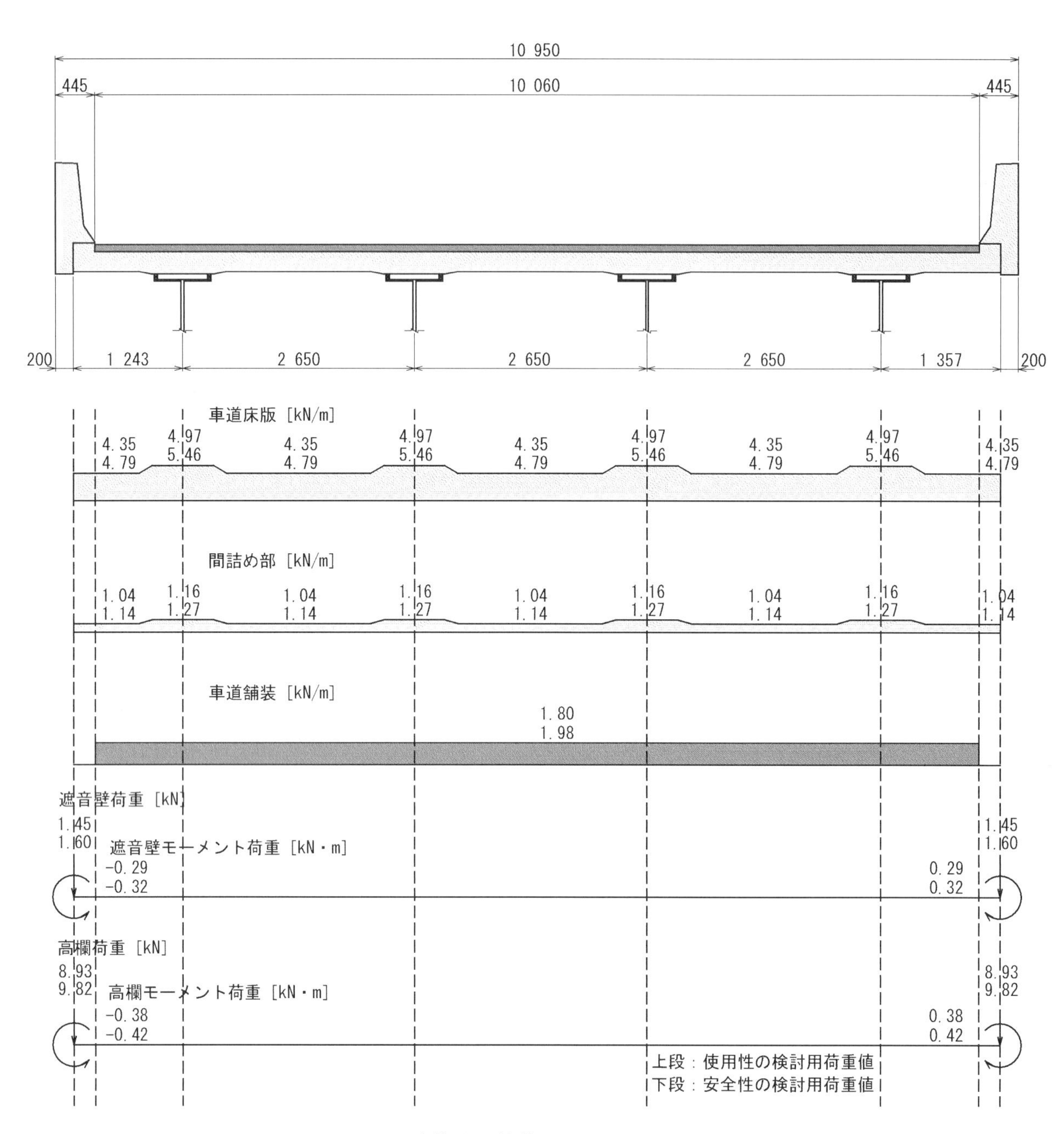

図 26　設計荷重の載荷図（寸法の単位：mm）

表 27　使用性の検討に用いる橋軸直角方向の設計曲げモーメント（kN･m/m）

断面位置※		断面 2	断面 9	断面 15	断面 16
床版自重（車道床版）		-3.42	1.32	-4.07	-4.07
接合部荷重（間詰め部）		-0.81	0.31	-0.96	-0.96
橋面荷重（車道舗装，遮音壁，高欄）		-14.5	3.49	-15.9	-15.9
活荷重	（最大）	0.00	31.4	0.00	0.00
	（最小）	-61.2	0.00	-31.4	-62.9

※ 断面位置は図 23 参照

表 28　安全性の検討に用いる橋軸直角方向の設計曲げモーメント（kN·m/m）

断面位置※		断面 2	断面 9	断面 15	断面 16
床版自重（車道床版）		-3.76	1.46	-4.47	-4.47
接合部荷重（間詰め部）		-0.89	0.35	-1.06	-1.06
橋面荷重（車道舗装，遮音壁，高欄）		-15.9	3.84	-17.5	-17.5
活荷重	（最大）	0.00	37.7	0.00	0.00
	（最小）	-73.4	0.00	-37.7	-75.5

※ 断面位置は図 23 参照

使用性および安全性の検討に用いる橋軸直角方向の片持床版および中間床版の支点上と支間中央部の設計曲げモーメントを表 27 および表 28 に示す．

床版の橋軸直角方向の合成応力度の照査結果を表 29 に示す．全ての設計断面において合成応力度が制限値以下となっており，要求性能を満足する．また，PC 鋼材応力度の照査結果を表 30 に示す．全ての設計断面において PC 鋼材応力度が制限値以下となっており，要求性能を満足する．

表 29　合成応力度の照査結果（N/mm^2）

荷重ケース		断面 2		断面 9		断面 15		断面 16	
		上　縁	下　縁	上　縁	下　縁	上　縁	下　縁	上　縁	下　縁
プレストレス導入直後		8.16	3.03	7.69	5.04	8.10	3.09	8.10	3.09
永続作用	死荷重時	4.39	3.55	6.05	2.79	4.20	3.76	4.20	3.76
	制 限 値	$0.0 \leq \sigma_c \leq 20.0$							
永続作用＋変動作用	設計荷重 Max 時	4.39	3.55	9.87	-1.04	4.20	3.76	4.20	3.76
	設計荷重 Min 時	-1.35	9.37	6.05	2.79	1.25	6.75	-1.70	9.74
	制 限 値	$-3.01 \leq \sigma_c \leq 20.0$		$-3.18 \leq \sigma_c \leq 20.0$		$-3.01 \leq \sigma_c \leq 20.0$			

表 30　PC 鋼材応力度の照査結果

照査項目		断面 2	断面 9	断面 15	断面 16
有効プレストレス	σ_{pe} （N/mm^2）	1 030	1 020	1 030	1 030
PC 鋼材応力度の制限値	σ_{pea} （N/mm^2）	1 320			

2.4　安全性に関する照査

断面破壊に関する照査は，曲げ耐力の保証値より設計断面力が小さいことを確認することで行う．設計断面曲げ耐力は，保証値を用いる．橋軸方向の安全性に関する照査は，型式検査と同じ条件のため省略する．

橋軸直角方向の断面破壊に対する照査結果を表 31 に示す．全ての設計断面において設計断面力に対する設計断面耐力の比は 1.0 以下となり，要求性能を満足する．

表 31　橋軸直角方向の断面破壊に対する照査結果

照　査	断面 2	断面 9	断面 15	断面 16
応答値 M_d（kN･m/m）	-94.0	43.4	-60.7	-98.5
保証値 M_{ud}（kN･m/m）	-215	138	-215	
$\gamma_i \cdot M_d/M_{ud} \leq 1.0$	0.437	0.314	0.282	0.458

2.5　照査の結果

型式検査を行ったプレキャスト PC 床版よりも，幅員が 500 mm 増える図 25 の鋼 3 径間連続非合成鈑桁橋に対して，新たに型式検査を行うことなく，幅員を 500 mm 長くしたこのプレキャスト PC 床版を適用することができる．

付録Ⅲ　プレキャストRCボックスカルバートの型式検査および保証値を用いた設計の例

1．プレキャスト RC ボックスカルバートの型式検査

1.1　プレキャスト RC ボックスカルバートに求める性能

内空断面 B×H=1 000×1 000 mm を有するプレキャスト RC ボックスカルバートの製造を開始するのに当たり，JIS A 5372 附属書 C（規定）暗きょ類推奨仕様 C-4「鉄筋コンクリートボックスカルバート」の RC-1 種の規格を満足する性能があることを型式検査する．このボックスカルバートに求める性能は，3.0 m の土かぶりで，総重量 245 kN の自動車荷重が載荷されてもひび割れが発生しないことである．照査は，10.37 kN･m/m の曲げモーメントを与えて，ひび割れが発生しないこと，および，12.37 kN･m/m の曲げモーメントを与えて，0.2 mm を超える曲げひび割れが発生しないことを，プロトタイプを用いた試験および構造計算により行う．

1.2　構造計算による曲げひび割れ耐力および終局曲げ耐力

1.2.1　プロトタイプの形状および寸法

図 1 に繰返し製造を行うプレキャスト RC ボックスカルバートの形状および寸法を示す．

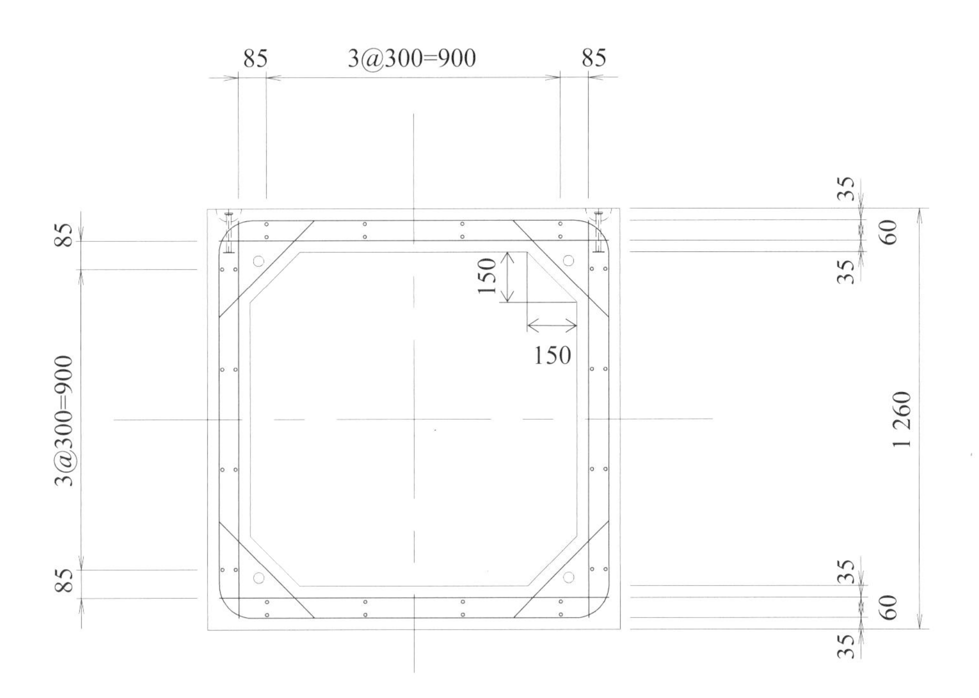

図 1　ボックスカルバートの製造図（単位：mm）

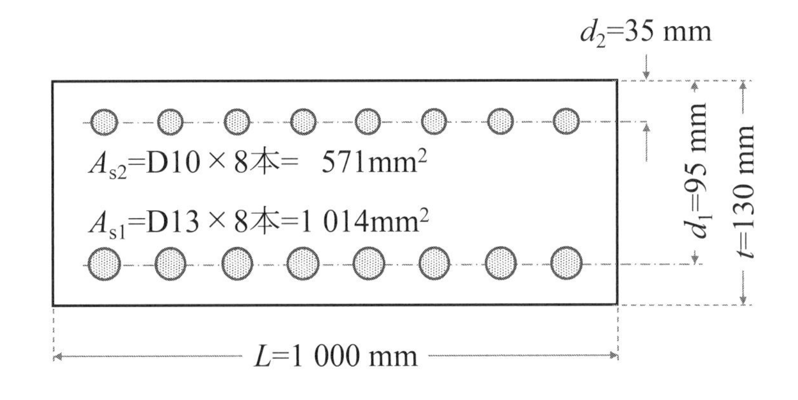

図 2　ボックスカルバートの断面および配筋

図 2 に，ボックスカルバートの断面の寸法および配筋を示す．BFS コンクリート表面から鉄筋の中心までの距離 d_1 および d_2 は，95 mm および 35 mm で，版厚 t は，130 mm である．かぶりは，鉄筋径の 2 倍以上に定めている．なお，この設計例では A_{S1} の断面の鉄筋が多くの引張を負担してたわむ場合を内側の曲げ，A_{S2} の断面の鉄筋が多くの引張を負担してたわむ場合を外側の曲げとよぶ．

1.2.2　安全係数および設計値

ボックスカルバートの製造に用いる BFS コンクリートおよび鉄筋の物性値を**表 1** および**表 2** に示す．

表 1　BFS コンクリートの物性値

圧縮強度			ヤング係数	単位体積重量
保証値	標準偏差	工程能力指数	（保証値）	（試験値）
45.0 N/mm^2	5.08 N/mm^2	1.33	38.8 kN/mm^2	24.50 kN/m^3

表 2　鉄筋の物性値

降伏値		ヤング係数
試験値（ミルシートより）	規格値	規格値
368 N/mm^2	295 N/mm^2	200 kN/mm^2

構造計算に用いる安全係数を**表 3** に示す．

表 3　構造計算に用いる安全係数

安全係数		使用性	安全性
部材係数 γ_b		1.0	1.0
材料係数 γ_m	BFS コンクリート γ_c	1.0	1.0
	鉄筋 γ_s	1.0	1.0

BFS コンクリートの圧縮強度の特性値および鉄筋の降伏値の特性値は，実際に近い値を用いる．すなわち，BFS コンクリートの圧縮強度の特性値 f'_{ck} および鉄筋の降伏値の特性値 f_{yk} は，式（1）および式（2）より，65.3 N/mm^2 および 368 N/mm^2 とする．

$$f'_{ck}=45.0\ \mathrm{N/mm^2}+1.33\times3\times5.08\ \mathrm{N/mm^2}=65.3\ \mathrm{N/mm^2} \tag{1}$$

$$f_{yk}=368\ \mathrm{N/mm^2} \tag{2}$$

BFS コンクリートの曲げ強度の特性値 f_{bck} は，示方書［設計編］に従い，式 (3) から式 (6) より求めると，f_{bck}=4.65 N/mm^2 となる．ただし，示方書での部材厚 t の適用範囲は，t>0.2 m であるので，曲げ強度 f_{bck} の計算値の確からしさは，プロトタイプを用いた曲げ試験で確認する．

$$f_{bck}=k_{0b}k_{1b}f_{tk} \tag{3}$$

$$k_{0b}=1+\frac{1}{0.85+4.5(t/l_{ch})}=1.36 \tag{4}$$

$$k_{1b}=\frac{0.55}{\sqrt[4]{t}}=0.916 \tag{5}$$

ここに，　t　：　部材厚（m）（=0.13 m）

　　　　l_{ch}　：　特性長（m）（$=G_F E_c/f_{tk}^2$=0.3 m）

　　　　f_{tk}　：　引張強度（N/mm²）（$=0.23f'_{ck}{}^{2/3}$=3.73 N/mm²）

$$G_F=10(d_{max})^{1/3}\cdot f'_{ck}{}^{1/3}=109\ \text{N/m} \tag{6}$$

　　　　d_{max}　：　粗骨材の最大寸法（mm）（=20 mm）

1.2.3　曲げひび割れ耐力

1) **図 2** の断面の曲げひび割れ発生前の中立軸 x

$$x=\frac{L\cdot\dfrac{t^2}{2}+n\cdot A_{s1}\cdot d_1+n\cdot A_{s2}\cdot d_2}{L\cdot t+n\cdot(A_{s1}+A_{s2})}=65.5\ \text{mm} \tag{7}$$

ここに，　n　：　鉄筋とBFSコンクリートのヤング係数比（=200 kN/mm²/38.8 kN/mm²=5.15）

なお，BFSコンクリートのヤング係数には，保証値を用いている．

2) **図 2** の使用状態における断面2次モーメント I

$$I=\frac{L\cdot t^3}{12}+L\cdot t\cdot(x-t/2)^2+n\cdot A_{s1}\cdot(x-d_1)^2+n\cdot A_{s2}\cdot(x-d_2)^2=190\times10^6\ \text{mm}^4 \tag{8}$$

3) 曲げひび割れ耐力 M_{cr}

$$M_{cr}=f_{bcd}\cdot\frac{I}{t-x}=13.7\ \text{kN}\cdot\text{m/m} \tag{9}$$

ここに，　f_{bcd}　：　BFSコンクリートの曲げ強度の設計値（$=f_{bck}/\gamma_c$=4.65 N/mm²）

1.2.4　終局曲げ耐力

1) 等価応力ブロックの算定

図 3 に示す等価応力ブロックに用いる諸係数の値を式（10），式（11），式（12）に示す．

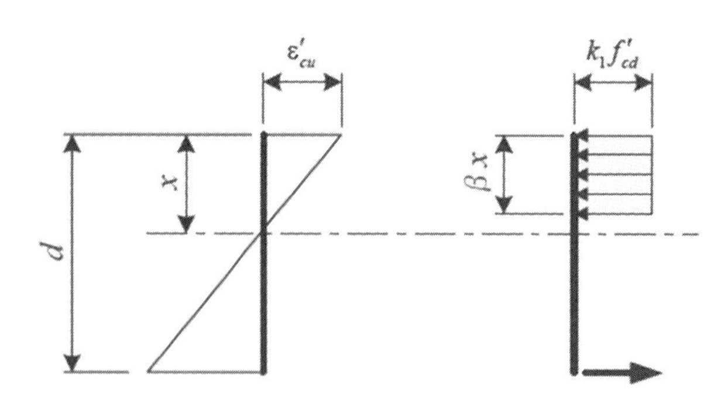

図3　等価応力ブロック

$$k_1=1-0.003f'_{ck}=0.804 \tag{10}$$

$$\varepsilon'_{cu}=\frac{155-f'_{ck}}{30\,000}=0.00299 \tag{11}$$

$$\beta=0.52+80\varepsilon'_{cu}=0.76 \tag{12}$$

2) 終局状態における中立軸 x の算定

A_{s1}，A_{s2} ともに引張で降伏していると仮定する．

$$x=\frac{A_{s1}\cdot f_{yd}+A_{s2}\cdot f_{yd}}{\beta\cdot k_1\cdot f'_{cd}\cdot L}=14.6\ \mathrm{mm} \tag{13}$$

ここに，　f'_{cd}　：　BFS コンクリートの圧縮強度の設計値（$=f'_{ck}/\gamma_c=65.3\ \mathrm{N/mm^2}$）

　　　　　f_{yd}　：　鉄筋の降伏値の設計値（$=f_{yk}/\gamma_s=368\ \mathrm{N/mm^2}$）

2)' 鉄筋の降伏の確認

A_{s2} の曲げ破壊時のひずみを ε_{s2} とする．式（14）より，A_{s1} および A_{s2} ともに，降伏していると判定できる．

$$\varepsilon_{s2}=\frac{d_2-x}{x}\cdot\varepsilon'_{cu}=0.00418>\frac{f_{yd}}{E_s}=0.00184 \tag{14}$$

3) 終局曲げ耐力の算定

$$M_u=A_{s1}\cdot f_{yd}\cdot(d_1-\beta/2\cdot x)+A_{s2}\cdot f_{yd}\cdot(d_2-\beta/2\cdot x)=39.6\ \mathrm{kN\cdot m/m} \tag{15}$$

1.3　性能試験による曲げひび割れ耐力および終局曲げ耐力の確認

1.3.1　曲げ試験

曲げ試験では，ボックスカルバートへの載荷は，製品の側壁の中心線を支点とし，頂版の中央部に線載荷する．プロトタイプの曲げモーメントは，たわみ角法を用いて求める．なお，**図1**に示すボックスカルバートのように，頂版，底版および側壁の剛性が等しく，正方形な箱形ラーメン製品の頂版中央における曲げモーメントは，式（16）となる．**図1**に示す寸法から，たわみ角法に用いる寸法を**図4**に示す．

$$M=\frac{11}{64}\cdot Fl+\frac{l^2}{96}(7m_t+m_b)g+\frac{F}{192}\cdot\frac{b}{l}(5b\text{-}24l) \quad (16)$$

ここに，M：曲げモーメント（kN･m/m）
F：荷　重（kN/m）
g：重力加速度（9.81 m/s^2）
m_t：頂版の長さ1m当たりの質量（t/m/m）（=2 450 kg/m^3×0.13 m×1 m=0.319 t/m/m）
m_b：底版の長さ1m当たりの質量（t/m/m）（=2 450 kg/m^3×0.13 m×1 m=0.319 t/m/m）
l：箱形ラーメン製品の側壁図心間の距離（m）（=1.130 m）
b：載荷点の幅（m）（=0.1 m）

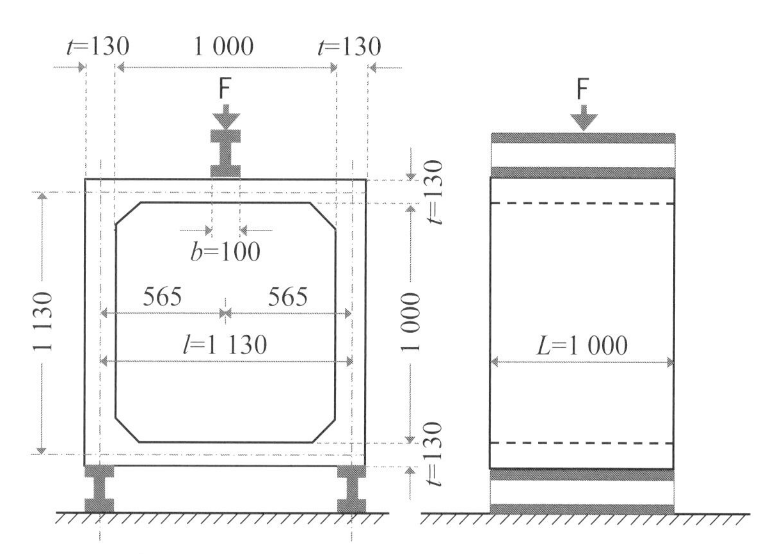

図4　ボックスカルバートの形状および寸法（単位：mm）

写真1　プロトタイプの線荷重による曲げ試験

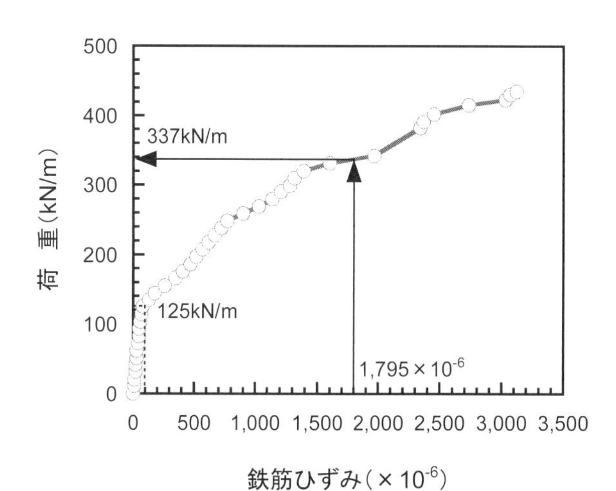

図5　荷重と鉄筋ひずみの関係

写真 1 に載荷試験の状況を示す．また，ボックスカルバート頂版中の引張側の鉄筋のひずみを計測した結果を**図 5** に示す．**図 4** に示す断面諸元を式（16）に代入すると，式（17）が得られる．

$$M=0.182F+0.333 \text{ kN·m/m} \quad (17)$$

プロトタイプで曲げひび割れの発生が確認された荷重および鉄筋の降伏が確認された荷重が，それぞれ，125 kN/m および 337 kN/m であった．これらより，曲げ試験によって得られる曲げひび割れ耐力および終局曲げ耐力は，それぞれ，23.1 kN·m/m および 61.7 kN·m/m となる．したがって，13.7 kN·m/m の曲げモーメントを与えて，0.2 mm を超える曲げひび割れが発生しないことも，これにより確認される．

1.3.2 試験値と構造計算値の比較

曲げひび割れ耐力 M_{cr} と終局曲げ耐力 M_u を性能試験によって求めた結果と，材料係数 γ_m および部材係数 γ_b は，全て 1.0 として計算を行った結果を**表 4** に示す．曲げひび割れ耐力および終局曲げ耐力ともに，試験値の方が計算値よりも高く，この計算方法および設計値を用いた計算結果は安全側の値となる．これより，このボックスカルバートの性能の保証値を算定する際に用いる部材係数は，曲げひび割れ耐力 M_{cr} の計算には 1.0 を，終局曲げ耐力 M_u の計算には 1.1 を用い，曲げ強度 f_{bck} は，式（3）から式（6）より求めることとする．

表 4 性能試験結果と構造計算結果の比較

曲げひび割れ耐力 M_{cr}		終局曲げ耐力 M_u	
試験値	計算値	試験値	計算値
23.1 kN·m/m	13.7 kN·m/m	61.7 kN·m/m	39.6 kN·m/m

1.4 性能の保証値

1.4.1 安全係数および設計値

保証値を求めるのに用いる安全係数を**表 5** に示す．

表 5 保証値を求めるのに用いる安全係数

安全係数		使用性	安全性	
			曲げ・軸力	せん断
部材係数 γ_b		1.0	1.1	1.3
材料係数 γ_m	BFS コンクリート γ_c	1.0	1.3	1.3
	鉄筋 γ_s	1.0	1.05	1.05

BFS コンクリートの圧縮強度の特性値には保証値を用い，鉄筋の降伏値の特性値には規格値を用いる．安全性に関する照査に用いる BFS コンクリートの圧縮強度の設計値 f'_{cd} は，式（19）より 34.6 N/mm² となる．

$$f'_{ck}=45.0 \text{ N/mm}^2 \quad (18)$$

$$f'_{cd}=f'_{ck}/\gamma_c=34.6 \text{ N/mm}^2 \quad (19)$$

また，安全性に関する照査に用いる鉄筋の降伏値の設計値f_{yd}は，式（21）より281 N/mm²となる．

$$f_{yk}=295\ \mathrm{N/mm^2} \tag{20}$$

$$f_{yd}=f_{yk}/\gamma_s=281\ \mathrm{N/mm^2} \tag{21}$$

1.4.2　曲げひび割れ耐力

1) **図2**の断面の曲げひび割れ発生前の中立軸x

$$x=\frac{L\cdot\frac{t^2}{2}+n\cdot A_{s1}\cdot d_1+n\cdot A_{s2}\cdot d_2}{L\cdot t+n\cdot(A_{s1}+A_{s2})}=65.6\ \mathrm{mm} \tag{22}$$

ここに，　n　：　鉄筋とBFSコンクリートのヤング係数比（=200 kN/mm²/32.0 kN/mm²=6.25）

$$E_c=\left(3.1+\frac{f'_{ck}-40}{50}\right)\times 10^4=32.0\ \mathrm{kN/mm^2} \tag{23}$$

2) **図2**の断面2次モーメントI

$$I=\frac{L\cdot t^3}{12}+L\cdot t\cdot(x-t/2)^2+n\cdot A_{s1}\cdot(x-d_1)^2+n\cdot A_{s2}\cdot(x-d_2)^2=192\times 10^6\ \mathrm{mm^4} \tag{24}$$

3) BFSコンクリートの曲げ強度f_{bck}

BFSコンクリートの圧縮強度の特性値がf'_{ck}=45.0 N/mm²のとき，曲げ強度f_{bck}を式（3）から式（6）より求めると，f_{bck}=3.76 N/mm²となる．

4) 曲げひび割れ耐力M_{cr}

ボックスカルバートの内側および外側の曲げに対する曲げひび割れ耐力M_{cr}は，それぞれ，式（25）および式（26）によって求められる．

$$M_{cr}=f_{bcd}\cdot\frac{I}{t-x}=11.2\ \mathrm{kN\cdot m/m} \tag{25}$$

$$M_{cr}=f_{bcd}\cdot\frac{I}{x}=11.0\ \mathrm{kN\cdot m/m} \tag{26}$$

式（25）および式（26）で求められる曲げひび割れ耐力M_{cr}に大きな差がないため，小さい方を部材係数γ_bで除し，設計曲げひび割れ耐力M_{crd}を求め，これを曲げひび割れ耐力の保証値$R_d(n)$とする．

$$M_{crd}=M_{cr}/\gamma_b=11.0\ \mathrm{kN\cdot m/m} \tag{27}$$

1.4.3　終局曲げ耐力

1) 等価応力ブロック

BFS コンクリートの圧縮強度の特性値 f'_{ck} が 45.0 N/mm^2 であるため，**図 3** に示される等価応力ブロックの諸係数は，式（28），式（29）および式（30）となる．

$$k_1=0.85 \tag{28}$$

$$\varepsilon'_{cu}=0.0035 \tag{29}$$

$$\beta=0.80 \tag{30}$$

2) 終局状態における中立軸 x の算定

A_{s1}，A_{s2} ともに引張で降伏していると仮定する．

$$x=\frac{A_{s1}\cdot f_{yd}+A_{s2}\cdot f_{yd}}{\beta\cdot k_1\cdot f'_{cd}\cdot L}=18.9\ \mathrm{mm} \tag{31}$$

ここに，　f'_{cd} ： BFS コンクリートの圧縮強度の設計値（=34.6 N/mm^2）

　　　　　f_{yd} ： 鉄筋の降伏値の設計値（=281 N/mm^2）

2)' 鉄筋の降伏の確認

A_{s2} の曲げ破壊時のひずみを ε_{s2} とする．式（32）より，A_{s1} および A_{s2} ともに，降伏していると判定できる．

$$\varepsilon_{s2}=\frac{d_2-x}{x}\cdot\varepsilon'_{cu}=0.00298>\frac{f_{yd}}{E_s}=0.00148 \tag{32}$$

3) 終局曲げ耐力の算定

ボックスカルバートの内側および外側の曲げに対する終局曲げ耐力 M_u は，それぞれ，式（33）および式（34）によって求められる．

$$M_u=A_{s1}\cdot f_{yd}\cdot(d_1-\beta/2\cdot x)+A_{s2}\cdot f_{yd}\cdot(d_2-\beta/2\cdot x)=29.3\ \mathrm{kN\cdot m/m} \tag{33}$$

$$M_u=A_{s1}\cdot f_{yd}\cdot(d_2-\beta/2\cdot x)+A_{s2}\cdot f_{yd}\cdot(d_1-\beta/2\cdot x)=21.8\ \mathrm{kN\cdot m/m} \tag{34}$$

式（33）および式（34）で求められる終局曲げ耐力 M_u を部材係数 γ_b で除し，設計終局曲げ耐力 M_{ud} を求め，これを終局曲げ耐力の保証値 $R_d(n)$とする．内側の曲げに対して保証値は，式（35）より 26.6 kN･m/m となる．また，外側の曲げに対して保証値は，式（36）より 19.8 kN･m/m となる．

$$M_{ud}=M_u/\gamma_b=29.3\ \mathrm{kN\cdot m/m}/1.1=26.6\ \mathrm{kN\cdot m/m} \tag{35}$$

$$M_{ud}=M_u/\gamma_b=12.8\ \mathrm{kN\cdot m/m}/1.1=19.8\ \mathrm{kN\cdot m/m} \tag{36}$$

1.4.4　終局せん断耐力

ボックスカルバートの内側および外側の曲げを想定した場合，引張の鉄筋比 p_1 は，それぞれ，2.70%および3.50%となる．このとき，式（37）より求まる設計終局せん断耐力 V_{cd} は，それぞれ，99.3 kN/m および 107.2 kN/m となる．両者に大きな差がないため，小さい側の設計終局せん断耐力 V_{cd} を保証値とする．

$$V_{cd}=\beta_d \cdot \beta_p \cdot f_{vcd} \cdot L \cdot d_1/\gamma_b \tag{37}$$

ここに，　β_d　：　$\sqrt[4]{1000/d_1}$，ただし，1.5 まで（=1.5）

β_p　：　$\sqrt[3]{100p_1}$，ただし，1.5 まで

p_1　：　$A_{s1}/(L \cdot d_1)+A_{s2}/(L \cdot d_2)$

f_{vcd}　：　$0.20 \cdot \sqrt[3]{f'_{cd}}$（=0.652 N/mm²）

1.4.5　終局軸方向圧縮耐力

頂版，底版および側壁のそれぞれの設計終局軸方向圧縮耐力 N_{cd} は，式（38）より，4 490 kN/m となる．

$$N_{cd}=(L \cdot t \cdot f'_{cd}+(A_{s1}+A_{s2}) \cdot f_{yd})/\gamma_b \tag{38}$$

1.5　保証値の表示

このプレキャストRCボックスカルバートには，3.0m の土かぶりで，総重量245kN の自動車荷重が載荷されてもひび割れが発生しない性能があることが証明された．プロトタイプの型式検査の結果に基づき，ボックスカルバートの性能の保証値を**表 6** のとおりカタログ等に記載する．なお，最終検査では，プレキャストRCボックスカルバート製品を用いて曲げ試験を行い，13.7 kN･m/m の曲げモーメントを与えてひび割れが発生しないことを確認することで，保証値を満足していると判定する．

表6　プレキャスト製品の性能に関する保証値を記載する例

$B \times H$	耐　力	プロトタイプの性能試験結果	プロトタイプの構造計算値 $R_d(0)$	保証値 $R_d(n)$	規格値[※1]
1 000 × 1 000	曲げひび割れ耐力（kN･m/m）	23.1	13.7	11.0	10.37
	内側の終局曲げ耐力（kN･m/m）	61.7	39.6	26.6	—
	外側の終局曲げ耐力（kN･m/m）	—	—	19.8	—
	終局せん断耐力（kN/m）	—	—	99.3	—
	終局軸方向圧縮耐力（kN/m）	—	—	4 490	—

※1 JIS A 5372附属書C（規定）推奨仕様C-4「鉄筋コンクリートボックスカルバート」に示されるRC-1種の規格値．

2．硫酸環境下でボックスカルバートを使用するための検討

2.1　ボックスカルバートが使用される現場の条件

カタログに，土かぶり 3.0 m で，総重量 245 kN の自動車荷重が載荷されてもひび割れが発生しない性能が保証されているプレキャスト RC ボックスカルバートを用いて，土かぶりが 5.0 m となる下水道施設への使用を検討する．

2.2　硫酸濃度の調査および硫酸による侵食に対する対策

このボックスカルバートを下水道環境下に使用するのにあたり，ボックスカルバートの置かれる環境の硫酸濃度を，硫酸侵食速度係数 S が 18.5 mm/(年・%)と既知なモルタル供試体を用いて，**写真 2** に示すように硫酸濃度の調査を実施する．モルタル供試体をボックスカルバートが敷設される予定の環境と同等の環境に 1 年間設置した結果，侵食深さ y は 5.0 mm であったとすれば，下水道の硫酸濃度 s_c は，式（39）より 0.27 %と推定される．

$$s_c = y/S/1\text{年} = 5.0\ \text{mm}/18.5\ \text{mm}/(\text{年}\cdot\%)/1\text{年} = 0.27\ \% \tag{39}$$

(a) モルタル供試体の設置状況

(b) 取出し直後の状況

(c) 切断面

写真 2　モルタル供試体による硫酸濃度の調査の例

硫酸による侵食を受けやすい天端部を硫酸侵食速度係数 S が 3.0 mm/(年・%)の BFS モルタルを用いて，**図 6** に示すように余盛する場合，50 年間，硫酸の侵食に対する抵抗性を得るために必要な余盛の厚さ d は，40 mm（3.0 mm/(年・%)×0.27 %×50 年）となる．

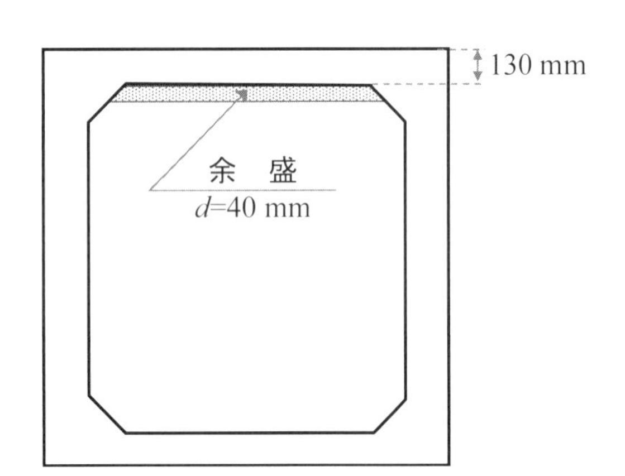

図 6　余盛による硫酸の侵食対策

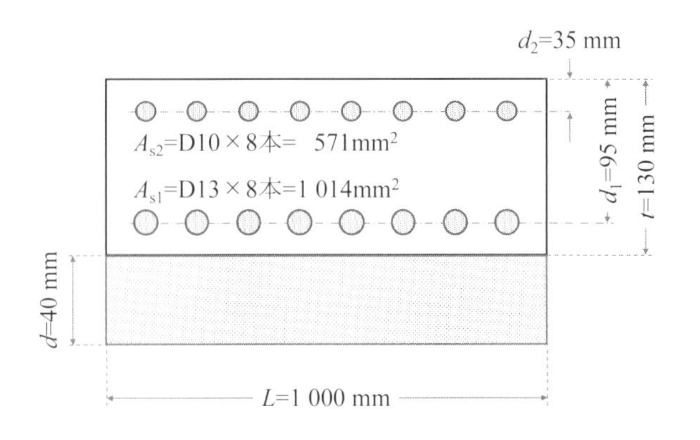

図 7　余盛による断面の変化

余盛に用いた BFS モルタルの強度およびヤング係数がプレキャスト製品の BFS コンクリート同じとすれば，**図 7** の断面の曲げひび割れ発生前の中立軸 x は，式（40）より 84.4 mm となり，断面 2 次モーメント I

は，式（42）より 419×10^6 mm^4 となる．

$$x=\frac{L\cdot\dfrac{(t+d)^2}{2}+n\cdot A_{s1}\cdot d_1+n\cdot A_{s2}\cdot d_2}{L\cdot(t+d)+n\cdot(A_{s1}+A_{s2})}=84.4\ \mathrm{mm} \tag{40}$$

ここに，　n ：鉄筋とBFSコンクリートのヤング係数比（=200 kN/mm^2/32.0 kN/mm^2=6.25）

$$E_c=\left(3.1+\frac{f'_{ck}-40}{50}\right)\times10^4=32.0\ \mathrm{kN/mm^2} \tag{41}$$

$$I=\frac{L\cdot(t+d)^3}{12}+L\cdot(t+d)\cdot(x-(t+d)/2)^2+n\cdot A_{s1}\cdot(x-d_1)^2+n\cdot A_{s2}\cdot(x-d_2)^2=419\times10^6\ \mathrm{mm^4} \tag{42}$$

BFSモルタルの曲げ強度 f_{bck} をBFSコンクリートと同じ f_{bck}=3.76 N/mm^2 とし，BFSコンクリートとBFSモルタルが完全に付着していると仮定すると，式（43）で求まる曲げひび割れ耐力 M_{cr} は18.4 kN･m/mとなり，**表6** に示す保証値の終局曲げ耐力の値に近くなる．なお，余盛りを行うことで，曲げひび割れ発生時の荷重と曲げ破壊時の荷重との差が小さくなるが，破壊時のじん性は保たれていると判断できる．

$$M_{cr}=f_{bcd}\cdot\frac{I}{(t+d)-x}=18.4\ \mathrm{kN\cdot m/m} \tag{43}$$

2.3　保証値を用いた設計

2.3.1　設計条件

下水道用マンホールに接続する鉄筋コンクリート製プレキャストボックスカルバートを構築する．土被りは5.0 mで，使用時の地下水位は，ボックスカルバートの基礎面以下とする．なお，照査は，**図7** の余盛が消失した後の断面を対象とする．使用状態においては，曲げひび割れがボックスカルバートに生じないこと，終局状態においては，曲げおよびせん断の作用によって破壊しないことを照査する．

なお，終局状態は，地下水位がボックスカルバートの頂版よりも1 m上に上昇した場合を想定する．

2.3.2　荷　　重

1) 函体の各部材の自重（奥行1.0mあたり）

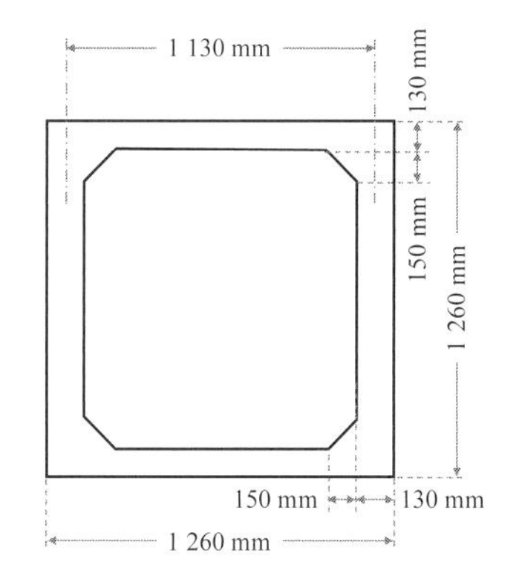

図8　ボックスカルバートの寸法

1. 頂版の重量

BFSコンクリートの単位体積重量：24.5 kN/m^3

・　頂版の重量=0.13 m×1.26 m×24.5 kN/m^3=4.01 kN/m

・　隅角部の重量=2×(0.15 m×0.15 m/2)×24.5 kN/m^3=0.55 kN/m

∴頂版の自重による等分布荷重=4.56 kN/m/1.13 m=4.04 kN/m^2

2. 側壁の重量：0.13 m×1.00 m×24.5 kN/m^3=3.19 kN/m

2) 使用状態（低水位）における上載荷重および土圧（奥行 1.0 m あたり）

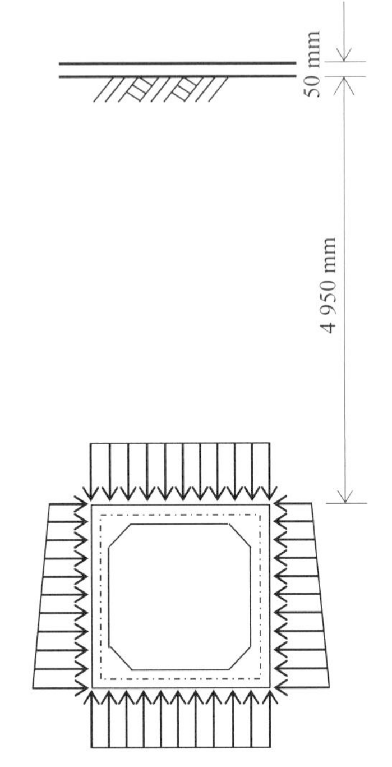

図 9　使用状態における土圧状態

1. アスファルトによる上載荷重（単位体積重量：22.5 kN/m^3）

(1) 鉛直方向：0.05 m×22.5 kN/m^3=1.13 kN/m^2

(2) 水平方向（水平土圧係数 K_h=0.3 の場合）：0.3×0.05 m×22.5 kN/m^3=0.34 kN/m^2

(3) 水平方向（水平土圧係数 K_h=0.5 の場合）：0.5×0.05 m×22.5 kN/m^3=0.56 kN/m^2

2. 土　圧（土砂の単位体積重量：18.0 kN/m^3）

(1) 鉛直方向の土圧：4.95 m×18.0 kN/m^3=89.1 kN/m^2

(2) 水平方向の土圧（水平土圧係数 K_h=0.3 の場合）

・ 頂版軸線：0.3×5.02 m×18.0 kN/m^3=27.1 kN/m^2

・ 底版軸線：0.3×6.15 m×18.0 kN/m^3=33.2 kN/m^2

(3) 水平方向の土圧（水平土圧係数 K_h=0.5 の場合）

・ 頂版軸線：0.5×5.02 m×18.0 kN/m^3=45.2 kN/m^2

・ 底版軸線：0.5×6.15 m×18.0 kN/m^3=55.4 kN/m^2

3) 終局状態（高水位）における上載荷重，土圧および水圧（奥行 1.0 m あたり）

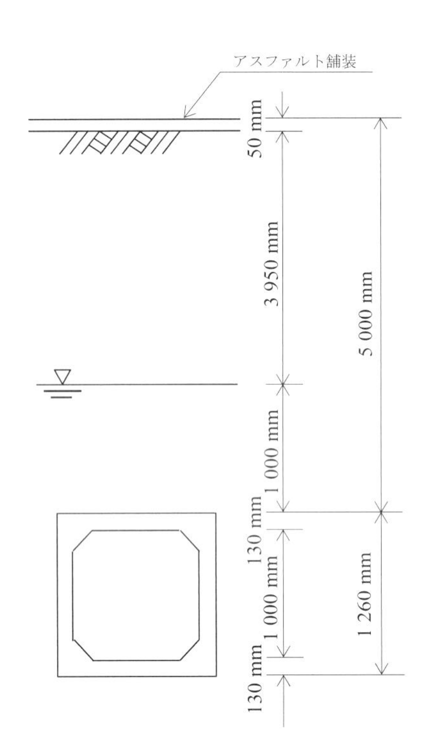

図 10　終局状態における水位

1. アスファルトによる上載荷重

(1) 鉛直方向：1.13 kN/m^2

(2) 水平方向（水平土圧係数 K_h=0.3 の場合）：0.34 kN/m^2

(3) 水平方向（水平土圧係数 K_h=0.5 の場合）：0.56 kN/m^2

2. 土圧および水圧（水中の土砂の単位体積重量：10.0 kN/m^3）

(1) 鉛直方向の土圧：81.1 kN/m^2

・ 水位より上：3.95 m×18.0 kN/m^3=71.1 kN/m^2

・ 水位より下：1.00 m×10.0 kN/m^3=10.0 kN/m^2

(2) 水平方向の土圧（水平土圧係数 K_h=0.3 の場合）

・ 頂版軸線：0.3×｛5.02 m×18.0 kN/m^3+(5.02 m-3.95 m) ×10.0 kN/m^3｝=30.3 kN/m^2

・ 底版軸線：0.3×｛6.15 m×18.0 kN/m^3+(6.15 m-3.95 m) ×10.0 kN/m^3｝=39.8 kN/m^2

(3) 水平方向の土圧（水平土圧係数 K_h=0.5 の場合）

・ 頂版軸線：0.5×｛5.02 m×18.0 kN/m^3+(5.02 m-3.95 m) ×10.0 kN/m^3｝=50.5 kN/m^2

・ 底版軸線：0.5×｛6.15 m×18.0 kN/m^3+(6.15 m-3.95 m) ×10.0 kN/m^3｝=66.4 kN/m^2

(4) 水　圧

・ 頂版軸線：1.07 m×10.0 kN/mm^2=10.7 kN/m^2

・ 底版軸線：2.20 m×10.0 kN/mm^2=22.0 kN/m^2

4) 鉛直方向の活荷重（奥行 1.0 m あたり）

ボックスカルバートの頂版上部には，活荷重として集中荷重（T 荷重：100 kN）が作用する．T 荷重は，接地幅 0.2 m で 45°の角度で，車の占有幅 2.75 m の範囲に分布するものとする．

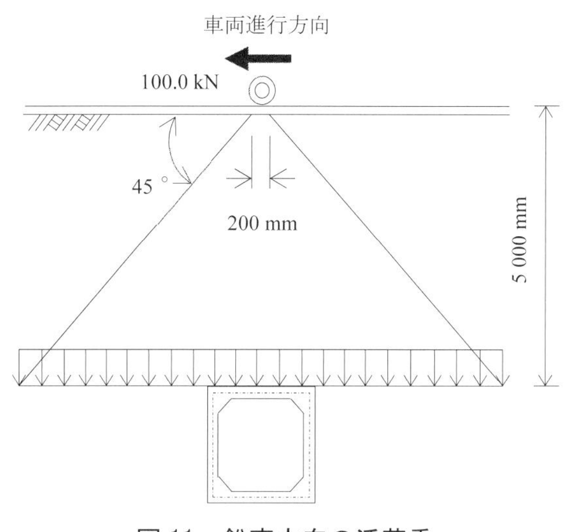

図 11　鉛直方向の活荷重

1. 縦断方向の単位長さ当たりの活荷重 P_{1+i}

$$P_{1+i}=\frac{2\times P\cdot(1+i)}{b}=94.6\ \text{kN/m}$$

ここに，　P ：輪荷重（=100 kN）

i ：衝撃係数（=0.3）

b ：車軸幅（=2.75 m）

2. 換算等分布活荷重 P_{vl}

$$P_{vl}=\frac{P_{1+i}\cdot\beta}{2D+D_0}=8.34\ \text{kN/m}^2$$

ここに，　β ：輪荷重の低減係数（=0.9）

D ：道路表面からボックスカルバート頂版までの深さ（=5 m）

D_0 ：車輪接地幅（=0.2 m）

5) 水平方向の活荷重（奥行 1.0 m あたり）

ボックスカルバート両側面には，10.0 kN/m^2 の L 荷重の影響が作用するものとする．

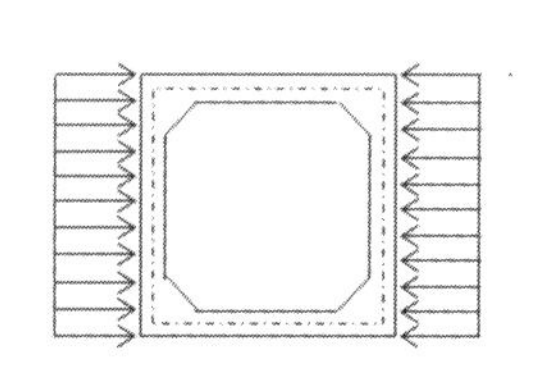

図 12　水平方向の活荷重

1. 側壁に作用する水平方向の活荷重 P_h（水平土圧係数 K_h=0.3 の場合）

P_h=0.3×10.0 kN/m^2=3.00 kN/m^2

2. 側壁に作用する水平方向の活荷重 P（水平土圧係数 K_h=0.5 の場合）

P_h=0.5×10.0 kN/m^2=5.00 kN/m^2

2.3.3　使用性に関する照査

使用状態における設計応答値を求めるための構造物係数 γ_i および構造解析係数 γ_a は，全て 1.0 とする．また，作用係数 γ_f は，**表 7** に示すように鉛直方向および水平方向に全ての荷重に対して 1.0 とする．

表 7　設計応答値を求めるための作用係数

躯体自重	舗装重量		土　圧		活荷重	
	鉛直方向	水平方向	鉛直方向	水平方向	鉛直方向	水平方向
1.0	1.0	1.0	1.0	1.0	1.0	1.0

図 13 に，曲げモーメントおよびせん断力を検討する断面の位置を示す．隅角部においては，曲げモーメントは軸線上を検討位置とし，せん断はハンチ中央部を検討位置とする．**図 14** に水平土圧係数を 0.3 および 0.5 した場合のボックスカルバートの各断面に作用する設計曲げモーメントを示す．

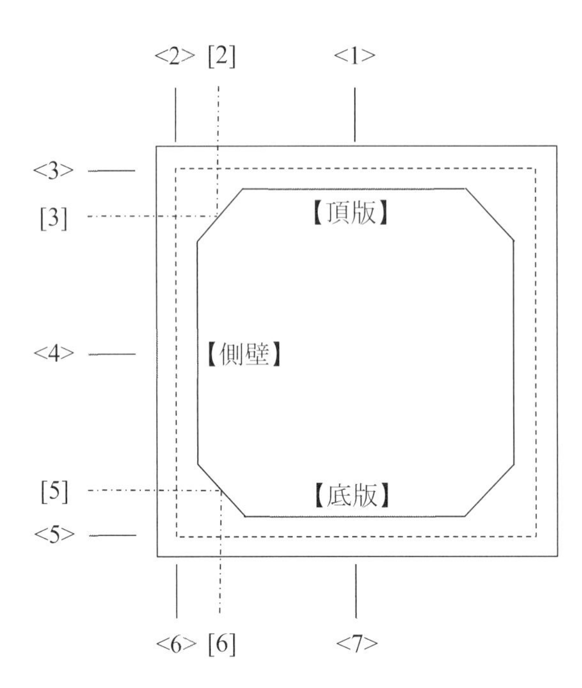

〈　〉: 曲げモーメントの検討位置

［　］: せん断力の検討位置

図 13　曲げモーメントおよびせん断力を照査する検討断面

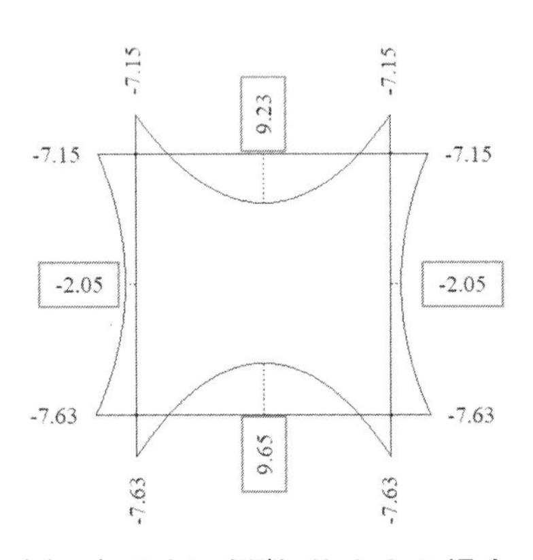

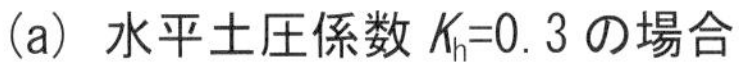

(a) 水平土圧係数 K_h=0.3 の場合

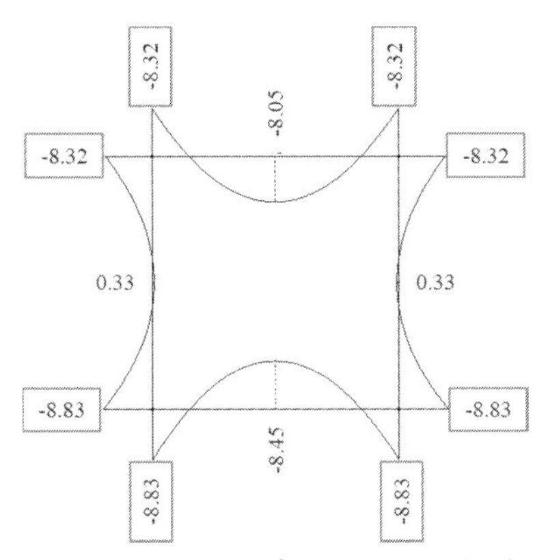

(b) 水平土圧係数 K_h=0.5 の場合

図 14　使用状態における設計曲げモーメント（単位：kN·m/m）

表 8　曲げひび割れの照査

部　位	頂　版		側　壁			底　版	
検討断面	中央部<1>	隅角部<2>	隅角部<3>	支間部<4>	隅角部<5>	隅角部<6>	中央部<7>
K_h	0.3	0.5	0.5	0.3	0.5	0.5	0.3
設計曲げ力 M_d※	9.23	8.32	8.32	2.05	8.83	8.83	9.65
保証値 M_{ud}※	11.0						
$\gamma_i \cdot M_d/M_{ud}$	0.84	0.76	0.76	0.19	0.80	0.80	0.88

※　単位：kN·m/m

表 8 に，図 14 の (a) および (b) に示す結果のうち，より大きな設計曲げモーメントと，曲げひび割れ耐力の

保証値とを比較した結果を示す．また，表中の引張側は，たわみの方向がボックスカルバートの外側か，内側かを示している．いずれの検討断面も設計曲げモーメントは，曲げひび割れ耐力の保証値を下回っている．なお，このボックスカルバートには，図15に示すように圧縮側の軸力が全ての部材に生じているため，曲げひび割れが発生する可能性はさらに低くなる．

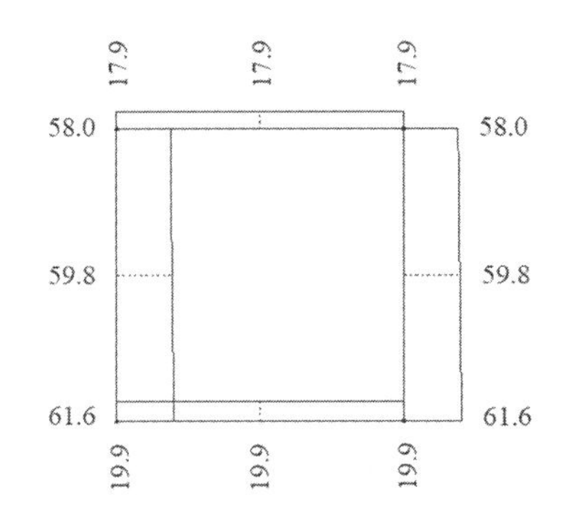

(a) 水平土圧係数 K_h=0.3 の場合

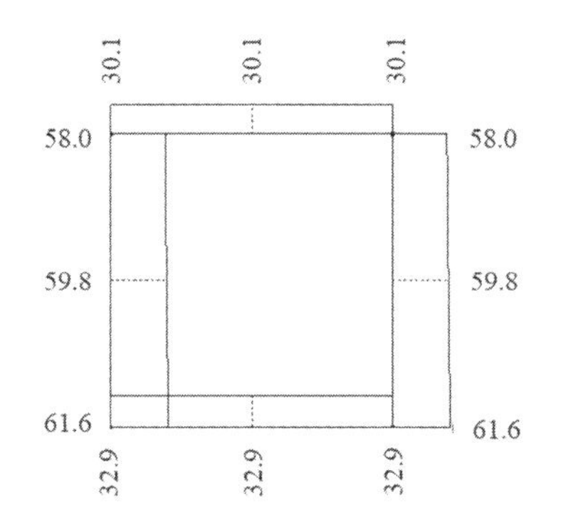

(b) 水平土圧係数 K_h=0.5 の場合

図15　使用状態における設計軸力（単位：kN/m）

2.3.4　安全性に関する照査

土かぶりを5.0 mとし，水位がボックスカルバートの頂版より1 m上昇する場合を終局状態として安全性に関する照査を行う．安全性は，曲げとせん断による断面破壊に対して行う．終局状態における設計応答値を求めるための構造物係数 γ_i および構造解析係数 γ_a は，1.0とする．

頂版および底版の中央断面および曲げによって外側に変形する側壁の中央断面の安全性を照査する場合の各荷重の作用係数 γ_f を表9に示す．

表9　頂版，底版の中央断面および外側に変形する側壁の中央断面の設計応答値を求めるための作用係数

躯体自重	舗装重量		土　圧		水　圧		活荷重	
	鉛直方向	水平方向	鉛直方向	水平方向	揚水圧	水平方向	鉛直方向	水平方向
1.1	1.1	0.0	1.1	0.8	1.0	0.0	1.2	0.0

曲げによって内側に変形する側壁の中央断面の安全性を照査する場合の荷重の作用係数 γ_f を表10に示す．

表10　内側に変形する側壁の中央断面の設計応答値を求めるための作用係数

躯体自重	舗装重量		土　圧		水　圧		活荷重	
	鉛直方向	水平方向	鉛直方向	水平方向	揚水圧	水平方向	鉛直方向	水平方向
1.0	1.0	1.2	1.0	1.2	0.0	1.0	0.0	1.2

隅角部の安全性を照査する場合の荷重の作用係数 γ_f を表11に示す．なお，頂版および底版の中央断面および曲げによって外側に変形する側壁の中央断面の照査に用いる設計応答値を計算する場合は，水平土圧係数 K_h に0.3を用いる．曲げによって内側に変形する側壁および隅角部の照査に用いる設計応答値を計算する場合は，水平土圧係数 K_h を0.5とする．

表 11　隅角部の設計応答値を求めるための作用係数

躯体自重	舗装重量		土　圧		水　圧		活荷重	
	鉛直方向	水平方向	鉛直方向	水平方向	揚水圧	水平方向	鉛直方向	水平方向
1.1	1.1	1.2	1.1	1.2	1.0	1.0	1.2	1.2

1) 曲げに対する照査

図 16 に，頂版および底版の中央断面，側壁の中央断面および隅角部に，それぞれ，不利な荷重状態を作用させた場合の曲げモーメント図を示す．(a)は，水平土圧係数 K_h を 0.3 とし**表 9** の荷重を作用させた場合で，(b)は，水平土圧係数 K_h を 0.5 とし**表 10** の荷重を作用させた場合で，(c)は，K_h を 0.5 とし**表 11** の荷重を作用させた場合である．これらの図では，内側に変形する場合の曲げモーメントをプラスとしている．

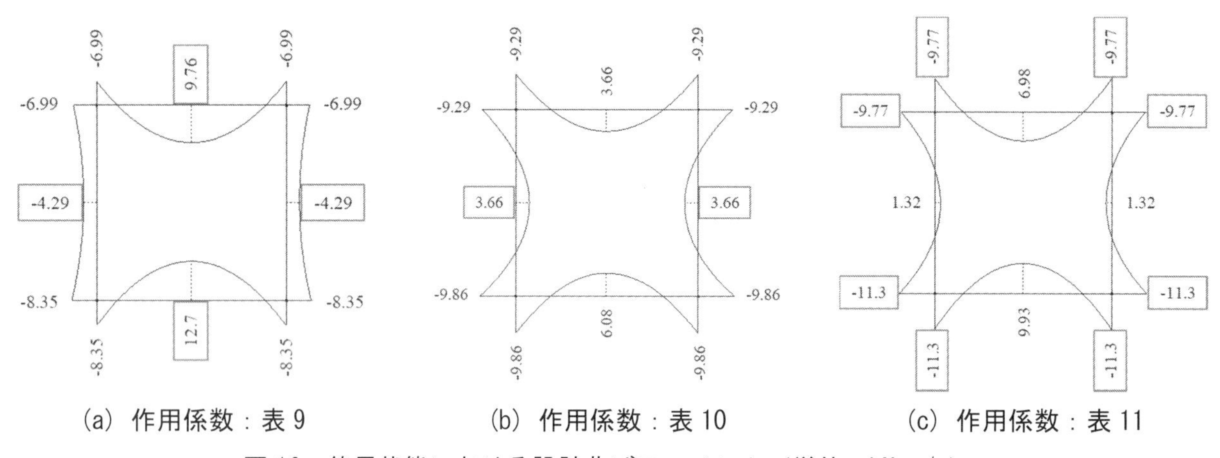

(a) 作用係数：表 9　　(b) 作用係数：表 10　　(c) 作用係数：表 11

図 16　終局状態における設計曲げモーメント（単位：kN·m/m）

それぞれの検討断面における曲げモーメントと，終局曲げ耐力の保証値とを比較した結果を**表 12** に示す．安全性に関する照査に用いる終局曲げ耐力の保証値は，それぞれの方向に対して保証されている値が用いられている．いずれの断面においても，終局曲げ耐力の保証値が曲げモーメントを上回っており，曲げ破壊に対する安全性が確認される．

表 12　曲げに対する安全性に関する照査

部　位	頂　版		側　壁				底　版	
検討断面	中央部<1>	隅角部<2>	隅角部<3>	支間部<4>		隅角部<5>	隅角部<6>	中央部<7>
引張側	内　側	外　側			内　側	外　側	内　側	
設計曲げ力 M_d※	9.76	9.77	9.77	4.29	3.66	11.30	11.30	12.70
保証値 M_{ud}※	26.6	19.8			26.6	19.8		26.6
$\gamma_i \cdot M_d/M_{ud}$	0.37	0.49	0.49	0.22	0.14	0.57	0.57	0.48

※　単位：kN·m/m

2) せん断に対する照査

図 17 に，水平土圧係数 K_h を 0.5 とし，**表 11** に示す作用係数 γ_f の荷重状態で計算した設計せん断力図を示

す．この結果に基づくせん断に対する安全性に関する照査結果を表13に示す．いずれの断面においても，終局せん断耐力の保証値が設計せん断力を上回っており，せん断破壊に対する安全性が確認される．

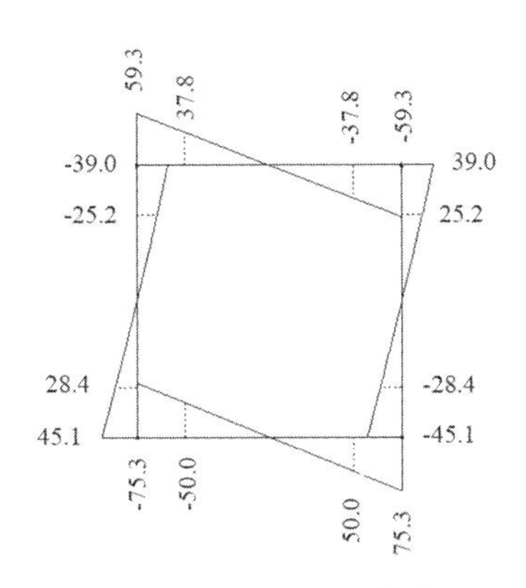

図17　設計せん断力図（単位：kN/m）

表13　せん断に対する安全性に関する照査（照査対象を側壁とした場合）

部　位	頂　版	側　壁		底　版
検討断面	ハンチ[2]	ハンチ[3]	ハンチ[5]	ハンチ[6]
設計せん断力 V_d※	59.3	39.0	45.1	75.3
保証値 V_{cd}※	99.3			
$\gamma_i \cdot V_d/V_{cd}$	0.60	0.39	0.45	0.76

※　単位：kN/m

付録Ⅳ　スランプ試験後の平板叩きによるコンクリートの簡易変形試験方法

1．はじめに

コンクリートの粘性が低いとコンクリートが分離傾向になって締固め作業が難しくなる．一方，コンクリートの粘性が高いと必要な締固め完了エネルギーが大きくなるばかりではなく，気泡が巻き込みやすくなり，コンクリートの締固めに余計な労力を加えなければならない．したがって適切な粘性を持つ配合を選定することがコンクリートの締固め作業おいては重要である．コンクリートのワーカビリティーは，コンシステンシーと材料分離抵抗性を含む多くの要因から定まる．骨材や化学混和剤の種類が少なかった時代には，材料分離抵抗性等のフレッシュコンクリートの性質に影響する要因が少なく，スランプ試験により求められたコンシステンシーにより，ワーカビリティーの間接的な評価が可能であった．しかし，良質な骨材が枯渇化してきたことや多種多様な混和材の活用，化学混和剤の多機能化により，スランプ試験だけでコンクリートのワーカビリティーを評価することが難しくなっている．

このような背景から，新たな装置を用いることなく，コンクリートのフレッシュ性状を評価するための簡易試験方法が求められている．スランプ試験が重力下でコンクリートのコンシステンシーを評価するものであるのに対して，本試験は，振動を与えた時に求められるコンクリートの品質を評価するものとして位置づけられる．この試験では，振動を伴う締固めにおいて材料分離が生じ難いコンクリートの配合を選定するために，主として試し練りの段階で，簡易的に締固め完了エネルギーに相当する振動を与えたときのコンクリートの一体性（セメントペーストと骨材あるいはモルタルと粗骨材が一体となって変形する様）の程度を評価することを目的としている．ここで，締固め完了エネルギーとは振動による締固めが完了するために必要なエネルギーであり，締固め完了は「ある容積の無筋の容器内において，フレッシュコンクリートが振動による締固めによって配合上の理論密度あるいはそれに相当する密度に達した状態」と考えている．

2．試験器具

2.1　スランプコーンおよび突き棒

スランプコーンおよび突き棒は，JIS A 1101「コンクリートのスランプ試験方法」に規定するものとする．

2.2　平　板

平板は，JIS A 1150「コンクリートのスランプフロー試験方法」に規定するものとする．ただし，試験に使用する平板の表面には，直径 200 mm，450 mm および 550 mm の同心円を描いておく．直径 200 mm の円はスランプコーンを設置する位置を示すもので，直径 450 mm と 550 mm の円はコンクリートの変形の程度を確認するためのものである．

2.3　コンクリートの広がりの測定用器具（直径測定器具）

直径測定器具は，JIS B 7512「鋼製巻尺」のコンベックスルール又はこれに相当するもので，1 mm まで読み取れるものとする．

2.4　噴霧器

フェノールフタレイン溶液をコンクリート表面に均等に噴霧できるもの．試薬は，JIS K 8001「試薬試験方法通則」の JA.5（指示薬）に規定するフェノールフタレイン溶液を用いる．

2.5　叩き器具

平板に適度な振動（コンクリートに変形）が与えられる大きさの木槌，又はプラスチックハンマー等を用いる．

2.6　直径測定用補助器具

直径測定用補助器具は，JIS A 1150 の 3.5（測定用補助器具）に規定するものとする．

3．試　験

3.1　試料の採取

試験試料は，JIS A 1115「フレッシュコンクリートの試料採取方法」の規定によって採取するか，又はJIS A 1138「試験室におけるコンクリートの作り方」の規定によって作る．

3.2　スランプコーンおよび平板の設置

JIS A 1150 の 5.a)（スランプコーン及び平板の設置）による．平板叩き後のコンクリートの広がりが最大で550 mm 程度になるまで変形させる必要があるため，平板の大きさは少なくとも1辺0.6 m は必要である．本試験では，平板と床面の間に，平板の全体，又は四隅を支持し，かつ平板の水平を保てる介在物を設置する．適当な介在物の例としては，コンクリート用細骨材，四角形のスランプレベル台等がある．

3.3　スランプ試験およびコンクリート上面の着色

スランプ試験は，JIS A 1101 による．ただし，スランプコーンを引き上げる前に，スランプコーンに詰めたコンクリートの上面は，粗骨材が見えないようにコテ等を使用してならし，フェノールフタレイン溶液を噴霧して着色する．なお，スランプ試験を行った直後のコンクリートがスランプコーンの中心軸に対して偏ったり，崩れたりして，形が不均衡になった場合は，試験試料を取り直して，新たにスランプ試験から試験する．

3.4　平板叩き

コンクリートが同心円状に広がるように，木槌等の叩き器具で平板の四隅を均等かつ順番に叩き続け，広がったコンクリートの先端が平板に描いた直径 450 mm の円に達するまでコンクリートを変形させる．叩き器具は，平板を叩いて効率よく振動を発生させるものを使用する．例えば，JIS A 1118「フレッシュコンクリートの空気量の容積による試験方法（容積方法)」にある木槌の大きいものであれば適切である．叩く位置はあらかじめマーキングしておき，その位置を叩くのがよい．

3.5　平板叩き後のコンクリートの広がりの測定

直径測定器具と直径測定用補助器具を用いて，**写真 1 (a)** に示す平板叩き後のコンクリートの広がりを測定する．平板叩き後のコンクリートの広がりは，最大と思われる直径と，その直交する方向の直径を 1 mm の単位で測定し，5 mm 単位に丸めた両直径の平均値で表示する．なお，両直径の差が 50 mm 以上となった場合には，平板叩き後のコンクリートの形状が円形から著しくはずれていると判断し，試験試料を取り直して，新たにスランプ試験から試験する．

3.6　平板叩き後のコンクリートの観察

平板叩き後のコンクリートを観察する．観察の要点は，着色面の形状，浮き水の状況，水の分離，コンクリートの割れや崩れ等がある．**写真 1** から**写真 3** に平板叩き後のコンクリートの状態の例を示す．

3.7　平板再叩き

コンクリートの観察後，平板を再度叩き，広がったコンクリートの先端が平板に描いた直径 550 mm の円に達するまでコンクリートを変形させる．なお，このとき，両直径の差は 50 mm 以上であってもよい．ただし，スランプコーンの引上げ終了から再叩き終了までの時間は 5 分以内とする．

3.8　平板再叩き後のコンクリートの広がりの測定

平板再叩き後のコンクリートの広がりを測定する．

3.9　平板再叩き後のコンクリートの観察

コンクリートの広がりの測定後，平板再叩き後のコンクリートを観察する．

(a) 着色面の散らばりが少ない例

(b) 着色面の散らばりが多い例

写真１　着色面の形状の例

(a) 浮き水の例

(b) 水の分離の例

写真２　材料分離の例

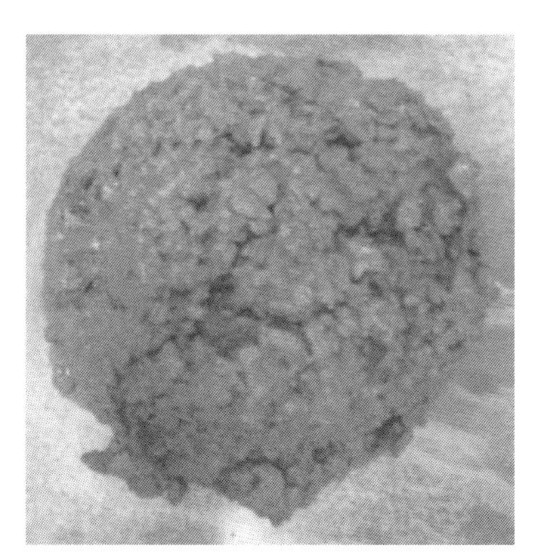

(a) 割れの例

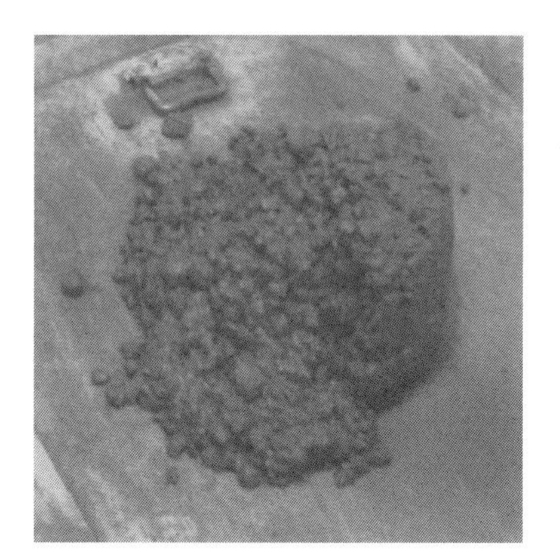

(b) 崩れの例

写真３　コンクリートの割れと崩れの例

４．判断の目安

過剰な振動はコンクリートを分離させるが，コンクリートは少なくとも締固めが完了されるまでの振動を受けても分離しない材料分離抵抗性を持たなければならない．単位容積のフレッシュコンクリートが完全に締め固められるのに必要なエネルギーを締固め完了エネルギーと呼ぶとすれば，締固め完了エネルギーに相当する振動をスランプ試験後の試料に加えると，配合が相違しても試料の変形後の直径は 470±15 mm 前後でほぼ一定になることが確認されている．すなわち，スランプ試験後の試料を直径が 470 mm 前後になるまで変形させるために平板を叩くのに使用されたエネルギーは，平板を叩いた回数と叩きに使用した道具に関係なく，締固め完了エネルギーに相当すると見なすことができる．この知見を用いれば，平板を叩くことによって試料の直径が 450 mm になったときに，試料やフェノールフタレインを散布した上面が崩れることは，振動締固めによって材料分離が生じる可能性が高いことを意味し，平板を叩くことによって試料の直径が 550 mm になってもフェノールフタレインを散布した上面が残ることは粘性が高過ぎると判断できることになる．

付録V　スケーリング試験方法（JSCE-K 572「けい酸塩系表面含浸材の試験方法（案）」抜粋）

1．JSCE-K 572 に基づくスケーリング試験方法

JSCE-K 572 に示される試験法のうち，スケーリングに対する抵抗性試験方法を下記に抜粋する．

6.10　スケーリングに対する抵抗性試験　けい酸塩系表面含浸材を用いた試験体のスケーリングに対する抵抗性試験は，**図２**に示される TYPE-I の試験体を用いる．

6.10.1　試験装置　試験体に所定の凍結融解サイクルを与えるのに必要な冷却および加熱装置，試験槽，制御装置ならびに温度測定装置からなるもの．温度測定装置は，試験槽内の温度を最小表示量 0.1 ℃以下で測定できるもので，記録装置をもつもの．

6.10.2　試験用器具　試験に用いる器具は，次による．

a）**はかり**　はかりは，目量が 0.01 g 以下のもの．

b）**試験容器**　ステンレス製とし，試験体表面から容器側面までの距離を 20±10 mm とすることのできるもの．

c）**超音波洗浄機**　洗浄機と試験容器底面の最小間隔を 15 mm として設置できる槽内寸法を有するもので，周波数は 35 kHz とする．

6.10.3　試験方法

a）**吸水工程**　試験体は，**図４**に示すように，試験体を試験容器の底面から 10 mm の位置に設置し，深さ 5 mm 程度となるよう試験液に浸せきさせ，温度 20±2 ℃の条件下で含浸面（試験面）より 7 日間吸水させる．試験容器は，水の蒸発を防ぐために試験液表面をアルミホイル等で覆う．

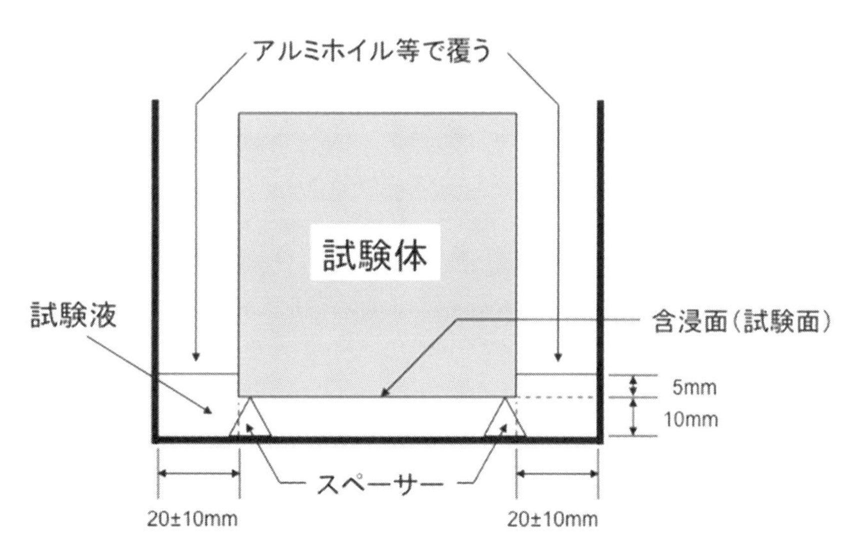

図４　試験容器とスケーリングに対する抵抗性試験の例

b）**試験液**　濃度が（3.0±0.3）%の塩化ナトリウム水溶液とする．試験液は，JIS K 8150 の塩化ナトリウムを，JIS K 0050 の 7.3 に規定する水に溶かして調製する．

c）**試験体の設置**　試験容器内の試験体の浸せき深さが 5 mm 程度となるように，試験液を調整し（**図４**），凍結融解試験を開始する．

d）**凍結融解サイクル**　試験槽内の温度を±0.5 ℃の範囲で管理し，20 ℃から－20 ℃までの凍結工程を 4 時間（凍結速度：10 ℃/時間），－20 ℃の温度保持を 3 時間，－20 ℃から 20 ℃までの融解工程を 4 時

間（融解速度：10 ℃/時間），20 ℃の温度保持を 1 時間，計 12 時間を 1 サイクルとする．このサイクルを 60 サイクルまで繰り返す．なお，各工程は±10 分の範囲で管理し，1 サイクルに要する時間は±30 分の範囲を超えてはならない．

e）**スケーリング片の質量の測定**　凍結融解 6 サイクル間隔で試験面より剥離したスケーリング片の質量を測定する．試験体を入れた容器を 3 分間超音波洗浄機で処理(7)する．試験液のろ過には JIS P 3801 に規定される定性分析用 2 種（粒子保持性能 5 μm 程度）のろ紙を使用し，ろ過前にろ紙の質量（m_f）を 0.01 g まで測定する．試験液をろ紙を用いて自然ろ過した後に，残ったスケーリング片とろ紙を一緒に温度 105±5 ℃の恒温槽にて 24 時間乾燥させる．そして，スケーリング片とろ紙を温度 20±2 ℃，相対湿度（60±5）%の条件下で 1 時間±5 分冷却させ，その質量（m_m）を 0.01 g まで測定し，スケーリング片の質量を次式によって算出(8)する．ろ過終了後，c）に従い試験容器内に試験体を設置し，凍結融解試験を再開する．なお，試験容器を試験槽内に戻す場合は，あらかじめ定めた方法に従って試験容器の位置を変えて戻す．

$$m_s = m_m - m_f$$

ここに，m_s　：スケーリング片の質量（g）

m_f　：ろ紙の質量（g）

m_m　：スケーリング片とろ紙の乾燥後の質量（g）

注(7)　超音波洗浄機による処理後，試験面にスケーリング片が付着している場合には，ノズル付きポリ容器等を用いて，試験体表面を流水によって洗い流すように採取するのがよい．

注(8)　スケーリング片の質量に対してろ紙の乾燥前後の質量変化が無視できない程大きい場合，試験に使用していない別のろ紙を用いてろ紙の乾燥前後の質量変化量を求め補正するとよい．

f）**スケーリング量の算出**　スケーリング量は，次式により 6 個の試験体の平均値を算出し，四捨五入によって，小数点以下 2 けたの値に丸めて示す．

$$S_n = \frac{\sum m_n}{A}$$

ここに，S_n：凍結融解 n サイクル後の累積のスケーリング量（g/m²）

m_n：凍結融解 n サイクル後に試験面より剥離したスケーリング片の質量（g）

A：試験面の面積（m²）

6.10.4　評価方法　スケーリングに対する抵抗性試験における評価方法は，外観観察と質量損失比による．

a）**外観観察**　試験体にコンクリートを用いた場合には，スケーリングによる骨材の露出，ひび割れ等の有無および程度を目視によって観察し，写真を撮影し記録する．

b）**質量損失比**　凍結融解 60 サイクル後のスケーリング量より次式によって算出し，四捨五入によって小数点以下 2 けたの値に丸めて示す．

$$\zeta = \frac{S_{60}}{S_{60b}} \times 100$$

ここに，ζ：スケーリングによる質量損失比（%）

S_{60}：凍結融解 60 サイクル後における試験体の累積のスケーリング量（g/m²）

S_{60b}：凍結融解 60 サイクル後における原状試験体の累積のスケーリング量（g/m²）

2．スケーリング量の目安

月永らの行ったスケーリング試験結果より，スケーリング量の目安を**写真 1** に示す．

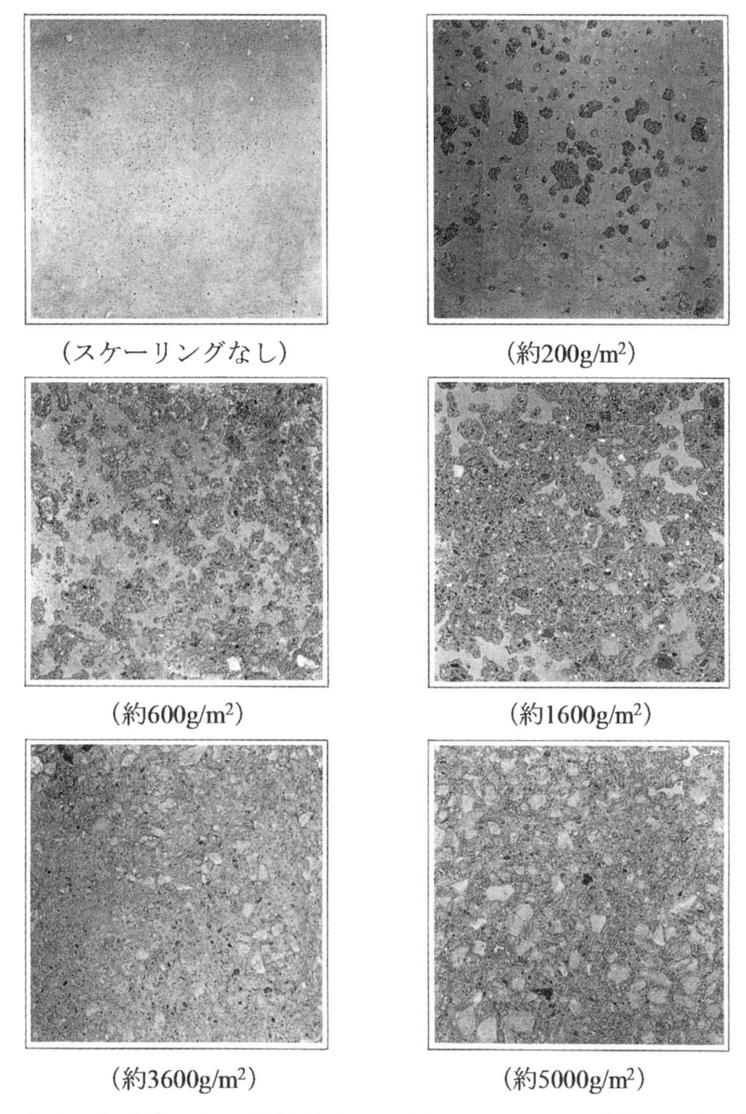

写真 1　試験終了後の試験体表面の例（スケーリング量の目安）※

※　月永洋一，寒冷地コンクリートの劣化性状とその診断への非破壊試験の適用に関する実験的研究，日本大学学位論文，1998

3．スケーリング試験の実施例

蒸気養生後 7 日間水中養生を行った BFS コンクリートと，蒸気養生後気中に置かれた砕砂を用いたコンクリートのスケーリング試験の結果を**写真 2** および**写真 3** に示す．それぞれのコンクリートの配合は，**表 1** および**表 2** に示すとおりである．配合も圧縮強度もほぼ同じである．全ての供試体は，打設日が異なり，全てプレキャスト製品の製造工場の実機で製造され，養生されたものである．

表 1　BFS コンクリートの配合

Gmax (mm)	Slump (cm)	Air (%)	W/B (%)	s/a (%)	単位量 (kg/m^3)						混和剤(kg/m^3)	
					W	C	GGBS	BFS1.2	G15	G20	SP	増粘剤
20	21	2.0	35.0	45.0	155	266	177	842	494	494	3.77	0.133

※混和剤は水の一部として計量，SP：高性能減水剤

(1) 9/25 作製　(2) 9/26 作製　(3) 9/27 作製　(4) 9/28 作製
(5) 10/2 作製　(6) 10/3 作製　(7) 10/4 作製　(8) 10/10 作製
(9) 10/11 作製　(10) 10/12 作製　(11) 10/13 作製　(12) 10/16 作製
(13) 10/17 作製　(14) 10/18 作製　(15) 10/19 作製　(16) 10/20 作製

※（）内は，ロット番号

写真 2　BFS コンクリートの 56 サイクル終了後の様子

表２　砕砂コンクリートの配合

Gmax (mm)	Slump (cm)	Air (%)	W/B (%)	s/a (%)	単位量 (kg/m³)						混和剤(kg/m³)
					W	C	GGBS	S	G10	G20	SP
20	21	2.0	34.3	45.0	173	337	166	807	362	534	4.28

※混和剤は水の一部として計量，SP：高性能減水剤

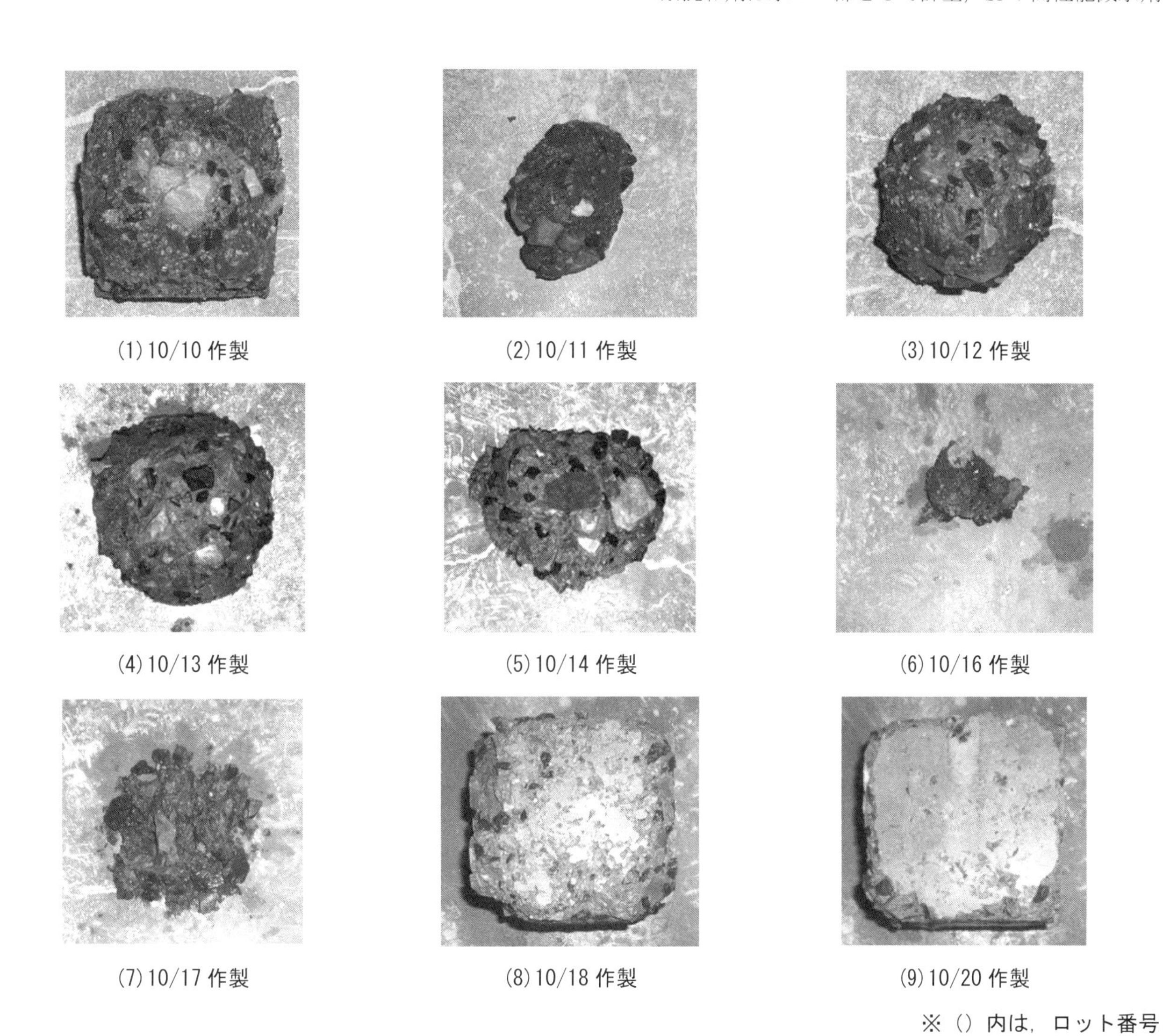

(1) 10/10 作製　(2) 10/11 作製　(3) 10/12 作製

(4) 10/13 作製　(5) 10/14 作製　(6) 10/16 作製

(7) 10/17 作製　(8) 10/18 作製　(9) 10/20 作製

※（）内は，ロット番号

写真３　砕砂コンクリートの56サイクル終了後の様子

付録Ⅵ　塩化物イオンの見掛けの拡散係数の環境依存性

1．浸せき試験による塩化物イオンの見掛けの拡散係数を活用するときの留意点

新しい材料で実績が少ない場合，現状ではJSCE-G 572「浸せきによるコンクリート中の塩化物イオンの見掛けの拡散係数試験方法」，または，JSCE-G 571「電気泳動によるコンクリート中の塩化物イオンの実効拡散係数試験方法」等の電気化学的な試験により，照査に用いる塩化物イオンの見掛けの拡散係数を求めることになる．しかし，これらの試験は実構造物での気温，日射，乾湿繰返し等の環境条件を直接的に考慮した試験方法ではないことに留意しなければならない．

JSCE-G 571やJSCE-G 572による試験では，コンクリート中の空隙は液状水で飽和している．それに対し，水掛かりが少ない実部材のコンクリートでは，乾燥によって空隙水の飽和度が低下し，塩化物イオンの拡散経路となる液状水の連続性が低下する．この場合，コンクリートが乾燥するほど，塩化物イオンの見掛けの拡散係数は小さくなる．一方，干満帯のように乾湿繰返し作用が強い環境では，塩化物イオンの移動は拡散だけでなく移流の影響も受けるようになる．ここでは，移流の影響が小さいと考えられる実環境下（大気中）での曝露試験によって得られる塩化物イオンの見掛けの拡散係数と，浸せき試験によって得られる塩化物イオンの見掛けの拡散係数を比較した結果の例を示す．また，塩害環境下における鋼材腐食に対する照査で用いる塩化物イオンの見掛けの拡散係数について，それを求めるために必要となる「実環境条件を考慮するための係数ρ_e」を同じ曝露試験と浸せき試験の結果に基づいて検討したので，その結果も示す．

2．実環境下での塩化物イオンの見掛けの拡散係数の測定事例と分析

2.1　曝露試験の概要

示方書［設計編：標準］に示される塩害の環境区分で，海岸からの距離0.1 km付近および汀線付近に相当する場所で曝露試験を行い，塩化物イオンの見掛けの拡散係数を求めた．曝露試験を行ったのは，新潟県上越市名立区（平均気温：13.2 °C，平均相対湿度：76.0 %，積算降水量：10 378 mm）と沖縄県国頭郡大宜味村（平均気温：22.4 °C，平均相対湿度74.6 %，積算降水量：7 828 mm）である．これらの場所は，雨掛かりはあるものの，海水や漏水が恒常的に直接作用するものではなく，乾燥によってコンクリート内部の含水率が低下する環境である．試験体を設置した曝露試験場を**写真1**に示す．

また，コンクリート中の含水状態を測定するために，茨城県つくば市南原（平均気温：13.9 °C，平均相対湿度：71.8 %，積算降水量：4 896 mm）に，新潟および沖縄に設置したものと同じ試験体を曝露した．

(a) 新潟の曝露試験場（海岸より，0.1km付近）

(b) 沖縄の曝露試験場（汀線付近）

写真1　曝露試験場の環境条件

2.2　試験体の概要

試験体の諸元を**表1**に示す．コンクリートには，水結合材比が36 %および40 %のものを用いている．セメ

ントには早強ポルトランドセメントを用い，混和材には，高炉スラグ微粉末およびフライアッシュを用いている．また，細骨材には，砕砂およびBFSを用いている．塩化物イオンの見掛けの拡散係数は，浸せき試験についてはJSCE-G 572-2013「浸せきによるコンクリート中の塩化物イオンの見掛けの拡散係数試験方法（案）」により求め，曝露試験については「実構造物におけるコンクリート中の全塩化物イオン分布の測定方法（案）（JSCE-G 573-2013）」により求めた．浸せき試験の浸せき期間は，水結合材比が36％のものは12ヶ月間で，水結合材比が40％のものは20ヶ月間である．また，曝露試験期間は，577日から618日で，おおよそ20ヶ月である．

表1　試験体の諸元[1), 2)]

配　合	W/B (%)	単位量(kg/m³)　※（　）内数字は置換率								スランプ (cm)	空気量 (%)	圧縮強度 (N/mm²)	曝露場所	
		W	HPC	GGBS 4000	GGBS 6000	FA	S	BFS	G				新潟	沖縄
H40	40	165	413	—	—	—	758	—	968	11.5	4.6	59.8	○	○
H40B430			289	124 (30%)	—	—	749	—		10.5	3.8	57.9	○	○
H40B450			206	206 (50%)	—	—	744	—		13.5	5.1	47.9	○	○
H40B630			289	—	124 (30%)	—	750	—		13.5	4.7	57.3	○	○
H40B650			206	—	206 (50%)	—	745	—		14.5	4.8	57.2	○	○
H40B670			124	—	289 (70%)	—	740	—		13.0	4.9	53.6	○	○
H40F10			371	—	—	41 (10%)	746	—		9.5	4.2	59.0	○	○
H40F20			330	—	—	83 (20%)	734	—		14.0	4.5	49.9	○	○
H40F30			289	—	—	124 (30%)	721	—		12.0	4.3	45.4	○	○
H36	36		458	—	—	—	721	—		12.0	5.3	65.3	—	○
H36BFS30				—	—	—	505	227 (30%)		9.0	5.4	67.8	—	○
H36BFS50				—	—	—	361	379 (50%)		11.5	5.2	67.9	—	○
H36BFS70				—	—	—	216	531 (70%)		13.0	5.0	68.7	—	○
H36BFS100				—	—	—	—	758 (100%)		13.0	5.3	68.7	—	○

2.3　浸せき試験と曝露試験の結果の比較

図1は，浸せき試験と曝露試験から得られた塩化物イオンの見掛けの拡散係数とコンクリート表面の塩化物イオン濃度を比較した結果である．塩化物イオンの見掛けの拡散係数を求める場合，試験体中の各深さで測定された全塩化物イオン濃度をフィックの第2法則に基づく拡散方程式を用いて回帰分析するが，この図では，塩化物イオンの見掛けの拡散係数と表面塩化物イオン濃度（コンクリート表面の全塩化物イオン濃度）の両者を未定係数として回帰分析している．図1(a)より，塩化物イオンの見掛けの拡散係数は，浸せき試験よりも曝露試験で得られるものの方が小さい．これは，雨掛りによる水の浸透が少なく，移流による塩化物イオンの移動の影響が小さかったこと，および，コンクリート内部が乾燥して塩化物イオンの拡散経路となる液状水の連続性が低下したことによると考えられる．図1(b)より，コンクリート表面の全塩化物イオン濃

度は，浸せき試験よりも曝露試験で得られるものの方が低い．これは，コンクリート表面への塩化物イオン量の接触頻度が，浸せき溶液よりも大気中の方が少ないことによると考えられる．さらに，曝露試験場による違いを比較すると，新潟よりも沖縄の方が，表面塩化物イオン濃度（コンクリート表面の全塩化物イオン濃度）が高い傾向にある．これは，**写真 1** に示したように，汀線からの試験体までの距離が主要因であると考えられる．

図 2 は，**図 1**(a)に示した曝露試験と浸せき試験から得られた塩化物イオンの見掛けの拡散係数の比を頻度分布図に整理したものである．0.10 から 0.15 の範囲のデータ数が最も多く，平均値は，0.20 である．このように，塩化物イオンの見掛けの拡散係数を表面塩化物イオン濃度も未定係数として回帰分析により求める場合，実環境下におけるコンクリートの見掛けの拡散係数は，環境条件が大気中で水の移流の影響を受けにくい場所であれば，浸せき試験から得られた塩化物イオンの見掛けの拡散係数の 0.2 倍程度と考えられる．

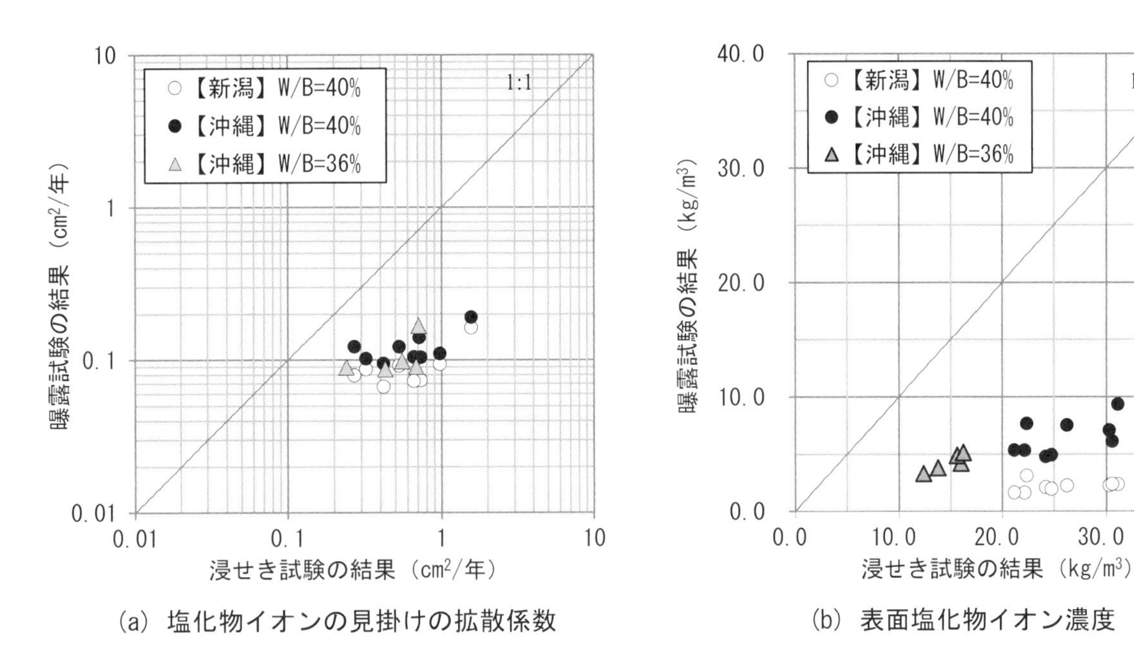

(a) 塩化物イオンの見掛けの拡散係数　(b) 表面塩化物イオン濃度

図 1　曝露試験と浸せき試験の比較結果

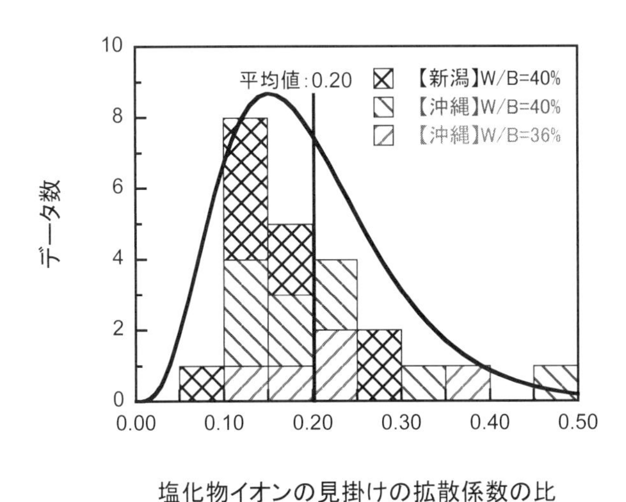

図 2　浸せき試験と曝露試験から得られた塩化物イオンの見掛けの拡散係数の比の分布

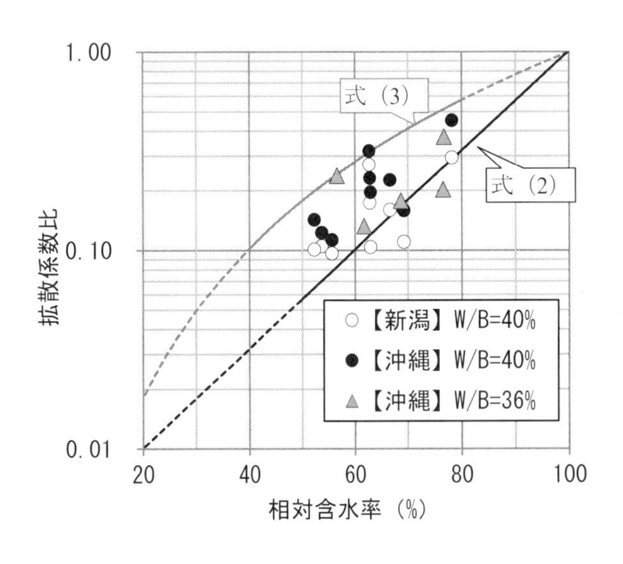

図 3　拡散係数比と相対含水率の関係

2.4　相対含水率の影響

曝露試験と浸せき試験から得られた塩化物イオンの見掛けの拡散係数に差が生じた要因としては，両試験体の内部の空隙水の飽和度が異なることが挙げられる．参考として，新潟と沖縄の曝露試験体と同時に製作して，茨城県つくば市南原の雨掛りのある屋外に曝露した円柱試験体（ϕ100×200 mm）で求めた各配合の相対含水率と，新潟と沖縄の曝露試験および浸せき試験から得た塩化物イオンの見掛けの拡散係数の比（以下，拡散係数比）を比較した結果を**図 3** に示す．**図 3** より，相対含水率と塩化物イオンの見掛けの拡散係数の測定環境や試験体の形状，寸法および評価領域が異なることに留意が必要ではあるが，曝露条件が同じ大気中環境下で相対含水率がほぼ同等であると見なせば，拡散係数比と相対含水率には一定の相関性があり，コンクリートの相対含水率が低く乾燥した試験体の塩化物イオンの見掛けの拡散係数ほど，浸せき試験によって求められた塩化物イオンの見掛けの拡散係数よりも小さくなることが分かる．また，図中の線は，既往の研究で移流拡散方程式を解いて算出した塩化物イオンの実効拡散係数（後述の式（2））[3)]あるいは電気抵抗率から求めた塩化物イオンの拡散係数[4)]から得た拡散係数比と相対含水率の関係（後述の式（3））である．なお，図中の破線はそれぞれの式の適用範囲外であることを示している．

なお，ここで示した相対含水率は，試験体の中央部から厚さ 50 mm の試料を切り出した後に質量を測定して式（1）から求めた値であり，1 に近づくほど飽水状態に近い状態を示す．

$$w=\frac{\left(W_{\mathrm{w}}-W_{\mathrm{d}}\right)-\left(W_{\mathrm{w}}-W_{\mathrm{i}}\right)}{W_{\mathrm{w}}-W_{\mathrm{d}}}\times 100 \tag{1}$$

ここに，　w　：　相対含水率（%）
W_{w}　：　飽水状態とした試料の質量（g）
W_{d}　：　絶乾状態とした試料の質量（g）
W_{i}　：　曝露試験終了直後の試料の質量（g）

式（2）は，移流拡散方程式を解いて得た塩化物イオンの拡散係数を用いて拡散係数比を求めた事例[3)]の関係式である．

$$\frac{D}{D_0}=0.0032\times 10^{0.025w} \tag{2}$$

ここに，　D　：　相対含水率 w の試験体の拡散係数（$\mathrm{cm^2}$/年）
D_0　：　飽水状態の拡散係数（$\mathrm{cm^2}$/年）
w　：　相対含水率（%）

式（3）は，電気抵抗率から得た塩化物イオン拡散係数を用いて拡散係数比を求めた関係式[4)]である．

$$\frac{D'}{D'_0}=\left(\frac{w}{100}\right)^{2.493} \tag{3}$$

ここに，　D'　：　相対含水率 w の試験体の電気抵抗率の測定値から推計した拡散係数（cm^2/年）

　　　　　D'_0　：　飽水状態の試験体の電気抵抗率の測定値から推計した拡散係数（cm^2/年）

　　　　　w　：　相対含水率（%）

3．実環境条件を考慮するための係数の検討

図 4，図 5 および図 6 に，新潟の曝露試験場において求められた塩化物イオン濃度の分布を示す．図 4，図 5 および図 6 は，それぞれ，高炉スラグ微粉末 4000，高炉スラグ微粉末 6000 およびフライアッシュを用いた結果で，水結合材比は 40 %である．

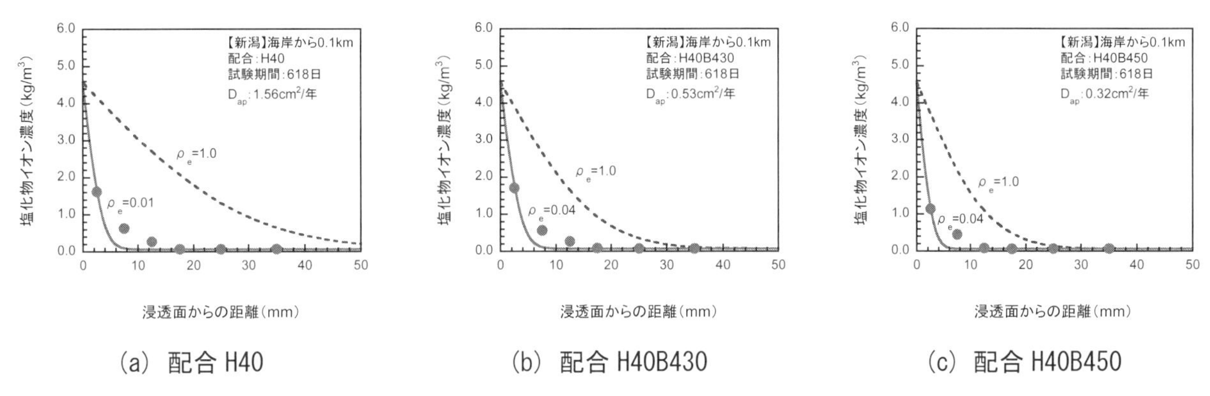

（a）配合 H40　（b）配合 H40B430　（c）配合 H40B450

図 4　新潟の曝露試験場で得られた塩化物イオン濃度の分布（高炉スラグ微粉末 4000 を用いた結果）

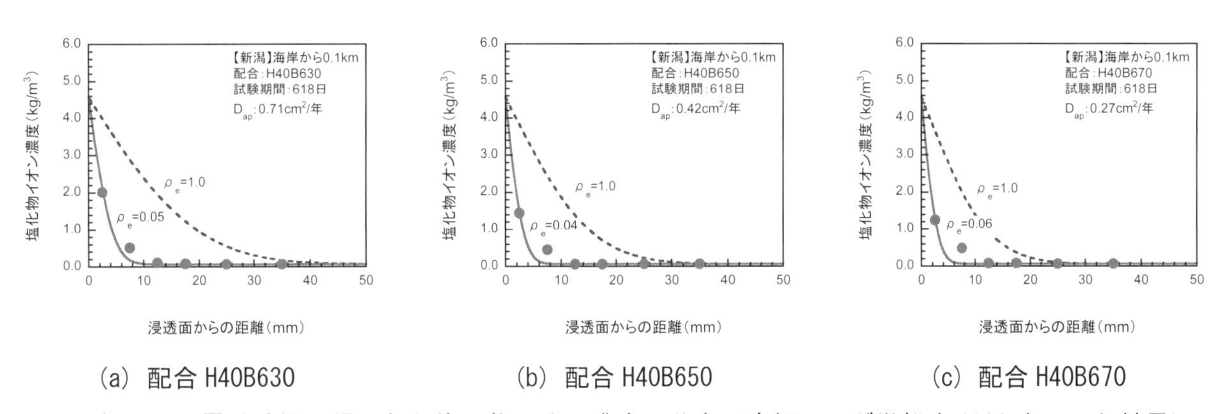

（a）配合 H40B630　（b）配合 H40B650　（c）配合 H40B670

図 5　新潟の曝露試験場で得られた塩化物イオン濃度の分布（高炉スラグ微粉末 6000 を用いた結果）

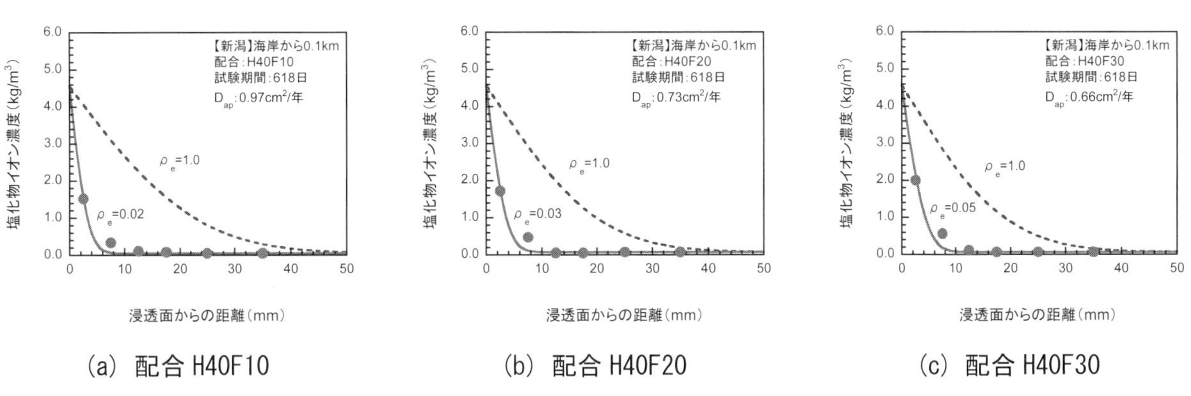

（a）配合 H40F10　（b）配合 H40F20　（c）配合 H40F30

図 6　新潟の曝露試験場で得られた塩化物イオン濃度の分布（フライアッシュを用いた結果）

図中の破線は，示方書［設計編］に従い，曝露試験場が海岸より0.1 km付近にあることから表面塩化物イオン濃度 C_0 を 4.5 kg/m^3 とし，塩化物イオンの見掛けの拡散係数は浸せき試験によって求めた値をそのまま用い，式（4）により求めた結果である．つまり，式（5）で定義される実環境条件を考慮するための係数を $\rho_e = 1.0$ とした結果である．また，図中の実線は，式（5）の実環境条件を考慮するための係数 ρ_e を曝露試験により求められた塩化物イオン濃度分布に最も合うように定めた結果である．

$$C(x,t)=C_0\left\{1\text{-erf}\left(\frac{0.1\cdot x}{2\sqrt{D\cdot t}}\right)\right\} \tag{4}$$

ここに，$C(x, t)$：曝露試験期間 t 年において，表面から x mm の位置における塩化物イオン濃度（kg/m^3）

C_0　：コンクリート表面における塩化物イオン濃度（kg/m^3）

D　：曝露試験体より求められる見掛けの拡散係数（cm^2/年）

x　：コンクリート表面からの距離（mm）

t　：曝露試験期間（年）

$$D=\rho_e \cdot D_{ap} \tag{5}$$

ここに，D　：曝露試験体より求められる見掛けの拡散係数（cm^2/年）

D_{ap}：浸せき試験によって得られた塩化物イオンの見掛けの拡散係数（cm^2/年）

ρ_e　：実環境条件を考慮するための係数

新潟と同じ試験体を，沖縄の曝露試験場で曝露して求めたコンクリートの塩化物イオン濃度の分布を，**図7**，**図8**および**図9**に示す．また，**図10**に，高炉スラグ細骨材を用いた結果を示す．ただし，図中の破線および実線は，示方書［設計編］に従い，曝露試験場が汀線付近にあることから表面塩化物イオン濃度 C_0 を 9.0kg/m^3 とし求めた結果である．なお，破線は，塩化物イオンの見掛けの拡散係数に浸せき試験によって求められた値をそのまま用いた結果で，実線は，曝露試験により求められた塩化物イオン濃度分布に最も合うように実環境条件を考慮するための係数 ρ_e を定めた結果である．

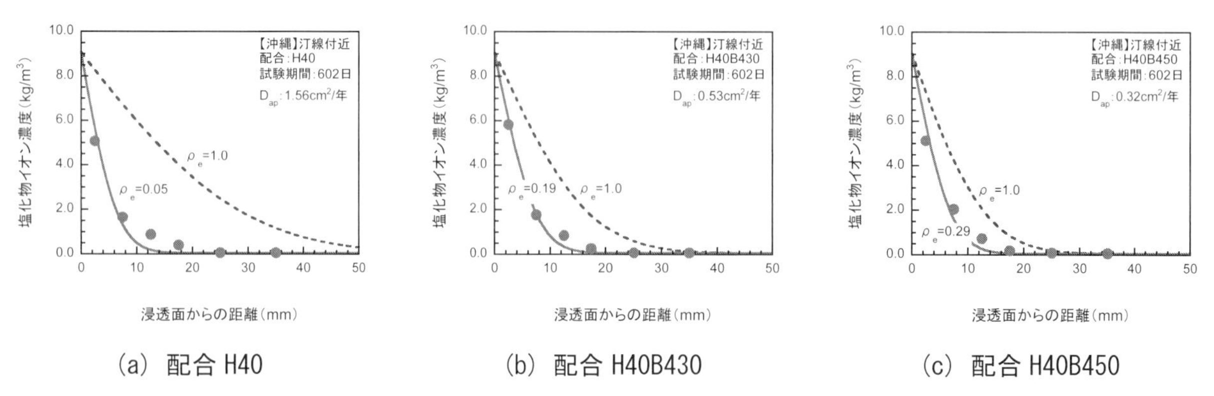

(a) 配合 H40　(b) 配合 H40B430　(c) 配合 H40B450

図7　沖縄の曝露試験場で得られた塩化物イオン濃度の分布（高炉スラグ微粉末 4000 を用いた結果）

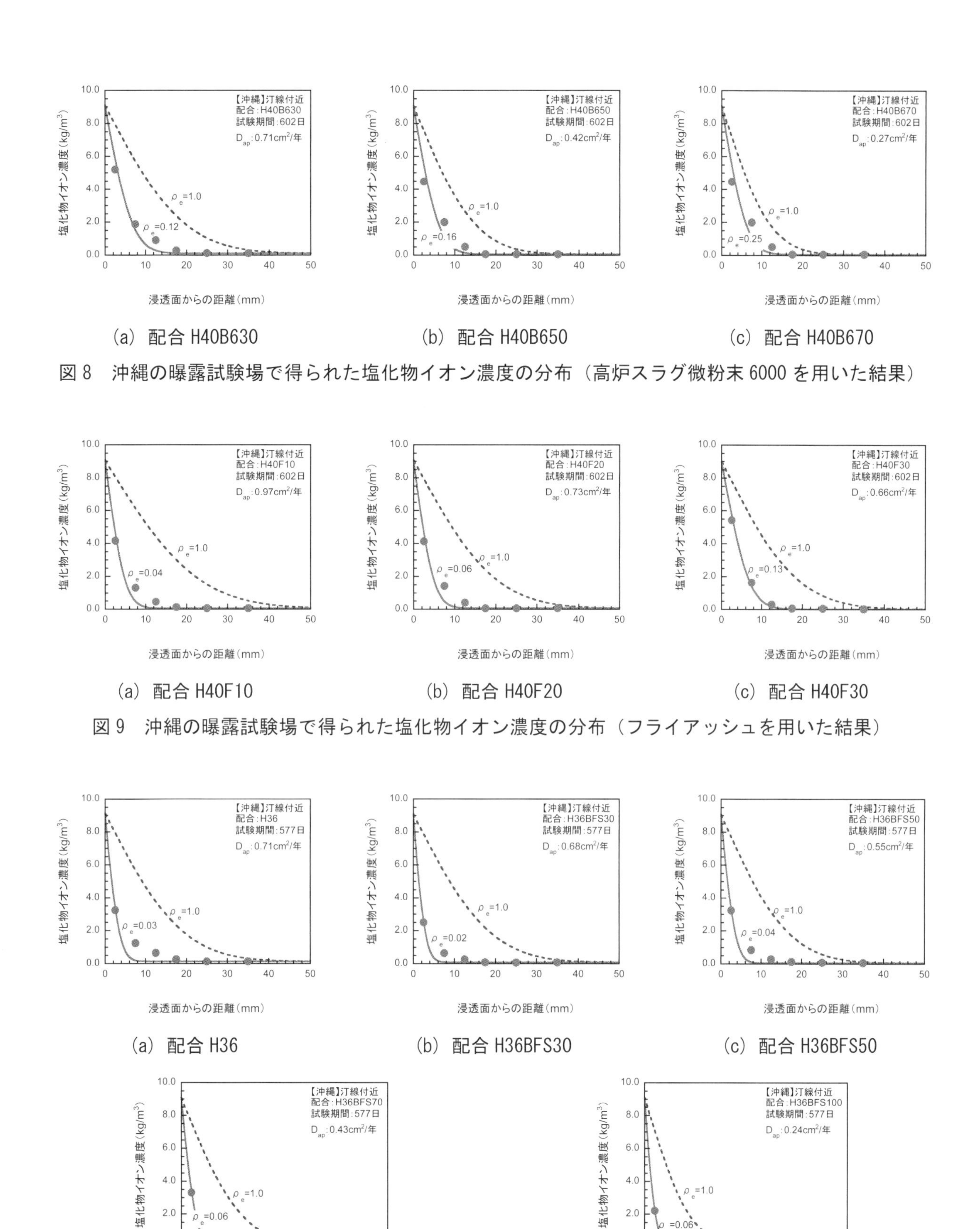

(a) 配合 H40B630　(b) 配合 H40B650　(c) 配合 H40B670

図 8　沖縄の曝露試験場で得られた塩化物イオン濃度の分布（高炉スラグ微粉末 6000 を用いた結果）

(a) 配合 H40F10　(b) 配合 H40F20　(c) 配合 H40F30

図 9　沖縄の曝露試験場で得られた塩化物イオン濃度の分布（フライアッシュを用いた結果）

(a) 配合 H36　(b) 配合 H36BFS30　(c) 配合 H36BFS50

(d) 配合 H36BFS70　(e) 配合 H36BFS100

図 10　沖縄の曝露試験場で得られた塩化物イオン濃度の分布（高炉スラグ細骨材を用いた結果）

図 11 に，図 4 から図 10 に示した実環境条件を考慮するための係数 ρ_e を頻度分布図に整理した結果を示す．係数 ρ_e の平均は，0.08 で，係数 ρ_e が 0.20 を超過する確率は 8 %である．浸せき試験より求められる塩化物イオンの見掛けの拡散係数 D_{ap} と，曝露試験より得られる塩化物イオンの見掛けの拡散係数 D の関係が，実環境条件を考慮するための係数 ρ_e を用いて，式 (5) により表されるとすれば，環境条件が，ここに示した曝露試験場の条件のように，大気中で水の移流の影響を受けにくい場所であれば，浸せき試験より求められる塩化物イオンの見掛けの拡散係数 D_{ap} に，0.2 程度の実環境条件を考慮するための係数 ρ_e を乗じた値が，実環境下における塩化物イオンの見掛けの拡散係数 D として見なせる. なお，実環境条件を考慮するための係数 ρ_e の値は，コンクリートの乾燥が進むほど小さくなると推測される．

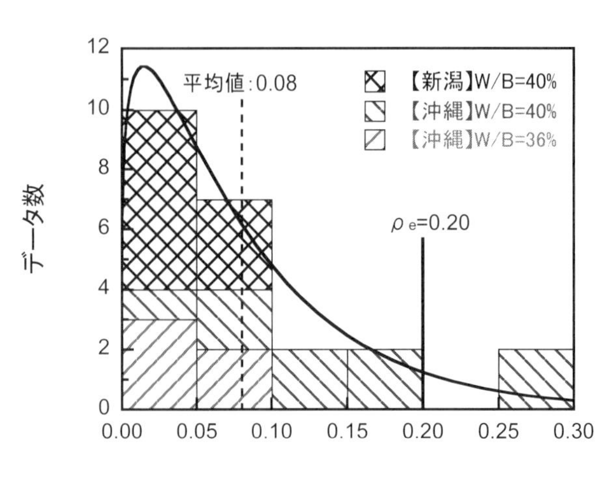

図 11　表面塩化物イオン濃度に示方書［設計編］の値を用いた場合の ρ_e の頻度分布

参考文献

1)　中村英佑：低炭素社会構築に資する大量に混和材を用いたコンクリートの耐久設計に関する研究，東北大学学位論文，2017.3

2)　中村英佑，水戸健介，古賀裕久：高炉スラグやフライアッシュを用いたコンクリートの遮塩性能の迅速評価手法コンクリート工学年次論文集，Vol.40，No.1，pp.219-214，2018

3)　佐伯竜彦，二木央：不飽和モルタル中の塩化物イオンの移動，コンクリート工学年次論文報告集，Vol.18，No.1，pp.963-968，1996

4)　杉本記哉：電気抵抗率から推計した塩化物イオン拡散係数に及ぼす空隙構造と含水状態の影響，東北大学修士学位論文，p. 216，2016

付録Ⅶ　プレキャストPC製品を用いた構造物の施工例

1．プレキャストPC床版取替え工事の適用事例

1.1　概　　要

BFS コンクリートを用いたプレキャスト PC 床版を**表 1** に示す橋梁の床版取替え工事に適用する．施工前の写真を**写真 1** に，全体図を**図 1** に示す．橋長は約 144m，全幅員は約 10m であり，取替えプレキャスト PC 床版の 1 枚当たりの寸法は幅約 2.0m，長さ 9.7m，厚さ 0.22m である．

表 1　適用橋梁の概要

工 事 名	中国自動車道 北房 IC～大佐スマート IC 間 土木更新工事
発 注 者	西日本高速道路株式会社 中国支社 津山高速道路事務所
適用橋梁名	上阿口橋（上り線）
道路区分	第 1 種 第 3 級 設計規格 B
設計荷重	B 活荷重
構造形式	鋼 3 径間連続非合成 4 主鈑桁
橋　　長	144.000 m
支 間 長	43.450 m＋56.000 m＋43.450 m
有効幅員	9.135 m

BFS コンクリートは，凍結融解抵抗性，中性化，ASR および塩化物イオンの浸透性などに対して高い抵抗性がある．また，乾燥収縮ひずみやクリープも小さくプレストレストコンクリートに適していることが確認されている．この工事に用いるプレキャスト PC 床版は，接合部に機械式定着を併用した重ね継手を用いることで，床版厚を薄くすることで軽量化している．これにより，既存の桁への負荷を軽減し，橋梁としての長寿命化を図っている．なお，接合部を含めた PC 床版の繰返し荷重に対する疲労耐久性は，異なる 3 つの条件で輪荷重走行試験を実施し，100 年の耐用年数において，使用性と安全性が保たれることを確認している．

(a) 橋梁全体の状況

(b) 橋面の状況

写真 1　施工前の状況

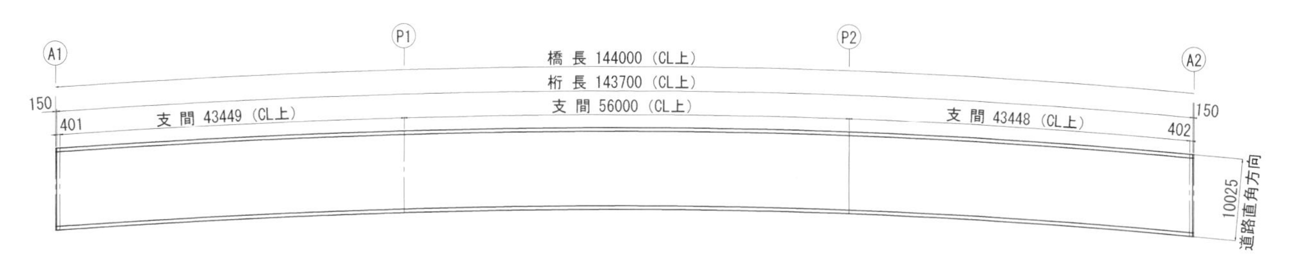

図 1　取替え床版工事の全体図（単位：mm）

1.2　製　　造

表 2 および**表 3** に，BFS コンクリートの使用材料および配合を示す．セメントは，早強ポルトランドセメ

ントを用い，化学混和剤には増粘剤一液型高性能 AE 減水剤を用いる．BFS コンクリートのスランプは 12±2.5 cm で，空気量は 4.5±1.5 %である．蒸気養生の最高温度は 40°C で，蒸気養生後に 7 日間水中養生を行う．

表 2　使用材料

項　目	産地，種類，物性値	
セメント	早強ポルトランドセメント（C）	密度 3.14 g/cm^3
細骨材	高炉スラグ細骨材 BFS1.2（BFS）	JFE 倉敷製造所産，表乾密度 2.73 g/cm^3，FM2.12，吸水率 0.42 %
粗骨材	砕石 2013	福岡県朝倉市下渕産，表乾密度 2.72 g/cm^3，FM7.09，吸水率 0.53 %
	砕石 2005	福岡県朝倉市下渕産，表乾密度 2.72 g/cm^3，FM6.84，吸水率 0.47 %
混和剤	高性能 AE 減水剤（AD）	ポリカルボン酸エーテル系化合物と増粘性高分子化合物の複合体

表 3　BFS コンクリートの配合

W/C (%)	空気量 (%)	s/a (%)	単位量（kg/m^3）					
			W	C	BFS	G		AD
						2013	2005	
36.0	4.5	42.0	155	431	760	418	627	4.31

写真 2　BFS コンクリートの打込み

写真 3　脱型後のプレキャスト PC 床版

写真 4　プレキャスト PC 床版の水中養生

写真 5　PC 床版の保管

プレキャスト PC 床版の製造および保管の例を**写真 2～写真 5** に示す．鉄筋はエポキシ樹脂塗装鉄筋を用い，場所打ちコンクリートにより接合を行う面は洗い出し処理を行う．

1.3 施　　工

BFSコンクリートを使用するプレキャストPC床版の割付図を**図2**に示す．全部で72枚の取替えに用いられるプレキャストPC床版のうち，A2側の4枚についてBFSコンクリートを用いたプレキャストPC床版を用いる．プレキャストPC床版1枚当たりの質量は約11トンである．既設床版の撤去状況を**写真6**に示し，プレキャストPC床版の架設状況を**写真7**に示す．

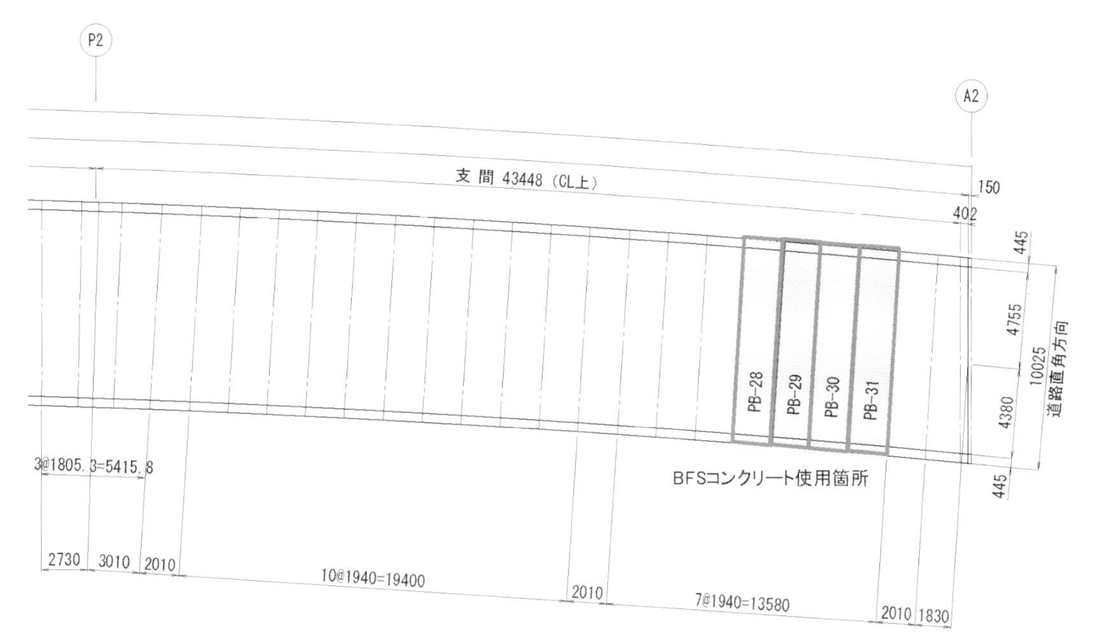

図2　プレキャストPC床版の割付図（単位：mm）

写真6　既設床版の撤去状況の例

写真7　プレキャストPC床版の架設状況の例

プレキャストPC床版同士の接合は，施工現場にて架設後，機械式定着を併用した重ね継手を用いて接合する．プレキャストPC床版の接合部の詳細図を**図3**に示す．接合部のコンクリートの施工については打設量が少なく，運搬時間を省略できることから**写真8**に示す移動式ミキサを用いる．接合部のコンクリートには，プレキャストPC床版と同じ配合および材料を用いる．セメント，BFSおよび粗骨材を事前計量後に袋詰めした状態（ドライミックス）で現場に搬入し，現場では水と化学混和剤のみ計量し，移動式ミキサを用いて練混ぜを行う．接合部のコンクリートの打込みは，バケットでコンクリートを受けて，クレーンを用いて打ち込む．接合部に用いるBFSコンクリートは，7日間以上の湿潤養生を行う．

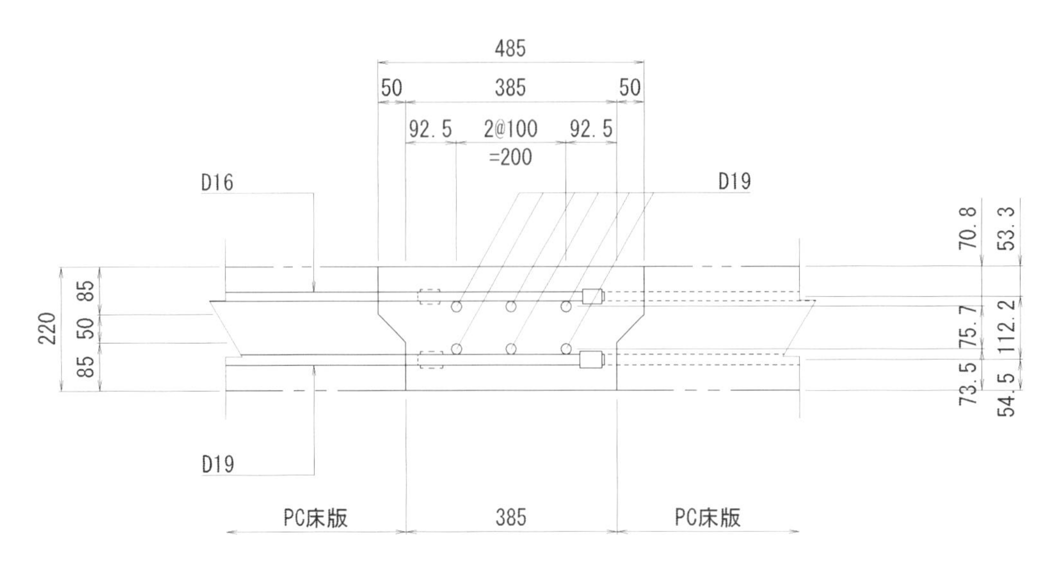

図３　接合部の詳細図（単位：mm）

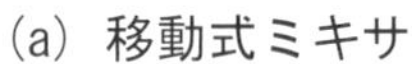

(a) 移動式ミキサ　　(b) コンクリートの打込み状況

写真８　移動式ミキサを用いた接合部の施工例

2．疲労耐久性

2.1　概　要

プレキャストPC床版は，新設橋梁だけでなく，高速道路等の既設橋梁のRC床版の取替えに使用されており，今後さらに需要が見込まれている．しかし，プレキャストPC床版が安心して用いられるためには，プレキャストPC床版同士の接合が弱点とならないことが確かめられている必要がある．また，接合部において変形が不連続とならず，現場で施工される接合部が確実に施工され，所要の耐久性が確保されることが求められる．さらに，破壊時の挙動を予測することが難しい接合部で破壊を生じさせないことも，あらかじめ確認しておく必要がある．

繰返し自動車荷重が作用するプレキャストPC床版を規格化するのに際し，接合部における型式検査を輪荷重走行試験によって行った例を以下に示す．

2.2　水分の影響を考慮した疲労耐久性の評価試験

2.2.1　試験概要

一般に，床版の橋面には床版防水層が設置されるが，床版防水層の劣化や施工時の不具合等の要因で水分が供給されると床版の疲労耐久性が極端に低下する．この試験では，プレキャストPC床版の道路橋への適用に際し，橋面から水分が供給される状況を想定した輪荷重走行試験を実施し，BFSコンクリートを用いた床版の疲労耐久性を評価した．試験に用いる試験体は，両方向RC構造とした．

試験に用いた試験体を表4に示す．No.1試験体は，砕砂を用いた普通コンクリートで，No.2およびNo.3試験体は，BFSコンクリートを用いたものである．BFSコンクリートは，規格化するプレキャストPC床版を実際に繰り返し製造する際に用いられるもので，製造工場で統計的管理状態となっているものである．これらの試験体は，昭和39年道路橋示方書の2等橋に相当する試験体で，支間2.5mのRC床版を基本とした版厚および配筋としている．No.1およびNo.2試験体は，一体物（接合部なし）とし，No.3試験体は，中央に接合部を設けている．

表4　輪荷重走行試験に用いる試験体

試験体	試験体形態	床版厚	コンクリートの種類	細骨材	粗骨材	目標強度	W/C
No.1	接合部なし	160 mm	普通コンクリート	砕砂	砕石	35 N/mm^2	65 %
No.2	接合部なし	160 mm	BFSコンクリート	BFS	砕石	70 N/mm^2	40 %
No.3	接合部あり	160 mm	BFSコンクリート	BFS	砕石	70 N/mm^2	40 %

写真9　輪荷重走行試験に用いる試験体の製作状況

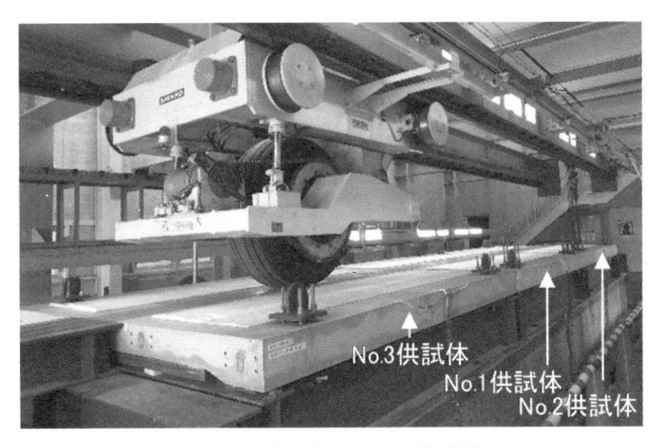

写真10　輪荷重走行試験状況

2.2.2　試験方法

試験体の製作状況を**写真 9** に示す．輪荷重走行試験は，**写真 10** に示すように，試験体 3 体を一列に並べ，各試験体を 4 辺支持として，ゴムタイヤにより輪荷重を載荷した．荷重は 200 kN 一定とし，試験体上面に養生マットを敷設し散水することにより，湿潤状態を保持した．

2.2.3　試験結果

図 4 は，輪荷重走行試験時の版中央のたわみと載荷回数との関係を示したものである．図中には，No.1 試験体の DuCOM-COM3（コンクリート材料−構造応答連成解析システム）による解析結果（普通コンクリート，35 N/mm²）もあわせて示している．各試験体とも，載荷回数の増加に伴い版中央のたわみが増加している．これは，ひび割れの進展による剛性低下を表している．DuCOM-COM3 の解析は，No.1 試験体の疲労特性をよく表現できており，この試験における湿潤状態は，乾燥状態と湛水状態との中間程度であると推察される．No.1 試験体（普通コンクリート）は，漏水の発生後，載荷回数 64 189 回で押抜きせん断疲労破壊に至った．一方，BFS コンクリートを用いた No.2 および No.3 試験体は，接合部の有無に関係無く，載荷回数 88 475 回の試験終了時までには破壊に至らなかった．

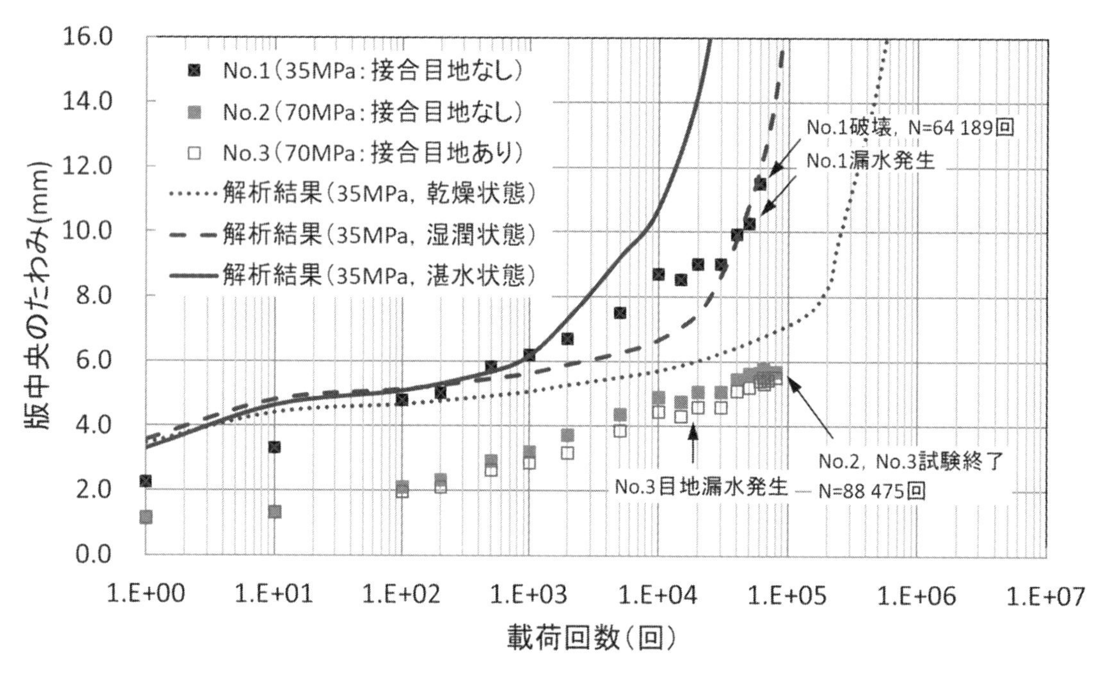

図 4　輪荷重走行試験時の版中央のたわみと載荷回数との関係

2.3　荷重漸増載荷による疲労耐久性の評価試験

2.3.1　試験概要

使用荷重に相当する 157 kN の荷重を初期載荷荷重とし，4 万回輪荷重を走行させるごとに順次 19.6 kN ずつ輪荷重を増加させ，破壊荷重を検討した．輪荷重走行試験は，これまで多くの床版の輪荷重による疲労耐久性を評価している土木研究所で行った．

2.3.2　試験方法

輪荷重走行試験機は，**写真 11** に示すクランク式の輪荷重走行試験機を使用した．プレキャスト PC 床版の接合部は**写真 12** に示す機械式定着を併用した重ね継手を採用した．試験体は，実構造物に適用するものと同様の形式とし，輪荷重走行方向は RC 構造で，その直角方向はプレテンション方式でプレストレスを導入している．接合部の機械式定着を併用した重ね継手は上下2段で配置間隔を140 mmとし，上段にはSD345D16，下段にはSD345D19を配置した．接合部の輪荷重走行直角方向にはSD345D22を上下2段に配置した．PC鋼材はSWPR7BL 1S15.2を使用し，上段には配置間隔を300 mm，下段には配置間隔を150 mmで配置した．セメントは，普通ポルトランドセメントを使用し，水セメント比は30 %，単位水量は155 kg/m^3，混和剤は液体タイプの高機能特殊増粘剤およびポリカルボン酸系の高性能AE減水剤を使用した．スランプは12±2.5 cm，空気量は4.5±1.5 %，蒸気養生の最高温度は40℃として管理し，試験体は蒸気養生後に水中養生を7日間行った．試験体と同一養生を行った材齢28日のコンクリートの圧縮強度は87.0 N/mm^{2}であった．

写真11　輪荷重走行試験機

写真12　試験体の接合部

2.3.3　試験結果

試験体の破壊形態を確認するために，階段状に載荷荷重を増加させる漸増載荷方法を採用したが，BFSコンクリートで製作した試験体は，392 kNまで荷重を上げても破壊に至らなかった．また，図5より，BFSコンクリートを用いた試験体の中央のたわみは，走行回数が55.4万回（荷重が392 kN）においても6 mm程度であり，十分な疲労耐久性を有していることが確認される．参考として同図に，阿部らによる砕砂を用いて製作した接合部を有するPC床版で，この試験と同じ条件で輪荷重走行試験を行った結果を示す（新しいRC接合構造を用いたプレキャストPC床版（SLJスラブ）の性能確認試験，土木学会第62回年次学術講演会，V-183，pp.365-366，2007.9）．砕砂を用いて製作した試験体と比較しても，BFSコンクリートを用いた試験体は，十分な疲労耐久性を有していることが確認される．

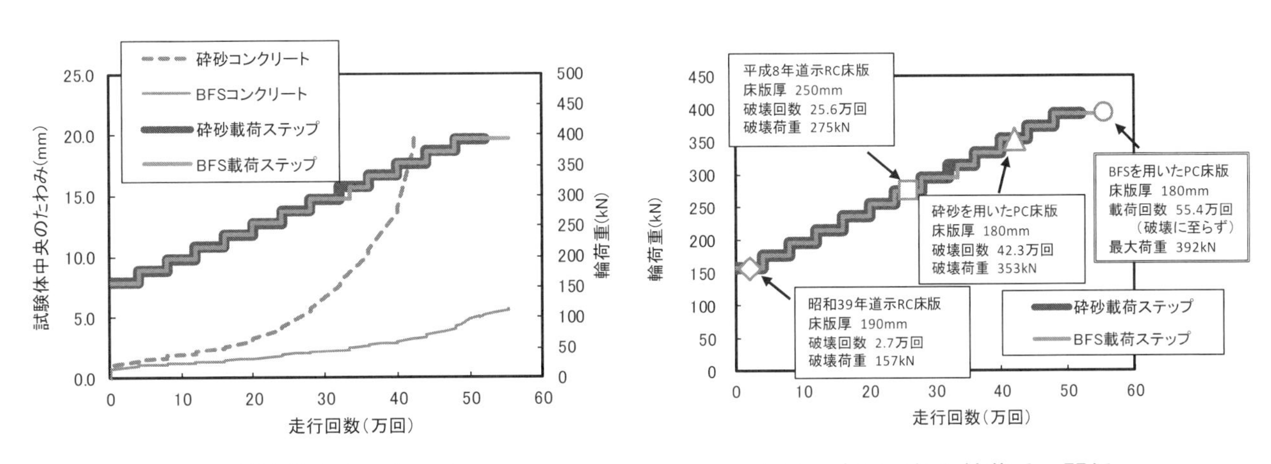

図5　試験体中央のたわみ　　図6　走行回数と輪荷重の関係

図 6 に，国土技術政策総合研究所により実施された，昭和 39 年道路橋示方書に準拠した床版厚 190 mm の RC 床版試験体，および，平成 8 年道路橋示方書に準拠した床版厚 250 mm の RC 床版試験体を用いて漸増載荷方法によって輪荷重走行試験を行った結果を示す（国土技術政策総合研究所資料第 28 号：道路橋床版の疲労耐久性に関する試験，平成 14 年 3 月）．なお，これらの試験体は，接合部のない一体物である．これらの結果より，BFS コンクリートを用いた試験体は，接合部があり，さらに，床版の厚さが 180 mm でありながら，過去の試験と比較しても，高い疲労耐久性を有することが確認される．

2.4　高速道路での使用を想定した疲労耐久性の評価試験

2.4.1　試験概要

高速道路での実際の輪荷重を想定した荷重を載荷した場合の使用性および安全性について評価を行うとともに，漸増載荷方法で破壊に至らなかった 392 kN を超える 400 kN の輪荷重を載荷した場合に，機械式定着を併用した重ね継手で接合する BFS コンクリートを用いたプレキャスト PC 床版が破壊に至るまでの輪荷重の繰返し回数を確認した．

2.4.2　試験方法

輪荷重走行試験機は，**写真 13** に示すクランク式の輪荷重走行試験機を使用した．初期載荷は，長尾らにより提案された 100 年相当の走行荷重（プレキャスト PC 床版継手の疲労耐久性照査試験，第 26 回プレストレストコンクリートの発展に関するシンポジウム論文集, pp.189-192, 2017）として 250 kN で 10 万回載荷（STEP1）し，その後，400 kN で 90 万回まで載荷（STEP2）した．

PC 床版の接合部は**写真 14** に示す機械式定着を併用した重ね継手を採用した．鉄筋は，プレキャスト PC 床版部および接合部の全てにエポキシ樹脂塗装鉄筋を使用した．試験体は，輪荷重走行方向は RC 構造で，その直角方向はポストテンション方式でプレストレスを導入した．接合部の機械式定着を併用した重ね継手は上下 2 段で配置間隔を 150 mm とし，上段および下段に SD345D19 を配置した．接合部の輪荷重走行直角方向には SD345D19 を上下 2 段に配置した．PC 鋼材は SWPR 930/1080 B 種 1 号 φ23 mm を使用し，配置間隔は 225～300 mm で配置した．セメントは早強ポルトランドセメントを使用し，単位水量は 158 kg/m^3，化学混和剤は，増粘剤一液型高性能 AE 減水剤を使用している．水セメント比は 43 %で，スランプは 12±2.5 cm，空気量は 4.5±1.5 %である．蒸気養生の最高温度は 40°C で管理し，試験体は蒸気養生後に追加の水中養生を 7 日間行っている．試験体と同一養生を行った材齢 28 日のコンクリートの圧縮強度は 60.8 N/mm^2 である．

写真 13　輪荷重走行試験機

写真 14　試験体の接合部

2.4.3　試験結果

図 7 に試験体中央のたわみを示す．走行回数が 100 万回（荷重は 400 kN）においても，たわみは 3 mm 程

度で破壊する兆候も現れなかった．第1ステップ終了時の輪荷重走行方向のたわみ分布より，接合部での折れ曲がりや接合目地部での段差がないことが確認された．また，試験体下面に発生したひび割れは，荷重を250 kNとして10万回載荷した第1ステップ終了時ではほとんどが橋軸直角方法のひび割れであり，ひび割れ幅も0.05 mm以下であった．荷重を400 kNとして90万回載荷した第2ステップ終了時においては，ひび割れ本数が増加するとともに格子状に進展したが，ひび割れ幅は0.20 mm以下であった．250 kNで10万回載荷後および400 kNで90万回載荷後において水張り試験を行った結果では漏水は確認されず，貫通ひび割れが発生していないことが確認されている．これらのことから，接合部を含むプレキャストPC床版は，高速道路で100年間使用する場合に必要な，乗り心地に関わる使用性および輪荷重の繰返しに対する安全性が確保されていることが確認された．

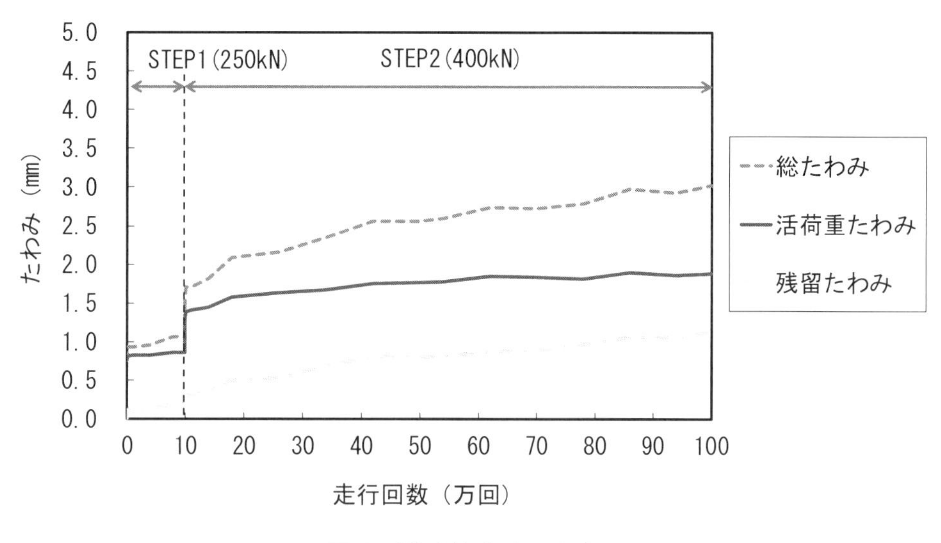

図7　試験体中央のたわみ

付録Ⅷ　プレキャストRC製品を用いた構造物の施工例

1．プレキャスト RC 床版

1.1　概　　要

中国地方整備局が発注する瀬戸内地方の港湾工事で施工されたプレキャスト RC 床版を用いたジャケット式桟橋の施工例を示す．プレキャスト RC 床版を用いた桟橋の完成イメージを**図 1** に，施工場所を**図 2** に示す．桟橋の施工場所は，河口に位置する港湾に造成された人工島の東海岸で，プレキャスト RC 床版の製造工場は，港湾の対岸に位置する．製造工場で作製された部材は，施工場所の北側に設けられた接合ヤードにて一部を接合し，施工場所まで輸送した．桟橋は，海上部に位置する過酷な塩害環境となるため，プレキャスト床版には，BFS コンクリートが用いられた．

(a)　全体図　　(b)　断面図

図 1　プレキャスト RC 床版を用いた桟橋の完成イメージ［出典：中国地方整備局宇野港湾事務所］

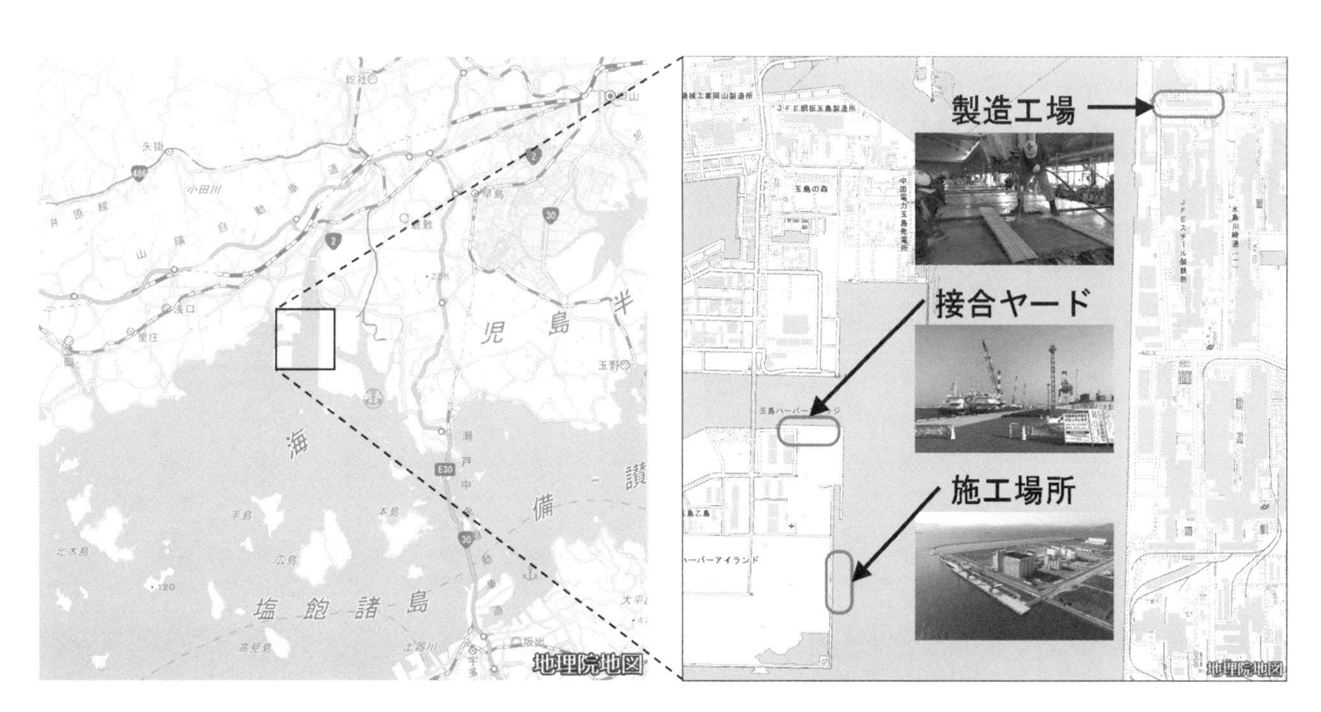

図 2　プレキャスト RC 床版を用いた桟橋の施工位置図

ジャケット式桟橋とは，**図 3** に示すように，海中に打ち込まれた基礎杭に，**写真 1** に示す鋼管で組み立てた立体トラス（ジャケット）を被せて施工する桟橋のことである．ジャケット設置後，プレキャスト床版を架設し桟橋を構築する．

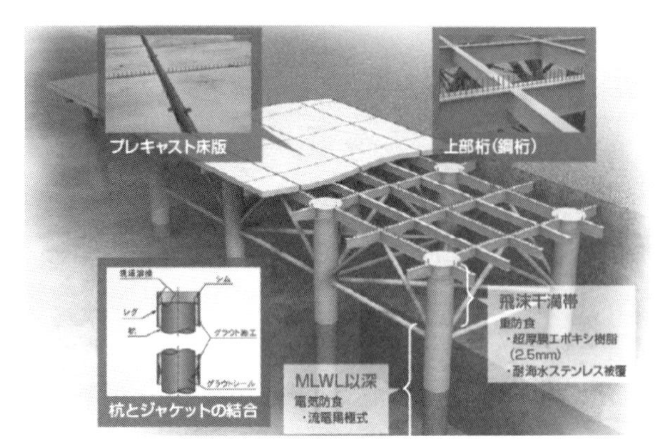

図 3　ジャケット式桟橋の概要

写真 1　ジャケット

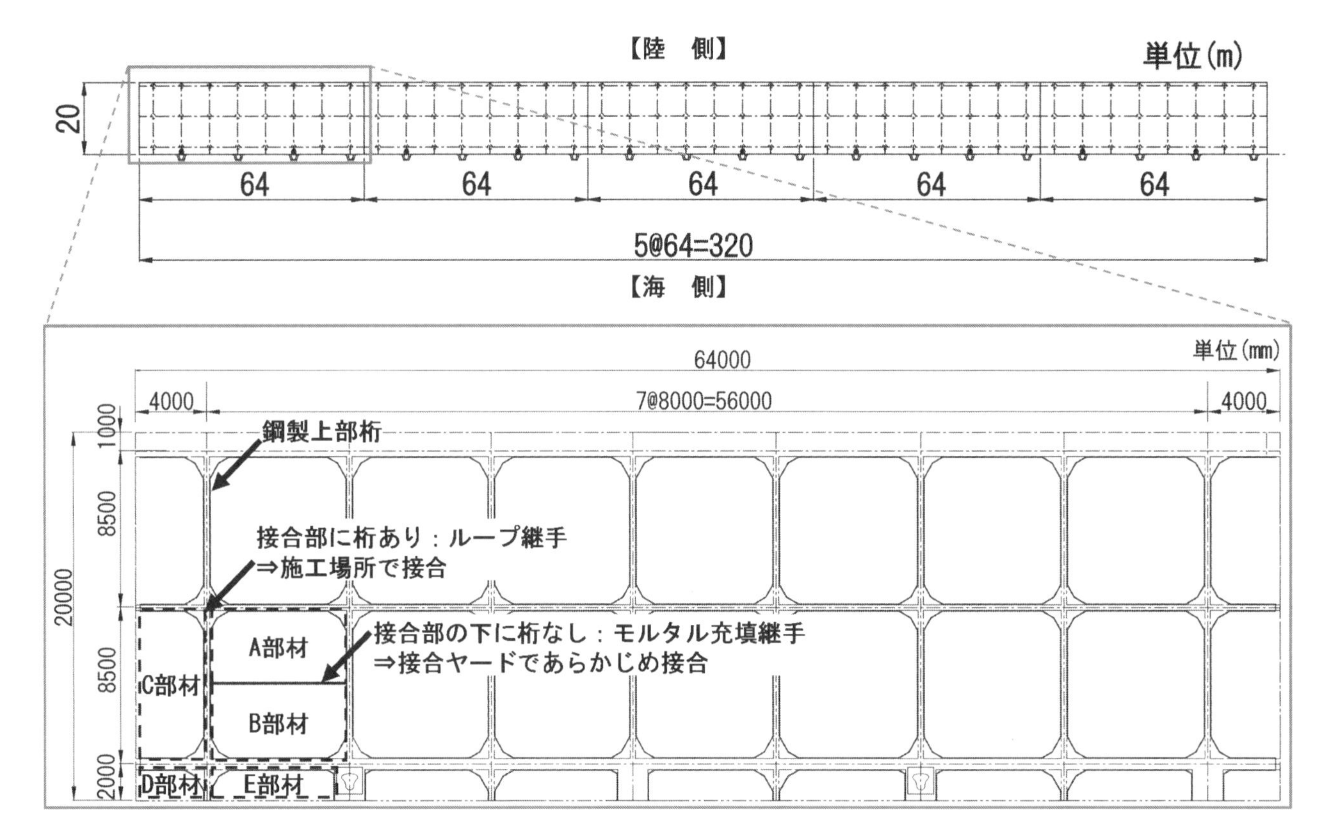

図 4　桟橋上部工の全体図，ジャケットの平面図およびプレキャスト RC 床版の部材割付図［出典：中国地方整備局宇野港湾事務所］

1.2　製　　造

図 4 に，桟橋上部工の全体図，ジャケットの平面図およびプレキャスト RC 床版の部材割付図を示す．桟橋上部工全体の大きさは，幅が 20 m で長さが 320 m で，64 m で 1 スパンとし，全体で 5 スパンとなる．製造工場のクレーン容量が 40 トンであることから，プレキャスト RC 床版は，A 部材（製品寸法：7 700×4 130×400 mm，質量：31 トン／基），B 部材（製品寸法：7 700×3 900×400 mm，質量：30 トン／基），C 部材（製品寸法：8 050×3 850×400 mm，質量：30 トン／基），D 部材（製品寸法：3 850×1 700×400 mm，質量：7 トン／基）および E 部材（製品寸法：7 000×1 700×400 mm，質量：12 トン／基）の 5 種類の部材に分割して製造した．部材の接合は，ジャケットの鋼製上部桁上でのループ継手を原則とするが，A 部材と B 部材の接合位置は，鋼製上部桁がない位置になるため，施工場所で接合する場合には，型枠の支保工が必要となる．

そこで，**図2**に示すように，施工場所とは別の接合ヤードで，モルタル充填継手にて接合した後，施工場所へ運搬し，架設することとした．**図5**および**図6**に，モルタル充填継手およびループ継手の詳細を示す．

プレキャストRC床版の配筋状況およびコンクリートの打込み状況を，それぞれ，**写真2**および**写真3**に示す．製品内部の鉄筋は，普通鉄筋であるが，場所打ちコンクリートによる接合部は，エポキシ樹脂塗装鉄筋を使用した．接合面は，高圧水による洗出し処理を行った．ループ接手による接続部のエポキシ樹脂塗装鉄筋と高圧水による洗出し処理状況を**写真4**に示す．

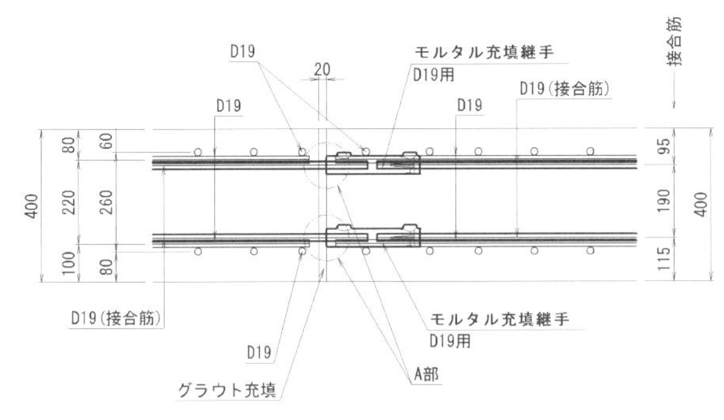

図5　モルタル充填継手の詳細［出典：中国地方整備局宇野港湾事務所］

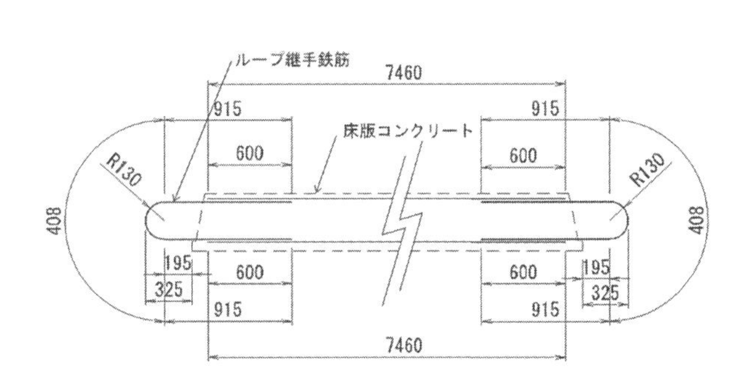

図6　ループ継手の詳細［出典：中国地方整備局宇野港湾事務所］

写真2　配筋の状況［出典：中国地方整備局宇野港湾事務所］

写真3　コンクリートの打込み状況［出典：中国地方整備局宇野港湾事務所］

写真4　ループ継手［出典：中国地方整備局宇野港湾事務所］

写真5　A部材のモルタル充填継手［出典：中国地方整備局宇野港湾事務所］

写真 5 にコンクリート打込み前の A 部材のモルタル充填継手部の状況を示す．モルタル充填用のグラウトパイプを上側のスリーブと下側のスリーブに，それぞれ，モルタル充填用と充填確認用の 2 本のパイプを接続する．A 部材と B 部材の接合面を**写真 6** および**写真 7** に示す．A 部材のスリーブ内に B 部材の突き出ている鉄筋を挿入し，スリーブ内にモルタルを充填し，A 部材と B 部材の接合面にもグラウトを充填する．

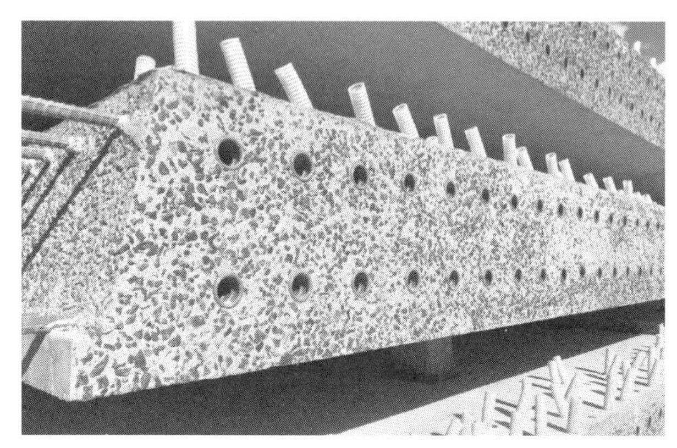

写真 6　A 部材の接合面［出典：中国地方整備局宇野港湾事務所］

写真 7　B 部材の接合面［出典：中国地方整備局宇野港湾事務所］

A 部材と B 部材を製造工場で作製後，製造工場（**写真 8**）から接合ヤード（**写真 9**）に海上輸送し，陸上にて型枠支保工を組立て，モルタル充填継手により接合する．A 部材と B 部材を接合した部材を接合ヤードから施工場所に海上輸送し，ジャケット上に架設する．C 部材，D 部材および E 部材は，製造工場から直接施工場所に海上輸送し，ジャケット上に架設する．各部材間をループ継手により接合し，間詰コンクリートを打ち込み，床版上に版厚 100 mm の舗装コンクリートを施工する．

写真 8　接合前のプレキャスト RC 床版［出典：中国地方整備局宇野港湾事務所］

写真 9　接合後のプレキャスト RC 床版［出典：中国地方整備局宇野港湾事務所］

2．プレキャストRC壁部材

2.1　概　　要

中国地方の道路改良工事（工事名：岡山環状南道路古新田地区改良工事，発注者：国土交通省中国地方整備局岡山国道事務所）で，**写真10**に示す補強土壁工法のコンクリートスキンにBFSコンクリートを用いたプレキャストRC壁部材が適用された事例を示す．

写真10　補強土壁

補強土壁工法は，**図7**および**図8**に示すように，盛土表面にパネル状のコンクリートスキンを設置し，盛土中にストリップと呼ばれるリブ付きの帯鋼を補強材として層状に敷設し盛土を転圧することで，高壁高の垂直盛土を築造する工法である．従来のL型擁壁工法では，土圧力をL型擁壁が受け止め，その力を基礎地盤へ伝えるため，頑丈な構造が必要となり，5m程度の高さが限界であった．それに対して，補強土壁工法は，土とストリップとの摩擦効果により土の移動を拘束して，盛土全体の安定性を高めるため，宅地認定擁壁としては高さ15mまでの施工が可能である．また，裏込め材は現地発生土を使用可能であるため，L型擁壁工法に比べて65％のコスト削減効果が期待できる．なお，ストリップの長さは，最大補強土高，最大部材高，基礎地盤定数より決定する．また，プレキャストRC壁部材の接合部には，透水防砂材を用いて裏込め土の流出を防止すると同時に，水抜きパイプの代わりにもなる．

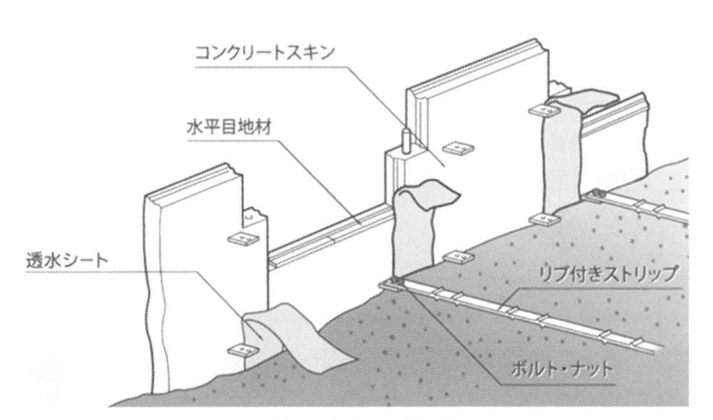

図7　部材の構成

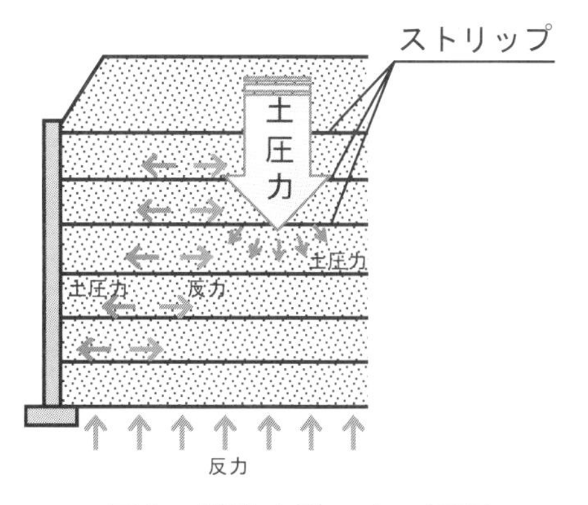

図8　補強土壁工法の原理

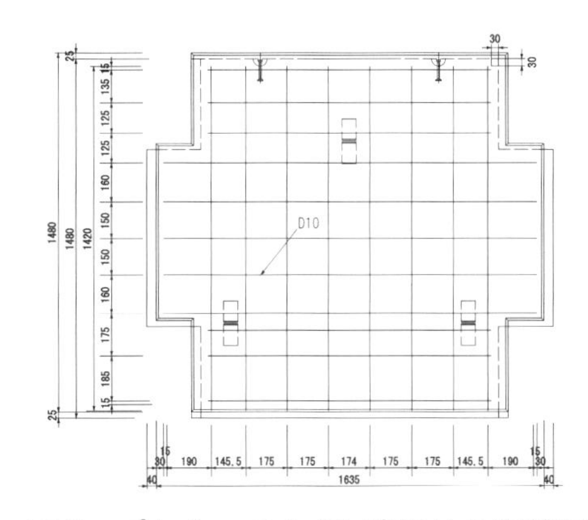

図9　プレキャストRC壁部材の配筋図

写真11　プレキャストRC壁部材の製造状況

2.2 製　　造

プレキャストRC壁部材の配筋図を**図9**に示す．最小かぶりは30 mmである．今回の施工では，平滑な製品表面のデザインが採用されたが，たてじま模様，石割模様，積み石模様，はつり模様など様々な形状とすることができる．プレキャストRC壁部材の製造状況を**写真11**に示す．ストリップを固定するための金具を設置し，BFSコンクリートが打ち込まれる．

2.3 施　　工

プレキャストRC壁部材を用いた補強土壁の施工手順を**図10**に示す．基礎地盤の掘削，整地を行い，コンクリート基礎の施工を行う．次にプレキャストRC壁部材を組み立てた後，ストリップを敷設する．盛土材の敷き均し，締固めを行い，再びプレキャストRC壁部材を組み立てる．これを繰り返し，所定の高さまで構築した後，天端コンクリートの施工を行い完成となる．

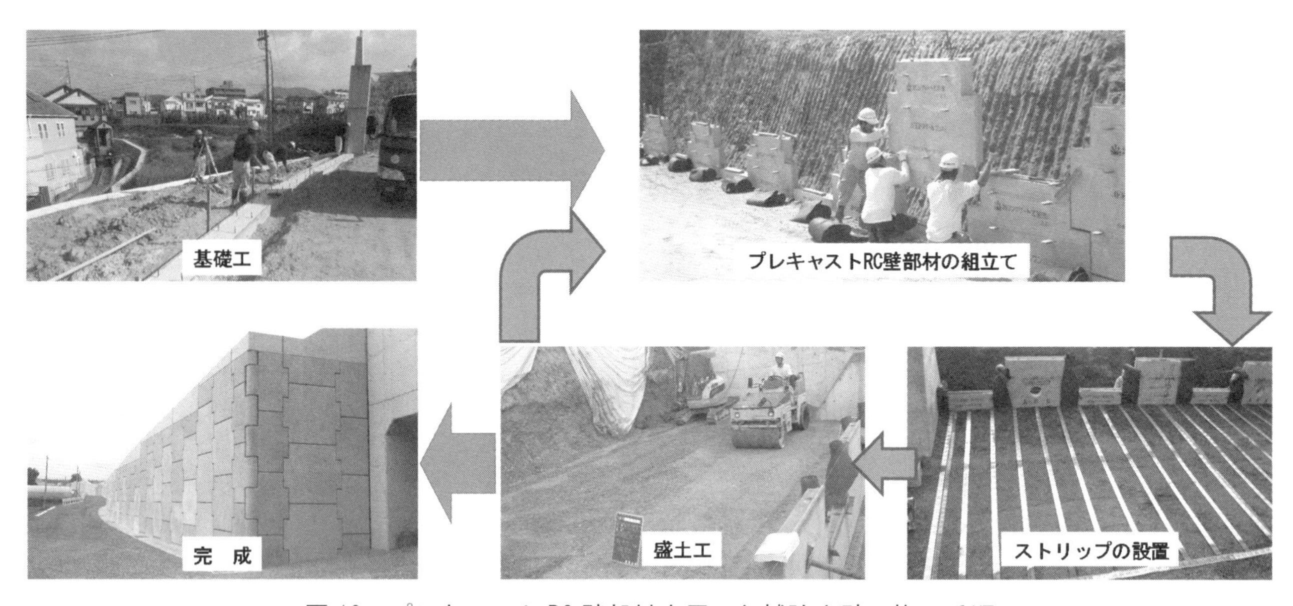

図10　プレキャストRC壁部材を用いた補強土壁の施工手順

3．プレキャスト張出し車道

3.1　概　　要

冬期に凍結防止剤が散布される積雪寒冷地の道路拡幅工事に，BFSコンクリートを用いたプレキャスト張出し車道を適用した例を示す．張出し車道工法は，山間部などの道路狭小部における車道拡幅を目的としたカウンターウェイト方式の道路拡幅工法であり，擁壁の再構築を行わなくてもプレキャスト製品を設置し，道路を拡幅できることで工期の短縮，コスト低減が可能となる．プレキャスト張出し車道の施工の例を**写真12**および**写真13**に示す．道路拡幅した部分が道路から張り出しており，凍害を受けやすいため，BFSコンクリートを用いたプレキャスト張出し車道が施工された．

写真12　張出し車道（長野県南相木村発注）

写真13　張出し車道（島根県美郷町発注）

プレキャスト張出し車道の概要を**図11**に示す．プレキャスト張出し車道の施工は，既設擁壁の天端を撤去し，擁壁背面を掘削して基礎地盤の支持力を確認する．その後，基礎砕石を敷き均し，高さ調整ボルトを用いて製品を所定の位置に設置する．防護柵支柱3本が設置できるよう，製品5本を1ユニットとし，横方向鉄筋ならびに定着筋を挿入し，製品を連結する．カウンターウェイトとして充填コンクリートを打ち込み，製品同士を接合した後，防護柵の設置，埋戻し，舗装を行い完了となる．

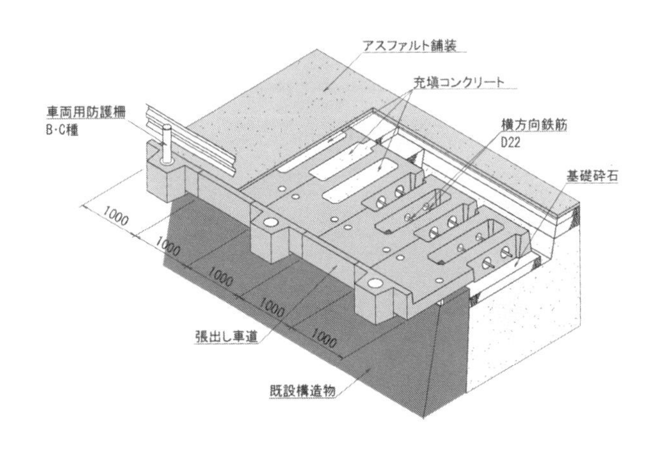

(a) 張出し車道の構造

(b) 施工の例

図11　プレキャスト張出し車道の概要

3.2　製　　造

写真14にプレキャスト張出し車道の型枠の組立状況を，**写真15**に脱型直後の製品を示す．このように複

雑な形状の製品でも，脱型後に加工を行うことなく，BFS コンクリートの打込みだけで製品を製造することが可能である．また，製品を製造後に裏返せば，平坦な面を製品の上面として用いることができる．

写真 14　型枠の組立状況

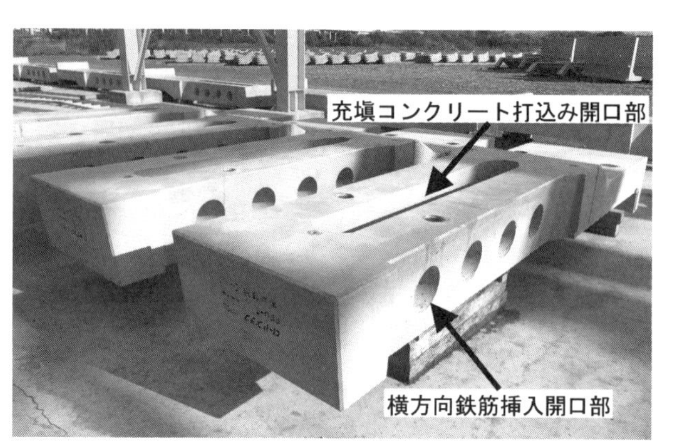

写真 15　脱型直後の製品

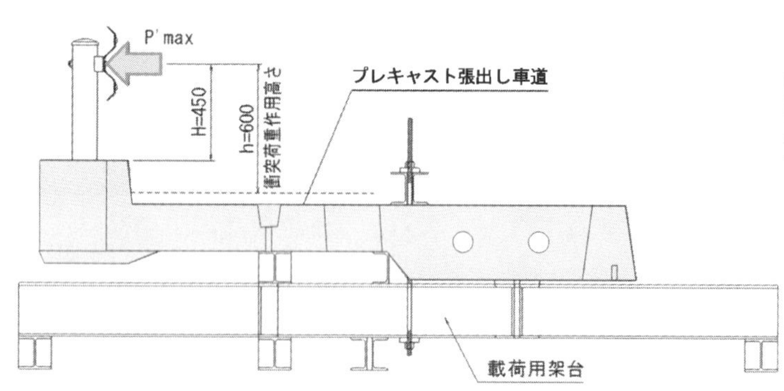

(a) 載荷方法

(b) 試験の状況

図 12　水平方向の載荷試験

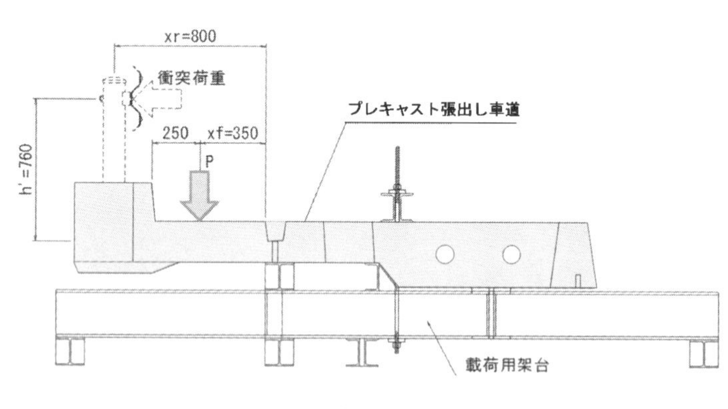

(a) 載荷方法

(b) 試験の状況

図 13　鉛直方向の載荷試験

3.3　検　　査

防護柵の設置基準・同解説（平成 20 年 1 月）では，水平方向には 54 kN の荷重を，鉛直方向には 70 kN の荷重を載荷し，本体にひび割れ等が生じないこと，さらに，鉛直方向には，145 kN の荷重で本体が破壊しないことが求められる．図 12 および図 13 に，それぞれ，水平方向および鉛直方向の載荷試験を示す．

4．プレキャストRCボックスカルバート

4.1 概　要

BFSコンクリートを用いたプレキャストRCボックスカルバートを海中に施工した例を示す．場所打ちコンクリートでは，鋼矢板等を用いて仮締切りを行い，内部を排水した後に構造物を構築することになる．これに対して，プレキャスト製品を用いる場合は，運搬が可能な大きさに分割された製品を，仮設工なしで海中に施工することが可能である．工期の短縮と，品質の向上が図れることから，九州地方整備局発注の工事において，港湾部の締切り堤防にプレキャストRCボックスカルバートが採用された．このプレキャストRCボックスカルバートは，土砂を埋め戻した後，場内の排水路として供用される．

プレキャストRCボックスカルバート製品の質量は8.8トンである．プレキャストRCボックスカルバートは，海底に敷き均された基礎砕石の上に，岸壁よりクレーンを用いて海中に直接設置された．プレキャストRCボックスカルバートの接合は，グラウトによる注入が困難であるため，エポキシ樹脂で被覆したPC鋼棒を用いて緊張連結した．クレーンによるプレキャストRCボックスカルバートの架設状況とPC鋼棒による緊張連結状況を**写真16**に示す．

(a) 運　搬　(b) 架　設　(c) 据付け　(d) 連　結

写真16　プレキャスト製品による水中でのボックスカルバートの施工

4.2 製　造

プレキャストRCボックスカルバートへの一般的なコンクリートの打込み方法は，**写真17(a)**に示す接合面を上にして打ち込む竪打ち方法と，**写真17(b)**に示す頂版を上にして打ち込む横打ち方法がある．竪打ち方法は，頂版，底版および側壁がきれいな仕上がりとなるが，接合面の平滑性を確保することが難しい．これに対して，横打ち方法は，接合面の平滑性は高いが，頂版の仕上がりが竪打ち方法に比べて劣る．海中に

施工するプレキャスト RC ボックスカルバートは，接合面における水密性がとくに重要であるため，接合面が平滑となる横打ち方法が採用された．

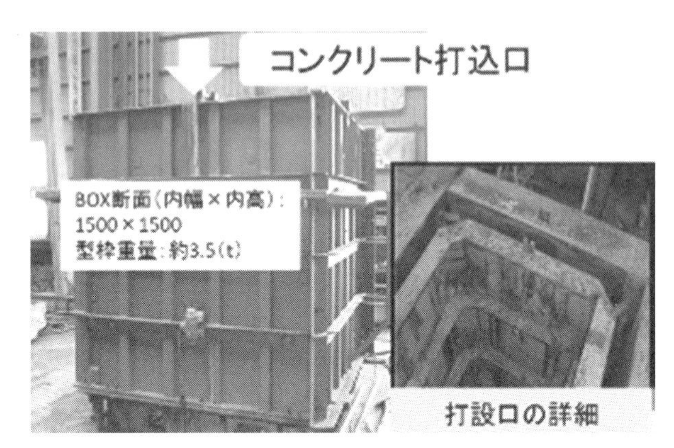

(a) 竪打ち用型枠

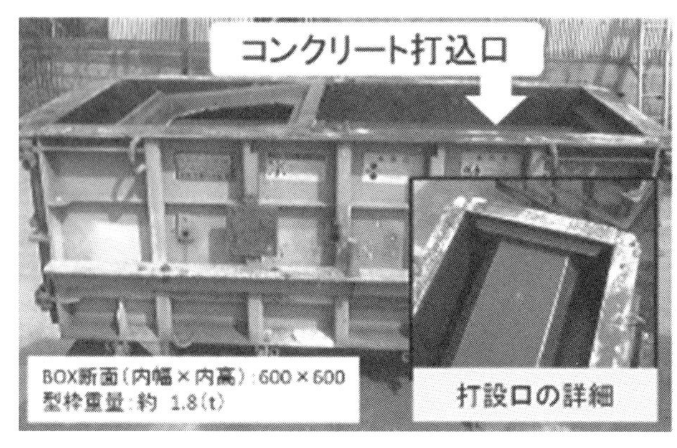

(b) 横打ち用型枠

写真 17　横打ち型枠を用いたプレキャスト RC ボックスカルバートの製造

5．プレキャスト剛性防護柵

5.1　概　　要

電線管やハンドホールの埋設および落下防止柵や遮音壁を設置することが可能なプレキャスト化した剛性防護柵を，上信越自動車道工事，東海北陸自動車道白鳥工事，東海北陸自動車道鷲見橋工事および中央自動車道松ヶ平橋他1橋床版取替工事に施工した例を，それぞれ，**写真18**，**写真19**，**写真20**および**写真21**に示す．BFSコンクリートを用いたプレキャスト剛性防護柵は，工期の短縮と，凍結防止剤による塩害に対する対策を目的に採用された．

写真18　上信越自動車道工事での施工

写真19　東海北陸自動車道白鳥工事での施工

写真20　東海北陸自動車道鷲見橋工事での施工

写真 21　中央自動車道松ヶ平橋他1橋床版取替工事での施工

5.2　製　　造

プレキャスト剛性防護柵は，**写真22**に示すように，蒸気養生後に水中養生を行い，水中養生後には，**写真23**に示すように，乾燥防止シートを用いてさらに湿潤養生を実施した．

5.3　プレキャスト剛性防護柵に求められる性能

プレキャスト剛性防護柵には，防護柵の設置基準・同解説（平成28年12月）に示されるSS，SA，SB，SC，A，BおよびCの基準がある．東海北陸自動車道白鳥工事，東海北陸自動車道鷲見橋工事，および，中央自動車道松ヶ平橋他1橋床版取替工事に用いられたプレキャスト剛性防護柵はSBで，上信越自動車道工事に用いられたプレキャスト剛性防護柵はSCである．

SBの基準では，25トンの大型トラックが時速65 km，衝突角度15°で衝突してプレキャスト剛性防護柵が壊れないことが求められる．SCの基準では，25トンの大型トラックが時速50 km，衝突角度15°で衝突してプレキャスト剛性防護柵が壊れないことが求められる．SB および SC の基準における衝撃度は，それぞれ，280 kJ および 160 kJ となる．写真 24 に，実車両による衝突実験の状況を示す．この衝突実験により，車両が防護柵を突破しなかったこと，車両が円滑に誘導されたこと，防護柵に損傷がほとんど見られないこと，および，乗員の安全が確保されていることが確認されている．

写真 22　プレキャスト剛性防護柵の水中養生

写真 23　水中養生後の湿潤養生

(a)　衝突時

(b)　衝突後

写真 24　実車衝突実験の例

●コンクリートライブラリー一覧●

号数：標題／発行年月／判型・ページ数／本体価格

第 1 号：コンクリートの話－吉田徳次郎先生御遺稿より－／昭.37.5 ／ B 5・48 p.
第 2 号：第 1 回異形鉄筋シンポジウム／昭.37.12 ／ B 5・97 p.
第 3 号：異形鉄筋を用いた鉄筋コンクリート構造物の設計例／昭.38.2 ／ B 5・92 p.
第 4 号：ペーストによるフライアッシュの使用に関する研究／昭.38.3 ／ B 5・22 p.
第 5 号：小丸川 PC 鉄道橋の架替え工事ならびにこれに関連して行った実験研究の報告／昭.38.3 ／ B 5・62 p.
第 6 号：鉄道橋としてのプレストレストコンクリート桁の設計方法に関する研究／昭.38.3 ／ B 5・62 p.
第 7 号：コンクリートの水密性の研究／昭.38.6 ／ B 5・35 p.
第 8 号：鉱物質微粉末がコンクリートのウォーカビリチーおよび強度におよぼす効果に関する基礎研究／昭.38.7 ／ B 5・56 p.
第 9 号：添えばりを用いるアンダーピンニング工法の研究／昭.38.7 ／ B 5・17 p.
第 10 号：構造用軽量骨材シンポジウム／昭.39.5 ／ B 5・96 p.
第 11 号：微細な空げきてん充のためのセメント注入における混和材料に関する研究／昭.39.12 ／ B 5・28 p.
第 12 号：コンクリート舗装の構造設計に関する実験的研究／昭.40.1 ／ B 5・33 p.
第 13 号：プレパックドコンクリート施工例集／昭.40.3 ／ B 5・330 p.
第 14 号：第 2 回異形鉄筋シンポジウム／昭.40.12 ／ B 5・236 p.
第 15 号：デイビダーク工法設計施工指針（案）／昭.41.7 ／ B 5・88 p.
第 16 号：単純曲げをうける鉄筋コンクリート桁およびプレストレストコンクリート桁の極限強さ設計法に関する研究／昭.42.5 ／ B 5・34 p.
第 17 号：MDC 工法設計施工指針（案）／昭.42.7 ／ B 5・93 p.
第 18 号：現場コンクリートの品質管理と品質検査／昭.43.3 ／ B 5・111 p.
第 19 号：港湾工事におけるプレパックドコンクリートの施工管理に関する基礎研究／昭.43.3 ／ B 5・38 p.
第 20 号：フライアッシュを混和したコンクリートの中性化と鉄筋の発錆に関する長期研究／昭.43.10 ／ B 5・55 p.
第 21 号：バウル・レオンハルト工法設計施工指針（案）／昭.43.12 ／ B 5・100 p.
第 22 号：レオバ工法設計施工指針（案）／昭.43.12 ／ B 5・85 p.
第 23 号：BBRV 工法設計施工指針（案）／昭.44.9 ／ B 5・134 p.
第 24 号：第 2 回構造用軽量骨材シンポジウム／昭.44.10 ／ B 5・132 p.
第 25 号：高炉セメントコンクリートの研究／昭.45.4 ／ B 5・73 p.
第 26 号：鉄道橋としての鉄筋コンクリート斜角げたの設計に関する研究／昭.45.5 ／ B 5・28 p.
第 27 号：高張力異形鉄筋の使用に関する基礎研究／昭.45.5 ／ B 5・24 p.
第 28 号：コンクリートの品質管理に関する基礎研究／昭.45.12 ／ B 5・28 p.
第 29 号：フレシネー工法設計施工指針（案）／昭.45.12 ／ B 5・123 p.
第 30 号：フープコーン工法設計施工指針（案）／昭.46.10 ／ B 5・75 p.
第 31 号：OSPA 工法設計施工指針（案）／昭.47.5 ／ B 5・107 p.
第 32 号：OBC 工法設計施工指針（案）／昭.47.5 ／ B 5・93 p.
第 33 号：VSL 工法設計施工指針（案）／昭.47.5 ／ B 5・88 p.
第 34 号：鉄筋コンクリート終局強度理論の参考／昭.47.8 ／ B 5・158 p.
第 35 号：アルミナセメントコンクリートに関するシンポジウム；付：アルミナセメントコンクリート施工指針（案）／ 昭.47.12 ／ B 5・123 p.
第 36 号：SEEE 工法設計施工指針（案）／昭.49.3 ／ B 5・100 p.
第 37 号：コンクリート標準示方書（昭和 49 年度版）改訂資料／昭.49.9 ／ B 5・117 p.
第 38 号：コンクリートの品質管理試験方法／昭.49.9 ／ B 5・96 p.
第 39 号：膨張性セメント混和材を用いたコンクリートに関するシンポジウム／昭.49.10 ／ B 5・143 p.
第 40 号：太径鉄筋 D 51 を用いる鉄筋コンクリート構造物の設計指針（案）／昭.50.6 ／ B 5・156 p.
第 41 号：鉄筋コンクリート設計法の最近の動向／昭.50.11 ／ B 5・186 p.
第 42 号：海洋コンクリート構造物設計施工指針（案）／昭和.51.12 ／ B 5・118 p.
第 43 号：太径鉄筋 D 51 を用いる鉄筋コンクリート構造物の設計指針／昭.52.8 ／ B 5・182 p.
第 44 号：プレストレストコンクリート標準示方書解説資料／昭.54.7 ／ B 5・84 p.
第 45 号：膨張コンクリート設計施工指針（案）／昭.54.12 ／ B 5・113 p.
第 46 号：無筋および鉄筋コンクリート標準示方書（昭和 55 年版）改訂資料【付・最近におけるコンクリート工学の諸問題に関する講習会テキスト】／昭.55.4 ／ B 5・83 p.
第 47 号：高強度コンクリート設計施工指針（案）／昭.55.4 ／ B 5・56 p.
第 48 号：コンクリート構造の限界状態設計法試案／昭.56.4 ／ B 5・136 p.
第 49 号：鉄筋継手指針／昭.57.2 ／ B 5・208 p. ／ 3689 円
第 50 号：鋼繊維補強コンクリート設計施工指針（案）／昭.58.3 ／ B 5・183 p.
第 51 号：流動化コンクリート施工指針（案）／昭.58.10 ／ B 5・218 p.
第 52 号：コンクリート構造の限界状態設計法指針（案）／昭.58.11 ／ B 5・369 p.
第 53 号：フライアッシュを混和したコンクリートの中性化と鉄筋の発錆に関する長期研究（第二次）／昭.59.3 ／ B 5・68 p.
第 54 号：鉄筋コンクリート構造物の設計例／昭.59.4 ／ B 5・118 p.
第 55 号：鉄筋継手指針（その 2）—鉄筋のエンクローズ溶接継手—／昭.59.10 ／ B 5・124 p. ／ 2136 円

●コンクリートライブラリー一覧●

号数：標題／発行年月／判型・ページ数／本体価格

第 56 号 ：人工軽量骨材コンクリート設計施工マニュアル／昭.60.5 ／ B 5・104 p.
第 57 号 ：コンクリートのポンプ施工指針（案）／昭.60.11 ／ B 5・195 p.
第 58 号 ：エポキシ樹脂塗装鉄筋を用いる鉄筋コンクリートの設計施工指針（案）／昭.61.2 ／ B 5・173 p.
第 59 号 ：連続ミキサによる現場練りコンクリート施工指針（案）／昭.61.6 ／ B 5・109 p.
第 60 号 ：アンダーソン工法設計施工要領（案）／昭.61.9 ／ B 5・90 p.
第 61 号 ：コンクリート標準示方書（昭和 61 年制定）改訂資料／昭.61.10 ／ B 5・271 p.
第 62 号 ：PC 合成床版工法設計施工指針（案）／昭.62.3 ／ B 5・116 p.
第 63 号 ：高炉スラグ微粉末を用いたコンクリートの設計施工指針（案）／昭.63.1 ／ B 5・158 p.
第 64 号 ：フライアッシュを混和したコンクリートの中性化と鉄筋の発錆に関する長期研究（最終報告）／昭 63.3 ／ B 5・124 p.
第 65 号 ：コンクリート構造物の耐久設計指針（試案）／平. 元.8 ／ B 5・73 p.
※第 66 号 ：プレストレストコンクリート工法設計施工指針／平.3.3 ／ B 5・568 p. ／ 5825 円
※第 67 号 ：水中不分離性コンクリート設計施工指針（案）／平.3.5 ／ B 5・192 p. ／ 2913 円
第 68 号 ：コンクリートの現状と将来／平.3.3 ／ B 5・65 p.
第 69 号 ：コンクリートの力学特性に関する調査研究報告／平.3.7 ／ B 5・128 p.
第 70 号 ：コンクリート標準示方書（平成 3 年版）改訂資料およびコンクリート技術の今後の動向／平 3.9 ／ B 5・316 p.
第 71 号 ：太径ねじふし鉄筋 D 57 および D 64 を用いる鉄筋コンクリート構造物の設計施工指針（案）／平 4.1 ／ B 5・113 p.
第 72 号 ：連続繊維補強材のコンクリート構造物への適用／平.4.4 ／ B 5・145 p.
第 73 号 ：鋼コンクリートサンドイッチ構造設計指針（案）／平.4.7 ／ B 5・100 p.
※第 74 号 ：高性能 AE 減水剤を用いたコンクリートの施工指針（案）付・流動化コンクリート施工指針（改訂版）／平.5.7 ／ B 5・142 p. ／ 2427 円
第 75 号 ：膨張コンクリート設計施工指針／平.5.7 ／ B 5・219 p. ／ 3981 円
第 76 号 ：高炉スラグ骨材コンクリート施工指針／平.5.7 ／ B 5・66 p.
第 77 号 ：鉄筋のアモルファス接合継手設計施工指針（案）／平.6.2 ／ B 5・115 p.
第 78 号 ：フェロニッケルスラグ細骨材コンクリート施工指針（案）／平.6.1 ／ B 5・100 p.
第 79 号 ：コンクリート技術の現状と示方書改訂の動向／平.6.7 ／ B 5・318 p.
第 80 号 ：シリカフュームを用いたコンクリートの設計・施工指針（案）／平.7.10 ／ B 5・233 p.
第 81 号 ：コンクリート構造物の維持管理指針（案）／平.7.10 ／ B 5・137 p.
第 82 号 ：コンクリート構造物の耐久設計指針（案）／平.7.11 ／ B 5・98 p.
第 83 号 ：コンクリート構造のエスセティックス／平.7.11 ／ B 5・68 p.
第 84 号 ：ISO 9000 s とコンクリート工事に関する報告書／平 7.2 ／ B 5・82 p.
第 85 号 ：平成 8 年制定コンクリート標準示方書改訂資料／平 8.2 ／ B 5・112 p.
第 86 号 ：高炉スラグ微粉末を用いたコンクリートの施工指針／平 8.6 ／ B 5・186 p.
第 87 号 ：平成 8 年制定コンクリート標準示方書（耐震設計編）改訂資料／平 8.7 ／ B 5・104 p.
第 88 号 ：連続繊維補強材を用いたコンクリート構造物の設計・施工指針（案）／平 8.9 ／ B 5・361 p.
第 89 号 ：鉄筋の自動エンクローズ溶接継手設計施工指針（案）／平 9.8 ／ B 5・120 p.
※第 90 号 ：複合構造物設計・施工指針（案）／平 9.10 ／ B 5・230 p. ／ 4200 円
第 91 号 ：フェロニッケルスラグ細骨材を用いたコンクリートの施工指針／平 10.2 ／ B 5・124 p.
第 92 号 ：銅スラグ細骨材を用いたコンクリートの施工指針／平 10.2 ／ B 5・100 p. ／ 2800 円
第 93 号 ：高流動コンクリート施工指針／平 10.7 ／ B 5・246 p. ／ 4700 円
第 94 号 ：フライアッシュを用いたコンクリートの施工指針（案）／平 11.4 ／ A 4・214 p. ／ 4000 円
第 95 号 ：コンクリート構造物の補強指針（案）／平 11.9 ／ A 4・121 p. ／ 2800 円
第 96 号 ：資源有効利用の現状と課題／平 11.10 ／ A 4・160 p.
第 97 号 ：鋼繊維補強鉄筋コンクリート柱部材の設計指針（案）／平 11.11 ／ A 4・79 p.
第 98 号 ：LNG 地下タンク躯体の構造性能照査指針／平 11.12 ／ A 4・197 p. ／ 5500 円
第 99 号 ：平成 11 年版　コンクリート標準示方書［施工編］－耐久性照査型－　改訂資料／平 12.1 ／ A 4・97 p.
第100号 ：コンクリートのポンプ施工指針［平成 12 年版］／平 12.2 ／ A 4・226 p.
※第101号 ：連続繊維シートを用いたコンクリート構造物の補修補強指針／平 12.7 ／ A 4・313 p. ／ 5000 円
※第102号 ：トンネルコンクリート施工指針（案）／平 12.7 ／ A 4・160 p. ／ 3000 円
※第103号 ：コンクリート構造物におけるコールドジョイント問題と対策／平 12.7 ／ A 4・156 p. ／ 2000 円
第104号 ：2001 年制定　コンクリート標準示方書［維持管理編］制定資料／平 13.1 ／ A 4・143 p.
第105号 ：自己充てん型高強度高耐久コンクリート構造物設計・施工指針（案）／平 13.6 ／ A 4・601 p.
第106号 ：高強度フライアッシュ人工骨材を用いたコンクリートの設計・施工指針（案）／平 13.7 ／ A 4・184 p.
※第107号 ：電気化学的防食工法　設計施工指針（案）／平 13.11 ／ A 4・249 p. ／ 2800 円
第108号 ：2002 年版　コンクリート標準示方書　改訂資料／平 14.3 ／ A 4・214 p.
第109号 ：コンクリートの耐久性に関する研究の現状とデータベース構築のためのフォーマットの提案／平 14.12 ／ A 4・177 p.
第110号 ：電気炉酸化スラグ骨材を用いたコンクリートの設計・施工指針（案）／平 15.3 ／ A 4・110 p.

●コンクリートライブラリー一覧●

号数：標題／発行年月／判型・ページ数／本体価格

※は土木学会にて販売中です．価格には別途消費税が加算されます．

定価 2,420 円（本体 2,200 円＋税 10%）

コンクリートライブラリー155
高炉スラグ細骨材を用いたプレキャストコンクリート製品の設計・製造・施工指針（案）

平成 31 年 3 月 31 日　第 1 版・第 1 刷発行
令和　2 年 4 月 15 日　第 1 版・第 2 刷発行

編集者……公益社団法人　土木学会　コンクリート委員会
SIP 対応高炉スラグ細骨材を用いたプレキャストコンクリート部材に関する研究小委員会
委員長　河野　広隆
発行者……公益社団法人　土木学会　専務理事　塚田　幸広

発行所……公益社団法人　土木学会
〒160-0004　東京都新宿区四谷 1 丁目（外濠公園内）
TEL　03-3355-3444　FAX　03-5379-2769
http://www.jsce.or.jp/
発売所……丸善出版株式会社
〒101-0051　東京都千代田区神田神保町 2-17　神田神保町ビル
TEL　03-3512-3256　FAX　03-3512-3270

ISBN978-4-8106-0962-2
印刷・製本・用紙：シンソー印刷（株）